# これなら分かる応用数学教室

## 最小二乗法からウェーブレットまで

金谷健一 著

共立出版

# まえがき

本書は岡山大学工学部情報工学科の 2 年生のための「応用数学」の授業のための講義ノートとして作成したものが基となっている．岡山大学では 1 年生には線形代数や解析学の授業が開講されているが必修ではないため，どちらも履修しない学生も多い．そこでこの講義では信号処理，画像処理を含めたあらゆるデータ解析に必要な線形計算の基礎技術を“重ね合わせの原理”という切り口で紹介することによって線形代数や解析学の理解を深めることを目的としている．

本書は「最小二乗法」，「直交関数展開」，「フーリエ解析」，「離散フーリエ解析」，「固有値問題と 2 次形式」，「主軸変換とその応用」，「ウェーブレット解析」の各章からなる．それぞれが独立した教科書にもなるほど多くの範囲をカバーしているが，本書では基礎概念と原理のみに絞っている．

本書の最大の特徴は，頻繁に「先生」と「学生」との「ディスカッション」を挿入していることである．対話形式は珍しくないが，普通に出てくるのは優等生で「はい，わかりました」で終るのが多いのに対して，本書に登場する「学生」はそれほど理解がよくはなく，しつこく「先生」を追求する．この「学生」の質問には私自身が学生時代に疑問に思ったことのほか，私の授業で実際に遭遇した質問や感想なども採り入れている．

経験によれば，わからない学生にわからせるには初歩的なことをやさしく教えるより，やや高度な話をしたほうがかえって効果的だと思われる．ただ，それらを混ぜると，学生はどうしても高度な部分に抵抗を感じて意欲を失いがちになる．そこで本書では本文は徹底的にやさしく記述し，「ディスカッション」でやや高度な話や他の科目と関連する話題を説明することで，両者を区別した．また「ディスカッション」には本書の前提となる線形代数や解析学の基礎事項の復習も含めた．

さらに本書では他書によくある理論や定理の詳しい説明（これは読者にわかりやすくするためのサービスであろうが）をなるべく避け，例題を中心にした．これは主に数値例や証明や導出であるが，それ自体で完了するように簡潔に述べた．これは，定義や補題や定理や系の長い連鎖を経ないと結論が得られないということを避けるためである．そのような長い連鎖は学生の意欲を失わせる原因の一つと思われる．

もちろんどの部分もそれ以前に示したことに基づいているが，以前の部分は忘れがちなので，頻繁に「チェック」項目を挿入し，基本的なことを何度も思い起こさせるとともに，着眼点や覚え方のコツまで指示した．

本書は大学に入学した 1 年次に，大学の勉強が高校とあまりに違って何も身につかずに落ちこぼれそうになった 2 年生を想定し，「ディスカッション」を通して学問のあり方や勉強の仕方にまで踏み込んでいる．ここまで徹底したものはわが国で最初ではないかと考えている．

例題の作成に協力頂いた岡山大学工学部の尺長健教授，菅谷保之助手，大学院生の坂上文彦氏，および（株）朋栄の松永力氏に感謝します．また編集の労をとられた共立出版（株）の小山透氏，大越隆道氏にお礼申し上げます．

2003 年 5 月

金谷健一

# 目　　次

# 第1章

# 最小二乗法

複雑なデータや関数を簡単な関数の和で近似する代表的な手法が「最小二乗法」である．これはコンピュータによるデータ解析の最も重要な基礎である．本章ではこれを学ぶと共に，ベクトルや行列による線形計算に慣れることを目的とする．本章の内容は次章以下のすべての内容の基礎となる．

## 1.1 データの表現

### 1.1.1 直線の当てはめ

$N$ 個のデータ $(x_1, y_1), \ldots, (x_N, y_N)$ に直線を当てはめたいとする．当てはめたい直線を $y = ax + b$ と置く．$a, b$ はこれから定める未知の定数である．

理想的には $y_\alpha = ax_\alpha + b$, $\alpha = 1, \ldots, N$, となることが望ましいが，データ点 $\{(x_\alpha, y_\alpha)\}$ が厳密に同一直線上にあるとは限らないので，$a, b$ をどう選んでも多くの $\alpha$ に対して $y_\alpha \neq ax_\alpha + b$ となる．そこで

$$y_\alpha \approx ax_\alpha + b, \qquad \alpha = 1, \ldots, N \tag{1.1}$$

となるように $a, b$ を定める（図 1.1）．記号 $\approx$ は "ほぼ等しい" という意味である．これを次のように解釈する．ただし $\rightarrow \min$ はその左側の式を最小にすることを表す．

$$J = \frac{1}{2}\sum_{\alpha=1}^{N}\Big(y_\alpha - (ax_\alpha + b)\Big)^2 \rightarrow \min \tag{1.2}$$

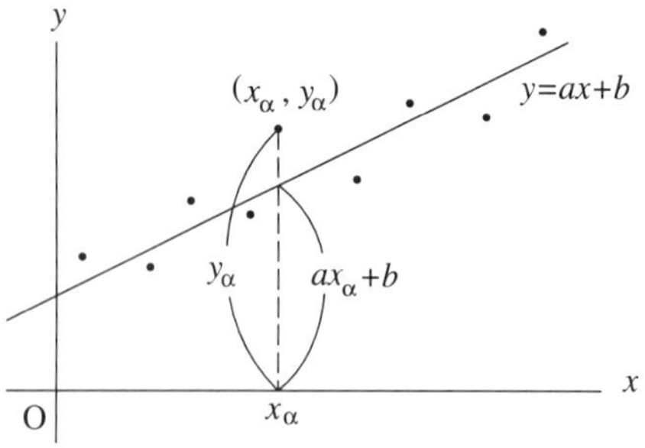


**図 1.1**　直線の当てはめ.

これは食い違いの二乗の和を最小にする方法であることから，**最小二乗法**と呼ばれている．全体を 1/2 倍するのは後の計算を見やすくするためで，特に意味はない．

**【例 1.1】**　$N$ 個のデータ $(x_1, y_1), \ldots, (x_N, y_N)$ に直線を当てはめよ．

（解）式 (1.2) は $a$, $b$ の関数である．解析学で知られているように多変数の関数が最大値や最小値をとる点では，各変数に関する偏導関数が 0 でなければならない．したがって，

$$\frac{\partial J}{\partial a} = 0, \qquad \frac{\partial J}{\partial b} = 0 \tag{1.3}$$

を解いて $a$, $b$ を定めればよい．式 (1.2) を $a$, $b$ でそれぞれ偏微分すると次式を得る．

$$\begin{aligned} \frac{\partial J}{\partial a} &= \sum_{\alpha=1}^{N}(y_\alpha - ax_\alpha - b)(-x_\alpha) = a\sum_{\alpha=1}^{N} x_\alpha^2 + b\sum_{\alpha=1}^{N} x_\alpha - \sum_{\alpha=1}^{N} x_\alpha y_\alpha \\ \frac{\partial J}{\partial b} &= \sum_{\alpha=1}^{N}(y_\alpha - ax_\alpha - b)(-1) = a\sum_{\alpha=1}^{N} x_\alpha + b\sum_{\alpha=1}^{N} 1 - \sum_{\alpha=1}^{N} y_\alpha \end{aligned} \tag{1.4}$$

これから次の連立 1 次方程式を得る．

$$\begin{pmatrix} \sum_{\alpha=1}^{N} x_\alpha^2 & \sum_{\alpha=1}^{N} x_\alpha \\ \sum_{\alpha=1}^{N} x_\alpha & \sum_{\alpha=1}^{N} 1 \end{pmatrix} \begin{pmatrix} a \\ b \end{pmatrix} = \begin{pmatrix} \sum_{\alpha=1}^{N} x_\alpha y_\alpha \\ \sum_{\alpha=1}^{N} y_\alpha \end{pmatrix} \tag{1.5}$$

これを**正規方程式**と呼ぶ．これを解いて $a$, $b$ が定まる．　□

## ディスカッション

**【学生】** ちょっと待って下さい．「解析学で知られているように」と言われても，私は解析学の授業はとりませんでした．先輩から情報系はプログラミング中心だから解析学は要らない，高校で習ったことで十分だと言われました．だから偏微分というのも知りません．

**【先生】** 本当ですか．悪い先輩ですね．解析学は本書だけでなく情報系でもいろいろな場面で必要になります．幸い本書で必要になるのは解析学のほんの一部ですから，その部分だけを説明しましょう．**偏微分**とは二つ以上の変数の関数をある一つの変数について微分することです．これを記号で $\dfrac{\partial\cdots}{\partial\cdots}$ と書きます．例えば 2 変数の関数 $F(x,y) = 2x^2 + 4xy + 3y^2$ を $x$ および $y$ のみについて微分した $\dfrac{\partial F}{\partial x}$, $\dfrac{\partial F}{\partial y}$ はそれぞれ次のようになります．

$$\frac{\partial F}{\partial x} = 4x + 4y, \qquad \frac{\partial F}{\partial y} = 4x + 6y \tag{1.6}$$

**【学生】** $2x^2 + 4xy + 3y^2$ を $x$ について微分すると $4x + 4y + 3y^2$ になるような気がします．

**【先生】** $x$ について微分するときは $F$ を $x$ のみの関数と考え，$y$ は定数とみなしますから，$3y^2$ を $x$ で微分すると 0 になります．$y$ について微分するときは $2x^2$ は定数とみなしますから $y$ について微分すると 0 です．偏微分した結果 $\dfrac{\partial F}{\partial x}$, $\dfrac{\partial F}{\partial y}$ も $x$, $y$ の関数ですから，それを**偏導関数**と呼びます．これらを $F_x$, $F_y$ とも書くこともあります．2 変数関数 $F(x,y)$ の偏導関数の厳密な定義は次のようになります．

$$\frac{\partial F}{\partial x} = \lim_{h\to 0}\frac{F(x+h,y) - F(x,y)}{h}, \qquad \frac{\partial F}{\partial y} = \lim_{h\to 0}\frac{F(x,y+h) - F(x,y)}{h} \tag{1.7}$$

3 変数以上の関数についても同様です．

**【学生】** こういう定義式は苦手です．高校でも微分の定義で似たような式が出てきた気がしますが，実際の問題を解くのに関係ないので忘れてしまいました．覚えているのは関数を最大または最小にするには微分して 0 と置けばよいということだけです．変数が多いときはそれぞれの変数について偏微分して 0 と置けばよいのでしょうか．

**【先生】** その通りですが，一応その理由をイメージして下さい．君が忘れたという式は $f'(x) = \lim_{h\to 0}\dfrac{f(x+h) - f(x)}{h}$ です．これを**導関数**あるいは単に**微分**と呼び，$\dfrac{\mathrm{d}f}{\mathrm{d}x}$ とも書くこと，そしてこれが $y = f(x)$ のグラフの接線の傾きを表すことを教わったはずです．なお，印刷の都合で $\dfrac{\mathrm{d}f}{\mathrm{d}x}$ のような分数を $\mathrm{d}f/\mathrm{d}x$ とも書きます．

関数 $f(x)$ が最大または最小になる点で微分が 0 になるのは，その点で $y = f(x)$ のグラフの接線が水平になるからです．2 変数の関数 $F(x,y)$ は $xyz$ 座標の 3 次元空間を考えて，$xy$ 面の点 $(x,y)$ の上に高さ $F(x,y)$ の点をとれば，$z = F(x,y)$ で表される曲面を考えることができます．式 (1.7) は，高さが最大または最小になる点ではその曲面を $x$ を一定とする $yz$ 面に平行な平面で切っても，$y$ を一定とする $zx$ 面に平行な平面で切っても，切り口では接線が水平であることを表しています．

この性質は最大値と最小値だけでなく，部分的に最大値または最小値をとる点でも成り立ちます．そのような値をそれぞれ**極大値**または**極小値**と呼び，合わせて**極値**と呼びます．一般に $n$ 変数関数 $F(x_1, x_2, \ldots, x_n)$ が極値をとる点では偏微分 $\partial F/\partial x_1$, $\partial F/\partial x_2, \ldots, \partial F/\partial x_n$ がすべて 0 になります．本書で必要になるのはこの程度です．それ以外のことを知りたければ解析学の教科書を見て勉強して下さい．

**【学生】** そう言われても時間がありません．解析学の授業をとらなかったことを反省しています．でも偏微分の計算だけなら何とかできそうです．それで我慢します．

---

**【例 1.2】** 4 点 $(4, -17)$, $(15, -4)$, $(30, -7)$, $(100, 50)$ に直線を当てはめよ．

（解）当てはめる直線を $y = ax + b$ と置く．

$$J = \frac{1}{2}\Big((-17-(4a+b))^2+(-4-(15a+b))^2+(-7-(30a+b))^2+(50-(100a+b))^2\Big) \tag{1.8}$$

を最小にするように $a, b$ を定める．$a, b$ に関してそれぞれ偏微分して 0 と置くと次のようになる．

$$\begin{aligned}\frac{\partial J}{\partial a} &= (-17-(4a+b))(-4)+(-4-(15a+b))(-15)\\ &\qquad +(-7-(30a+b))(-30)+(50-(100a+b))(-100)=0\\ \frac{\partial J}{\partial b} &= (-17-(4a+b))(-1)+(-4-(15a+b))(-1)\\ &\qquad +(-7-(30a+b))(-1)+(50-(100a+b))(-1)=0\end{aligned} \tag{1.9}$$

これから次の正規方程式を得る．

$$\begin{cases} 4^2a+4b+4\cdot 17+15^2a+15b+15\cdot 4+30^2a+30b+30\cdot 7 \\ \qquad\qquad\qquad\qquad +100^2a+100b-100\cdot 50=0 \\ 4a+b+17+15a+b+4+30a+b+7+100a+b-50=0 \end{cases} \tag{1.10}$$

したがって，式 (1.5) に相当する次式が得られる．

$$\begin{pmatrix} 4^2+15^2+30^2+100^2 & 4+15+30+100 \\ 4+15+30+100 & 1+1+1+1 \end{pmatrix} \begin{pmatrix} a \\ b \end{pmatrix} = \begin{pmatrix} 4\cdot(-17)+15\cdot(-4)+30\cdot(-7)+100\cdot 50 \\ (-17)+(-4)+(-7)+50 \end{pmatrix} \tag{1.11}$$

すなわち次式となる.

$$\begin{pmatrix} 11141 & 149 \\ 149 & 4 \end{pmatrix} \begin{pmatrix} a \\ b \end{pmatrix} = \begin{pmatrix} 4662 \\ 22 \end{pmatrix} \tag{1.12}$$

これを解くと $a = 0.687, b = -20.1$ となるから，当てはめた直線は $y = 0.687x - 20.1$ である. □

## ディスカッション

**【学生】** 偏微分の仕方はわかりましたが，まだ疑問があります．データ点のなるべく近くを通る直線を求めるという式 (1.1) はわかります．しかし，なぜ式 (1.2) のように直線からのずれの二乗の和を最小にするのか納得できません．直線からのずれを最小にするなら

$$J = \max_{\alpha=1}^{N} |y_\alpha - (ax_\alpha + b)| \to \min \tag{1.13}$$

ではないでしょうか．$\max_{\alpha=1}^{N}$ は $|y_1 - (ax_1 + b)|, |y_2 - (ax_2 + b)|, \ldots, |y_N - (ax_N + b)|$ の中の最大のものを表します．こうすればどのデータも直線からのずれが $J$ 以内になり，$J$ が小さいほどよく当てはまることは明らかです．またはずれが平均的に小さいように

$$J = \frac{1}{N} \sum_{\alpha=1}^{N} |y_\alpha - (ax_\alpha + b)| \to \min \tag{1.14}$$

と，ずれの平均値を最小にするように当てはめてもよいはずです．どちらも意味がはっきりしています．しかし式 (1.2) は意味がわかりません．なぜこんなややこしい式を最小にするのでしょうか．式 (1.13), (1.14) ではいけないのでしょうか．

**【先生】** よいことに気がつきました．君のいう通り式 (1.13), (1.14) がよいというのはもっともです．ではなぜ式 (1.2) にするかといえば，式 (1.13), (1.14) では解が簡単に計算できないからです．これらは max や絶対値が含まれているので微分できません．微分して 0 と置いたものが解けるためには max や絶対値が含まれてはいけません．かといって $\sum_{\alpha=1}^{N}(y_\alpha - (ax_\alpha + b))$ とすると各項がプラス，マイナスに大きくずれても和が 0 に近くなる可能性があります．そのような打ち消しあいが起こらないためには和の中の項すべて正または 0 である必要があります．そのためには偶数乗すればよいのですが，例えば $\sum_{\alpha=1}^{N}(y_\alpha - (ax_\alpha + b))^4$ とすると，$a$, $b$ で偏微分して 0 と置いたものが $a$, $b$ の 3 次方程式になり，簡単な方法では解くことができ

ません．もちろん $\sum_{\alpha=1}^{N}(y_\alpha - (ax_\alpha + b))^6$, $\sum_{\alpha=1}^{N}(y_\alpha - (ax_\alpha + b))^8, \ldots$ としてもだめです．それに対して式 (1.2) は $a$, $b$ の 2 次式ですから，$a$, $b$ で偏微分すれば $a$, $b$ の 1 次式が得られ，連立 1 次方程式（正規方程式）を解けば解が得られます．

**【学生】** 確かに式 (1.13), (1.14) は解をどう計算したらよいかわかりません．それに対して式 (1.2) を偏微分すると正規方程式が得られ，数学の美しさを感じます．そう考えれば，式 (1.2) に 1/2 がついているのは微分して前に出る 2 を打ち消して式を見やすくするためですね．しかし計算の都合がよいからとか，式が簡単になるからというだけの理由でそれを用いてよいのでしょうか．得られた解は意味があるのでしょうか．

**【先生】** 鋭い質問ですね．それならお話しましょう．ややレベルの高い知識が必要ですが，要点だけを述べます．ここに示した**最小二乗法**を初めて考えたのはドイツの数学者**ガウス** (Karl Gauss: 1777–1855) です．彼はこれを次のような確率論の解釈から導きました．式 (1.1) の右辺と左辺の食い違い $e_\alpha = y_\alpha - (ax_\alpha + b)$ が期待値 0，標準偏差 $\sigma$ の正規分布に従うランダム誤差であり，データごとに独立であるとしましょう．すると $e_1, \ldots, e_N$ の確率密度は次のように書けます．

$$\frac{1}{\sqrt{2\pi}\sigma}e^{-e_1^2/2\sigma^2} \times \cdots \times \frac{1}{\sqrt{2\pi}\sigma}e^{-e_N^2/2\sigma^2} = \frac{1}{(\sqrt{2\pi}\sigma)^N}e^{-\sum_{\alpha=1}^{N}\left((y_\alpha-(ax_\alpha+b)\right)^2/2\sigma^2} \tag{1.15}$$

ここに現れる正規分布もガウスが初めて考えたもので，彼はこれが最も標準的な誤差の分布であるとして**正規分布**と命名しました．統計学ではこの用語が用いられますが，物理学ではガウスの名をとって**ガウス分布**と呼ばれることが多いようです．正規分布については確率論の授業で学びますから，そのとき詳しく勉強することにして，ここではこのようになるということで我慢して下さい．

ガウスは，最も生じやすい誤差はこれが最大になるものであると考えました．式 (1.15) の右辺を見れば，これは式 (1.2) の $J$ が最小になる場合です．したがって $J$ が最小になるように $a$, $b$ を定めるのが確率的に最も妥当であるということになります．式 (1.15) を未知数 $a$, $b$ の関数とみなしたものを**尤度**（ゆうど）と呼び，このように尤度を最大にする推定方式を一般に**最尤推定**と呼びます．

**【学生】** 急にいろいろなことを言われて混乱します．深入りするとかえってわからなくなりそうです．とりあえず最小二乗法はガウスという偉い人が考えたから意味があるということで我慢して覚えることにします．

---

**【例 1.3】**　実験によるとある果実の直径 $x$ (cm) と水分の含有率 $y$ (%) に次の関係があった．

| $x$ | 5.6 | 5.8 | 6.0 | 6.2 | 6.4 | 6.4 | 6.4 | 6.6 | 6.8 |
|---|---|---|---|---|---|---|---|---|---|
| $y$ | 30 | 26 | 33 | 31 | 33 | 35 | 37 | 36 | 33 |

これから直径が 6.5cm の果実の水分の含有率がどのように推定されるか.

（解） 表から次のように計算される.

| | | | | | | | | | | |
|---|---|---|---|---|---|---|---|---|---|---|
| $x$ | 5.6 | 5.8 | 6.0 | 6.2 | 6.4 | 6.4 | 6.4 | 6.6 | 6.8 | 56.2 |
| $y$ | 30 | 26 | 33 | 31 | 33 | 35 | 37 | 36 | 33 | 294 |
| $x^2$ | 31.36 | 33.64 | 36.00 | 38.44 | 40.96 | 40.96 | 40.96 | 43.56 | 46.24 | 352.12 |
| $xy$ | 168.0 | 150.8 | 198.0 | 192.2 | 211.2 | 224.0 | 236.8 | 237.6 | 224.4 | 1843.0 |

これに直線 $y = ax + b$ を最小二乗法で当てはめると，式 (1.5) より正規方程式が次のようになる.

$$\begin{pmatrix} 352.12 & 56.2 \\ 56.2 & 9 \end{pmatrix} \begin{pmatrix} a \\ b \end{pmatrix} = \begin{pmatrix} 1843.0 \\ 294 \end{pmatrix} \tag{1.16}$$

これを解くと $a = 6.05$, $b = -5.01$ となる．したがって $x$ と $y$ の関係は $y = 6.05x - 5.01$ と近似できる．$x = 6.5$ を代入すると

$$y = 6.05 \times 6.5 - 5.01 = 34.3 \tag{1.17}$$

であるから 34.3%と推定される. □

## ディスカッション

**【学生】** こんな計算問題が試験に出るのでしょうか．自分で計算してみると，どこかで間違え，やるたびに答えが違ってきます．試験時間内にできそうもありません．

**【先生】** これは理解を助けるための例です．実際の応用ではコンピュータで計算しますから問題はありません．しかしガウスが最小二乗法を考えたのは 100 年以上前で，昔はコンピュータがありませんでしたから，手計算や歯車による手回し計算機が使われました．それでも面倒なので，いろいろな簡単化の工夫が考えられています．

その一つは $x$, $y$ としてそのままの値を用いるのではなく，ある基準値 $\bar{x}$, $\bar{y}$ からの差を用いることです．元の値に戻すには $x$, $y$ にそれぞれ $\bar{x}$, $\bar{y}$ を足せばいいですね．例えば例 1.3 で $x$ の 6cm からの差を $x'$(cm)，$y$ の 30%からの差を $y'$(cm) とすればデータが次のような簡単な数値になり，計算しやすくなります.

| | | | | | | | | | |
|---|---|---|---|---|---|---|---|---|---|
| $x'$ | −0.4 | −0.2 | 0.0 | 0.2 | 0.4 | 0.4 | 0.4 | 0.6 | 0.8 |
| $y'$ | 0 | −4 | 3 | 1 | 3 | 5 | 7 | 6 | 3 |

さらに工夫するすると，基準値 $\bar{x}$, $\bar{y}$ としてそれぞれ平均値

$$\bar{x} = \frac{1}{N}\sum_{\alpha=1}^{N} x_\alpha, \qquad \bar{y} = \frac{1}{N}\sum_{\alpha=1}^{N} y_\alpha \tag{1.18}$$

をとるとよいことがわかります．なぜなら平均を差し引いたデータ $x'_\alpha = x_\alpha - \bar{x}$, $y'_\alpha = y_\alpha - \bar{y}$ の平均は 0 ですから，式 (1.5) の正規方程式は

$$\begin{pmatrix} \sum_{\alpha=1}^{N} {x'_\alpha}^2 & 0 \\ 0 & N \end{pmatrix}\begin{pmatrix} a \\ b \end{pmatrix} = \begin{pmatrix} \sum_{\alpha=1}^{N} x'_\alpha y'_\alpha \\ 0 \end{pmatrix} \tag{1.19}$$

となり，解は $a = \dfrac{\sum_{\alpha=1}^{N} x'_\alpha y'_\alpha}{\sum_{\alpha=1}^{N} {x'_\alpha}^2}$, $b = 0$ となります．すなわち当てはめた直線は次のようになります．

$$y' = \frac{\sum_{\alpha=1}^{N} x'_\alpha y'_\alpha}{\sum_{\alpha=1}^{N} {x'_\alpha}^2} x' \tag{1.20}$$

これは $\bar{x}$, $\bar{y}$ を基準値としたものですから，元のデータに戻すと

$$y = \frac{\sum_{\alpha=1}^{N} x'_\alpha y'_\alpha}{\sum_{\alpha=1}^{N} {x'_\alpha}^2}(x - \bar{x}) + \bar{y} \tag{1.21}$$

となります．最近では誰でもコンピュータが使えるので，このような工夫も意味がなくなりましたが，どうしても手計算でという場合は試してみて下さい．ともかくあまりややこしい数値の計算は試験に出しませんし，必要なら電卓を持込可にしますから，試験のことは心配しないで勉強して下さい．

**【学生】** ところで，例 1.3 の数値に直線を当てはめましたが，直径と水分の含有率が直線的な関係があるという保証があるのでしょうか．もっと複雑な関係かもしれません．なぜ直線を当てはめてよいのでしょうか．

**【先生】** これは鋭い質問です．正直に言うと，直線を当てはめてよいかどうかわかりません．しかし，現実の問題ではどういう関係かよくわからないのが普通で，グラフを描いたり数値を眺めて，ほぼ直線的だと判断すればとりあえず直線を当てはめてみるのが通例です．それで予想が外れたら，改めて別の要因を考えます．その意味で直線当てはめは**第 1 近似**と呼ばれます．また，与えられたデータに直線を当てはめてよいかを厳密に評価する統計学の理論もあります．君もそのうち習うでしょう．

**【学生】** また統計学ですか．仕方ありません．習うまで待ちます．

---

### 1.1.2　多項式の当てはめ

前節の考え方はそのまま任意の多項式の当てはめに拡張できる．

**【例 1.4】**　$N$ 個のデータ $(x_1, y_1), \ldots, (x_N, y_N)$ に 2 次式を当てはめよ．

**(解)** 当てはめる2次式を $y = ax^2 + bx + c$ とし，

$$y_\alpha \approx ax_\alpha^2 + bx_\alpha + c, \qquad \alpha = 1, \ldots, N \tag{1.22}$$

となる $a, b, c$ を最小二乗法

$$J = \frac{1}{2}\sum_{\alpha=1}^{N}\Big(y_\alpha - (ax_\alpha^2 + bx_\alpha + c)\Big)^2 \to \min \tag{1.23}$$

によって定める．それには

$$\frac{\partial J}{\partial a} = 0, \qquad \frac{\partial J}{\partial b} = 0, \qquad \frac{\partial J}{\partial c} = 0 \tag{1.24}$$

を解いて $a, b, c$ を定めればよい．式 (1.23) を $a, b, c$ でそれぞれ偏微分すると次式を得る．

$$\begin{aligned}
\frac{\partial J}{\partial a} &= \sum_{\alpha=1}^{N}(y_\alpha - ax_\alpha^2 - bx_\alpha - c)(-x_\alpha^2) \\
&= a\sum_{\alpha=1}^{N}x_\alpha^4 + b\sum_{\alpha=1}^{N}x_\alpha^3 + c\sum_{\alpha=1}^{N}x_\alpha^2 - \sum_{\alpha=1}^{N}x_\alpha^2 y_\alpha \\
\frac{\partial J}{\partial b} &= \sum_{\alpha=1}^{N}(y_\alpha - ax_\alpha^2 - bx_\alpha - c)(-x_\alpha) \\
&= a\sum_{\alpha=1}^{N}x_\alpha^3 + b\sum_{\alpha=1}^{N}x_\alpha^2 + c\sum_{\alpha=1}^{N}x_\alpha - \sum_{\alpha=1}^{N}x_\alpha y_\alpha \\
\frac{\partial J}{\partial c} &= \sum_{\alpha=1}^{N}(y_\alpha - ax_\alpha^2 - bx_\alpha - c)(-1) \\
&= a\sum_{\alpha=1}^{N}x_\alpha^2 + b\sum_{\alpha=1}^{N}x_\alpha + c\sum_{\alpha=1}^{N}1 - \sum_{\alpha=1}^{N}y_\alpha
\end{aligned} \tag{1.25}$$

これから次の正規方程式を得る．

$$\begin{pmatrix} \sum_{\alpha=1}^{N}x_\alpha^4 & \sum_{\alpha=1}^{N}x_\alpha^3 & \sum_{\alpha=1}^{N}x_\alpha^2 \\ \sum_{\alpha=1}^{N}x_\alpha^3 & \sum_{\alpha=1}^{N}x_\alpha^2 & \sum_{\alpha=1}^{N}x_\alpha \\ \sum_{\alpha=1}^{N}x_\alpha^2 & \sum_{\alpha=1}^{N}x_\alpha & \sum_{\alpha=1}^{N}1 \end{pmatrix}\begin{pmatrix} a \\ b \\ c \end{pmatrix} = \begin{pmatrix} \sum_{\alpha=1}^{N}x_\alpha^2 y_\alpha \\ \sum_{\alpha=1}^{N}x_\alpha y_\alpha \\ \sum_{\alpha=1}^{N}y_\alpha \end{pmatrix} \tag{1.26}$$

これを解いて $a, b, c$ が定まる． □

**チェック** 上式の左辺の行列中の総和の中身は右下の 1 から始まり，左と上に順に $x_\alpha$ が掛けられている．右辺のベクトル中の総和の中身も一番下の $y_\alpha$ から上に順に $x_\alpha$ が掛けられている．左辺の行列の右下の $2\times 2$ の部分と右辺のベクトルの下二つの成分は式 (1.5) と同じになっている．

**【例 1.5】** 4 点 $(-1,0)$, $(0,-2)$, $(0,-1)$, $(1,1)$ に 2 次曲線を当てはめよ．

（解）当てはめる 2 次曲線を $y=ax^2+bx+c$ と置く．

$$
\begin{aligned}
J &= \frac{1}{2}\Big((0-((-1)^2a+(-1)b+c))^2+(-2-(0^2a+0b+c))^2 \\
&\qquad +(-1-(0^2a+0b+c))^2+(1-(1^2a+1b+c))^2\Big) \\
&= \frac{1}{2}\Big((a-b+c)^2+(2+c)^2+(1+c)^2+(1-a-b-c)^2\Big)
\end{aligned}
\tag{1.27}
$$

を最小にするように $a$, $b$, $c$ を定める．$a$, $b$, $c$ でそれぞれ偏微分すると次のようになる．

$$
\frac{\partial J}{\partial a}=(a-b+c)-(1-a-b-c),\qquad \frac{\partial J}{\partial b}=-(a-b+c)-(1-a-b-c)
$$

$$
\frac{\partial J}{\partial c}=(a-b+c)+(2+c)+(1+c)-(1-a-b-c) \tag{1.28}
$$

これらをそれぞれ 0 と置くと次の正規方程式を得る．

$$
2a+2c=1,\qquad 2b=1,\qquad 2a+4c=-2 \tag{1.29}
$$

これから $a=2.0$, $b=0.5$, $c=-1.5$ を得る．したがって当てはめた 2 次曲線は $y=2.0x^2+0.5x-1.5$ である．□

**【例 1.6】** $N$ 個のデータ $(x_1,y_1),\ldots,(x_N,y_N)$ に 3 次式を当てはめよ．

（解）当てはめる 3 次式を $y=ax^3+bx^2+cx+d$ とし，

$$
y_\alpha \approx ax_\alpha^3+bx_\alpha^2+cx_\alpha+d,\qquad \alpha=1,\ldots,N \tag{1.30}
$$

となる $a$, $b$, $c$, $d$ を最小二乗法

$$
J=\frac{1}{2}\sum_{\alpha=1}^{N}\Big(y_\alpha-(ax_\alpha^3+bx_\alpha^2+cx_\alpha+d)\Big)^2\to\min \tag{1.31}
$$

によって定める．それには

$$\frac{\partial J}{\partial a}=0,\qquad \frac{\partial J}{\partial b}=0,\qquad \frac{\partial J}{\partial c}=0,\qquad \frac{\partial J}{\partial d}=0 \tag{1.32}$$

を解いて $a, b, c, d$ を定めればよい．式 (1.31) より次の式を得る．

$$\begin{aligned}
\frac{\partial J}{\partial a} &= \sum_{\alpha=1}^{N}(y_\alpha - ax_\alpha^3 - bx_\alpha^2 - cx_\alpha - d)(-x_\alpha^3)\\
&= a\sum_{\alpha=1}^{N}x_\alpha^6 + b\sum_{\alpha=1}^{N}x_\alpha^5 + c\sum_{\alpha=1}^{N}x_\alpha^4 + d\sum_{\alpha=1}^{N}x_\alpha^3 - \sum_{\alpha=1}^{N}x_\alpha^3 y_\alpha\\
\frac{\partial J}{\partial b} &= \sum_{\alpha=1}^{N}(y_\alpha - ax_\alpha^3 - bx_\alpha^2 - cx_\alpha - d)(-x_\alpha^2)\\
&= a\sum_{\alpha=1}^{N}x_\alpha^5 + b\sum_{\alpha=1}^{N}x_\alpha^4 + c\sum_{\alpha=1}^{N}x_\alpha^3 + d\sum_{\alpha=1}^{N}x_\alpha^2 - \sum_{\alpha=1}^{N}x_\alpha^2 y_\alpha\\
\frac{\partial J}{\partial c} &= \sum_{\alpha=1}^{N}(y_\alpha - ax_\alpha^3 - bx_\alpha^2 - cx_\alpha - d)(-x_\alpha)\\
&= a\sum_{\alpha=1}^{N}x_\alpha^4 + b\sum_{\alpha=1}^{N}x_\alpha^3 + c\sum_{\alpha=1}^{N}x_\alpha^2 + d\sum_{\alpha=1}^{N}x_\alpha - \sum_{\alpha=1}^{N}x_\alpha y_\alpha\\
\frac{\partial J}{\partial d} &= \sum_{\alpha=1}^{N}(y_\alpha - ax_\alpha^3 - bx_\alpha^2 - cx_\alpha - d)(-1)\\
&= a\sum_{\alpha=1}^{N}x_\alpha^3 + b\sum_{\alpha=1}^{N}x_\alpha^2 + c\sum_{\alpha=1}^{N}x_\alpha + d\sum_{\alpha=1}^{N}1 - \sum_{\alpha=1}^{N}y_\alpha
\end{aligned} \tag{1.33}$$

これから次の正規方程式を得る．

$$\begin{pmatrix}
\sum_{\alpha=1}^N x_\alpha^6 & \sum_{\alpha=1}^N x_\alpha^5 & \sum_{\alpha=1}^N x_\alpha^4 & \sum_{\alpha=1}^N x_\alpha^3\\
\sum_{\alpha=1}^N x_\alpha^5 & \sum_{\alpha=1}^N x_\alpha^4 & \sum_{\alpha=1}^N x_\alpha^3 & \sum_{\alpha=1}^N x_\alpha^2\\
\sum_{\alpha=1}^N x_\alpha^4 & \sum_{\alpha=1}^N x_\alpha^3 & \sum_{\alpha=1}^N x_\alpha^2 & \sum_{\alpha=1}^N x_\alpha\\
\sum_{\alpha=1}^N x_\alpha^3 & \sum_{\alpha=1}^N x_\alpha^2 & \sum_{\alpha=1}^N x_\alpha & \sum_{\alpha=1}^N 1
\end{pmatrix}
\begin{pmatrix} a\\ b\\ c\\ d \end{pmatrix}
=
\begin{pmatrix}
\sum_{\alpha=1}^N x_\alpha^3 y_\alpha\\
\sum_{\alpha=1}^N x_\alpha^2 y_\alpha\\
\sum_{\alpha=1}^N x_\alpha y_\alpha\\
\sum_{\alpha=1}^N y_\alpha
\end{pmatrix} \tag{1.34}$$

これを解いて $a, b, c, d$ が定まる． □

**チェック** 上式の左辺の行列中の総和の中身は右下の 1 から始まり，左と上に順に $x_\alpha$ が掛けられている．右辺のベクトル中の総和の中身も一番下の $y_\alpha$ から上に順に $x_\alpha$ が掛けられている．左辺の行列の右下の $3 \times 3$ の部分と右辺のベクトルの下三つの成分は式 (1.26) と同じになっている．

一般化すると次のようになる．

**【例 1.7】** $N$ 個のデータ $(x_1, y_1), \ldots, (x_N, y_N)$ に $n$ 次式を当てはめよ．

（解）当てはめる $n$ 次式を $y = c_0 x^n + c_1 x^{n-1} + \cdots + c_n$ とし，

$$y_\alpha \approx c_0 x_\alpha^n + c_1 x_\alpha^{n-1} + \cdots + c_n, \qquad \alpha = 1, \ldots, N \tag{1.35}$$

となる $c_1, \ldots, c_n$ を最小二乗法

$$J = \frac{1}{2}\sum_{\alpha=1}^{N}\Bigl(y_\alpha - (c_0 x_\alpha^n + c_1 x_\alpha^{n-1} + \cdots + c_n)\Bigr)^2 \to \min \tag{1.36}$$

によって定める．それには

$$\frac{\partial J}{\partial c_0} = 0, \qquad \frac{\partial J}{\partial c_1} = 0, \qquad \ldots, \qquad \frac{\partial J}{\partial c_n} = 0 \tag{1.37}$$

を解いて $c_0, \ldots, c_n$ を定めればよい．式 (1.36) を $c_k$ で偏微分すると次式を得る．

$$\begin{aligned}\frac{\partial J}{\partial c_k} &= \sum_{\alpha=1}^{N}(y_\alpha - c_0 x_\alpha^n - c_1 x_\alpha^{n-1} - \cdots - c_n)(-x_\alpha^{n-k}) \\ &= c_0 \sum_{\alpha=1}^{N} x_\alpha^{2n-k} + c_1 \sum_{\alpha=1}^{N} x_\alpha^{2n-k-1} + \cdots + c_n \sum_{\alpha=1}^{N} x_\alpha^{n-k} - \sum_{\alpha=1}^{N} x_\alpha^{n-k} y_\alpha\end{aligned} \tag{1.38}$$

これを0と置いて $k = 0, 1, \ldots, n$ に対する式を並べると次の正規方程式を得る．

$$\begin{pmatrix} \sum_{\alpha=1}^N x_\alpha^{2n} & \sum_{\alpha=1}^N x_\alpha^{2n-1} & \cdots & \sum_{\alpha=1}^N x_\alpha^{n} \\ \sum_{\alpha=1}^N x_\alpha^{2n-1} & \sum_{\alpha=1}^N x_\alpha^{2n-2} & \cdots & \sum_{\alpha=1}^N x_\alpha^{n-1} \\ \vdots & \vdots & \ddots & \vdots \\ \sum_{\alpha=1}^N x_\alpha^{n} & \sum_{\alpha=1}^N x_\alpha^{n-1} & \cdots & \sum_{\alpha=1}^N 1 \end{pmatrix} \begin{pmatrix} c_0 \\ c_1 \\ \vdots \\ c_n \end{pmatrix} = \begin{pmatrix} \sum_{\alpha=1}^N x_\alpha^n y_\alpha \\ \sum_{\alpha=1}^N x_\alpha^{n-1} y_\alpha \\ \vdots \\ \sum_{\alpha=1}^N y_\alpha \end{pmatrix} \tag{1.39}$$

これを解いて $c_0, \ldots, c_n$ が定まる．　□

**チェック**　上式の左辺の行列中の総和の中身は右下の 1 から始まり，左と上に順に $x_\alpha$ が掛けられている．右辺のベクトル中の総和の中身も一番下の $y_\alpha$ から上に順に $x_\alpha$ が掛けられている．

### 1.1.3 一般の関数による近似

さらに一般化すると，$N$ 個のデータ $(x_1, y_1), \ldots, (x_N, y_N)$ に $n$ 個の関数 $\phi_k(x)$, $k = 1, \ldots, n$, の定数倍と和（これを**線形結合**あるいは**1 次結合**と呼ぶ）$y = c_1\phi_1(x) + c_2\phi_2(x) + \cdots + c_n\phi_n(x)$ を当てはめる問題も同様に解ける．

$$y_\alpha \approx \sum_{k=1}^{n} c_k \phi_k(x_\alpha), \qquad \alpha = 1, \ldots, N \tag{1.40}$$

となるように係数 $c_1, \ldots, c_n$ を次の最小二乗法で定める．

$$J = \frac{1}{2}\sum_{\alpha=1}^{N}\Bigl(y_\alpha - \sum_{k=1}^{n} c_k \phi_k(x_\alpha)\Bigr)^2 \to \min \tag{1.41}$$

**チェック** 関数 $\{\phi_k(x)\}$ として $\phi_1(x) = 1$, $\phi_2(x) = x$, $\phi_3(x) = x^2$, $\phi_4(x) = x^3, \ldots$ とする場合が多項式の当てはめになっている．

**【例 1.8】** $N$ 個のデータ $(x_1, y_1), \ldots, (x_N, y_N)$ に曲線 $y = c_1\phi_1(x) + c_2\phi_2(x) + \cdots + c_n\phi_n(x)$ を当てはめよ．

（解）式 (1.41) のように置き，

$$\frac{\partial J}{\partial c_1} = 0, \qquad \ldots, \qquad \frac{\partial J}{\partial c_n} = 0 \tag{1.42}$$

を解いて $c_1, \ldots, c_n$ を定めればよい．式 (1.41) を $c_i$ で偏微分すると次式を得る．

$$\begin{aligned}\frac{\partial J}{\partial c_i} &= \sum_{\alpha=1}^{N}\Bigl(y_\alpha - \sum_{k=1}^{n} c_k \phi_k(x_\alpha)\Bigr)(-\phi_i(x_\alpha)) \\ &= \sum_{k=1}^{n}\Bigl(\sum_{\alpha=1}^{N}\phi_k(x_\alpha)\phi_i(x_\alpha)\Bigr)c_k - \sum_{\alpha=1}^{N}\phi_i(x_\alpha)y_\alpha\end{aligned} \tag{1.43}$$

これを 0 と置いて $i = 1, \ldots, n$ に対する式を並べると次の正規方程式を得る．

$$\begin{pmatrix} \sum_{\alpha=1}^{N}\phi_1(x_\alpha)^2 & \sum_{\alpha=1}^{N}\phi_1(x_\alpha)\phi_2(x_\alpha) & \cdots & \sum_{\alpha=1}^{N}\phi_1(x_\alpha)\phi_n(x_\alpha) \\ \sum_{\alpha=1}^{N}\phi_2(x_\alpha)\phi_1(x_\alpha) & \sum_{\alpha=1}^{N}\phi_2(x_\alpha)^2 & \cdots & \sum_{\alpha=1}^{N}\phi_2(x_\alpha)\phi_n(x_\alpha) \\ \vdots & \vdots & \ddots & \vdots \\ \sum_{\alpha=1}^{N}\phi_n(x_\alpha)\phi_1(x_\alpha) & \sum_{\alpha=1}^{N}\phi_n(x_\alpha)\phi_2(x_\alpha) & \cdots & \sum_{\alpha=1}^{N}\phi_n(x_\alpha)^2 \end{pmatrix} \begin{pmatrix} c_1 \\ c_2 \\ \vdots \\ c_n \end{pmatrix} = \begin{pmatrix} \sum_{\alpha=1}^{N}\phi_1(x_\alpha)y_\alpha \\ \sum_{\alpha=1}^{N}\phi_2(x_\alpha)y_\alpha \\ \vdots \\ \sum_{\alpha=1}^{N}\phi_n(x_\alpha)y_\alpha \end{pmatrix} \tag{1.44}$$

これを解いて $c_1, \ldots, c_n$ が定まる． □

**チェック**　上式の左辺の行列は $(i,j)$ 要素が $\sum_{\alpha=1}^{N}\phi_i(x_\alpha)\phi_j(x_\alpha)$ であり，対角要素が左上から右下へ順に $\sum_{\alpha=1}^{N}\phi_1(x_\alpha)^2, \sum_{\alpha=1}^{N}\phi_2(x_\alpha)^2, \ldots, \sum_{\alpha=1}^{N}\phi_n(x_\alpha)^2$ となっている．

**チェック**　$\phi_1(x) = x^n$, $\phi_2(x) = x^{n-1}$, $\phi_3(x) = x^{n-2}$, $\phi_4(x) = x^{n-3}, \ldots$ とすると式 (1.39) と同じになる．

## ディスカッション

【学生】$\phi$ という文字は何ですか．読み方がわかりません．

【先生】これはギリシャ文字で“ファイ”または“フィー”と読みます．数式でよく使われるものをまとめると次のようになります．同じ文字でも読み方がいろいろあるものがあります．

| | | | | |
|---|---|---|---|---|
| 小文字 | $\alpha$ | アルファ (alpha) | $\nu$ | ニュー (nu) |
| | $\beta$ | ベータ (beta) | $\xi$ | クシー，クサイ (xi) |
| | $\gamma$ | ガンマ (gamma) | $\pi$, $\varpi$ | パイ (pi) |
| | $\delta$ | デルタ (delta) | $\rho$, $\varrho$ | ロー (rho) |
| | $\epsilon$, $\varepsilon$ | エプシロン，イプシロン (epsilon) | $\sigma$, $\varsigma$ | シグマ (sigma) |
| | | | $\tau$ | タウ，トー (tau) |
| | $\zeta$ | ゼータ，ジータ (zeta) | $\upsilon$ | ユプシロン，アプシロン (upsilon) |
| | $\eta$ | エータ，イータ (eta) | | |
| | $\theta$, $\vartheta$ | シータ，テータ (theta) | $\phi$, $\varphi$ | ファイ，フィー (phi) |
| | $\iota$ | イオタ，アイオータ (iota) | $\chi$ | カイ，キー (chi) |
| | $\kappa$ | カッパ (kappa) | $\psi$ | プサイ，プシー (psi) |
| | $\lambda$ | ラムダ (lambda) | $\omega$ | オメガ (omega) |
| | $\mu$ | ミュー (mu) | | |

| | | | | |
|---|---|---|---|---|
| 大文字 | $\Gamma$ | ガンマ | $\Sigma$ | シグマ |
| | $\Delta$ | デルタ | $\Upsilon$ | ユプシロン，アプシロン |
| | $\Theta$ | シータ，テータ | $\Phi$ | ファイ，フィー |
| | $\Lambda$ | ラムダ | $\Psi$ | プサイ，プシー |
| | $\Xi$ | クシー，クサイ | $\Omega$ | オメガ |
| | $\Pi$ | パイ | | |

**【学生】** どうしてややこしいギリシャ文字を使うのですか．$a, \ldots, z$ とその大文字を合わせて 52 個ありますから，記号が足りなくなることはないはずです．

**【先生】** これは歴史的な習慣から，それぞれの文字に特有なイメージがあるからです．そのイメージを利用すると式が読みやすくなります．例えば未知数や座標軸には $x$, $y$, $z$ を使いますね．一方 $i$, $j$, $k$, $l$, $m$, $n$ はふつうは整数の番号に使われます．特に $n$ は合計の個数 (number) によく使われます．また二つの変数の組を考えるときは $(a, b)$, $(p, q)$, $(u, v)$ がよく使われます．図形に対しては $r$ は半径 (radius)，$d$ は直径 (diameter), $l$ は長さ (length), $h$ は高さ (height), $v$ は速度 (velocity) というふうに特定の量に特定の記号を用いる習慣があります．このためローマ字 $a, \ldots, z, A, \ldots, Z$ のうちのかなりが既に役割が定まっていて，自由に使える変数が足りなくなります．

例えば関数を表すのに $f$ を使うのは英語の function（関数）に由来していますが，関数が複数あれば仕方がないので $f$ の次の $g$, $h$ を使います．しかしその次の $i$ は番号と間違われるので使いません．とするとそれ以外は大文字の $F$, $G$, $H$ しかありません．しかし $h$ や $H$ は他の意味にもよく使われるのであまり望ましくありません．したがってギリシャ文字を使うことになります．

**【学生】** どういうギリシャ文字をよく使うのですか．

**【先生】** ギリシャ文字もローマ字と同様に役割に歴史的な習慣があります．$\pi$ は円周率に使いますね．$\delta$ や $\epsilon$ は微小量，$\theta$ は角度，$\rho$ は密度，$\omega$ は角度の変化速度によく使われます．関数には $\phi$, $\psi$ がよく使われます．$\alpha$, $\beta$, $\gamma$ は一般の定数としてよく使われます．一方，$\kappa$, $\mu$, $\nu$ は物理定数によく使われます．

**【学生】** この本ではデータを $x_\alpha$, $\alpha = 1, \ldots, N$, のように添え字に $\alpha$ を使っていますが，何か意味があるのですか．

**【先生】** よいところに気がつきました．この本では変数や関数の番号には $i, j, k, \ldots$ を使っています．例えば $n$ 次元ベクトル $\boldsymbol{x}$ の成分は $x_i$, $i = 1, 2, \ldots, n$, $n$ 個の関数は $f_i(x)$, $i = 1, \ldots, n$, などと書いています．それに対して順序が勝手なデータを数える番号には $\alpha, \beta, \ldots$ を使い，データの合計数は $N$ と大文字にしています．このようにすると $\sum_{\alpha=1}^{N} \sum_{i=1}^{n}$ は，すべての変数または関数について和をとり，それをすべてのデータについて足すということが見やすくなります．

**【学生】** それは気がつきませんでした．その $\sum$ ですが，これは先ほどの表を見るとギリシャ文字 $\sigma$ の大文字です．これも何か意味があるのでしょうか．

**【先生】** これは英語の sum（和）の頭文字 s のギリシャ文字の大文字です．なぜ S にしないかというと，離散的な量にはギリシャ文字を用い，その極限をそれに対応するローマ字を使うという歴史的な習慣があるからです．例えば $\Delta x$ は変数 $x$ の微小な変化量を表し，これに対する関数 $f(x)$ の値の変化量を $\Delta f$ と書きます．$\Delta$ はローマ字の d に相当する大文字で，difference（差）に由来します．微分はその比 $\Delta f/\Delta x$ の $\Delta x$ を 0 に近づけた極限で，これを $\mathrm{d}f/\mathrm{d}x$ と書きます．一方，区間を微小間隔 $\Delta x$ に分割し，値を掛けて加えた和 $\sum(\cdots)\Delta x$ の間隔 $\Delta x$ を 0 に近づけた極限が積分で，$\sum$ に相当するローマ字 $\int$ $(= S)$ を用いて $\int(\cdots)\mathrm{d}x$ と書きます．「極限をとるとギリシャがローマになる」ということは，原始的なギリシャ文明が進化して高度なローマ文明になったという歴史と対応させるとおもしろいですね．

**【学生】** 積分の $\int$ が $S$ だとは気がつきませんでした．でもコンピュータ時代になると，計算できるのは離散的な数値だけです．別の授業では，コンピュータで微分を計算するには微小な間隔で関数値の差を計算する，積分を計算するには微小な間隔で関数値の和を計算すると習い，演習でプログラムも書きました．コンピュータによってローマ文明がギリシャ文明に退化したのではありませんか．

**【先生】** そうとも言えます．このことは第 4 章で話題にします．

---

### 1.1.4　選点直交関数系

正規方程式 (1.44) から，もし $n$ 個の関数 $\{\phi_i(x)\}$ が

$$\sum_{\alpha=1}^{N}\phi_i(x_\alpha)\phi_j(x_\alpha)=0, \qquad i\neq j \tag{1.45}$$

であるように選ばれていれば解がただちに求まる．なぜなら，上式が成り立てば正規方程式 (1.44) が次のようになるからである．

$$\begin{pmatrix} \sum_{\alpha=1}^{N}\phi_1(x_\alpha)^2 & & & \\ & \sum_{\alpha=1}^{N}\phi_2(x_\alpha)^2 & & \\ & & \ddots & \\ & & & \sum_{\alpha=1}^{N}\phi_n(x_\alpha)^2 \end{pmatrix} \begin{pmatrix} c_1 \\ c_2 \\ \vdots \\ c_n \end{pmatrix} = \begin{pmatrix} \sum_{\alpha=1}^{N}\phi_1(x_\alpha)y_\alpha \\ \sum_{\alpha=1}^{N}\phi_2(x_\alpha)y_\alpha \\ \vdots \\ \sum_{\alpha=1}^{N}\phi_n(x_\alpha)y_\alpha \end{pmatrix} \tag{1.46}$$

ただし，何も書かれていない要素は 0 とみなす．各成分を取り出すと

$$c_i \sum_{\alpha=1}^{N} \phi_i(x_\alpha)^2 = \sum_{\alpha=1}^{N} \phi_i(x_\alpha) y_\alpha, \qquad i = 1, \ldots, n \tag{1.47}$$

となるから，解が次のように得られる．

$$c_i = \frac{\sum_{\alpha=1}^{N} \phi_i(x_\alpha) y_\alpha}{\sum_{\alpha=1}^{N} \phi_i(x_\alpha)^2}, \qquad i = 1, \ldots, n \tag{1.48}$$

式 (1.45) が成り立つとき，$\{\phi_i(x)\}$ は**選点** $\{x_\alpha\}$ に関する（**選点**）**直交関数系**であるという（詳細は第 2 章で学ぶ）．

## 1.2 関数の表現

### 1.2.1 関数の最小二乗近似

区間 $[a, b]$ において，任意の関数 $f(x)$ を指定された $n$ 個の関数 $\{\phi_i(x)\}$ の線形結合で

$$f(x) \approx c_1\phi_1(x) + c_2\phi_2(x) + \cdots + c_n\phi_n(x) \tag{1.49}$$

と近似する問題を考える．例えば $f(x)$ が画像や音声を表す信号だとし，これが 10 個の関数 $\{\phi_i(x)\}$ でよく近似できるとすると，この画像や音声データを伝送したりメモリに記憶するのには 10 個の数値 $c_1, \ldots, c_{10}$ のみを伝送したり記憶すればよい．なぜなら $f(x)$ は必要に応じて式 (1.49) で再現できるからである．このように，いろいろな関数をある少数の関数の線形結合で表すことは今日のコンピュータやインターネットの応用で最も重要な問題の一つである．

まず，区間 $[a, b]$ のすべての点 $x$ で均一に近似するように次の積分による**最小二乗法**を考える．

$$J = \frac{1}{2}\int_a^b \Bigl(f(x) - \sum_{k=1}^{n} c_k\phi_k(x)\Bigr)^2 \mathrm{d}x \to \min \tag{1.50}$$

**【例 1.9】** 区間 $[a, b]$ 上の関数 $f(x)$ を $\sum_{k=1}^{n} c_k\phi_k(x)$ の形に最小二乗法で近似せよ．

（解）式 (1.50) のように置き，

$$\frac{\partial J}{\partial c_1} = 0, \qquad \ldots, \qquad \frac{\partial J}{\partial c_n} = 0 \tag{1.51}$$

を解いて $c_1, \ldots, c_n$ を定めればよい．式 (1.50) を $c_i$ で偏微分すると次式を得る．

$$\begin{aligned}\frac{\partial J}{\partial c_i} &= -\int_a^b \Big(f(x) - \sum_{k=1}^{n} c_k \phi_k(x)\Big)\phi_i(x)\mathrm{d}x \\ &= \sum_{k=1}^{n} c_k \int_a^b \phi_k(x)\phi_i(x)\mathrm{d}x - \int_a^b f(x)\phi_i(x)\mathrm{d}x\end{aligned} \tag{1.52}$$

これを0と置いて $i = 1, \ldots, n$ に対する式を並べると次の正規方程式を得る．

$$\begin{pmatrix} \int_a^b \phi_1(x)^2\mathrm{d}x & \int_a^b \phi_1(x)\phi_2(x)\mathrm{d}x & \cdots & \int_a^b \phi_1(x)\phi_n(x)\mathrm{d}x \\ \int_a^b \phi_2(x)\phi_1(x)\mathrm{d}x & \int_a^b \phi_2(x)^2\mathrm{d}x & \cdots & \int_a^b \phi_2(x)\phi_n(x)\mathrm{d}x \\ \vdots & \vdots & \ddots & \vdots \\ \int_a^b \phi_n(x)\phi_1(x)\mathrm{d}x & \int_a^b \phi_n(x)\phi_2(x)\mathrm{d}x & \cdots & \int_a^b \phi_n(x)^2\mathrm{d}x \end{pmatrix} \begin{pmatrix} c_1 \\ c_2 \\ \vdots \\ c_n \end{pmatrix} = \begin{pmatrix} \int_a^b \phi_1(x)f(x)\mathrm{d}x \\ \int_a^b \phi_2(x)f(x)\mathrm{d}x \\ \vdots \\ \int_a^b \phi_n(x)f(x)\mathrm{d}x \end{pmatrix} \tag{1.53}$$

これを解いて $c_1, \ldots, c_n$ が定まる．□

**チェック**　上式は式 (1.44) において和 $\sum_{\alpha=1}^{N}(\cdots)$ を積分 $\int_a^b(\cdots)\mathrm{d}x$ に置き換えたものに相当している．左辺の行列は $(i, j)$ 要素が $\int_a^b \phi_i(x)\phi_j(x)\mathrm{d}x$ であり，対角要素が左上から右下へ順に $\int_a^b \phi_1(x)^2\mathrm{d}x$, $\int_a^b \phi_2(x)^2\mathrm{d}x, \ldots,$ $\int_a^b \phi_n(x)^2\mathrm{d}x$ となっている．

## ディスカッション

**【学生】** 先ほど出てきた「区間 $[a, b]$ 上の関数」というのはどういう意味ですか．

**【先生】** これは「区間 $[a, b]$ で定義された関数」という意味です．この機会に復習しましょう．変数 $x$ のとる範囲 $a \leq x \leq b$, $a < x \leq b$, $a \leq x < b$, $a < x < b$ を**区間**と呼び，それぞれ $[a, b]$, $(a, b]$, $[a, b)$, $(a, b)$ と書きます．中には $(a, b)$, $(a, b]$ などを $]a, b[$, $]a, b]$ のように書く人もいます．また $a \leq x$, $a < x$, $x \leq b$, $x < b$ で表される範囲も無限大の区間とみなしてそ

れぞれ $[a,\infty)$, $(a,\infty)$, $(-\infty,b]$, $(-\infty,b)$ と書きます．何も制限のない場合は両方に無限大の区間として $(-\infty,\infty)$ と書きます．どの場合でも，ある区間で定義された関数をその区間上の関数といいます．

**【学生】** 式 (1.50) ですが，これは式 (1.41) でデータ $x_1, x_2, \ldots, x_N$ が区間 $[a,b]$ にびっしり詰まっていて，$N$ が非常に大きいときに $\sum_{\alpha=1}^{N}(\cdots)$ を積分 $\int_a^b(\cdots)dx$ で置き換えたと考えてよいのですか．

**【先生】** その通りです．積分は和の極限とみなせます．

---

### 1.2.2 直交関数系

正規方程式 (1.53) から，もし $n$ 個の関数 $\{\phi_i(x)\}$ が

$$\int_a^b \phi_i(x)\phi_j(x)\mathrm{d}x = 0, \qquad i \neq j \tag{1.54}$$

であるように選ばれていれば解がただちに求まる．なぜなら，上式が成り立てば正規方程式 (1.53) が次のようになるからである．

$$\begin{pmatrix} \int_a^b \phi_1(x)^2\mathrm{d}x & & & \\ & \int_a^b \phi_2(x)^2\mathrm{d}x & & \\ & & \ddots & \\ & & & \int_a^b \phi_n(x)^2\mathrm{d}x \end{pmatrix} \begin{pmatrix} c_1 \\ c_2 \\ \vdots \\ c_n \end{pmatrix} = \begin{pmatrix} \int_a^b \phi_1(x)f(x)\mathrm{d}x \\ \int_a^b \phi_2(x)f(x)\mathrm{d}x \\ \vdots \\ \int_a^b \phi_n(x)f(x)\mathrm{d}x \end{pmatrix} \tag{1.55}$$

各成分を取り出すと

$$c_i \int_a^b \phi_i(x)^2\mathrm{d}x = \int_a^b \phi_i(x)f(x)\mathrm{d}x, \qquad i = 1,\ldots,n \tag{1.56}$$

となるから，解が次のように得られる．

$$c_i = \frac{\int_a^b \phi_i(x)f(x)\mathrm{d}x}{\int_a^b \phi_i(x)^2\mathrm{d}x}, \qquad i = 1,\ldots,n \tag{1.57}$$

式 (1.54) が成り立つとき，$\{\phi_i(x)\}$ は $[a,b]$ 上の**直交関数系**であるという（詳細は第 2 章で学ぶ）．

### 1.2.3 重みつき最小二乗近似

区間 $[a,b]$ において，任意の関数 $f(x)$ を指定された $n$ 個の関数 $\{\phi_i(x)\}$ の線形結合によって

$$f(x) \approx c_1\phi_1(x) + c_2\phi_2(x) + \cdots + c_n\phi_n(x) \tag{1.58}$$

と近似する問題で，今度は区間 $[a,b]$ のすべての点 $x$ で均一に近似するのではなく，$x$ 軸上のある部分（例えば原点の近く）を他の部分よりよく近似したいとする．これには，この近似の程度を表す正の関数 $w(x)$ $(>0)$ を**重み**とし，次の**重みつき最小二乗法**を考えればよい．

$$J = \frac{1}{2}\int_a^b \Big(f(x) - \sum_{k=1}^{n} c_k\phi_k(x)\Big)^2 w(x)\mathrm{d}x \to \min \tag{1.59}$$

なぜなら，積分の内部が区間 $[a,b]$ で均等に小さくなるためには，$w(x)$ が大きい部分ほど二乗部分が小さくなければならず，逆に $w(x)$ が小さい部分は二乗部分がそれほど小さくなくてもよいからである．

**【例 1.10】**　区間 $[a,b]$ の関数 $f(x)$ を $\sum_{k=1}^{n} c_k\phi_k(x)$ の形に $w(x)$ を重みとする最小二乗法で近似せよ．

（解）式 (1.59) のように置き，

$$\frac{\partial J}{\partial c_1} = 0, \qquad \ldots, \qquad \frac{\partial J}{\partial c_n} = 0 \tag{1.60}$$

を解いて $c_1,\ldots,c_n$ を定めればよい．式 (1.59) を $c_i$ で偏微分すると次式を得る．

$$\begin{aligned}\frac{\partial J}{\partial c_i} &= -\int_a^b \Big(f(x) - \sum_{k=1}^{n} c_k\phi_k(x)\Big)\phi_i(x)w(x)\mathrm{d}x \\ &= \sum_{k=1}^{n} c_k \int_a^b \phi_k(x)\phi_i(x)w(x)\mathrm{d}x - \int_a^b f(x)\phi_i(x)w(x)\mathrm{d}x \end{aligned} \tag{1.61}$$

これを 0 と置いて $i=1,\ldots,n$ に対する式を並べると次の正規方程式を得る．

$$\begin{pmatrix} \int_a^b \phi_1(x)^2 w(x)\mathrm{d}x & \int_a^b \phi_1(x)\phi_2(x)w(x)\mathrm{d}x & \cdots & \int_a^b \phi_1(x)\phi_n(x)w(x)\mathrm{d}x \\ \int_a^b \phi_2(x)\phi_1(x)w(x)\mathrm{d}x & \int_a^b \phi_2(x)^2 w(x)\mathrm{d}x & \cdots & \int_a^b \phi_2(x)\phi_n(x)w(x)\mathrm{d}x \\ \vdots & \vdots & \ddots & \vdots \\ \int_a^b \phi_n(x)\phi_1(x)w(x)\mathrm{d}x & \int_a^b \phi_n(x)\phi_2(x)w(x)\mathrm{d}x & \cdots & \int_a^b \phi_n(x)^2 w(x)\mathrm{d}x \end{pmatrix}$$

$$\times \begin{pmatrix} c_1 \\ c_2 \\ \vdots \\ c_n \end{pmatrix} = \begin{pmatrix} \int_a^b \phi_1(x)f(x)w(x)\mathrm{d}x \\ \int_a^b \phi_2(x)f(x)w(x)\mathrm{d}x \\ \vdots \\ \int_a^b \phi_n(x)f(x)w(x)\mathrm{d}x \end{pmatrix} \tag{1.62}$$

これを解いて $c_1, \ldots, c_n$ が定まる.　□

**チェック**　上式の左辺の行列は $(i, j)$ 要素が $\int_a^b \phi_i(x)\phi_j(x)w(x)\mathrm{d}x$ であり，対角要素が左上から右下へ順に $\int_a^b \phi_1(x)^2 w(x)\mathrm{d}x,\ \int_a^b \phi_2(x)^2 w(x)\mathrm{d}x, \ldots,\ \int_a^b \phi_n(x)^2 w(x)\mathrm{d}x$ となっている.

**チェック**　式 (1.59) の重みつき最小二乗法で重みが一様なとき，すなわち

$$w(x) = 1 \tag{1.63}$$

のとき式 (1.50) の最小二乗法となっている.

## ディスカッション

【学生】式 (1.59) で $w(x) = 1$ とすれば式 (1.50) になりますが，

$$w(x) = \begin{cases} 1 & x \text{ が } x_1,\ x_2, \ldots, x_N \text{ に等しいとき} \\ 0 & \text{それ以外} \end{cases} \tag{1.64}$$

と置いた場合が離散的なデータの場合の式 (1.41) になるのですか.

【先生】よいところに目をつけました. しかし式 (1.64) と置いたのでは式 (1.59) が 0 になってしまいます. というのは積分はグラフの面積に相当しているので，1 点だけに値があるとそのグラフはその値を高さとする幅 0 の線分になるからです. 線分の面積は幅がないので 0 です.

1.2.1 項のディスカッションで君が指摘したように，式 (1.50) は式 (1.41) でデータ $x_1$, $x_2, \ldots, x_N$ が区間 $[a, b]$ にびっしり詰まったときの極限ですが，これは区間 $[a, b]$ に「一様に」詰まった場合です. ある部分では密に詰まり，他の部分ではそうではないというような粗密があるときは，その**密度**を $w(x)$ とすると式 (1.50) になるのです.

「密度」の定義はこうです. $\varepsilon$ を微小な長さとするとき，区間 $[x - \varepsilon/2, x + \varepsilon/2]$ 内の個数を幅 $\varepsilon$ で割ったものを，その区間の「平均密度」といいます. その $\varepsilon$ を 0 に近づけた極限を点 $x$ での「密度」と定義します. 孤立した 1 点の幅は 0 ですから密度は $\infty$ になります. ですから君の式 (1.64) ではなく

$$w(x) = \begin{cases} \infty & x \text{ が } x_1,\ x_2, \ldots, x_N \text{ に等しいとき} \\ 0 & \text{それ以外} \end{cases} \tag{1.65}$$

とすると式 (1.59) が式 (1.41) になります. つまり離散的な点に無限大の重みを置いたときの積分 $\int$ が和 $\sum$ になるのです.

このことをもう少し厳密に説明しましょう. 原点に 1 個のデータが孤立しているとき，それをはさむ幅 $\varepsilon$ の区間を考えると，その区間内の平均密度は $1/\varepsilon$ となり，それ以外では 0 です. グラフに描くと図 1.2 のようになり，囲む面積が 1 になっています.

そして，任意の連続関数 $f(x)$ に対して

$$\int_{-\infty}^{\infty} f(x)\delta_\varepsilon(x)dx = \frac{1}{\varepsilon}\int_{-\varepsilon/2}^{\varepsilon/2} f(x)dx = \{f(x) \text{ の区間 } [-\varepsilon/2, \varepsilon/2] \text{ の平均値 }\} \tag{1.66}$$

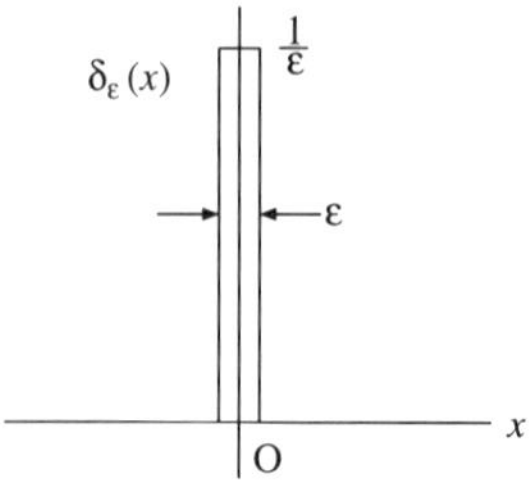


**図 1.2**　関数 $\delta_\epsilon(x)$ の $\varepsilon \to 0$ の極限が（ディラックの）デルタ関数 $\delta(x)$ となる．

となりますから，$\varepsilon \to 0$ の極限を考え，$\delta_\varepsilon(x)$ の極限を $\delta(x)$ と書くと

$$\int_{-\infty}^{\infty} f(x)\delta(x)dx = f(0) \tag{1.67}$$

となります．しかし $\delta_\varepsilon(x)$ の定義から

$$\delta(x) = \begin{cases} \infty & x = 0 \text{ のとき} \\ 0 & x \neq 0 \text{ のとき} \end{cases} \tag{1.68}$$

と発散してしまいます．それにもかかわらず，これを形式的に関数とみなすと式 (1.67) が成り立ち，考えやすくなります．このアイデアは英国の物理学者**ディラック** (Paul Dirac: 1902–1984) が導入したので $\delta(x)$ を**（ディラックの）デルタ関数**と呼びます．これは $x$ を時刻とみなすと時刻 0 での衝撃を表すので**インパルス関数**とも呼ばれ，制御工学でよく用いられます．ディラックは量子力学の記述の都合から用いましたが，発散するので数学的には関数ではありません．しかし後にフランスの数学者**シュワルツ** (Laurent Schwartz: 1915–) や日本の数学者**佐藤幹夫** (1928–) がこれを**超関数**とみなす数学理論を作りました．

デルタ関数 $\delta(x)$ を $a$ だけ平行移動した $\delta(x-a)$ を考えると式 (1.67) から $\int_{-\infty}^{\infty} f(x)\delta(x-a)\mathrm{d}x = f(a)$ となります．したがって式 (1.65) は厳密には

$$w(x) = \sum_{\alpha=1}^{N} \delta(x - x_\alpha) \tag{1.69}$$

とするのが正しい表現です．

**【学生】** 何でも聞いてみるものですね．単純に見えることにも数学者が高級な数学理論を考えていることがわかりました．でもとても難しいことになりそうなので，これ以上深入りはしないことにします．

---

### 1.2.4　重みつき直交関数系

正規方程式 (1.62) から，もし $n$ 個の関数 $\{\phi_i(x)\}$ が

$$\int_a^b \phi_i(x)\phi_j(x)w(x)\mathrm{d}x = 0, \qquad i \neq j \tag{1.70}$$

であるように選ばれていれば解がただちに求まる．なぜなら，上式が成り立てば正規方程式 (1.62) が次のようになるからである．

$$\begin{pmatrix} \int_a^b \phi_1(x)^2 w(x)\mathrm{d}x & & & \\ & \int_a^b \phi_2(x)^2 w(x)\mathrm{d}x & & \\ & & \ddots & \\ & & & \int_a^b \phi_n(x)^2 w(x)\mathrm{d}x \end{pmatrix} \begin{pmatrix} c_1 \\ c_2 \\ \vdots \\ c_n \end{pmatrix} = \begin{pmatrix} \int_a^b \phi_1(x) f(x) w(x)\mathrm{d}x \\ \int_a^b \phi_2(x) f(x) w(x)\mathrm{d}x \\ \vdots \\ \int_a^b \phi_n(x) f(x) w(x)\mathrm{d}x \end{pmatrix} \tag{1.71}$$

各成分を取り出すと

$$c_i \int_a^b \phi_i(x)^2 w(x)\mathrm{d}x = \int_a^b \phi_i(x) f(x) w(x)\mathrm{d}x, \qquad i = 1, \ldots, n \tag{1.72}$$

となるから，解が次のように得られる．

$$c_i = \frac{\int_a^b \phi_i(x) f(x) w(x)\mathrm{d}x}{\int_a^b \phi_i(x)^2 w(x)\mathrm{d}x}, \qquad i = 1, \ldots, n \tag{1.73}$$

式 (1.70) が成り立つとき，$\{\phi_i(x)\}$ は $[a, b]$ 上の $w(x)$ を重みとする（**重みつき**）**直交関数系**であるという（詳細は第 2 章で学ぶ）．

## 1.3 列ベクトルの表現

### 1.3.1 列ベクトルの最小二乗近似

$m$ 次元列ベクトル $\boldsymbol{a}$ が与えられたとき，これを指定した $n$ 本の $m$ 次元列ベクトル（$n \leq m$）の線形結合で

$$\boldsymbol{a} \approx c_1\boldsymbol{u}_1 + c_2\boldsymbol{u}_2 + \cdots + c_n\boldsymbol{u}_n \tag{1.74}$$

と近似する問題を考える．すべての成分を均一に近似するように次の**最小二乗法**を考える．

$$J = \frac{1}{2}\|\boldsymbol{a} - \sum_{k=1}^{n} c_k\boldsymbol{u}_k\|^2 \to \min \tag{1.75}$$

ただし列ベクトル $\boldsymbol{a} = \begin{pmatrix} a_1 \\ \vdots \\ a_m \end{pmatrix}$, $\boldsymbol{b} = \begin{pmatrix} b_1 \\ \vdots \\ b_m \end{pmatrix}$ の**内積** $(\boldsymbol{a}, \boldsymbol{b})$ と列ベクトル $\boldsymbol{a} = \begin{pmatrix} a_1 \\ \vdots \\ a_m \end{pmatrix}$ の**ノルム** $\|\boldsymbol{a}\|$ を次のように定義する．

$$(\boldsymbol{a}, \boldsymbol{b}) = \sum_{i=1}^{m} a_i b_i, \qquad \|\boldsymbol{a}\| = \sqrt{(\boldsymbol{a}, \boldsymbol{a})} = \sqrt{\sum_{i=1}^{m} a_i^2} \tag{1.76}$$

ノルム $\|\boldsymbol{a}\|$ が 1 のベクトル $\boldsymbol{a}$ を**単位ベクトル**という．

**チェック**　ベクトル $\boldsymbol{a} = \begin{pmatrix} a_1 \\ \vdots \\ a_m \end{pmatrix}$, $\boldsymbol{b} = \begin{pmatrix} b_1 \\ \vdots \\ b_m \end{pmatrix}$ に対して $\|\boldsymbol{a} - \boldsymbol{b}\|^2 = \sum_{i=1}^{m}(a_i - b_i)^2$ と書ける．

**【例 1.11】**　ベクトル $\boldsymbol{a}$ を $\sum_{k=1}^{n} c_k \boldsymbol{u}_k$ の形に近似せよ．

（解）式 (1.75) のように置き，

$$\frac{\partial J}{\partial c_1} = 0, \qquad \ldots, \qquad \frac{\partial J}{\partial c_n} = 0 \tag{1.77}$$

を解いて $c_1, \ldots, c_n$ を定めればよい．式 (1.75) は次のように変形できる．

$$\begin{aligned} J &= \frac{1}{2}(\boldsymbol{a} - \sum_{k=1}^{n} c_k \boldsymbol{u}_k, \boldsymbol{a} - \sum_{l=1}^{n} c_l \boldsymbol{u}_l) \\ &= \frac{1}{2}\Big((\boldsymbol{a}, \boldsymbol{a}) - 2(\boldsymbol{a}, \sum_{k=1}^{n} c_k \boldsymbol{u}_k) + (\sum_{k=1}^{n} c_k \boldsymbol{u}_k, \sum_{l=1}^{n} c_l \boldsymbol{u}_l)\Big) \\ &= \frac{1}{2}\Big(\|\boldsymbol{a}\|^2 - 2\sum_{k=1}^{n} c_k (\boldsymbol{a}, \boldsymbol{u}_k) + \sum_{k,l=1}^{n} c_k c_l (\boldsymbol{u}_k, \boldsymbol{u}_l)\Big) \end{aligned} \tag{1.78}$$

この式中の $c_i$ が含まれる項は $-2c_i(\boldsymbol{a}, \boldsymbol{u}_i)$ と $\sum_{l=1}^{n} c_i c_l (\boldsymbol{u}_i, \boldsymbol{u}_l)$ と $\sum_{k=1}^{n} c_k c_i (\boldsymbol{u}_k, \boldsymbol{u}_i)$ であるから，上式を $c_i$ で偏微分すると次式を得る．

$$\frac{\partial J}{\partial c_i} = -(\boldsymbol{a}, \boldsymbol{u}_i) + \sum_{k=1}^{n} c_k (\boldsymbol{u}_k, \boldsymbol{u}_i) \tag{1.79}$$

これを 0 と置いて $i = 1, \ldots, n$ に対する式を並べると次の正規方程式を得る.

$$\begin{pmatrix} \|\boldsymbol{u}_1\|^2 & (\boldsymbol{u}_1, \boldsymbol{u}_2) & \cdots & (\boldsymbol{u}_1, \boldsymbol{u}_n) \\ (\boldsymbol{u}_2, \boldsymbol{u}_1) & \|\boldsymbol{u}_2\|^2 & \cdots & (\boldsymbol{u}_2, \boldsymbol{u}_n) \\ \vdots & \vdots & \ddots & \vdots \\ (\boldsymbol{u}_n, \boldsymbol{u}_1) & (\boldsymbol{u}_n, \boldsymbol{u}_2) & \cdots & \|\boldsymbol{u}_n\|^2 \end{pmatrix} \begin{pmatrix} c_1 \\ c_2 \\ \vdots \\ c_n \end{pmatrix} = \begin{pmatrix} (\boldsymbol{a}, \boldsymbol{u}_1) \\ (\boldsymbol{a}, \boldsymbol{u}_2) \\ \vdots \\ (\boldsymbol{a}, \boldsymbol{u}_n) \end{pmatrix} \tag{1.80}$$

これを解いて $c_1, \ldots, c_n$ が定まる（ただしベクトル $\boldsymbol{u}_1, \ldots, \boldsymbol{u}_n$ を変則的に選ぶと解が存在しなかったり無数に存在したりすることがある ↪ 第 5 章 5.1 節）.

□

**チェック** 上式の左辺の行列は $(i, j)$ 要素が $(\boldsymbol{u}_i, \boldsymbol{u}_j)$ であり，対角要素が左上から右下へ順に $\|\boldsymbol{u}_1\|^2, \|\boldsymbol{u}_2\|^2, \ldots, \|\boldsymbol{u}_n\|^2$ となっている.

## ディスカッション

**【学生】** これまで関数のことだったのが急にベクトルの話になって混乱しています．でも何か関数の場合と同じようなことをしている気がします．それは後にして，式 (1.75) を分配則を使って自分で展開してみると違った結果になりました．どこが間違いなのでしょうか.

$$\begin{aligned} J &= \frac{1}{2}(\boldsymbol{a} - \sum_{k=1}^{n} c_k \boldsymbol{u}_k, \boldsymbol{a} - \sum_{k=1}^{n} c_k \boldsymbol{u}_k) \\ &= \frac{1}{2}\Big((\boldsymbol{a}, \boldsymbol{a}) - 2(\boldsymbol{a}, \sum_{k=1}^{n} c_k \boldsymbol{u}_k) + (\sum_{k=1}^{n} c_k \boldsymbol{u}_k, \sum_{k=1}^{n} c_k \boldsymbol{u}_k)\Big) \\ &= \frac{1}{2}\Big(\|\boldsymbol{a}\|^2 - 2\sum_{k=1}^{n} c_k (\boldsymbol{a}, \boldsymbol{u}_k) + \sum_{k=1}^{n} c_k^2 (\boldsymbol{u}_k, \boldsymbol{u}_k)\Big) \\ &= \frac{1}{2}\Big(\|\boldsymbol{a}\|^2 - 2\sum_{k=1}^{n} c_k (\boldsymbol{a}, \boldsymbol{u}_k) + \sum_{k=1}^{n} c_k^2 \|\boldsymbol{u}_k\|^2\Big) \end{aligned} \tag{1.81}$$

式 (1.76) の定義から，ベクトルとそれ自身との内積はノルムの二乗ですね．どこも間違いはないように思えますが.

**【先生】** 原因は添え字の混乱です．総和記号 $\sum_{i=1}^{n} a_i$ の添え字 $i$ は $\sum_{i=1}^{n}$ の $i$ と $a_i$ の $i$ が対応していればよく，何の文字を使っても構いません．例えば $\sum_{j=1}^{n} a_j$, $\sum_{k=1}^{n} a_k$, $\sum_{l=1}^{n} a_l, \ldots$ と書いても同じです．このような，対応していれば文字自体には意味がない添字はダミーであるといいます．ダミー添え字は混乱が生じないように適切に文字を変えなければなりません．例えば $\sum_{i=1}^{n} a_i$ と $\sum_{i=1}^{n} b_i$ の積は

$$\sum_{i=1}^{n} a_i \sum_{i=1}^{n} b_i = \sum_{i=1}^{n} \sum_{i=1}^{n} a_i b_i \tag{1.82}$$

とすると，最初の右辺の $\sum_{i=1}^{n}$ は $a_i$ の $i$ のみを足し，次の $\sum_{i=1}^{n}$ は $b_i$ の $i$ のみを足すので $\sum_{i=1}^{n} a_i b_i$ とまとめることはできません．このような混乱を避けるためにダミー添え字を変更して，

$$\sum_{i=1}^{n} a_i \sum_{j=1}^{n} b_j = \sum_{i=1}^{n}\sum_{j=1}^{n} a_i b_j = \sum_{i,j=1}^{n} a_i b_j \tag{1.83}$$

とすれば問題が起きません．$\sum_{i,j=1}^{n}$ は $\sum_{i=1}^{n}\sum_{j=1}^{n}$ の略記です．式 (1.78) で $\|\boldsymbol{a} - \sum_{k=1}^{n} c_k \boldsymbol{u}_k\|^2$ を $(\boldsymbol{a} - \sum_{k=1}^{n} c_k \boldsymbol{u}_k, \boldsymbol{a} - \sum_{k=1}^{n} c_k \boldsymbol{u}_k)$ と書かずに $(\boldsymbol{a} - \sum_{k=1}^{n} c_k \boldsymbol{u}_k, \boldsymbol{a} - \sum_{l=1}^{n} c_l \boldsymbol{u}_l)$ と書いたのはそのためです．同様に積分 $\int_a^b f(x)\mathrm{d}x$ の $x$ もダミー変数です．これを $\int_a^b f(y)\mathrm{d}y$, $\int_a^b f(t)\mathrm{d}t$, $\int_a^b f(s)\mathrm{d}s$, ... と書いても同じです．これを利用すると，例えば $\int_a^b f(x)\mathrm{d}x$ と $\int_c^d g(x)\mathrm{d}x$ の積を

$$\int_a^b f(x)\mathrm{d}x \int_c^d g(y)\mathrm{d}y = \int_c^d \int_a^b f(x)g(y)\mathrm{d}x\mathrm{d}y \tag{1.84}$$

のように書いて変数の混乱を避けることができます．ただし $\int_a^b$ を $\mathrm{d}x$ に，$\int_c^d$ を $\mathrm{d}y$ に対応させるために，括弧の対応 $[\{(\cdots)\}]$ と同じように内側から順に対応させています．

**【学生】** 言われてみると単純なことですね．でも高校ではこのことを教わりませんでした．数列 $\{a_i\}$, $i = 1, \ldots, n$, とあると添え字は $i$ と書かなければならないと思い込んでいました．よく考えると $\{a_j\}$, $j = 1, \ldots, n$, と書いても同じですね．和 $\sum_{i=1}^{n} a_i$ を $\sum_{j=1}^{n} a_j$ と書いてもよいことも，言われなければ気がつかないところでした．

---

### 1.3.2　列ベクトルの直交系

正規方程式 (1.80) から，もし $n$ 本の列ベクトル $\{\boldsymbol{u}_i\}$ が

$$(\boldsymbol{u}_i, \boldsymbol{u}_j) = 0, \qquad i \neq j \tag{1.85}$$

であるように選ばれていれば解がただちに求まる．なぜなら，上式が成り立てば正規方程式 (1.80) が次のようになるからである．

$$\begin{pmatrix} \|\boldsymbol{u}_1\|^2 & & & \\ & \|\boldsymbol{u}_2\|^2 & & \\ & & \ddots & \\ & & & \|\boldsymbol{u}_n\|^2 \end{pmatrix} \begin{pmatrix} c_1 \\ c_2 \\ \vdots \\ c_n \end{pmatrix} = \begin{pmatrix} (\boldsymbol{a}, \boldsymbol{u}_1) \\ (\boldsymbol{a}, \boldsymbol{u}_2) \\ \vdots \\ (\boldsymbol{a}, \boldsymbol{u}_n) \end{pmatrix} \tag{1.86}$$

各成分を取り出すと

$$c_i \|\boldsymbol{u}_i\|^2 = (\boldsymbol{a}, \boldsymbol{u}_i), \qquad i = 1, \ldots, n \tag{1.87}$$

となるから，解が次のように得られる．

$$c_i = \frac{(\boldsymbol{a}, \boldsymbol{u}_i)}{\|\boldsymbol{u}_i\|^2}, \qquad i = 1, \ldots, n \tag{1.88}$$

式 (1.85) が成り立つとき，列ベクトル $\{\boldsymbol{u}_i\}$ は**直交系**であるという．特にすべてが単位ベクトル ($\|\boldsymbol{u}_i\| = 1, i = 1, \ldots, n$) のとき，これを**正規直交系**という．式で書くと次のようになる．

$$(\boldsymbol{u}_i, \boldsymbol{u}_j) = \delta_{ij} \tag{1.89}$$

ただし $\delta_{ij}$ は**クロネッカーのデルタ**と呼ぶ記号であり，次のように定義する．

$$\delta_{ij} = \begin{cases} 1 & i = j \text{ のとき} \\ 0 & i \neq j \text{ のとき} \end{cases} \tag{1.90}$$

$\{\boldsymbol{u}_i\}$ が正規直交系のとき，解 (1.88) は次のように書ける．

$$c_i = (\boldsymbol{a}, \boldsymbol{u}_i), \qquad i = 1, \ldots, n \tag{1.91}$$

## ディスカッション

**【学生】** これで第 1 章は終わりのようですが，ずいぶん式が出てきてとても覚えられません．それぞれの式は変形していくと確かに成り立つことがわかります．でもそれで何がわかればいいのでしょうか．

**【先生】** これまでの式の変形で何か気がついたことはありませんか．

**【学生】** そういえば先ほども言いましたが，同じことの繰り返しのようです．いつも食い違いの二乗の和や積分を最小にするのに偏微分して 0 とおき，正規方程式を解いているようです．そこは同じですが，問題ごとに式が違ってきます．何か無駄な気がします．これらを一つの問題として覚えやすく説明して頂けませんか．

**【先生】** よいところに気がつきました．いろいろな問題が同じように思えるのは**論理が同じ**だからです．実はこの章で説明した問題はどれも抽象的に書くと同じになります．その抽象的に書いた問題が解ければ，それを具体化した問題がすべて解けることになります．これが現代数学の考え方です．それには，まず表面的には異なる問題の共通の性質を探します．その共通の性質を抽象的に記述したものを**公理**と呼びます．その公理のみから論理的にある結論が得られれば，その結論は公理を満たすあらゆる問題に対して成立することになります．

この章では同じことを何度も繰り返して煩雑になりましたが，次章では抽象的に記述した公理から論理的にさまざまの結論を導き，それを具体化することによって種々の問題が解けることを学びます．こうすると説明が簡潔になるだけでなく，底を流れる数学的な構造が明らかになり，数学の美しさを感じることができます．この章はその準備でした．

**【学生】** それは楽しみです．でも一つ疑問があります．式 (1.45), (1.54), (1.70), (1.85) のような関係がたまたま成り立てば，確かに連立方程式の係数が簡単になり，解がすぐ求まることはわかります．しかし実際の問題でそんな都合のいいことが偶然に起こるとは思えません．めったにないことなら「直交関数系」というような高級そうな名前をつけても仕方がないのではないでしょうか．

**【先生】** これは手厳しい指摘です．君のいうように，与えられた関数やベクトルがそのような関係（**直交関係**と呼びます）をたまたま満たしているということはめったにないでしょう．しかし，最小二乗法の目的は複雑なデータを**少数の式の重ね合わせ**（**線形結合**）で表すことが目的です．これを音声や画像に応用すれば，大量のデータを少数の数値で表すことができます．なぜなら，その重ね合わせの係数のみを伝送したり記憶したりすればよいからです．このようにして伝送量や記憶量を減らすことを**データ圧縮**と呼びます．

このため，少ない係数で表せるなら複雑な関数やベクトルを用いても構わないことになります．そこで実際問題では式 (1.45), (1.54), (1.70), (1.85) のような**直交関係が満たされるような関数やベクトルを作り出す**のです．このための計算がややこしくても，いったん作って保存しておけば，後はそれを使うことによって計算が非常に簡単になり，計算機による処理も非常に高速になります．どのようにして作り出すかは第 2 章で述べます．

**【学生】** その前に，さっきから気になっていたことがあります．式 (1.45), (1.54), (1.70), (1.85) に「直交」という言葉を使うのはなぜでしょうか．「直交」とは「直角に交わる」こと，つまり垂直なことだと思っていましたが，ここでは直角とは関係がありません．

**【先生】** よいことに気がつきました．これは私がさきほど言ったことに関係しています．平面や空間のベクトル $\boldsymbol{a}$, $\boldsymbol{b}$ が直交する，つまり成す角度が 90 度のとき，内積が 0 であることは高校でも習いましたね．内積を $(\boldsymbol{a}, \boldsymbol{b})$ と書き，ベクトル $\boldsymbol{a}$, $\boldsymbol{b}$ の長さをそれぞれ $\|\boldsymbol{a}\|$, $\|\boldsymbol{b}\|$ と書くと，成す角度が $\theta$ なら $(\boldsymbol{a}, \boldsymbol{b}) = \|\boldsymbol{a}\| \cdot \|\boldsymbol{b}\| \cos\theta$ が成り立ちますから，直交するのは $\cos\theta = 0$，すなわち $(\boldsymbol{a}, \boldsymbol{b}) = 0$ のときです．したがって式 (1.85) は 2 次元または 3 次元ベクトルの場合はちょうどベクトルが直交することを表しています．これを一般化して「長さ」を「ノルム」と言い換え，$n$ 次元ベクトルの内積とノルムを式 (1.76) のように定義し，式 (1.85) が満たされるものを互いに「直交する」と呼ぶことにしても不自然ではありませんね．

**【学生】** それはそうですが，高校ではベクトルの内積は $\vec{a} \cdot \vec{b}$ と書き，ベクトルの長さは $|\vec{a}|$ と書くように教わりました．ですから先生の書かれた式は $\vec{a} \cdot \vec{b} = |\vec{a}| \cdot |\vec{b}| \cos\theta$ でした．別の授業の教科書ではベクトルは $\boldsymbol{a}$, $\boldsymbol{b}$ とゴチックになっていましたが，内積は $\langle \boldsymbol{a}, \boldsymbol{b} \rangle$ と書いてありました．どれが正しいのですか．

**【先生】**「正しい」記号はありません．同じことに別々の記号が使われるのは，それぞれの教科書の著者の好みや歴史的な事情があり，どうしようもないことです．大学では高校と違って教科書を文部科学省が検定して統一することなどできませんし，統一するとかえって学問の発展が阻害されます．この本で内積を $(\boldsymbol{a},\boldsymbol{b})$ と書いたのは，ベクトルの場合と関数の場合に同じ記号を使って見やすくするためです．

話は戻りますが，2 次元や 3 次元ベクトルに対する定義を $n$ 次元ベクトルに適用しても，成り立つ関係が同じなので問題ないですね．それを一歩進めて，関数に対する式 (1.45), (1.54), (1.70) を「内積が 0」と同じ関係と考えて「直交関係」と呼ぶのです．この「同じ」という意味は先ほど言った「抽象的に考えると論理的に同じ構造をもつ」ということです．これを具体的に示すのが次章の目的です．

**【学生】** そう言われても，私にとって一番考えやすいのはベクトルです．例えば式 (1.45) は関数 $\phi_i(x)$ の値を並べたベクトル $\begin{pmatrix} \phi_i(x_1) \\ \phi_i(x_2) \\ \vdots \\ \phi_i(x_N) \end{pmatrix}$ と関数 $\phi_j(x)$ の値を並べたベクトル $\begin{pmatrix} \phi_j(x_1) \\ \phi_j(x_2) \\ \vdots \\ \phi_j(x_N) \end{pmatrix}$ を考えると，式 (1.45) の左辺はその内積になっています．そう考えると式 (1.54) はデータ $x_1,\ x_2,\ldots,x_N$ が区間 $[a,b]$ にびっしりと一様に詰まっている極限で，式 (1.70) は密度 $w(x)$ で詰まった極限とみなせます．このように考えてよいのですか．

**【先生】** その通りです．次章で述べるように，数学的には内積や直交性を公理によって定義するのですが，抽象的な定義は何かのイメージを描くとわかりやすくなります．ベクトルや図形のイメージは理解を助けるのに非常に役立ちます．

---

# 第2章

# 直交関数展開

前章の最後で，最小二乗法に用いる関数として「直交関数系」と呼ぶ特別の性質を持つ関数を用いれば計算が簡単になることがわかった．本章ではこの性質を組織的に調べ，「ルジャンドルの多項式」，「チェビシェフの多項式」，「エルミートの多項式」，「ラゲールの多項式」，「選点直交多項式」などのさまざまな直交関数系を導き，与えられた関数を直交関数系の線形結合で表す方法を体系化する．その代表例は「フーリエ級数」である．さらに関数の作る「線形空間」に「内積」や「ノルム」を定義した「計量空間」における種々の抽象的な概念や定理，および「シュミットの直交化」などのそれを用いる抽象的な思考方式に慣れることを目的とする．

## 2.1 関数の近似

### 2.1.1 直交関数系

区間 $[a,b]$ 上の関数 $f(x)$, $g(x)$ は

$$\int_a^b f(x)g(x)\mathrm{d}x = 0 \tag{2.1}$$

のとき**直交する**という．関数 $\phi_0(x), \phi_1(x), \ldots, \phi_n(x)$ が互いに直交するとき，すなわち

$$\int_a^b \phi_i(x)\phi_j(x)\mathrm{d}x = 0, \qquad i \neq j \tag{2.2}$$

のとき，これらは区間 $[a,b]$ 上の**直交関数系**であるという（$\hookrightarrow$ 第1章1.2.2項）．特に，各関数 $\phi_i(x)$ が $x$ の多項式なら，これを**直交多項式**という．

**【例 2.1】** 次の関数 $P_n(x)$, $n = 0, 1, 2, \ldots$, は $n$ 次の**ルジャンドルの多項式**と呼ばれる.

$$
\begin{aligned}
P_0(x) &= 1 \\
P_1(x) &= x \\
P_2(x) &= \frac{1}{2}(3x^2 - 1) \\
P_3(x) &= \frac{1}{2}(5x^3 - 3x) \\
P_4(x) &= \frac{1}{8}(35x^4 - 30x^2 + 3) \\
P_5(x) &= \frac{1}{8}(63x^5 - 70x^3 + 15x) \\
P_6(x) &= \frac{1}{16}(231x^6 - 315x^4 + 105x^2 - 5) \\
P_7(x) &= \frac{1}{16}(429x^7 - 693x^5 + 315x^3 - 35x) \\
P_8(x) &= \frac{1}{128}(6435x^8 - 12012x^6 + 6930x^4 - 1260x^2 + 35) \\
&\vdots
\end{aligned}
\tag{2.3}
$$

これらは区間 $[-1, 1]$ 上の直交関数系であり，次の**直交関係**が成立する.

$$
\int_{-1}^{1} P_n(x) P_m(x) \mathrm{d}x = \begin{cases} \dfrac{2}{2n+1} & n = m \text{ のとき} \\ 0 & n \neq m \text{ のとき} \end{cases}
\tag{2.4}
$$

$P_n(x)$ の一般式が次式で表せることが知られている（**ロドリゲスの公式**）.

$$
P_n(x) = \frac{1}{2^n n!} \frac{\mathrm{d}^n (x^2 - 1)^n}{\mathrm{d}x^n}
\tag{2.5}
$$

**チェック** ルジャンドルの多項式 $P_n(x)$ は $n$ 次多項式である．そして $n$ が偶数のときは $x$ の偶数のべき乗のみから成る偶関数であり $P_n(-1) = P_n(1) = 1$ となっている．$n$ が奇数のときは $x$ の奇数のべき乗のみから成る奇関数であり $P_n(-1) = -1$, $P_n(1) = 1$ となっている.

**【例 2.2】** $\dfrac{1}{2}$, $\cos kx$, $\sin kx$, $k = 1, 2, 3, \ldots$, は区間 $[-\pi, \pi]$ 上の直交関数であることを示せ.

（解）$\cos kx$, $\sin kx$, $k = 1, 2, 3, \ldots,$ は周期 $2\pi$ の周期関数であるから，1 周期に渡る積分 $\int_{-\pi}^{\pi} \cos kx \mathrm{d}x$, $\int_{-\pi}^{\pi} \sin kx \mathrm{d}x$ は 0 である．このことから $\dfrac{1}{2}$ と $\cos kx$, $\sin kx$ に対して次のようになる．

$$\int_{-\pi}^{\pi} \frac{1}{2} \cos kx \mathrm{d}x = \int_{-\pi}^{\pi} \frac{1}{2} \sin kx \mathrm{d}x = 0 \tag{2.6}$$

$\cos kx$, $\sin lx$ に対しては次のようになる．

$$\int_{-\pi}^{\pi} \cos kx \sin lx \mathrm{d}x = \frac{1}{2} \int_{-\pi}^{\pi} \Big( \sin(k+l)x - \sin(k-l)x \Big) \mathrm{d}x = 0 \tag{2.7}$$

$k \neq l$ のとき $\cos kx$, $\cos lx$ に対して次のようになる．

$$\int_{-\pi}^{\pi} \cos kx \cos lx \mathrm{d}x = \frac{1}{2} \int_{-\pi}^{\pi} \Big( \cos(k+l)x + \cos(k-l)x \Big) \mathrm{d}x = 0 \tag{2.8}$$

$k \neq l$ のとき $\sin kx$, $\sin lx$ に対して次のようになる．

$$\int_{-\pi}^{\pi} \sin kx \sin lx \mathrm{d}x = -\frac{1}{2} \int_{-\pi}^{\pi} \Big( \cos(k+l)x - \cos(k-l)x \Big) \mathrm{d}x = 0 \tag{2.9}$$

以上より $\dfrac{1}{2}$, $\cos kx$, $\sin kx$, $k = 1, 2, 3, \ldots,$ が直交関数系であることが示された．また次の関係も成り立つ．

$$\int_{-\pi}^{\pi} \Big(\frac{1}{2}\Big)^2 \mathrm{d}x = \frac{\pi}{2}$$

$$\begin{aligned} \int_{-\pi}^{\pi} \cos^2 kx \mathrm{d}x &= \frac{1}{2} \int_{-\pi}^{\pi} (1 + \cos 2kx) \mathrm{d}x = \pi \\ \int_{-\pi}^{\pi} \sin^2 kx \mathrm{d}x &= \frac{1}{2} \int_{-\pi}^{\pi} (1 - \cos 2kx) \mathrm{d}x = \pi \end{aligned} \tag{2.10}$$

□

### 2.1.2 最小二乗近似

区間 $[a, b]$ 上の直交関数系 $\{\phi_i(x)\}$, $i = 0, 1, \ldots, n,$ を用いて，関数 $f(x)$ をこれらの線形結合で

$$f(x) \approx c_0 \phi_0(x) + c_1 \phi_1(x) + \cdots + c_n \phi_n(x) \tag{2.11}$$

と近似することを考える．第 1 章 1.2.1 項に述べたように，このような近似は画像や音声を表す信号を少数の数値のみによって高速に伝送したりメモリの記憶容量を削減するための重要な問題となる．

**【例 2.3】** 近似の尺度として区間 $[a,b]$ 上の最小二乗法（↪ 第1章1.2.1項）

$$J = \frac{1}{2}\int_a^b \Bigl(f(x) - c_0\phi_0(x) - c_1\phi_1(x) - \cdots - c_n\phi_n(x)\Bigr)^2 \mathrm{d}x \to \min \tag{2.12}$$

を用いると，各係数 $c_i$ は

$$c_i = \frac{\int_a^b f(x)\phi_i(x)\mathrm{d}x}{\int_a^b \phi_i(x)^2\mathrm{d}x}, \qquad i = 0, 1, \ldots, n \tag{2.13}$$

となることを示せ．

（解）式 (2.12) を $c_i$ で偏微分すると次のようになる．

$$\begin{aligned}\frac{\partial J}{\partial c_i} &= -\int_a^b \Bigl(f(x) - c_0\phi_0(x) - c_1\phi_1(x) - \cdots - c_n\phi_n(x)\Bigr)\phi_i(x)\mathrm{d}x \\ &= -\Bigl(\int_a^b f(x)\phi_i(x)\mathrm{d}x - c_0\int_a^b \phi_0(x)\phi_i(x)\mathrm{d}x \\ &\qquad - c_1\int_a^b \phi_1(x)\phi_i(x)\mathrm{d}x - \cdots - c_n\int_a^b \phi_n(x)\phi_i(x)\mathrm{d}x\Bigr) \\ &= -\Bigl(\int_a^b f(x)\phi_i(x)\mathrm{d}x - c_i\int_a^b \phi_i(x)^2\mathrm{d}x\Bigr)\end{aligned} \tag{2.14}$$

これを0と置くと，係数 $c_i$ が式 (2.13) のように定まる．□

**チェック** 式 (2.13) から，$f(x)$ の近似の $i$ 番目の係数 $c_i$ を計算するには，$f(x)$ と $i$ 番目の関数 $\phi_i(x)$ との積を積分すればよい．分母の $\int_a^b \phi_i(x)^2\mathrm{d}x$ はあらかじめ計算しておける．

第1章1.2.2項にも示したが，このように $\{\phi_i(x)\}$ が直交関数系であれば，最小二乗法によって近似するのに正規方程式を解く必要がなく，式 (2.13) によって解が直接に求まる．これが直交関数系を考える最大の利点である．このため，直交関数系による最小二乗法近似を特に**直交関数近似**と呼ぶ．式 (2.13) は次の特殊な場合を考えると覚えやすい．

**【例 2.4】** 関数 $f(x)$ が区間 $[a,b]$ 上の直交関数系 $\{\phi_i(x)\}$, $i = 0, 1, \ldots, n$, によって等号で

$$f(x) = c_0\phi_0(x) + c_1\phi_1(x) + \cdots + c_n\phi_n(x) \tag{2.15}$$

と表される場合に，係数 $c_i$, $i = 0, 1, \ldots, n$, は式 (2.13) で与えられることを示せ．

（解）式 (2.15) の両辺に $\phi_i(x)$ を掛けて区間 $[a,b]$ 上を積分すれば，直交関係 (2.1) より次のようになる．

$$\int_a^b f(x)\phi_i(x)\mathrm{d}x = c_0\int_a^b \phi_0(x)\phi_i(x)\mathrm{d}x + c_1\int_a^b \phi_1(x)\phi_i(x)\mathrm{d}x + \cdots + c_n\int_a^b \phi_n(x)\phi_i(x)\mathrm{d}x = c_i\int_a^b \phi_i(x)^2\mathrm{d}x \tag{2.16}$$

ゆえに式 (2.13) が成り立つ．□

**【例 2.5】**　関数 $f(x)$ を区間 $[-1,1]$ 上でルジャンドルの多項式 $P_n(x)$ によって近似せよ．

（解）次のように表せる．

$$f(x) \approx c_0P_0(x) + c_1P_1(x) + c_2P_2(x) + \cdots \tag{2.17}$$

式 (2.4), (2.13) より係数 $c_n$ は次のようになる．

$$c_n = \frac{2n+1}{2}\int_{-1}^1 f(x)P_n(x)\mathrm{d}x \tag{2.18}$$

□

**【例 2.6】**　関数 $f(x)$ を区間 $[-\pi,\pi]$ 上で $\frac{1}{2}$, $\cos kx$, $\sin kx$, $k=1,2,3,\ldots,$ によって近似せよ．

（解）次のように表せる．

$$f(x) \approx \frac{a_0}{2} + a_1\cos x + b_1\sin x + a_2\cos 2x + b_2\sin 2x + a_3\cos 3x + b_3\sin 3x + \cdots \tag{2.19}$$

式 (2.10), (2.13) より係数 $a_n$, $b_n$ は次のようになる．

$$a_0 = \frac{1}{\pi}\int_{-\pi}^{\pi} f(x)\mathrm{d}x, \quad a_k = \frac{1}{\pi}\int_{-\pi}^{\pi} f(x)\cos kx\mathrm{d}x, \quad b_k = \frac{1}{\pi}\int_{-\pi}^{\pi} f(x)\sin kx\mathrm{d}x \tag{2.20}$$

□

**チェック**　$\cos kx$ の係数 $a_k$ を計算するには，$f(x)$ に $\cos kx$ を掛けて積分すればよい．$\sin kx$ の係数 $b_k$ を計算するには，$f(x)$ に $\sin kx$ を掛けて積分すればよい．積分区間は $[-\pi,\pi]$ であり，積分した結果を $\pi$ で割る．定数 $1/2$ の係数は $f(x)$ に $1/2$ を掛けて積分し，$\pi/2$ で割るから同じ形になる．

直交関数系の無限列 $\{\phi_i\}$, $i = 0, 1, 2, \ldots,$ があり，任意の連続関数 $f(x)$ の $\phi_0(x), \phi_1(x), \phi_2(x), \ldots, \phi_n(x)$ による近似が $n \to \infty$ のとき $f(x)$ に収束するとき，直交関数系 $\{\phi_i\}$ は**完備**であるといい，その収束する級数を関数 $f(x)$ の $\{\phi_i\}$ による**直交関数展開**という．

ルジャンドルの多項式 $\{P_n(x)\}$ は区間 $[-1, 1]$ 上で完備であることが知られている．また $\dfrac{1}{2}, \cos kx, \sin kx$, $k = 1, 2, 3, \ldots,$ も区間 $[-\pi, \pi]$ 上で完備であることが知られ，これを用いる直交関数展開を**フーリエ級数**，式 (2.20) の係数を**フーリエ係数**と呼ぶ．関数 $f(x)$ が有限個の点で不連続でも，不連続点以外ではそのフーリエ級数が $f(x)$ に収束することが知られている（不連続点ではその両側の値の中点に収束する）．フーリエ級数については次章で詳しく学ぶ．

**【例 2.7】**　次の関数 $f(x)$ を区間 $[-\pi, \pi]$ 上でフーリエ級数に展開せよ（図 2.1）．

$$f(x) = \begin{cases} 1 & 0 \leq x \leq \pi \text{ のとき} \\ -1 & -\pi \leq x < 0 \text{ のとき} \end{cases} \tag{2.21}$$

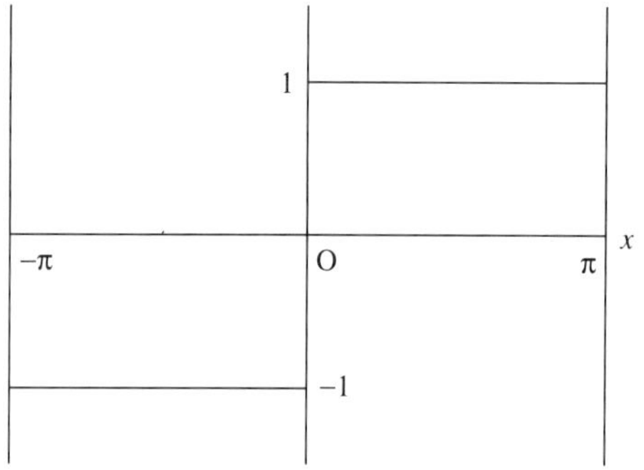


図 **2.1**

（解）式 (2.20) は次のようになる．

$$a_0 = \frac{1}{\pi}\Bigl(-\int_{-\pi}^{0} \mathrm{d}x + \int_{0}^{\pi} \mathrm{d}x\Bigr) = \frac{-\pi + \pi}{\pi} = 0$$

$$\begin{aligned} a_k &= \frac{1}{\pi}\Bigl(-\int_{-\pi}^{0} \cos kx \mathrm{d}x + \int_{0}^{\pi} \cos kx \mathrm{d}x\Bigr) \\ &= \frac{1}{\pi}\Bigl(-\Bigl[\frac{\sin kx}{k}\Bigr]_{-\pi}^{0} + \Bigl[\frac{\sin kx}{k}\Bigr]_{0}^{\pi}\Bigr) = 0 \end{aligned}$$

$$b_k = \frac{1}{\pi}\Big(-\int_{-\pi}^{0}\sin kx\mathrm{d}x + \int_{0}^{\pi}\sin kx\mathrm{d}x\Big) = \frac{1}{\pi}\Big(\Big[\frac{\cos kx}{k}\Big]_{-\pi}^{0} - \Big[\frac{\cos kx}{k}\Big]_{0}^{\pi}\Big)$$
$$= \frac{1}{\pi}\Big(\frac{1-\cos(-\pi)k}{k} - \frac{\cos\pi k - 1}{k}\Big) = \frac{2(1-(-1)^k)}{k\pi} \tag{2.22}$$

ゆえに次のようになる．

$$f(x) = \frac{4}{\pi}\sin x + \frac{4}{3\pi}\sin 3x + \frac{4}{5\pi}\sin 5x + \frac{4}{7\pi}\sin 7x + \cdots \tag{2.23}$$

□

ディスカッション

【学生】式 (2.23) のフーリエ級数で cos がなく，sin しか出てこないのはどうしてでしょうか．

【先生】よいところに気がつきました．式 (2.21) は図 2.1 からわかるように奇関数です．グラフが $y$ 軸に対して対称な関数，すなわち $f(-x) = f(x)$ となる関数を**偶関数**，$y$ 軸の両側で符号が反対になる，すなわち $f(-x) = -f(x)$ となる関数を**奇関数**ということは知っていますね．

フーリエ級数は $f(x)$ を $1/2$, $\cos kx$, $\sin kx$ によって展開するものですが，$1/2$ と $\cos kx$ は偶関数，$\sin kx$ は奇関数です．$f(x)$ が奇関数なら $1/2$ や $\cos kx$ との積が奇関数になり，式 (2.20) の積分が 0 になります．逆に $f(x)$ が偶関数なら $\sin kx$ との積が奇関数になるので式 (2.20) の積分が 0 となり，定数と $\cos kx$ のみで表されることになります．

要するに，偶関数はどのように線形結合しても偶関数で，奇関数はどのように線形結合しても奇関数ですから，$f(x)$ が偶関数なら偶関数のみを用いて，$f(x)$ が奇関数なら奇関数のみを用いて展開できるのです．

これは式 (2.3) のルジャンドルの多項式でも同じです．展開の区間 $[-1, 1]$ は原点に関して対称ですから，式 (2.17) の展開で $f(x)$ が偶関数なら偶関数の $P_0(x)$, $P_2(x)$, $P_4(x), \ldots$ のみで，$f(x)$ が奇関数なら奇関数の $P_1(x)$, $P_3(x)$, $P_5(x), \ldots$ のみで展開できます．

### 2.1.3 重みつき直交関数系

区間 $(a, b)$ 上で $w(x) > 0$ となる関数があるとき，区間 $(a, b)$ 上の関数 $f(x)$, $g(x)$ は

$$\int_a^b f(x)g(x)w(x)\mathrm{d}x = 0 \tag{2.24}$$

なら $w(x)$ を**重み**として**直交する**という（上式の積分が存在すれば $a = -\infty$ あるいは $b = \infty$ でもよい）．関数 $\phi_0(x), \phi_1(x), \ldots, \phi_n(x)$ が $w(x)$ を重みとして互いに直交するとき，すなわち

$$\int_a^b \phi_i(x)\phi_j(x)w(x)\mathrm{d}x = 0, \qquad i \neq j \tag{2.25}$$

のとき，これらは区間 $[a, b]$ 上の $w(x)$ を重みとする（**重みつき**）**直交関数系**であるという（$\hookrightarrow$ 第 1 章 1.2.4 項）．

**チェック**　式 (2.24), (2.25) において，重みを $w(x) = 1$ とした場合が式 (2.1), (2.2) となる．

**【例 2.8】**　次の関数 $T_n(x)$, $n = 0, 1, 2, \ldots,$ は $n$ 次の**チェビシェフの多項式**と呼ばれる．

$$\begin{aligned} T_0(x) &= 1 \\ T_1(x) &= x \\ T_2(x) &= 2x^2 - 1 \\ T_3(x) &= 4x^3 - 3x \\ T_4(x) &= 8x^4 - 8x^2 + 1 \\ T_5(x) &= 16x^5 - 20x^3 + 5x \\ T_6(x) &= 32x^6 - 48x^4 + 18x^2 - 1 \\ &\vdots \end{aligned} \tag{2.26}$$

これらは $\dfrac{1}{\sqrt{1-x^2}}$（図 2.2）を重みとする $(-1, 1)$ 上の直交関数系であり，次の直交関係が成立する．

$$\int_{-1}^{1} \frac{T_n(x)T_m(x)}{\sqrt{1-x^2}} \mathrm{d}x = \begin{cases} \pi & n = 0, m = 0 \text{ のとき} \\ \dfrac{\pi}{2} & n = m \ (> 0) \text{ のとき} \\ 0 & n \neq m \text{ のとき} \end{cases} \tag{2.27}$$

$T_n(x)$ の一般式が次式で表せることが知られている．

$$T_n(x) = \frac{(-1)^n 2^{n-1}(n-1)!\sqrt{1-x^2}}{(2n-1)!} \frac{\mathrm{d}^n (1-x^2)^{n-1/2}}{\mathrm{d}x^n} \tag{2.28}$$

**チェック**　チェビシェフの多項式 $T_n(x)$ は $n$ 次多項式である．そして $n$ が偶数のときは $x$ の偶数のべき乗のみから成る偶関数であり $T_n(-1) = T_n(1) = 1$ となっている．$n$ が奇数のときは奇数のべき乗のみから成る奇関数であり $T_n(-1) = -1$, $T_n(1) = 1$ となっている．

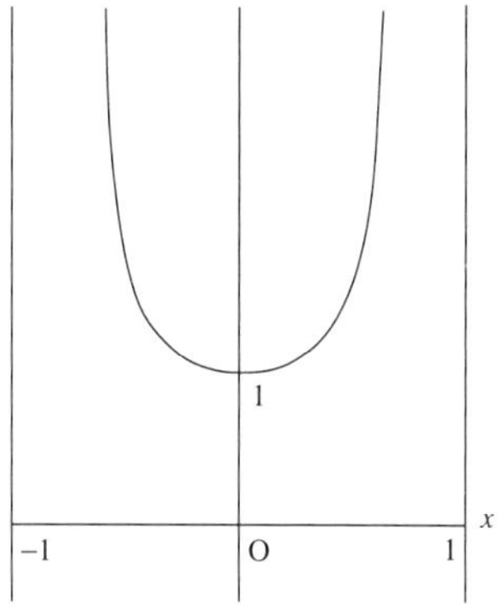


図 **2.2** チェビシェフの多項式 $T_n(x)$ の重み $1/\sqrt{1-x^2}$.

**【例 2.9】** 次の関数 $H_n(x)$, $n=0,1,2,\ldots,$ は $n$ 次の**エルミートの多項式**と呼ばれる.

$$\begin{aligned} H_0(x) &= 1 \\ H_1(x) &= x \\ H_2(x) &= x^2-1 \\ H_3(x) &= x^3-3x \\ H_4(x) &= x^4-6x^2+3 \\ H_5(x) &= x^5-10x^3+15x \\ &\vdots \end{aligned} \tag{2.29}$$

これらは $e^{-x^2/2}$（図 2.3）を重みとする $(-\infty,\infty)$ 上の直交関数系であり，次の直交関係が成立する.

$$\int_{-\infty}^{\infty} H_n(x)H_m(x)e^{-x^2/2}\mathrm{d}x = \begin{cases} n!\sqrt{2\pi} & n=m \text{ のとき} \\ 0 & n\neq m \text{ のとき} \end{cases} \tag{2.30}$$

$H_n(x)$ の一般式が次式で表せることが知られている.

$$H_n(x) = (-1)^n e^{x^2/2}\frac{\mathrm{d}^n e^{-x^2/2}}{\mathrm{d}x^n} \tag{2.31}$$

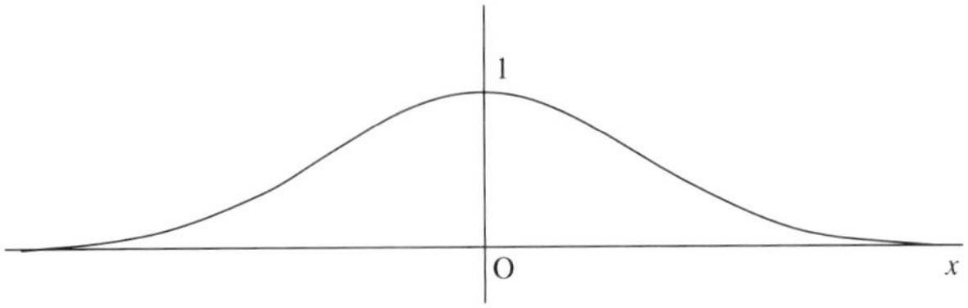


図 2.3　エルミートの多項式 $H_n(x)$ の重み $e^{-x^2/2}$.

チェック　エルミートの多項式 $H_n(x)$ は $n$ 次多項式である．そして $n$ が偶数のときは $x$ の偶数のべき乗のみから成る偶関数であり，$n$ が奇数のときは奇数のべき乗のみから成る奇関数である．

【例 2.10】 次の関数 $L_n(x)$, $n = 0, 1, 2, \ldots$, は $n$ 次の**ラゲールの多項式**と呼ばれる．

$$
\begin{aligned}
&L_0(x) = 1 \\
&L_1(x) = 1 - x \\
&L_2(x) = 1 - 2x + \frac{1}{2}x^2 \\
&L_3(x) = 1 - 3x + \frac{3}{2}x^2 - \frac{1}{6}x^3 \\
&L_4(x) = 1 - 4x + 3x^2 - \frac{2}{3}x^3 + \frac{1}{24}x^4 \\
&L_5(x) = 1 - 5x + 5x^2 - \frac{5}{3}x^3 + \frac{5}{24}x^4 - \frac{1}{120}x^5 \\
&\qquad\vdots
\end{aligned}
\tag{2.32}
$$

これらは $e^{-x}$（図 2.4）を重みとする $[0, \infty)$ 上の直交関数系であり，次の直交関係が成立する．

$$
\int_0^\infty L_n(x) L_m(x) e^{-x} \mathrm{d}x = \begin{cases} 1 & n = m \text{ のとき} \\ 0 & n \neq m \text{ のとき} \end{cases} \tag{2.33}
$$

$L_n(x)$ の一般式が次式で表せることが知られている．

$$
L_n(x) = \frac{e^x}{n!} \frac{\mathrm{d}^n x^n e^{-x}}{\mathrm{d}x^n} \tag{2.34}
$$

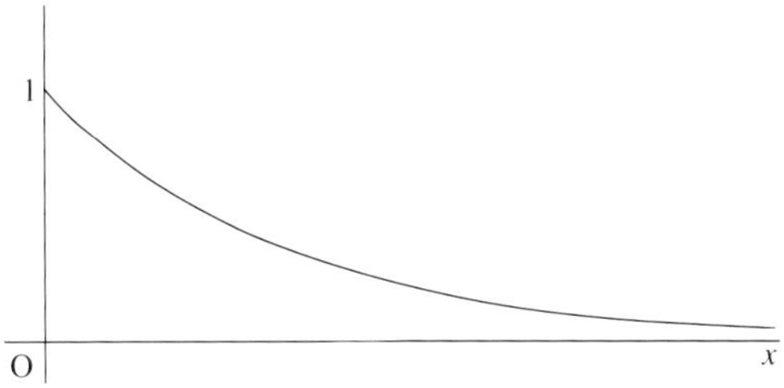


図 **2.4** ラゲールの多項式 $L_n(x)$ の重み $e^{-x}$.

**チェック** ラゲールの多項式 $L_n(x)$ は $n$ 次多項式であり，すべての $n$ に対して $L_n(0) = 1$ となっている．

**チェック** これまでに出てきた直交多項式をまとめると次のようになる．

| 直交多項式 | 区間 | 重み |
|---|---|---|
| ルジャンドルの多項式 $P_n(x)$ | $[-1,1]$ | $1$ |
| チェビシェフの多項式 $T_n(x)$ | $[-1,1]$ | $1/\sqrt{1-x^2}$ |
| エルミートの多項式 $H_n(x)$ | $(-\infty,\infty)$ | $e^{-x^2/2}$ |
| ラゲールの多項式 $L_n(x)$ | $[0,\infty)$ | $e^{-x}$ |

### 2.1.4 重みつき最小二乗近似

$\{\phi_i(x)\}$, $i = 0, 1, \ldots, n$, が $w(x)$ を重みとする区間 $(a, b)$ 上の直交関数系であるとき，関数 $f(x)$ を

$$f(x) \approx c_0\phi_0(x) + c_1\phi_1(x) + \cdots + c_n\phi_n(x) \tag{2.35}$$

と近似することを考える．

**【例 2.11】** 近似の尺度として区間 $[a, b]$ 上の $w(x)$ を重みとする最小二乗法（$\hookrightarrow$ 第 1 章 1.2.3 項）

$$J = \frac{1}{2}\int_a^b \Big(f(x) - c_0\phi_0(x) - c_1\phi_1(x) - \cdots - c_n\phi_n(x)\Big)^2 w(x)\mathrm{d}x \to \min \tag{2.36}$$

を用いると，各係数 $c_i$ は

$$c_i = \frac{\int_a^b f(x)\phi_i(x)w(x)\mathrm{d}x}{\int_a^b \phi_i(x)^2 w(x)\mathrm{d}x}, \qquad i = 0, 1, \ldots, n \tag{2.37}$$

となることを示せ．

（解） 式 (2.36) を $c_i$ で偏微分すると次のようになる．

$$
\begin{aligned}
\frac{\partial J}{\partial c_i} &= -\int_a^b \Big(f(x) - c_0\phi_0(x) - c_1\phi_1(x) - \cdots - c_n\phi_n(x)\Big)\phi_i(x)w(x)\mathrm{d}x \\
&= -\Big(\int_a^b f(x)\phi_i(x)w(x)\mathrm{d}x - c_0\int_a^b \phi_0(x)\phi_i(x)w(x)\mathrm{d}x \\
&\qquad - c_1\int_a^b \phi_1(x)\phi_i(x)w(x)\mathrm{d}x - \cdots - c_n\int_a^b \phi_n(x)\phi_i(x)w(x)\mathrm{d}x\Big) \\
&= -\Big(\int_a^b f(x)\phi_i(x)w(x)\mathrm{d}x - c_i\int_a^b \phi_i(x)^2 w(x)\mathrm{d}x\Big)
\end{aligned}
\tag{2.38}
$$

これを 0 と置くと，係数 $c_i$ が式 (2.37) のように定まる． □

**チェック** $f(x)$ の近似の $i$ 番目の係数 $c_i$ を計算するには，$f(x)$ と $i$ 番目の関数 $\phi_i(x)$ との積に重み $w(x)$ を掛けて積分すればよい．分母の $\int_a^b \phi_i(x)^2 w(x)\mathrm{d}x$ はあらかじめ計算しておける．

**チェック** 式 (2.36) は $x$ 軸上の $w(x)$ が大きい部分では $w(x)$ が小さい部分よりも近似を高めるものである（$\hookrightarrow$ 第 1 章 1.2.3 項）．

**チェック** 式 (2.37) において，重みを $w(x) = 1$ とした場合が式 (2.13) となる．

式 (2.37) は次の特殊な場合を考えると覚えやすい．

**【例 2.12】** 関数 $f(x)$ が $w(x)$ を重みとする区間 $(a, b)$ 上の直交関数系 $\{\phi_i(x)\}$, $i = 0, 1, \ldots, n$, によって等号で

$$
f(x) = c_0\phi_0(x) + c_1\phi_1(x) + \cdots + c_n\phi_n(x) \tag{2.39}
$$

と表される場合に，係数 $c_i$, $i = 0, 1, \ldots, n$, は式 (2.37) で与えられることを示せ．

（解） 式 (2.39) の両辺に $\phi_i(x)w(x)$ を掛けて区間 $(a, b)$ 上を積分すれば，直交関係 (2.24) より次のようになる．

$$
\begin{aligned}
\int_a^b f(x)\phi_i(x)w(x)\mathrm{d}x &= c_0\int_a^b \phi_0(x)\phi_i(x)w(x)\mathrm{d}x + c_1\int_a^b \phi_1(x)\phi_i(x)w(x)\mathrm{d}x \\
&\quad + \cdots + c_n\int_a^b \phi_n(x)\phi_i(x)w(x)\mathrm{d}x = c_i\int_a^b \phi_i(x)^2 w(x)\mathrm{d}x
\end{aligned}
\tag{2.40}
$$

ゆえに式 (2.37) が成り立つ. □

重みつき直交多項式であるチェビシェフの多項式 $\{T_n(x)\}$ もエルミートの多項式 $\{H_n(x)\}$ もラゲールの多項式 $\{L_n(x)\}$ もそれぞれの定義域上で完備であり，それらに関する直交関数展開は収束することが知られている.

**【例 2.13】** 関数 $f(x)$ を区間 $(-1,1)$ でチェビシェフの多項式 $\{T_n(x)\}$ によって直交関数展開を行え.

（解）式 (2.27) より次のように表せる.

$$f(x) = c_0T_0(x) + c_1T_1(x) + c_2T_2(x) + \cdots \tag{2.41}$$

$$c_n = \begin{cases} \dfrac{1}{\pi}\displaystyle\int_{-1}^{1} \dfrac{f(x)\mathrm{d}x}{\sqrt{1-x^2}} & n = 0\ \text{のとき} \\ \dfrac{2}{\pi}\displaystyle\int_{-1}^{1} \dfrac{f(x)T_n(x)\mathrm{d}x}{\sqrt{1-x^2}} & n > 0\ \text{のとき} \end{cases} \tag{2.42}$$

□

**【例 2.14】** 関数 $f(x)$ を区間 $(-\infty,\infty)$ でエルミートの多項式 $\{H_n(x)\}$ によって直交関数展開を行え.

（解）式 (2.30) より次のように表せる.

$$f(x) = c_0H_0(x) + c_1H_1(x) + c_2H_2(x) + \cdots \tag{2.43}$$

$$c_n = \frac{1}{n!\sqrt{2\pi}} \int_{-\infty}^{\infty} f(x)H_n(x)e^{-x^2/2}\mathrm{d}x \tag{2.44}$$

□

**【例 2.15】** 関数 $f(x)$ を区間 $[0,\infty)$ でラゲールの多項式 $\{L_n(x)\}$ によって直交関数展開を行え.

（解）式 (2.33) より次のように表せる.

$$f(x) = c_0L_0(x) + c_1L_1(x) + c_2L_2(x) + \cdots \tag{2.45}$$

$$c_n = \int_{0}^{\infty} f(x)L_n(x)e^{-x}\mathrm{d}x \tag{2.46}$$

□

## ディスカッション

【学生】エルミートの多項式 $H_n(x)$ は無限区間 $(-\infty, \infty)$ で，ラゲールの多項式 $L_n(x)$ は半無限区間 $[0, \infty)$ で定義され，それぞれ重みが $e^{-x^2/2}$, $e^{-x}$ です．重みが 1 の直交多項式は定義できないのでしょうか．

【先生】できません．なぜかというと，多項式は $x \to \pm\infty$ で必ず $\infty$ または $-\infty$ に発散するからです．したがって，それらの積を無限区間や半無限区間で積分すると発散してしまいます．しかし重みとして $e^{-x^2/2}$ や $e^{-x}$ を入れれば $x \to \pm\infty$ で急速に 0 に近づきますから，積分が発散せずに計算できるのです．

【学生】発散しないようにという便宜上の都合で定義して，実際的な意味があるのでしょうか．

【先生】鋭い追及ですね．実は意味があります．多項式は $x \to \pm\infty$ で $\infty$ または $-\infty$ に発散するから，$x \to \pm\infty$ で発散しない関数は無限区間または半無限区間で多項式によって一様に近似することはできませんね．しかし，多項式で近似して簡単な式で表す必要が生じるのは，多くの場合に原点の近辺で近似し，無限遠方は考慮しなくてもよい場合です．そして $x \to \pm\infty$ で急速に 0 に近づく代表的な関数が $e^{-x^2/2}$ で，$x \to \infty$ で急速に 0 に近づく代表的な関数が $e^{-x}$ です．このような重みを用いて展開すると，途中で打ち切れば原点に近い部分のほうが遠方よりよい近似になっています．そして，項数を増やせば近似のよい部分がだんだん遠方に波及し，極限ではあらゆる部分で元の関数に収束することが知られています．

$e^{-x^2/2}$ を重みとする計算は第 1 章 1.1.1 項のディスカッションに出てきた正規分布に従うランダムな変数の挙動の解析にもよく出てきます．

【学生】しかし，チェビシェフの多項式はどうなのでしょうか．区間は有限の $[-1, 1]$ ですが，図 2.2 からわかるように重み $w(x)$ は $x = \pm 1$ で $\infty$ に発散します．ルジャンドルの多項式があるのに，どうしてこんな妙なものを考えるのでしょうか．

【先生】重み $w(x)$ が $x = \pm 1$ で $\infty$ に発散するということは，関数をチェビシェフの多項式に展開すれば $[-1, 1]$ の両端で非常によい近似となりますね．これは多くの問題で非常に好ましい性質です．また式 (2.26) のグラフを描いてみればわかるのですが，チェビシェフの多項式 $T_n(x)$ はすべての $n$ に対して区間 $[-1, 1]$ で $-1 \le T_n(x) \le 1$ となっています．それに対してルジャンドルの多項式は区間 $[-1, 1]$ の両端では 1 または $-1$ ですが，中間では大きな変動をします．このため，変動の少ない関数，特に両端付近でなだらかな関数はルジャンドルの多項式よりチェビシェフの多項式で近似したほうが少ない項数でよく近似できることが知られています．

【学生】でも，どうして $1/\sqrt{1-x^2}$ でしょうか．$x \to \pm\infty$ で急速に 0 となる代表的な関数が $e^{-x^2/2}$ で，$x \to \infty$ で急速に 0 に近づく代表的な関数が $e^{-x}$ であることは納得できます．しかし $x \to \pm 1$ で $\infty$ となる関数はいろいろあります．例えば $1/(1-x^2)$ も考えられます．$1/\sqrt{1-x^2}$ が代表的とは思えません．

【先生】そこまで追求されたら仕方がありません．種明かしをしましょう．実はチェビシェフの多項式 $T_n(x)$ は

$$T_n(\cos\theta) = \cos n\theta \tag{2.47}$$

と定義したものです．すなわち $\cos n\theta$ を $\cos\theta$ で表して $\cos\theta = x$ と置いたものです．例えば cos の倍角の公式 $\cos 2\theta = 2\cos^2\theta - 1$ から $T_2(x) = 2x^2 - 1$ となります．以下，3 倍角の公式 $\cos 3\theta = 4\cos^3\theta - 3\cos\theta$ から $T_3(x) = 4x^3 - 3x$，4 倍角の公式 $\cos 4\theta = 8\cos^4\theta - 8\cos^2\theta + 1$ から $T_4(x) = 8x^4 - 8x^2 + 1, \ldots$ と式 (2.26) が得られます．cos だから区間 $[-1,1]$ で $-1 \leq T_n(x) \leq 1$ となるのは当然ですね．

式 (2.27) の直交関係は実は式 (2.6), (2.8), (2.10) の cos に関する部分を $x = \cos\theta$ と変数変換して書き直したものです．cos は偶関数ですから，式 (2.6), (2.8), (2.10) で $x$ を $\theta$ と書いて正の区間のみをとると，値が半分になって

$$\int_0^\pi \cos k\theta \cos l\theta \mathrm{d}\theta = \begin{cases} \pi & k = l = 0 \text{ のとき} \\ \dfrac{\pi}{2} & k = l\ (>0) \text{ のとき} \\ 0 & k \neq l \text{ のとき} \end{cases} \tag{2.48}$$

と書けます．$k$ と $l$ が違うと cos の波形が食い違い，積分するとプラスとマイナスの値が打ち消しあって 0 になるのです．ここで $x = \cos\theta$ と置いて両辺を微分すると

$$\mathrm{d}x = -\sin\theta \mathrm{d}\theta = -\sqrt{1-\cos^2\theta}\mathrm{d}\theta = -\sqrt{1-x^2}\mathrm{d}\theta \tag{2.49}$$

ですから，$[0,\pi]$ 上の積分は

$$\int_0^\pi (\cdots) d\theta = -\int_1^{-1} (\cdots) \frac{\mathrm{d}x}{\sqrt{1-x^2}} = \int_{-1}^1 \frac{(\cdots)}{\sqrt{1-x^2}} \mathrm{d}x \tag{2.50}$$

と書けます．このように，式 (2.48) を書き直して式 (2.27) が得られます．

【学生】ということはチェビシェフの多項式 $T_n(x)$ による展開は区間 $[0,\pi]$ でのフーリエ級数を書き直したものなのでしょうか．

【先生】そうとも言えます．

【学生】なんだかややこしいことになって，聞かなければよかったような気がします．

---

### 2.1.5 選点直交関数系

$x$ 軸上に $N+1$ 個の点 $x_0, x_1, x_2, \ldots, x_N$ が与えられたとき，関数 $f(x), g(x)$ は

$$\sum_{\alpha=0}^{N} f(x_\alpha) g(x_\alpha) = 0 \tag{2.51}$$

なら**選点**$\{x_\alpha\}$に関して**直交する**という．関数$\phi_0(x), \phi_1(x), \ldots, \phi_n(x)$が選点$\{x_\alpha\}$に関して互いに直交するとき，すなわち

$$\sum_{\alpha=0}^{N} \phi_i(x_\alpha)\phi_j(x_\alpha) = 0, \qquad i \neq j \tag{2.52}$$

のとき，これらは選点$\{x_\alpha\}$に関する（**選点**）**直交関数系**であるという．

**チェック**　式 (2.51), (2.52) は式 (2.24), (2.25) で重み$w(x)$を選点$\{x_\alpha\}$に集中させたときの極限とみなせる．

【**例 2.16**】　次の関数は選点$x = 0, 1, 2, \ldots, N$に関する直交関数系であり，**選点直交多項式**と呼ぶ．

$$\begin{aligned}
p_0(x) &= 1 \\
p_1(x) &= 1 - \frac{2}{N}x \\
p_2(x) &= 1 - \frac{6}{N}x + \frac{6x(x-1)}{N(N-1)} \\
p_3(x) &= 1 - \frac{12x}{N} + \frac{30x(x-1)}{N(N-1)} - \frac{20x(x-1)(x-2)}{N(N-1)(N-2)} \\
p_4(x) &= 1 - \frac{20x}{N} + \frac{90x(x-1)}{N(N-1)} - \frac{140x(x-1)(x-2)}{N(N-1)(N-2)} \\
&\qquad + \frac{70x(x-1)(x-2)(x-3)}{N(N-1)(N-2)(N-3)} \\
&\ \vdots \\
p_k(x) &= \sum_{\alpha=0}^{k} (-1)^\alpha \binom{k}{\alpha}\binom{k+\alpha}{\alpha} \frac{x(x-1)(x-2)\cdots(x-\alpha+1)}{N(N-1)(N-2)\cdots(N-\alpha+1)} \\
&\ \vdots
\end{aligned} \tag{2.53}$$

次の直交関係が成り立つ．

$$\sum_{x=0}^{N} p_k(x)p_l(x) = \begin{cases} \dfrac{(N+k+1)!(N-k)!}{(N!)^2(2k+1)} & k = l \text{ のとき} \\ 0 & k \neq l \text{ のとき} \end{cases} \tag{2.54}$$

【**例 2.17**】　$N = 1,\ 2,\ 3$のとき選点直交関数系 (2.53) とその直交関係 (2.54) を具体的に示せ．

（解）$N = 1$ のときは次のようになる．

$$p_0(x) = 1 \qquad \sum_{\alpha=0}^{1} p_k(\alpha) p_l(\alpha) = \begin{cases} \dfrac{(k+2)!(1-k)!}{2k+1} & k = l \text{ のとき} \\ 0 & k \neq l \text{ のとき} \end{cases}$$
$$p_1(x) = 1 - 2x \tag{2.55}$$

$N = 2$ のときは次のようになる．

$$p_0(x) = 1 \qquad \sum_{\alpha=0}^{2} p_k(\alpha) p_l(\alpha) = \begin{cases} \dfrac{(k+3)!(2-k)!}{4(2k+1)} & k = l \text{ のとき} \\ 0 & k \neq l \text{ のとき} \end{cases}$$
$$p_1(x) = 1 - x$$
$$p_2(x) = 1 - 6x + 3x^2 \tag{2.56}$$

$N = 3$ のときは次のようになる．

$$p_0(x) = 1$$
$$p_1(x) = 1 - \frac{2}{3}x$$
$$p_2(x) = 1 - 3x + x^2$$
$$p_3(x) = 1 - \frac{47}{3}x + 15x^2 - \frac{10}{3}x^3$$
$$\sum_{\alpha=0}^{3} p_k(\alpha) p_l(\alpha) = \begin{cases} \dfrac{(k+4)!(3-k)!}{36(2k+1)} & k = l \text{ のとき} \\ 0 & k \neq l \text{ のとき} \end{cases} \tag{2.57}$$

□

### 2.1.6　選点最小二乗近似

$\{\phi_i(x)\}$, $i = 0, 1, \ldots, n$, が選点 $\{x_\alpha\}$ に関する直交関数系であるとき，関数 $f(x)$ を

$$f(x) \approx c_0\phi_0(x) + c_1\phi_1(x) + \cdots + c_n\phi_n(x) \tag{2.58}$$

と近似することを考える．

**【例 2.18】**　近似の尺度として次の選点 $\{x_\alpha\}$ に関する最小二乗法（$\hookrightarrow$ 第 1 章 1.1.3 項）

$$J = \frac{1}{2}\sum_{\alpha=0}^{N}\Big(f(x_\alpha) - c_0\phi_0(x_\alpha) - c_1\phi_1(x_\alpha) - \cdots - c_n\phi_n(x_\alpha)\Big)^2 \to \min \tag{2.59}$$

を用いると，各係数 $c_i$ は

$$c_i = \frac{\sum_{\alpha=0}^{N} f(x_\alpha)\phi_i(x_\alpha)}{\sum_{\alpha=0}^{N} \phi_i(x_\alpha)^2}, \qquad i = 0, 1, \ldots, n \tag{2.60}$$

となることを示せ．

（解）式 (2.59) を $c_i$ で偏微分すると次のようになる．

$$\begin{aligned}\frac{\partial J}{\partial c_i} &= -\sum_{\alpha=0}^{N}\Bigl(f(x_\alpha) - c_0\phi_0(x_\alpha) - c_1\phi_1(x_\alpha) - \cdots - c_n\phi_n(x_\alpha)\Bigr)\phi_i(x_\alpha) \\ &= -\Bigl(\sum_{\alpha=0}^{N} f(x_\alpha)\phi_i(x_\alpha) - c_0\sum_{\alpha=0}^{N}\phi_0(x_\alpha)\phi_i(x_\alpha) \\ &\qquad - c_1\sum_{\alpha=0}^{N}\phi_1(x_\alpha)\phi_i(x_\alpha) - \cdots - c_n\sum_{\alpha=0}^{N}\phi_n(x_\alpha)\phi_i(x_\alpha)\Bigr) \\ &= -\Bigl(\sum_{\alpha=0}^{N} f(x_\alpha)\phi_i(x_\alpha) - c_i\sum_{\alpha=0}^{N}\phi_i(x_\alpha)^2\Bigr)\end{aligned} \tag{2.61}$$

これを 0 と置くと，係数 $c_i$ が式 (2.60) のように定まる．　□

**チェック**　$f(x)$ の近似の $i$ 番目の係数 $c_i$ を計算するには，$f(x)$ と $i$ 番目の関数 $\phi_i(x)$ を掛けて選点について和をとればよい．分母の $\sum_{\alpha=0}^{N}\phi_i(x_\alpha)^2$ はあらかじめ計算しておける．

**チェック**　式 (2.59), (2.60) は式 (2.36), (2.37) で重み $w(x)$ を選点 $\{x_\alpha\}$ に集中させたときの極限とみなせる．

したがって選点直交関数系を用いれば $x = x_0, x_1, \ldots, x_N$ に対する最小二乗法による近似が正規方程式を解かずに求まる．式 (2.60) は次の特殊な場合を考えると覚えやすい．

**【例 2.19】**　関数 $f(x)$ が選点 $\{x_\alpha\}$ に関する直交関数系 $\{\phi_i(x)\}, i = 0, 1, \ldots, n,$ によって等号で

$$f(x) = c_0\phi_0(x) + c_1\phi_1(x) + \cdots + c_n\phi_n(x) \tag{2.62}$$

と表される場合に，係数 $c_i$, $i = 0, 1, \ldots, n,$ は式 (2.60) で与えられることを示せ．

(解) 式 (2.62) の両辺に $\phi_i(x)$ を掛けて $x = x_0, x_1, \ldots, x_N$ について和をとると，選点直交関係 (2.52) より次のようになる．

$$\sum_{\alpha=0}^{N} f(x_\alpha)\phi_i(x_\alpha) = c_0 \sum_{\alpha=0}^{N} \phi_0(x_\alpha)\phi_i(x_\alpha) + c_1 \sum_{\alpha=0}^{N} \phi_1(x_\alpha)\phi_i(x_\alpha) + \cdots + c_n \sum_{\alpha=0}^{N} \phi_n(x_\alpha)\phi_i(x_\alpha) = c_i \sum_{\alpha=0}^{N} \phi_i(x_\alpha)^2 \qquad (2.63)$$

ゆえに式 (2.60) が成り立つ． □

ディスカッション

**【学生】** 直交関数系による最小二乗法は，連立 1 次方程式（正規方程式）を解かずに線形結合の係数が直接に求まることはわかりました．しかしこれは第 1 章で見たことです．また第 1 章でもそうですが，同じことが何度も繰り返されています．「直交」の定義が違うだけで，後は同じですね．どれも $i$ 番目の係数 $c_i$ は元の関数 $f(x)$ と $i$ 番目の関数 $\phi_i(x)$ の積を「直交」の定義に従って積分したり和をとったりして求まります．

第 1 章の終わりで，この章では共通に成り立つ「公理」から論理的に定理を導いて見かけが異なる問題を一般的に述べると言われましたが，どこが一般ですか．

**【先生】** そう早まらないで下さい．いよいよその話を始めるところです．君の言うように，見かけが異なっていても共通の基本原理に基づいているなら，それを抽象的な**公理**として取り出し，その公理のみから種々の定理を導いておけば，その結果は公理を満たすあらゆる問題に当てはまります．これが現代数学の基本的な考え方です．

前章や本章に現れたすべての問題に共通するのは，対象とするデータが数値でも関数でも，それらを**足したり引いたり定数を掛けたり**してもよいことと，異なるデータの食い違いの程度を**差の二乗を含む式**で測ることです．次の節でこれらを抽象的に述べましょう．

## 2.2 計量空間

### 2.2.1 内積とノルム

集合 $\mathcal{L}$ の元に加減算や定数倍が定義されているとき，これを**線形空間**（または**ベクトル空間**）と呼ぶ．線形空間 $\mathcal{L}$ には**零元**と呼ばれる要素 $\mathbf{0}$ が存在し，任意の $\boldsymbol{u} \in \mathcal{L}$ に対して $\boldsymbol{u} + \mathbf{0} = \boldsymbol{u}$ が成り立つ．

線形空間 $\mathcal{L}$ の元 $\boldsymbol{u}, \boldsymbol{v}$ に対して実数 $(\boldsymbol{u}, \boldsymbol{v})$ を何らかの方法で定義したとき，これは次の性質を満たすなら $(\boldsymbol{u}, \boldsymbol{v})$ を $\boldsymbol{u}, \boldsymbol{v}$ の**内積**と呼ぶ．

1. 任意の $\boldsymbol{u} \in \mathcal{L}$ に対して $(\boldsymbol{u}, \boldsymbol{u}) \geq 0$．等号が成り立つのは $\boldsymbol{u} = \mathbf{0}$ のときの

み（**正値性**）.

2. 任意の $\boldsymbol{u}, \boldsymbol{v} \in \mathcal{L}$ に対して $(\boldsymbol{u}, \boldsymbol{v}) = (\boldsymbol{v}, \boldsymbol{u})$（**対称性**）.
3. 任意の実数 $c_1$, $c_2$ と任意の $\boldsymbol{u}_1$, $\boldsymbol{u}_2$, $\boldsymbol{v} \in \mathcal{L}$ に対して $(c_1\boldsymbol{u}_1 + c_2\boldsymbol{u}_2, \boldsymbol{v}) = c_1(\boldsymbol{u}_1, \boldsymbol{v}) + c_2(\boldsymbol{u}_2, \boldsymbol{v})$（**線形性**）.

これを**内積の公理**と呼ぶ．内積が定義されるとき，元 $\boldsymbol{u} \in \mathcal{L}$ の**ノルム**を次のように定義する．

$$\|\boldsymbol{u}\| = \sqrt{(\boldsymbol{u}, \boldsymbol{u})} \tag{2.64}$$

このような内積とノルムが定義されているとき，線形空間 $\mathcal{L}$ は**計量（線形）空間**であるという．計量空間の元 $\boldsymbol{u}$, $\boldsymbol{v}$ は $(\boldsymbol{u}, \boldsymbol{v}) = 0$ のとき互いに**直交する**という．

---

ディスカッション

**【学生】** 急にとんでもなく難しくなりました．何が何だかわかりません．こんなのは苦手です．

**【先生】** そんなに早くあきらめないで下さい．これはこれまでに出てきたベクトルや関数の性質を書き直しただけで，何も新しいことは含まれていません．これは英語やドイツ語のような一つの「言語」だと思って下さい．これを次の例で普通の言葉に翻訳しましょう．これを見れば，この「言語」が非常に便利なことがすぐにわかります．

---

**【例 2.20】**　公理を満たす内積とノルムの例をあげよ．

（解）これまでに出てきたものでは次のものが相当する．

- $n$ 次元列ベクトル $\boldsymbol{a} = \begin{pmatrix} a_1 \\ a_2 \\ \vdots \\ a_n \end{pmatrix}$, $\boldsymbol{b} = \begin{pmatrix} b_1 \\ b_2 \\ \vdots \\ b_n \end{pmatrix}$ に対して

$$(\boldsymbol{a}, \boldsymbol{b}) = \sum_{i=1}^{n} a_i b_i \tag{2.65}$$

と定義すると，これは公理を満たすから内積である．ノルムは次のように定義される．

$$\|\boldsymbol{a}\| = \sqrt{\sum_{i=1}^{n} a_i^2} \tag{2.66}$$

このように内積とノルムが定義されているとき，$n$ 次元列ベクトルの空間を $n$ 次元**ユークリッド空間**と呼ぶ．

- 区間 $[a,b]$ 上の連続関数 $f(x)$, $g(x)$ に対して

$$(f,g)=\int_a^b f(x)g(x)\mathrm{d}x \tag{2.67}$$

と定義すると，これは公理を満たすから内積である．ノルムは次のように定義される．

$$\|f\|=\sqrt{\int_a^b f(x)^2\mathrm{d}x} \tag{2.68}$$

- 区間 $(a,b)$ で $w(x)>0$ となる連続関数 $w(x)$ を用いて区間 $(a,b)$ 上の連続関数 $f(x)$, $g(x)$ に対して

$$(f,g)=\int_a^b f(x)g(x)w(x)\mathrm{d}x \tag{2.69}$$

と定義すると，これは公理を満たすから内積である．ノルムは次のように定義される．

$$\|f\|=\sqrt{\int_a^b f(x)^2 w(x)\mathrm{d}x} \tag{2.70}$$

- $N$ 点 $\{x_\alpha\}$, $\alpha=1,2,\ldots,N$, が与えられているとき，関数 $f(x)$, $g(x)$ に対して

$$(f,g)=\sum_{\alpha=1}^{N} f(x_\alpha)g(x_\alpha) \tag{2.71}$$

と定義すると，これは公理を満たすから内積である．ノルムは次のように定義される．

$$\|f\|=\sqrt{\sum_{\alpha=1}^{N} f(x_\alpha)^2} \tag{2.72}$$

□

どのように内積やノルムを定義しても，シュワルツの不等式と三角不等式が成り立つ．

**【例 2.21】** 次の（コーシー・）**シュワルツの不等式**が成り立つことを示せ．

$$-\|\boldsymbol{u}\|\cdot\|\boldsymbol{v}\|\le(\boldsymbol{u},\boldsymbol{v})\le\|\boldsymbol{u}\|\cdot\|\boldsymbol{v}\| \tag{2.73}$$

等号が成り立つのはどういう場合か．

（解）次の $t$ の2次式を考える．

$$f(t) = \|\boldsymbol{u} - t\boldsymbol{v}\|^2 \tag{2.74}$$

定義よりすべての $t$ について $f(t) \geq 0$ である．上式を内積の公理とノルムの定義を用いて変形すると次のようになる（内積の公理の3番目から，内積の中身の和や定数倍は普通に展開してよい）．

$$f(t) = (\boldsymbol{u}-t\boldsymbol{v}, \boldsymbol{u}-t\boldsymbol{v}) = (\boldsymbol{u}, \boldsymbol{u}) - 2t(\boldsymbol{u}, \boldsymbol{v}) + t^2(\boldsymbol{v}, \boldsymbol{v}) = \|\boldsymbol{v}\|^2 t^2 - 2(\boldsymbol{u}, \boldsymbol{v})t + \|\boldsymbol{u}\|^2 \tag{2.75}$$

$\|\boldsymbol{v}\| \neq 0$ ならこれは $t$ の2次式であるから，すべての $t$ で $f(t) \geq 0$ となる必要十分条件は2次方程式 $f(t) = 0$ が実数解を持たないか一つの重解を持つことである（図2.5）．すなわち，判別式 $D$ が0または負となることである．

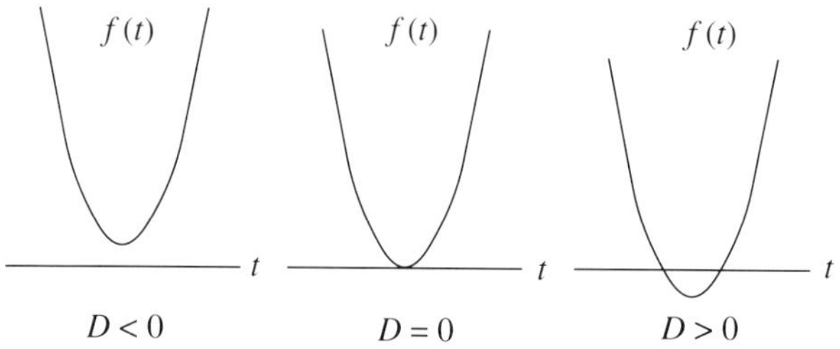


図 **2.5**　2次式 $f(t)$ がすべての $t$ で $f(t) \geq 0$ となる必要十分条件は，2次方程式 $f(t) = 0$ が実数解を持たないか一つの重解を持つことである．すなわち，判別式 $D$ が0または負となることである．

$$D = (\boldsymbol{u}, \boldsymbol{v})^2 - \|\boldsymbol{u}\|^2\|\boldsymbol{v}\|^2 \leq 0 \tag{2.76}$$

これから式(2.73)が得られる．$\|\boldsymbol{v}\| = 0$ なら $\boldsymbol{v} = \boldsymbol{0}$ であるから，式(2.73)が等号で成立する．同様に $\boldsymbol{u} = \boldsymbol{0}$ でも両方の等号が成立する．それ以外で等号が成り立つのは(2.74)より，$\boldsymbol{u} = t\boldsymbol{v}$ となる実数 $t$ が存在する場合である．そのような $t$ が正または0のときは式(2.73)の右の等号が，負または0のときは左の等号が成り立つ．　□

【例 **2.22**】　次の三角不等式が成り立つことを示せ．

$$\|\boldsymbol{u} + \boldsymbol{v}\| \leq \|\boldsymbol{u}\| + \|\boldsymbol{v}\| \tag{2.77}$$

等号が成り立つのはどういう場合か．

**チェック** 三角不等式 (2.77) は平面上のベクトルの場合，「三角形の 2 辺の長さの和は他の 1 辺の長さより大きいか等しい」という関係を表す（図 2.6）．

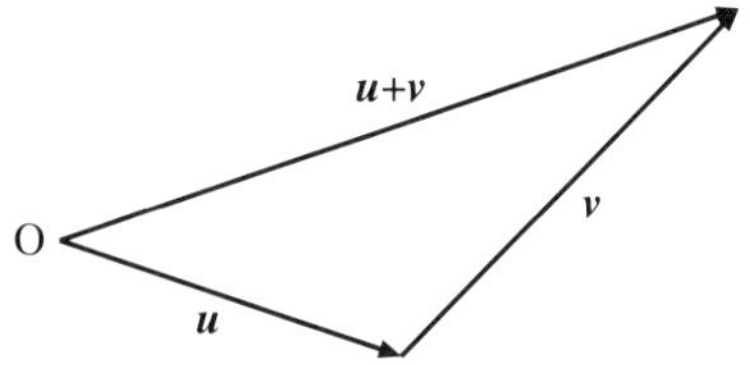


**図 2.6** 三角不等式 $\|\boldsymbol{u}+\boldsymbol{v}\| \leq \|\boldsymbol{u}\|+\|\boldsymbol{v}\|$.

（解）シュワルツの不等式 (2.73) から次の関係が成り立つ．

$$\begin{aligned}\|\boldsymbol{u}+\boldsymbol{v}\|^2 &= (\boldsymbol{u}+\boldsymbol{v},\boldsymbol{u}+\boldsymbol{v}) = (\boldsymbol{u},\boldsymbol{u})+2(\boldsymbol{u},\boldsymbol{v})+(\boldsymbol{v},\boldsymbol{v}) \\ &\leq \|\boldsymbol{u}\|^2+2\|\boldsymbol{u}\|\cdot\|\boldsymbol{v}\|+\|\boldsymbol{v}\|^2 = (\|\boldsymbol{u}\|+\|\boldsymbol{v}\|)^2 \end{aligned} \tag{2.78}$$

ゆえに式 (2.77) が成り立つ．等号が成り立つのはシュワルツの不等式 (2.73) の右の等号が成り立つ場合である． □

**【例 2.23】** シュワルツの不等式と三角不等式の例をあげよ．

（解）例 2.20 の内積やノルムはすべて計量空間の公理を満たす．そして，シュワルツの不等式と三角不等式は**公理のみ**から導かれているから，すべての場合にシュワルツの不等式と三角不等式が自動的に成立する．具体的に書き直すと次のようになる．

- $n$ 次元列ベクトル $\boldsymbol{a} = \begin{pmatrix} a_1 \\ a_2 \\ \vdots \\ a_n \end{pmatrix}, \boldsymbol{b} = \begin{pmatrix} b_1 \\ b_2 \\ \vdots \\ b_n \end{pmatrix}$ に対して次のシュワルツの不等式が成り立つ．

$$-\sqrt{\sum_{i=1}^n a_i^2}\sqrt{\sum_{j=1}^n b_j^2} \leq \sum_{i=1}^n a_i b_i \leq \sqrt{\sum_{i=1}^n a_i^2}\sqrt{\sum_{j=1}^n b_j^2} \tag{2.79}$$

そして，次の三角不等式が成り立つ．

$$\sqrt{\sum_{i=1}^{n}(a_i+b_i)^2} \leq \sqrt{\sum_{i=1}^{n}a_i^2} + \sqrt{\sum_{i=1}^{n}b_i^2} \tag{2.80}$$

- 区間 $[a,b]$ 上の連続関数 $f(x)$, $g(x)$ に対して次のシュワルツの不等式が成り立つ．

$$\begin{aligned} -\sqrt{\int_a^b f(x)^2\mathrm{d}x}\sqrt{\int_a^b g(x)^2\mathrm{d}x} &\leq \int_a^b f(x)g(x)\mathrm{d}x \\ &\leq \sqrt{\int_a^b f(x)^2\mathrm{d}x}\sqrt{\int_a^b g(x)^2\mathrm{d}x} \end{aligned} \tag{2.81}$$

そして，次の三角不等式が成り立つ．

$$\sqrt{\int_a^b (f(x)+g(x))^2\mathrm{d}x} \leq \sqrt{\int_a^b f(x)^2\mathrm{d}x} + \sqrt{\int_a^b g(x)^2\mathrm{d}x} \tag{2.82}$$

- 区間 $(a,b)$ で $w(x)>0$ となる連続関数 $w(x)$ を用いて，区間 $(a,b)$ 上の連続関数 $f(x)$, $g(x)$ に対して次のシュワルツの不等式が成り立つ．

$$\begin{aligned} -\sqrt{\int_a^b f(x)^2 w(x)\mathrm{d}x}\sqrt{\int_a^b g(x)^2 w(x)\mathrm{d}x} &\leq \int_a^b f(x)g(x)w(x)\mathrm{d}x \\ &\leq \sqrt{\int_a^b f(x)^2 w(x)\mathrm{d}x}\sqrt{\int_a^b g(x)^2 w(x)\mathrm{d}x} \end{aligned} \tag{2.83}$$

そして，次の三角不等式が成り立つ．

$$\sqrt{\int_a^b (f(x)+g(x))^2 w(x)\mathrm{d}x} \leq \sqrt{\int_a^b f(x)^2 w(x)\mathrm{d}x} + \sqrt{\int_a^b g(x)^2 w(x)\mathrm{d}x} \tag{2.84}$$

- $N$ 点 $\{x_\alpha\}$, $\alpha=1,2,\ldots,N$, が与えられているとき，関数 $f(x)$, $g(x)$ に対して次のシュワルツの不等式が成り立つ．

$$\begin{aligned} -\sqrt{\sum_{\alpha=1}^{N} f(x_\alpha)^2}\sqrt{\sum_{\beta=1}^{N} g(x_\beta)^2} &\leq \sum_{\alpha=1}^{N} f(x_\alpha)g(x_\alpha) \\ &\leq \sqrt{\sum_{\alpha=1}^{N} f(x_\alpha)^2}\sqrt{\sum_{\beta=1}^{N} g(x_\beta)^2} \end{aligned} \tag{2.85}$$

そして，次の三角不等式が成り立つ．

$$\sqrt{\sum_{\alpha=1}^{N}(f(x_\alpha)+g(x_\alpha))^2} \leq \sqrt{\sum_{\alpha=1}^{N}f(x_\alpha)^2} + \sqrt{\sum_{\alpha=1}^{N}g(x_\alpha)^2} \qquad (2.86)$$

□

## ディスカッション

**【学生】** 少しわかるような気がします．内積の公理やノルムの定義は要するに平面や空間のベクトルの満たす式ですね．関数もそれと同じ式を満たす，だからベクトルで成り立つ式が関数についても成り立つ，そういうことですね．

**【先生】** その通りです．簡単なことを難しそうに言い換えるようですが，それが現代数学なので仕方がありません．

**【学生】** 三角不等式 (2.77) は図 2.6 のように，ベクトルでは当たり前の関係ですが，これが関数でも成り立つというのは予想外でした．このように，関数の式をベクトルの関係とみなせるというのが公理による方法のメリットですか．

**【先生】** ベクトルを特別扱いにする理由はありません．公理による記述はあらゆるものを平等に扱うことが目的です．しかしベクトルは図形として考えやすいので，いろいろな関係を思い浮かべるのに大変助けになります．このように図形として理解することを**幾何学的解釈**とも言います．例えばシュワルツの不等式 (2.73) は $\boldsymbol{u} \neq \boldsymbol{0}$, $\boldsymbol{v} \neq \boldsymbol{0}$ のとき

$$-1 \leq \frac{(\boldsymbol{u}, \boldsymbol{v})}{\|\boldsymbol{u}\| \cdot \|\boldsymbol{v}\|} \leq 1 \qquad (2.87)$$

と書き直せます．この真ん中の比は $-1$ と $1$ との間にありますから，これが $\cos\theta$ となる角度 $\theta$ で $0 \leq \theta \leq \pi$ のものがただ一つ存在します．この角度 $\theta$ を用いると

$$(\boldsymbol{u}, \boldsymbol{v}) = \|\boldsymbol{u}\| \cdot \|\boldsymbol{v}\| \cos\theta \qquad (2.88)$$

と書けます．この角度 $\theta$ を元 $\boldsymbol{u}$, $\boldsymbol{v}$ の**成す角**と呼んでも構いません．

**【学生】** ということは「関数 $f(x)$, $g(x)$ の成す角」が計算できるのですね．これは思いもよりませんでした．

ところで，最初に「集合 $\mathcal{L}$ の元に加減算や定数倍が定義されているとき，これを線形空間（またはベクトル空間）と呼ぶ」とありますが，抽象的なものに加減算や定数倍をどう定義するのでしょうか．

**【先生】** これも重要なことです．それぞれ対象ごとに定義の仕方が違うでしょうから，一律に定義はできません．そのような場合に現代数学では，「どのように定義してもよいが最低限このような性質は満たすように定義しなければならない」ということを公理として定め，それを満た

す限り具体的な定義は自由だということにしています．この和と定数倍に関する性質を述べたものが**線形空間の公理**です．詳しく書くと次のようになります．

**【線形空間の公理】** 空でない集合 $\mathcal{L}$ が次の性質を持つとき，これを**線形空間**（または**ベクトル空間**）と呼ぶ．

- 任意の $\boldsymbol{u}, \boldsymbol{v} \in \mathcal{L}$ に対して**和**と呼ばれる元 $\boldsymbol{u}+\boldsymbol{v} \in \mathcal{L}$ がただ一つ存在し，次の性質を持つ．
  1. 任意の $\boldsymbol{u}, \boldsymbol{v} \in \mathcal{L}$ に対して $\boldsymbol{u}+\boldsymbol{v} = \boldsymbol{v}+\boldsymbol{u}$（**和の交換法則**）．
  2. 任意の $\boldsymbol{u}, \boldsymbol{v}, \boldsymbol{w} \in \mathcal{L}$ に対して $\boldsymbol{u}+(\boldsymbol{v}+\boldsymbol{w}) = (\boldsymbol{u}+\boldsymbol{v})+\boldsymbol{w}$（**和の結合法則**）．
  3. 任意の $\boldsymbol{u}, \boldsymbol{v} \in \mathcal{L}$ に対して $\boldsymbol{u}+\boldsymbol{x} = \boldsymbol{v}$ となる元 $\boldsymbol{x} \in \mathcal{L}$ が存在する（その元を $\boldsymbol{v}-\boldsymbol{u}$ と書く）（**和の逆元**）．
- 任意の元 $\boldsymbol{u} \in \mathcal{L}$ と任意の実数 $\lambda$ に対して **$\lambda$ 倍**と呼ばれる元 $\lambda\boldsymbol{u} \in \mathcal{L}$ がただ一つ存在し，次の性質を持つ．
  1. 任意の $\boldsymbol{u}, \boldsymbol{v} \in \mathcal{L}$ と任意の実数 $\lambda$ に対して $\lambda(\boldsymbol{u}+\boldsymbol{v}) = \lambda\boldsymbol{u}+\lambda\boldsymbol{v}$.
  2. 任意の $\boldsymbol{u} \in \mathcal{L}$ と任意の実数 $\lambda, \mu$ に対して $(\lambda+\mu)\boldsymbol{u} = \lambda\boldsymbol{u}+\mu\boldsymbol{u}$.
  3. 任意の $\boldsymbol{u} \in \mathcal{L}$ と任意の実数 $\lambda, \mu$ に対して $(\lambda\mu)\boldsymbol{u} = \lambda(\mu\boldsymbol{u})$.
  4. 任意の $\boldsymbol{u} \in \mathcal{L}$ に対して $1\boldsymbol{u} = \boldsymbol{u}$.

**【学生】** またまた難しい書き方ですが，要するに「普通に」計算できればよいということですか．

**【先生】** そうです．でも「普通に」ということをきちんと書くのは意外に難しく，結局はこの分量になるのです．どれを抜かしても「普通」ではなくなります．

公理より任意の元の間の引き算が定義されていますから，任意の $\boldsymbol{u} \in \mathcal{L}$ に対して $\boldsymbol{u}-\boldsymbol{u}$ も $\mathcal{L}$ の元です．これを $\boldsymbol{0}$ と書き，**零元**と呼びます．定義より任意の $\boldsymbol{u} \in \mathcal{L}$ に対して $\boldsymbol{u}+\boldsymbol{0} = \boldsymbol{u}$ となります．また $\boldsymbol{0}-\boldsymbol{u}$ を単に $-\boldsymbol{u}$ と書きます．

線形空間 $\mathcal{L}$ の元を**ベクトル**と呼び，公理中の $\lambda, \mu$ などはそれと区別して**スカラ**と呼びます．先ほどの公理ではスカラは実数としましたが，これを複素数としたものを**複素線形空間**（または**複素ベクトル空間**）と呼び，それと区別する場合は実数の場合を**実線形空間**（または**実ベクトル空間**）と呼びます．

**【学生】** ベクトルはこれこれの式を満たすと言わずに，これこれの式を満たすものを「ベクトル」と呼ぶ，というのは何かひねくれた感じがします．これだと関数も「ベクトル」だということになりますが，普通のベクトルとどう区別するのですか．

**【先生】** 「普通のベクトル」とは「平面ベクトル」または「空間ベクトル」，あるいはそれを一般化した「$n$ 次元列ベクトル」のことですね．いちいちそのように言えば区別できます．しかし混乱しやすいので，本書では線形空間の元はなるべく「ベクトル」と呼ばずに，「線形空間の元」と書くことにします．とにかく公理とは「普通の計算の約束」をきちんと書いただけで，恐れることはありません．

### 2.2.2 直交展開

計量空間の元 $\boldsymbol{e}_1, \boldsymbol{e}_2, \ldots, \boldsymbol{e}_n$ が互いに直交するとき，すなわち

$$(\boldsymbol{e}_i, \boldsymbol{e}_j) = 0, \qquad i \neq j \tag{2.89}$$

のとき，これらは**直交系**であるという．特に，すべてがノルム 1 ($\|\boldsymbol{e}_i\| = 1$, $i = 1, \ldots, n$) のとき，これを**正規直交系**という．式で書くと次のようになる．

$$(\boldsymbol{e}_i, \boldsymbol{e}_j) = \delta_{ij} \tag{2.90}$$

ただし $\delta_{ij}$ はクロネッカーのデルタである（$\hookrightarrow$ 式 (1.90)）．

計量空間 $\mathcal{L}$ の直交系 $\{\boldsymbol{e}_i\}$, $i = 1, \ldots, n$, を用いて，任意の元 $\boldsymbol{u} \in \mathcal{L}$ をこれらの線形結合で

$$\boldsymbol{u} \approx c_1\boldsymbol{e}_1 + c_2\boldsymbol{e}_2 + \cdots + c_n\boldsymbol{e}_n \tag{2.91}$$

と近似することを考える．

**【例 2.24】** 近似の尺度として最小二乗法

$$J = \frac{1}{2}\|\boldsymbol{u} - (c_1\boldsymbol{e}_1 + c_2\boldsymbol{e}_2 + \cdots + c_n\boldsymbol{e}_n)\|^2 \to \min \tag{2.92}$$

を用いると，各係数 $c_i$ は

$$c_i = \frac{(\boldsymbol{u}, \boldsymbol{e}_i)}{\|\boldsymbol{e}_i\|^2}, \qquad i = 1, \ldots, n \tag{2.93}$$

となり，特に $\{\boldsymbol{e}_i\}$ が正規直交系のときは

$$c_i = (\boldsymbol{u}, \boldsymbol{e}_i), \qquad i = 1, \ldots, n \tag{2.94}$$

となることを示せ．

（解） 式 (2.92) を $c_i$ で偏微分すると次のようになる．

$$\begin{aligned}\frac{\partial J}{\partial c_i} &= \frac{1}{2}\frac{\partial}{\partial c_i}\left(\boldsymbol{u} - \sum_{j=1}^{n} c_j\boldsymbol{e}_j, \boldsymbol{u} - \sum_{k=1}^{n} c_k\boldsymbol{e}_k\right) \\ &= \frac{1}{2}\left(-\boldsymbol{e}_i, \boldsymbol{u} - \sum_{j=1}^{n} c_j\boldsymbol{e}_j\right) + \frac{1}{2}\left(\boldsymbol{u} - \sum_{j=1}^{n} c_j\boldsymbol{e}_j, -\boldsymbol{e}_i\right)\end{aligned}$$

$$= \left(\boldsymbol{u} - \sum_{j=1}^{n} c_j \boldsymbol{e}_j, -\boldsymbol{e}_i\right) = \sum_{j=1}^{n} c_j(\boldsymbol{e}_j, \boldsymbol{e}_i) - (\boldsymbol{u}, \boldsymbol{e}_i)$$

$$= \sum_{j=1}^{n} c_j \delta_{ij} \|\boldsymbol{e}_j\|^2 - (\boldsymbol{u}, \boldsymbol{e}_i) = c_i \|\boldsymbol{e}_i\|^2 - (\boldsymbol{u}, \boldsymbol{e}_i) \tag{2.95}$$

これを 0 と置くと式 (2.93) が得られる.　□

**チェック**　式 (2.93) から，$\boldsymbol{u}$ の近似の $i$ 番目の係数 $c_i$ を計算するには，$\boldsymbol{u}$ と $i$ 番目の元 $\boldsymbol{e}_i$ との内積をとり，$\|\boldsymbol{e}_i\|^2$ で割ればよい．各元 $\boldsymbol{e}_i$ がノルム 1 なら式 (2.94) のように単に $\boldsymbol{e}_i$ との内積となる.

**チェック**　内積とノルムを式 (2.67), (2.68) のように定義すると，式 (2.92), (2.93) はそれぞれ式 (2.12), (2.13) と同じになる.

**チェック**　内積とノルムを式 (2.69), (2.70) のように定義すると，式 (2.92), (2.93) はそれぞれ式 (2.36), (2.37) と同じになる.

**チェック**　内積とノルムを式 (2.71), (2.72) のように定義すると，式 (2.92), (2.93) はそれぞれ式 (2.59), (2.60) と同じになる.

上の結果は次の特殊な場合を考えると覚えやすい.

**【例 2.25】**　元 $\boldsymbol{u}$ が直交系 $\{\boldsymbol{e}_i\}$, $i = 1, \ldots, n$, によって等号で

$$\boldsymbol{u} = c_1 \boldsymbol{e}_1 + c_2 \boldsymbol{e}_2 + \cdots + c_n \boldsymbol{e}_n \tag{2.96}$$

と表される場合に，係数 $c_i$, $i = 1, \ldots, n$, は式 (2.93) で与えられることを示せ.

（解）式 (2.96) の両辺と $\boldsymbol{e}_i$ の内積をとると，$\{\boldsymbol{e}_i\}$ が直交系であるから次のようになる.

$$(\boldsymbol{u}, \boldsymbol{e}_i) = c_1(\boldsymbol{e}_1, \boldsymbol{e}_i) + c_2(\boldsymbol{e}_2, \boldsymbol{e}_i) + \cdots + c_n(\boldsymbol{e}_n, \boldsymbol{e}_i) = c_i \|\boldsymbol{e}_i\|^2 \tag{2.97}$$

ゆえに式 (2.93) が成り立つ.　□

## ディスカッション

**【学生】**式 (2.95) ですが，内積にも積の微分の公式を使ってよいのですか．また，$\sum_{j=1}^{n} c_j \delta_{ij} \|\boldsymbol{e}_j\|^2$ がどうして $c_i \|\boldsymbol{e}_i\|^2$ になるのでしょうか.

**【先生】**展開して $c_i$ の 2 次式に直してから微分しても，積の微分の公式を使うのと同じ結果になります．また，$\delta_{ij}$ を含む和を具体的に書くと

$$\sum_{j=1}^{n} c_j \delta_{ij} \|\boldsymbol{e}_j\|^2 = c_1 \delta_{i1} \|\boldsymbol{e}_1\|^2 + c_2 \delta_{i2} \|\boldsymbol{e}_2\|^2 + \cdots + c_n \delta_{in} \|\boldsymbol{e}_n\|^2 \tag{2.98}$$

となりますが，$\delta_{ij}$ は $i=j$ 以外は 0 になり，$i=j$ では 1 ですから，$i$ 番目の項だけが残って $c_i\|\boldsymbol{e}_i\|^2$ となります．一般に総和記号 $\sum$ の中にクロネッカーのデルタ $\delta_{ij}$ があると

$$\sum_{j=1}^{n}\delta_{ij}(\cdots i\cdots j\cdots)=(\cdots i\cdots i\cdots) \tag{2.99}$$

となります．要するに $\delta_{ij}$ を掛けて $j$ で足すことは「式中の $j$ を $i$ に変えて取り出す」ことと同じです．第 1 章 1.2.3 項のディスカッションに出てきたディラックのデルタ関数 $\delta(x)$ も似た性質があります．$\int_{-\infty}^{\infty}f(x)\delta(x-a)\mathrm{d}x=f(a)$ ですから，$\delta(x-a)$ を掛けて積分することは「式中の $x$ を $a$ に変えて取り出す」ことになります．

**【学生】** ディラックのデルタ関数 $\delta(x)$ はともかく，クロネッカーのデルタ $\delta_{ij}$ は意外に簡単でした．ところで例 2.24 が前に予告されていた，例 2.3, 2.11, 2.18 の直交関数展開を一般的に書いたものですね．でも知らずに見ると，式 (2.92)~(2.94) は普通のベクトルの関係のように見えます．まさか関数の関係とは想像できません．

**【先生】** そうですね．そして前にも言いましたが，ベクトルの式は図形の関係とみなすことができます．シュワルツの不等式 (2.73) や三角不等式 (2.77) もそうでしたが，式 (2.92)~(2.94) も幾何学的に解釈できます．それを次項に示しましょう．

---

### 2.2.3 直交射影

式 (2.91) は元 $\boldsymbol{u}$ を直交系 $\boldsymbol{e}_1,\boldsymbol{e}_2,\ldots,\boldsymbol{e}_n$ のすべての線形結合の集合 $\mathcal{V}_n$（これを $\{\boldsymbol{e}_i\}$ の**張る部分空間**と呼ぶ）の元で近似することである．式 (2.92) の最小二乗法によって近似したものは式 (2.93) より次のように書ける．

$$\hat{\boldsymbol{u}}=\sum_{i=1}^{n}\frac{(\boldsymbol{u},\boldsymbol{e}_i)}{\|\boldsymbol{e}_i\|^2}\boldsymbol{e}_i \tag{2.100}$$

**【例 2.26】** 式 (2.100) は幾何学的には，$\hat{\boldsymbol{u}}$ が $\boldsymbol{u}$ から $\{\boldsymbol{e}_i\}$ の張る部分空間 $\mathcal{V}_n$ へ下ろした"垂線の足"と解釈できることを示せ（図 2.7）．

（解）式 (2.100) から次の関係を得る．

$$(\boldsymbol{u}-\hat{\boldsymbol{u}},\boldsymbol{e}_k)=\left(\boldsymbol{u}-\sum_{i=1}^{n}\frac{(\boldsymbol{u},\boldsymbol{e}_i)}{\|\boldsymbol{e}_i\|^2}\boldsymbol{e}_i,\boldsymbol{e}_k\right)=(\boldsymbol{u},\boldsymbol{e}_k)-\sum_{i=1}^{n}\frac{(\boldsymbol{u},\boldsymbol{e}_i)}{\|\boldsymbol{e}_i\|^2}(\boldsymbol{e}_i,\boldsymbol{e}_k)$$
$$=(\boldsymbol{u},\boldsymbol{e}_k)-\frac{(\boldsymbol{u},\boldsymbol{e}_k)}{\|\boldsymbol{e}_k\|^2}\|\boldsymbol{e}_k\|^2=0 \tag{2.101}$$

ただし，直交関係 (2.89) を用いた．このように，$\boldsymbol{u}-\hat{\boldsymbol{u}}$ は $\{\boldsymbol{e}_i\}$ のすべてに直交するから，$\{\boldsymbol{e}_i\}$ のあらゆる線形結合，すなわち $\mathcal{V}_n$ のすべての元に直交す

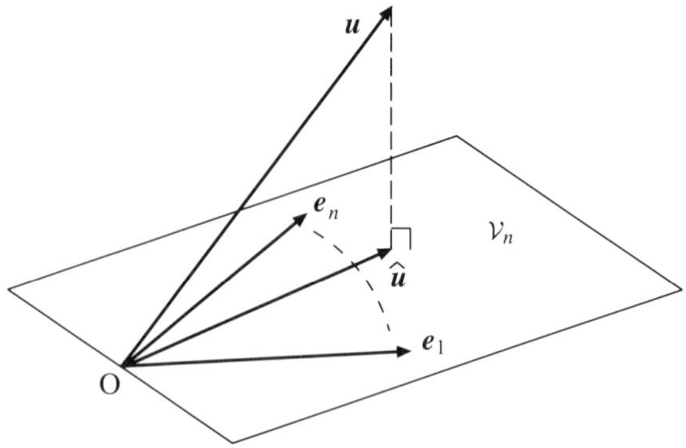


図 **2.7** $\{\boldsymbol{e}_i\}$ の張る部分空間 $\mathcal{V}_n$ への $\boldsymbol{u}$ の直交射影 $\hat{\boldsymbol{u}}$.

る. □

このことから, $\hat{\boldsymbol{u}}$ を $\{\boldsymbol{e}_i\}$ の張る部分空間 $\mathcal{V}_n$ への(**直交**)**射影**と呼ぶ.

### 2.2.4 直交基底

計量空間 $\mathcal{L}$ の任意の元 $\boldsymbol{u}$ の直交系 $\boldsymbol{e}_1, \boldsymbol{e}_2, \ldots, \boldsymbol{e}_n$ ($n = \infty$ でもよい)による最小二乗法の近似が $\boldsymbol{u}$ に一致するとき($n = \infty$ のときは $n \to \infty$ で $\boldsymbol{u}$ に収束するとき), $\{\boldsymbol{e}_i\}$ は $\mathcal{L}$ の**直交基底**であるという. このとき $\mathcal{L}$ は $n$ **次元**($n = \infty$ なら**無限次元**)計量空間であるという. 直交基底 $\{\boldsymbol{e}_i\}$ が正規直交系の場合は**正規直交基底**という. 直交基底の線形結合で表すことを**直交展開**という.

ディスカッション

**【学生】** これは抽象的な定義ですね.「計量空間 $\mathcal{L}$ の元 $\boldsymbol{u}$」は普通のベクトルだったり関数だったりするのでしょうが, そのときに「$\boldsymbol{u}$ に収束する」というのはどういうことでしょうか. ベクトルには「成分」が, 関数には「値」がありますが, 抽象的な「計量空間 $\mathcal{L}$ の元 $\boldsymbol{u}$」に値があるのでしょうか.

**【先生】** これは高級なことを聞かれました. このことはこの本の程度を超えるので気にしなくてよいのですが, 聞かれたので簡単に説明しましょう.

確かに普通の意味の収束は何かの値が定義されていて, その値が指定した値に近づくことですが, 計量空間 $\mathcal{L}$ の元 $\boldsymbol{u}$ には「値」がありません. しかし「収束」とはもともと「限りなく近づく」という意味です. そして計量空間 $\mathcal{L}$ の二つの元 $\boldsymbol{u}, \boldsymbol{v}$ が近いか離れているかを差のノルム $\|\boldsymbol{u} - \boldsymbol{v}\|$ で測ることができます. これを元 $\boldsymbol{u}, \boldsymbol{v}$ の間の**距離**とみなすことができます.

計量空間 $\mathcal{L}$ の元の無限列 $\{\boldsymbol{u}_k\}$ が $k \to \infty$ で $\boldsymbol{u} \in \mathcal{L}$ に**収束**するとは $\boldsymbol{u}_k$ と $\boldsymbol{u}$ との距離が 0

に近づくこと，つまり $\lim_{k\to\infty}\|\boldsymbol{u}_k-\boldsymbol{u}\|=0$ のことと約束します．これを単に $\lim_{k\to\infty}\boldsymbol{u}_k=\boldsymbol{u}$ と書きます．この収束を普通の収束と区別して**ノルム収束**（または**強収束**）ともいいます．

計量空間 $\mathcal{L}$ の元の無限列 $\{\boldsymbol{u}_k\}$ が $\lim_{k,l\to\infty}\|\boldsymbol{u}_k-\boldsymbol{u}_l\|=0$ のとき，これを**コーシー列**（または**基本列**）といいます．$\mathcal{L}$ の任意のコーシー列が $\mathcal{L}$ のある元に収束するとき，$\mathcal{L}$ は**完備**であるといいます．完備な計量空間を**ヒルベルト空間**といいます．

**【学生】** もう結構です．気にしなくてよいということなら，収束とは距離 $\|\boldsymbol{u}-\boldsymbol{v}\|$ が 0 に近づくということで，それ以上は気にしないことにします．

---

**【例 2.27】** 直交基底の例をあげよ．

（解）これまでに出てきたものでは次のものが相当する．

- $n$ 次元列ベクトル空間で

$$\boldsymbol{e}_1=\begin{pmatrix}1\\0\\0\\\vdots\\0\end{pmatrix},\quad \boldsymbol{e}_2=\begin{pmatrix}0\\1\\0\\\vdots\\0\end{pmatrix},\quad \boldsymbol{e}_3=\begin{pmatrix}0\\0\\1\\\vdots\\0\end{pmatrix},\quad \ldots,\quad \boldsymbol{e}_n=\begin{pmatrix}0\\0\\0\\\vdots\\1\end{pmatrix} \tag{2.102}$$

  は式 (2.65) の内積に関して（正規）直交基底である．

- ルジャンドルの多項式 $\{P_n(x)\}$, $n=0,1,2,\ldots,\infty$, は内積

$$(f,g)=\int_{-1}^{1}f(x)g(x)\mathrm{d}x \tag{2.103}$$

  に関して区間 $[-1,1]$ 上の連続関数の直交基底である．

- $\dfrac{1}{2}$, $\{\cos kx\}$, $\{\sin kx\}$ は内積

$$(f,g)=\int_{-\pi}^{\pi}f(x)g(x)\mathrm{d}x \tag{2.104}$$

  に関して区間 $[-\pi,\pi]$ 上の連続関数の直交基底である．

- チェビシェフの多項式 $\{T_n(x)\}$, $n=0,1,2,\ldots,\infty$, は内積

$$(f,g)=\int_{-1}^{1}\frac{f(x)g(x)}{\sqrt{1-x^2}}\mathrm{d}x \tag{2.105}$$

  に関して区間 $(-1,1)$ 上の連続関数の直交基底である．

- エルミートの多項式 $\{H_n(x)\}$, $n = 0, 1, 2, \ldots, \infty$, は内積

$$(f, g) = \int_{-\infty}^{\infty} f(x)g(x)e^{-x^2/2}\mathrm{d}x \tag{2.106}$$

　に関して区間 $(-\infty, \infty)$ 上の連続関数の直交基底である．

- ラゲールの多項式 $\{L_n(x)\}$, $n = 0, 1, 2, \ldots, \infty$, は内積

$$(f, g) = \int_{0}^{\infty} f(x)g(x)e^{-x}\mathrm{d}x \tag{2.107}$$

　に関して区間 $[0, \infty)$ 上の連続関数の正規直交基底である．

- 式 (2.53) の選点直交多項式 $\{p_k(x)\}$, $k = 0, 1, 2, \ldots, N$, は内積

$$(f, g) = \sum_{\alpha=0}^{N} f(x_\alpha)g(x_\alpha) \tag{2.108}$$

　に関して $N$ 次以下の多項式の直交基底である（連続関数の基底ではない）．□

計量空間 $\mathcal{L}$ の任意の元 $\boldsymbol{u}$, $\boldsymbol{v}$ をある正規直交基底 $\{\boldsymbol{e}_i\}$, $i = 1, \ldots, n$, で

$$\boldsymbol{u} = c_1\boldsymbol{e}_1 + c_2\boldsymbol{e}_2 + \cdots + c_n\boldsymbol{e}_n$$
$$\boldsymbol{v} = d_1\boldsymbol{e}_1 + d_2\boldsymbol{e}_2 + \cdots + d_n\boldsymbol{e}_n \tag{2.109}$$

と表したとする．このとき次の**パーセバル（・プランシュレル）の式**が成り立つ（$n = \infty$ でもよい）．

$$(\boldsymbol{u}, \boldsymbol{v}) = \sum_{i=1}^{n} c_i d_i, \qquad \|\boldsymbol{u}\|^2 = \sum_{i=1}^{n} c_i^2 \tag{2.110}$$

**【例 2.28】**　パーセバルの式 (2.110) を導け．

（解）第 1 式は次のように導ける．

$$(\boldsymbol{u}, \boldsymbol{v}) = (\sum_{i=1}^{n} c_i\boldsymbol{e}_i, \sum_{j=1}^{n} d_j\boldsymbol{e}_j) = \sum_{i,j=1}^{n} c_i d_j(\boldsymbol{e}_i, \boldsymbol{e}_j) = \sum_{i,j=1}^{n} c_i d_j \delta_{ij} = \sum_{i=1}^{n} c_i d_i \tag{2.111}$$

$\boldsymbol{u} = \boldsymbol{v}$ とすると第 2 式が得られる．□

チェック 式 (2.111) の 2 番目の項では添え字の混乱を防ぐためにダミー添え字を変えている (↪ 第 1 章 1.3.1 項のディスカッション).

チェック 式 (2.111) の最後から二つ目の項の和の中に $\delta_{ij}$ があり，$j$ について足しているので $j=i$ の項のみが取り出されている (↪2.2.2 項のディスカッション).

**【例 2.29】** 式 (2.19) のフーリエ級数に対してはパーセバルの式 (2.110) の第 2 式はどう書けるか.

(解) 式 (2.19), (2.20) よりフーリエ級数は次のように表せる.

$$f(x)=\frac{a_0}{2}+\sum_{k=1}^{\infty}(a_k\cos kx+b_k\sin kx) \tag{2.112}$$

$$a_0=\frac{1}{\pi}\int_{-\pi}^{\pi}f(x)\mathrm{d}x,\quad a_k=\frac{1}{\pi}\int_{-\pi}^{\pi}f(x)\cos kx\mathrm{d}x,\quad b_k=\frac{1}{\pi}\int_{-\pi}^{\pi}f(x)\sin kx\mathrm{d}x \tag{2.113}$$

式 (2.10) より $\frac{1}{\sqrt{2\pi}}, \left\{\frac{\cos kx}{\sqrt{\pi}}\right\}, \left\{\frac{\sin kx}{\sqrt{\pi}}\right\}$ が正規直交基底となる．式 (2.112) は次のように書き直せる.

$$f(x)=\sqrt{\frac{\pi}{2}}a_0\frac{1}{\sqrt{2\pi}}+\sum_{k=1}^{\infty}\left(\sqrt{\pi}a_k\frac{\cos kx}{\sqrt{\pi}}+\sqrt{\pi}b_k\frac{\sin kx}{\sqrt{\pi}}\right) \tag{2.114}$$

したがって，パーセバルの式は次のようになる.

$$\int_{-\pi}^{\pi}f(x)^2\mathrm{d}x=\left(\sqrt{\frac{\pi}{2}}a_0\right)^2+\sum_{k=1}^{\infty}\left((\sqrt{\pi}a_k)^2+(\sqrt{\pi}b_k)^2\right) \tag{2.115}$$

書き直すと次のようになる.

$$\frac{1}{\pi}\int_{-\pi}^{\pi}f(x)^2\mathrm{d}x=\frac{a_0^2}{2}+\sum_{k=1}^{\infty}(a_k^2+b_k^2) \tag{2.116}$$

□

ディスカッション

**【学生】** 式 (2.110) は当たり前の式ですね．ベクトルの成分は式 (2.109) で定義されます．ベクトルの内積は成分の積の和で，ノルムは成分の二乗の和ですから，式 (2.110) はごく普通の式です．それが関数の場合に式 (2.116) のように書けるとは思いもよりませんでした．第 1 式のほうは，関数 $g(x)$ のフーリエ級数を $g(x)=a_0'/2+\sum_{k=1}^{\infty}(a_k'\cos kx+b_k'\sin kx)$ とすると

$$\frac{1}{\pi}\int_{-\pi}^{\pi}f(x)g(x)\mathrm{d}x=\frac{a_0a_0'}{2}+\sum_{k=1}^{\infty}(a_ka_k'+b_kb_k') \tag{2.117}$$

となるのですね．

【先生】その通りです．このような関係が自動的に得られるのが公理に基づく方法の威力です．

【学生】直交基底を使えば計算も簡単でいろいろな美しい関係式が成り立つことはわかりますが，直交基底は例 2.27 の式 (2.102)〜(2.108) の 7 つ以外にもあるのでしょうか．

【先生】いくらでもあります．正確にいうと「作り出す」ことができます．無限次元の場合の収束の証明は面倒ですが，それを考えなければ，内積とノルムを定義すれば直交系はいくらでも作れます．その作り方を次項で説明しましょう．

---

### 2.2.5　シュミットの直交化

**【例 2.30】** 計量空間 $\mathcal{L}$ の必ずしも直交系ではない元の列 $\boldsymbol{u}_1, \boldsymbol{u}_2, \boldsymbol{u}_3, \ldots$ があるとき，これらの線形結合によって直交系 $\boldsymbol{e}_1, \boldsymbol{e}_2, \boldsymbol{e}_3, \ldots$ を作れ．

（解）まず

$$\boldsymbol{e}_1 = \boldsymbol{u}_1 \tag{2.118}$$

とする．そして

$$\boldsymbol{e}_2 = \boldsymbol{u}_2 - c_1\boldsymbol{e}_1 \tag{2.119}$$

と置き，$\boldsymbol{e}_1, \boldsymbol{e}_2$ が直交するように $c_1$ を定める．

$$(\boldsymbol{e}_1, \boldsymbol{e}_2) = (\boldsymbol{e}_1, \boldsymbol{u}_2 - c_1\boldsymbol{e}_1) = (\boldsymbol{e}_1, \boldsymbol{u}_2) - c_1(\boldsymbol{e}_1, \boldsymbol{e}_1) = (\boldsymbol{e}_1, \boldsymbol{u}_2) - c_1\|\boldsymbol{e}_1\|^2 = 0 \tag{2.120}$$

これから $c_1$ が次のように定まる．

$$c_1 = \frac{(\boldsymbol{e}_1, \boldsymbol{u}_2)}{\|\boldsymbol{e}_1\|^2} \tag{2.121}$$

したがって，次のようになる．

$$\boldsymbol{e}_2 = \boldsymbol{u}_2 - \frac{(\boldsymbol{e}_1, \boldsymbol{u}_2)}{\|\boldsymbol{e}_1\|^2}\boldsymbol{e}_1 \tag{2.122}$$

次に

$$\boldsymbol{e}_3 = \boldsymbol{u}_3 - c_1\boldsymbol{e}_1 - c_2\boldsymbol{e}_2 \tag{2.123}$$

と置き，これが $\boldsymbol{e}_1, \boldsymbol{e}_2$ に直交するように $c_1, c_2$ を定める．

$$\begin{aligned}(\boldsymbol{e}_1, \boldsymbol{u}_3 - c_1\boldsymbol{e}_1 - c_2\boldsymbol{e}_2) &= (\boldsymbol{e}_1, \boldsymbol{u}_3) - c_1(\boldsymbol{e}_1, \boldsymbol{e}_1) - c_2(\boldsymbol{e}_1, \boldsymbol{e}_2)\\ &= (\boldsymbol{e}_1, \boldsymbol{u}_3) - c_1\|\boldsymbol{e}_1\|^2 = 0\end{aligned}$$

$$(\boldsymbol{e}_2, \boldsymbol{u}_3 - c_1\boldsymbol{e}_1 - c_2\boldsymbol{e}_2) = (\boldsymbol{e}_2, \boldsymbol{u}_3) - c_1(\boldsymbol{e}_2, \boldsymbol{e}_1) - c_2(\boldsymbol{e}_2, \boldsymbol{e}_2)$$
$$= (\boldsymbol{e}_2, \boldsymbol{u}_3) - c_2\|\boldsymbol{e}_2\|^2 = 0 \tag{2.124}$$

これから $c_1$, $c_2$ が次のように定まる．

$$c_1 = \frac{(\boldsymbol{e}_1, \boldsymbol{u}_3)}{\|\boldsymbol{e}_1\|^2}, \qquad c_2 = \frac{(\boldsymbol{e}_2, \boldsymbol{u}_3)}{\|\boldsymbol{e}_2\|^2} \tag{2.125}$$

したがって，次のようになる．

$$\boldsymbol{e}_3 = \boldsymbol{u}_3 - \frac{(\boldsymbol{e}_1, \boldsymbol{u}_3)}{\|\boldsymbol{e}_1\|^2}\boldsymbol{e}_1 - \frac{(\boldsymbol{e}_2, \boldsymbol{u}_3)}{\|\boldsymbol{e}_2\|^2}\boldsymbol{e}_2 \tag{2.126}$$

以下同様にして $\boldsymbol{e}_1, \boldsymbol{e}_2, \ldots, \boldsymbol{e}_n$ まで直交系ができたとする．次に

$$\boldsymbol{e}_{n+1} = \boldsymbol{u}_{n+1} - c_1\boldsymbol{e}_1 - c_2\boldsymbol{e}_2 - \cdots - c_n\boldsymbol{e}_n \tag{2.127}$$

と置き，これが $\boldsymbol{e}_1, \boldsymbol{e}_2, \ldots, \boldsymbol{e}_n$ に直交するように $c_1, c_2, \ldots, c_n$ を定める．

$$(\boldsymbol{e}_k, \boldsymbol{e}_{n+1}) = (\boldsymbol{e}_k, \boldsymbol{u}_{n+1} - \sum_{i=1}^{n} c_i\boldsymbol{e}_i) = (\boldsymbol{e}_k, \boldsymbol{u}_{n+1}) - \sum_{i=1}^{n} c_i(\boldsymbol{e}_k, \boldsymbol{e}_i)$$
$$= (\boldsymbol{e}_k, \boldsymbol{u}_{n+1}) - \sum_{i=1}^{n} c_i\delta_{ki}\|\boldsymbol{e}_k\|^2 = (\boldsymbol{e}_k, \boldsymbol{u}_{n+1}) - c_k\|\boldsymbol{e}_k\|^2 = 0 \tag{2.128}$$

これから $c_k$, $k = 1, 2, \ldots, n$, が次のように定まる．

$$c_k = \frac{(\boldsymbol{e}_k, \boldsymbol{u}_{n+1})}{\|\boldsymbol{e}_k\|^2}, \qquad k = 1, 2, \ldots, n \tag{2.129}$$

したがって，次のようになる．

$$\boldsymbol{e}_{n+1} = \boldsymbol{u}_{n+1} - \frac{(\boldsymbol{e}_1, \boldsymbol{u}_{n+1})}{\|\boldsymbol{e}_1\|^2}\boldsymbol{e}_1 - \frac{(\boldsymbol{e}_2, \boldsymbol{u}_{n+1})}{\|\boldsymbol{e}_2\|^2}\boldsymbol{e}_2 - \cdots - \frac{(\boldsymbol{e}_n, \boldsymbol{u}_{n+1})}{\|\boldsymbol{e}_n\|^2}\boldsymbol{e}_n \tag{2.130}$$

もしこれが $\boldsymbol{0}$ になれば，$\boldsymbol{u}_{n+1}$ を飛ばして $\boldsymbol{u}_{n+2}, \boldsymbol{u}_{n+3}, \ldots$ から $\boldsymbol{e}_{n+1} \neq \boldsymbol{0}$ が得られるまで先に進む．以下同様にして直交する元を作ることができる． □

**チェック** 式 (2.128) 中の $\delta_{ij}$ が含まれる和は $i = j$ の項を取り出せばよい．

この操作を（**グラム・**）**シュミットの直交化**と呼ぶ．得られた各 $\boldsymbol{e}_n$ は任意の 0 でない数を掛けてもよい．特に $\|\boldsymbol{e}_n\|$ で割ると $\{\boldsymbol{e}_n\}$ は正規直交系となる．

【例 2.31】 3 次元列ベクトル $\begin{pmatrix} 1 \\ 1 \\ 1 \end{pmatrix}, \begin{pmatrix} 1 \\ -1 \\ 1 \end{pmatrix}, \begin{pmatrix} 1 \\ 1 \\ -1 \end{pmatrix}$ にシュミットの直交化を施して，正規直交基底を作れ.

(解) まず $\boldsymbol{e}_1 = \begin{pmatrix} 1 \\ 1 \\ 1 \end{pmatrix}$ と置く．次に $\boldsymbol{e}_2 = \begin{pmatrix} 1 \\ -1 \\ 1 \end{pmatrix} - c_1 \begin{pmatrix} 1 \\ 1 \\ 1 \end{pmatrix}$ と置いて，これが $\boldsymbol{e}_1$ と直交するように $c_1$ を定める.

$$(\boldsymbol{e}_1, \boldsymbol{e}_2) = \left( \begin{pmatrix} 1 \\ 1 \\ 1 \end{pmatrix}, \begin{pmatrix} 1 \\ -1 \\ 1 \end{pmatrix} \right) - c_1 \left( \begin{pmatrix} 1 \\ 1 \\ 1 \end{pmatrix}, \begin{pmatrix} 1 \\ 1 \\ 1 \end{pmatrix} \right) = 1 - 3c_1 = 0 \quad (2.131)$$

より，$c_1 = \dfrac{1}{3}$ であるから，$\boldsymbol{e}_2$ は次のようになる.

$$\boldsymbol{e}_2 = \begin{pmatrix} 1 \\ -1 \\ 1 \end{pmatrix} - \frac{1}{3} \begin{pmatrix} 1 \\ 1 \\ 1 \end{pmatrix} = \begin{pmatrix} 2/3 \\ -4/3 \\ 2/3 \end{pmatrix} \quad (2.132)$$

次に $\boldsymbol{e}_3 = \begin{pmatrix} 1 \\ 1 \\ -1 \end{pmatrix} - c_1 \begin{pmatrix} 1 \\ 1 \\ 1 \end{pmatrix} - c_2 \begin{pmatrix} 2/3 \\ -4/3 \\ 2/3 \end{pmatrix}$ と置いて，これが $\boldsymbol{e}_1, \boldsymbol{e}_2$ と直交するように $c_1, c_2$ を定める.

$$\begin{aligned} (\boldsymbol{e}_1, \boldsymbol{e}_3) &= \left( \begin{pmatrix} 1 \\ 1 \\ 1 \end{pmatrix}, \begin{pmatrix} 1 \\ 1 \\ -1 \end{pmatrix} \right) - c_1 \left( \begin{pmatrix} 1 \\ 1 \\ 1 \end{pmatrix}, \begin{pmatrix} 1 \\ 1 \\ 1 \end{pmatrix} \right) \\ &\quad - c_2 \left( \begin{pmatrix} 1 \\ 1 \\ 1 \end{pmatrix}, \begin{pmatrix} 2/3 \\ -4/3 \\ 2/3 \end{pmatrix} \right) = 1 - 3c_1 = 0 \\ (\boldsymbol{e}_2, \boldsymbol{e}_3) &= \left( \begin{pmatrix} 2/3 \\ -4/3 \\ 2/3 \end{pmatrix}, \begin{pmatrix} 1 \\ 1 \\ -1 \end{pmatrix} \right) - c_1 \left( \begin{pmatrix} 2/3 \\ -4/3 \\ 2/3 \end{pmatrix}, \begin{pmatrix} 1 \\ 1 \\ 1 \end{pmatrix} \right) \\ &\quad - c_2 \left( \begin{pmatrix} 2/3 \\ -4/3 \\ 2/3 \end{pmatrix}, \begin{pmatrix} 2/3 \\ -4/3 \\ 2/3 \end{pmatrix} \right) = -\frac{4}{3} - \frac{8}{3} c_2 = 0 \end{aligned} \quad (2.133)$$

より $c_1 = \dfrac{1}{3}, c_2 = -\dfrac{1}{2}$ であるから $\boldsymbol{e}_3$ は次のようになる.

$$\boldsymbol{e}_3 = \begin{pmatrix} 1 \\ 1 \\ -1 \end{pmatrix} - \frac{1}{3}\begin{pmatrix} 1 \\ 1 \\ 1 \end{pmatrix} + \frac{1}{2}\begin{pmatrix} 2/3 \\ -4/3 \\ 2/3 \end{pmatrix} = \begin{pmatrix} 1 \\ 0 \\ -1 \end{pmatrix} \tag{2.134}$$

得られた $\boldsymbol{e}_1, \boldsymbol{e}_2, \boldsymbol{e}_3$ を単位ベクトルに正規化すると，次の正規直交系が得られる.

$$\begin{pmatrix} 1/\sqrt{3} \\ 1/\sqrt{3} \\ 1/\sqrt{3} \end{pmatrix}, \qquad \begin{pmatrix} 1/\sqrt{6} \\ -2/\sqrt{6} \\ 1/\sqrt{6} \end{pmatrix}, \qquad \begin{pmatrix} 1/\sqrt{2} \\ 0 \\ -1/\sqrt{2} \end{pmatrix} \tag{2.135}$$

□

**【例 2.32】** 式 (2.103) の内積を用いて，関数 $1, x, x^2, x^3, \ldots$ にシュミットの直交化を施せ.

(解) 1 から始めると次のように計算される.

$$\begin{aligned}
& x - \frac{\int_{-1}^{1} 1 \cdot x\mathrm{d}x}{\int_{-1}^{1} 1^2\mathrm{d}x} = x \\
& x^2 - \frac{\int_{-1}^{1} 1 \cdot x^2\mathrm{d}x}{\int_{-1}^{1} 1^2\mathrm{d}x} - \frac{\int_{-1}^{1} x \cdot x^2\mathrm{d}x}{\int_{-1}^{1} x^2\mathrm{d}x}x = x^2 - \frac{1}{3} \\
& x^3 - \frac{\int_{-1}^{1} 1 \cdot x^3\mathrm{d}x}{\int_{-1}^{1} 1^2\mathrm{d}x} - \frac{\int_{-1}^{1} x \cdot x^3\mathrm{d}x}{\int_{-1}^{1} x^2\mathrm{d}x}x - \frac{\int_{-1}^{1}(x^2 - 1/3)x^3\mathrm{d}x}{\int_{-1}^{1}(x^2 - 1/3)^2\mathrm{d}x}\left(x^2 - \frac{1}{3}\right) = x^3 - \frac{3}{5}x \\
& \quad \vdots
\end{aligned} \tag{2.136}$$

各々を $x = 1$ で 1 となるように定数倍したものが式 (2.3) のルジャンドルの多項式 $P_n(x)$ にほかならない. □

**【例 2.33】** 式 (2.105) の内積を用いて，関数 $1, x, x^2, x^3, \ldots$ にシュミットの直交化を施せ.

（解）1 から始めると次のように計算される．

$$
\begin{aligned}
&x - \frac{\int_{-1}^{1} 1\cdot x\mathrm{d}x/\sqrt{1-x^2}}{\int_{-1}^{1} 1^2\mathrm{d}x/\sqrt{1-x^2}} = x \\
&x^2 - \frac{\int_{-1}^{1} 1\cdot x^2\mathrm{d}x/\sqrt{1-x^2}}{\int_{-1}^{1} 1^2\mathrm{d}x/\sqrt{1-x^2}} - \frac{\int_{-1}^{1} x\cdot x^2\mathrm{d}x/\sqrt{1-x^2}}{\int_{-1}^{1} x^2\mathrm{d}x/\sqrt{1-x^2}}x = x^2 - \frac{1}{2} \\
&x^3 - \frac{\int_{-1}^{1} 1\cdot x^3\mathrm{d}x/\sqrt{1-x^2}}{\int_{-1}^{1} 1^2\mathrm{d}x/\sqrt{1-x^2}} - \frac{\int_{-1}^{1} x\cdot x^3\mathrm{d}x/\sqrt{1-x^2}}{\int_{-1}^{1} x^2\mathrm{d}x/\sqrt{1-x^2}}x \\
&\qquad - \frac{\int_{-1}^{1}(x^2-1/2)x^3\mathrm{d}x/\sqrt{1-x^2}}{\int_{-1}^{1}(x^2-1/2)^2\mathrm{d}x/\sqrt{1-x^2}}\left(x^2-\frac{1}{2}\right) = x^3 - \frac{3}{4}x \\
&\quad\vdots
\end{aligned}
\tag{2.137}
$$

各々を $x=1$ で 1 となるように定数倍したものが式 (2.26) のチェビシェフの多項式 $T_n(x)$ にほかならない． □

**【例 2.34】** 式 (2.106) の内積を用いて，関数 $1, x, x^2, x^3, \ldots$ にシュミットの直交化を施せ．

（解）1 から始めると次のように計算される．

$$
\begin{aligned}
&x - \frac{\int_{-\infty}^{\infty} 1\cdot xe^{-x^2/2}\mathrm{d}x}{\int_{-\infty}^{\infty} 1^2e^{-x^2/2}\mathrm{d}x} = x \\
&x^2 - \frac{\int_{-\infty}^{\infty} 1\cdot x^2e^{-x^2/2}\mathrm{d}x}{\int_{-\infty}^{\infty} 1^2e^{-x^2/2}\mathrm{d}x} - \frac{\int_{-\infty}^{\infty} x\cdot x^2e^{-x^2/2}\mathrm{d}x}{\int_{-\infty}^{\infty} x^2e^{-x^2/2}\mathrm{d}x}x = x^2 - 1 \\
&x^3 - \frac{\int_{-\infty}^{\infty} 1\cdot x^3e^{-x^2/2}\mathrm{d}x}{\int_{-\infty}^{\infty} 1^2e^{-x^2/2}\mathrm{d}x} - \frac{\int_{-\infty}^{\infty} x\cdot x^3e^{-x^2/2}\mathrm{d}x}{\int_{-\infty}^{\infty} x^2e^{-x^2/2}\mathrm{d}x}x \\
&\qquad - \frac{\int_{-\infty}^{\infty}(x^2-1)x^3e^{-x^2/2}\mathrm{d}x}{\int_{-\infty}^{\infty}(x^2-1)^2e^{-x^2/2}\mathrm{d}x}(x^2-1) = x^3 - 3x \\
&\quad\vdots
\end{aligned}
\tag{2.138}
$$

これは式 (2.29) のエルミートの多項式 $H_n(x)$ にほかならない． □

**【例 2.35】** 式 (2.107) の内積を用いて，関数 $1, x, x^2, x^3, \ldots$ にシュミットの直交化を施せ．

（解） 1 から始めると次のように計算される．

$$
\begin{aligned}
& x-\frac{\int_0^\infty 1\cdot xe^{-x}\mathrm{d}x}{\int_0^\infty 1^2e^{-x}\mathrm{d}x}=x-1 \\
& x^2-\frac{\int_0^\infty 1\cdot x^2e^{-x}\mathrm{d}x}{\int_0^\infty 1^2e^{-x}\mathrm{d}x}-\frac{\int_0^\infty (x-1)\cdot x^2e^{-x}\mathrm{d}x}{\int_0^\infty (x-1)^2e^{-x}\mathrm{d}x}(x-1)=x^2-4x+2 \\
& x^3-\frac{\int_0^\infty 1\cdot x^3e^{-x}\mathrm{d}x}{\int_0^\infty 1^2e^{-x}\mathrm{d}x}-\frac{\int_0^\infty (x-1)\cdot x^3e^{-x}\mathrm{d}x}{\int_0^\infty (x-1)^2e^{-x}\mathrm{d}x}(x-1) \\
& \qquad -\frac{\int_0^\infty (x^2-4x+2)x^3e^{-x}\mathrm{d}x}{\int_0^\infty (x^2-4x+2)^2e^{-x}\mathrm{d}x}(x^2-4x+2)=x^3-9x^2+18x-6 \\
& \quad \vdots
\end{aligned}
\tag{2.139}
$$

各々を $x=0$ で 1 となるように定数倍したものが式 (2.32) のラゲールの多項式 $L_n(x)$ にほかならない． □

**【例 2.36】** 選点 $x_0=0, x_1=1, x_2=2, \ldots, x_N=N$ に関する式 (2.108) の内積を用いて，関数 $1, x, x^2, x^3, \ldots$ にシュミットの直交化を施せ．

（解） 1 から始めると次のように計算される．

$$
\begin{aligned}
& x-\frac{\sum_{\alpha=0}^N 1\cdot\alpha}{\sum_{\alpha=0}^N 1^2}=x-\frac{N}{2} \\
& x^2-\frac{\sum_{\alpha=0}^N 1\cdot\alpha^2}{\sum_{\alpha=0}^N 1^2}-\frac{\sum_{\alpha=0}^N(\alpha-N/2)\alpha^2}{\sum_{\alpha=0}^N(\alpha-N/2)^2}\left(x-\frac{N}{2}\right)=x^2-Nx+\frac{N(N-1)}{6} \\
& \quad \vdots
\end{aligned}
\tag{2.140}
$$

各々の定数項が 1 になるように定数倍したものが式 (2.53) の選点直交多項式 $p_k(x)$ にほかならない． □

## ディスカッション

**【学生】** 内積とノルムを定義すれば 2.1 節の直交多項式が全部 $1, x, x^2, x^3, \ldots$ から自動的に作られるとは想像しませんでした．てっきり「ルジャンドル」，「チェビシェフ」，「エルミート」，「ラゲール」という大数学者が高級な理論から導いたのだろうと思っていましたが，意外に単純なのですね．

**【先生】** そうでもありません．**シュミットの直交化**は直交系を作り出す「手順」を与えるだけです．例えば式 (2.4), (2.27), (2.30), (2.33), (2.54) のような**直交関係**や式 (2.5), (2.28),

(2.31), (2.34), (2.53) のような一般式はシュミットの直交化からは得られません．これらは微分方程式の理論から得られますが，ここで触れません．

**【学生】** 触れないで下さい．これ以上は頭に入りません．ところで，ふと気がついたのですが，直交射影の式 (2.100) とシュミットの直交化の式 (2.130) が似ています．式 (2.130) は

$$\boldsymbol{e}_{n+1} = \boldsymbol{u}_{n+1} - \sum_{i=1}^{n} \frac{(\boldsymbol{e}_i, \boldsymbol{u}_{n+1})}{\|\boldsymbol{e}_i\|^2} \boldsymbol{e}_i \tag{2.141}$$

と書けますが，右辺第2項は式 (2.100) で $\boldsymbol{u}$ を $\boldsymbol{u}_{n+1}$ にしたものです．ああそうか，図2.7を見てわかりました．$\boldsymbol{u}_1$, $\boldsymbol{u}_2$, $\boldsymbol{u}_3, \ldots, \boldsymbol{u}_n$ から直交系 $\{\boldsymbol{e}_i\}$, $i = 1, \ldots, n$, が作れたとして，次の $\boldsymbol{u}_{n+1}$ から $\{\boldsymbol{e}_i\}$ の張る空間（図2.7の平面のように描いてある部分）へ垂線を下ろし，射影した成分 $\hat{\boldsymbol{u}}_{n+1}$ を引けば，$\{\boldsymbol{e}_i\}$ のすべてに直交する部分（図2.7の点線で描いてある部分）が作れるのですね．

**【先生】** これはすごい．恐るべき洞察力です．まさにその通りです．そのように考えれば，直交する部分が取り出せるためには $\boldsymbol{u}_{n+1}$ が $\{\boldsymbol{e}_i\}$ の張る部分空間に含まれてはいけない，すなわち，どの $n$ についても $\boldsymbol{u}_{n+1}$ が $\boldsymbol{u}_1$, $\boldsymbol{u}_2, \ldots, \boldsymbol{u}_n$ の線形結合で表せてはいけないことがわかります．そのような $\boldsymbol{u}_1$, $\boldsymbol{u}_2, \ldots$ は**線形独立**（または**1次独立**）であるというのですが，このことは第5章まで延期しましょう．

**【学生】** そうして下さい．私は抽象的なことや複雑な式が苦手で，図形の関係を考えるほうがずっと楽です．この章では複雑な式がたくさん出てきましたが，覚え切れません．これらは試験に出るのでしょうか．

**【先生】** 君はどうしても試験のことが気になるようですね．さっきのようなすばらしい幾何学的解釈ができるなら心配ありません．ともかく，一般的な公式はどれも機械的に導出できますから覚える必要はありません．高校の数学のような「公式を暗記してそれを問題に当てはめる」のは止めて，**具体的な問題ごとに同じ導出を繰り返す**ほうが得です．例えば，式 (2.11) の最小二乗近似でも，公式 (2.13) を覚える必要はありません．覚えようとすると間違えることが多く，かえって損です．それより問題ごとに例2.4のように計算し直すほうが楽で，間違いがありません．同様に式 (2.37), (2.60), (2.93) を覚える必要はありません．その度に例2.12, 2.19, 2.25のように計算し直すほうが得です．

シュミットの直交化も同じです．公式 (2.130) を覚えるのではなく，問題ごとに式 (2.127) のように置いて，式 (2.128) の計算をして式 (2.129) を計算すればよいのです．

この章では**ルジャンドルの多項式**，**チェビシェフの多項式**，**エルミートの多項式**，**ラゲールの多項式**などいろいろな**直交多項式**が出てきましたが，これらも名前だけ覚えればよく，式の具体的な形や一般式は必要なときに数学事典や公式集を見ればすみます．実際の計算ではほとんどの数値計算ソフトに内蔵されているので，単に呼び出して実行すればよく，具体的な式の形を知る必要はまずありません．

端的に言えば，この章で覚えておくべきことは例2.4, 2.12, 2.19, 2.25の計算の仕方と式

(2.127), (2.128) の計算，およびその背景をなす考え方です．個々の公式を覚える必要はありません．

**【学生】** その“背景をなす考え方”ですが，内積や線形空間の公理は覚えるのでしょうか．

**【先生】** **線形空間の公理**は和や差や定数倍ができることをきちんと書いたものだということを知っていれば，覚える必要はありません．しかし**内積の公理**は 3 項目（**正値性**，**対称性**，**線形性**）しかないので，ぜひ覚えておいて下さい．また**ノルム**の定義式 (2.64) も忘れないで下さい．**シュワルツの不等式** (2.73) と**三角不等式** (2.77) は必要というわけではありませんが，覚えておくと便利でしょう．

---

# 第3章

# フーリエ解析

前章で調べたさまざまな直交関数系の中で，異なる周期の三角関数が実用上最も重要である．信号を異なる周波数の正弦波の重ね合わせとして表現することは「フーリエ解析」と呼ばれ，今日の信号処理の骨格を成している．これによって，音声や画像などをそれに含まれる周波数成分の特徴から識別したり，代表的な周波数成分のみで近似したり，特定の周波数成分を増幅させたり減衰させたりすることによって望ましい信号に変換することができる．本章では実数の信号を複素数を用いて表現することによって「スペクトル」，「パワー」，「自己相関関数」などの概念が定義され，それらの間の美しい関係式が得られることを学ぶ．また，連続信号とそれから離散的にサンプルしたディジタル信号の関係（「サンプリング定理」）についても学ぶ．

## 3.1　フーリエ級数

区間 $[-\pi,\pi]$ 上の連続関数 $f(x)$ は式 (2.19) のようにフーリエ級数に展開できる．そのフーリエ係数は式 (2.20) のように表せる．幅 $T$ の区間 $[-T/2,T/2]$ で表すと次のように書ける．

$$f(t)=\frac{a_0}{2}+\sum_{k=1}^{\infty}(a_k\cos k\omega_o t+b_k\sin k\omega_o t),\qquad -\frac{T}{2}\le t\le\frac{T}{2} \tag{3.1}$$

$$a_k=\frac{2}{T}\int_{-T/2}^{T/2}f(t)\cos k\omega_o t\mathrm{d}t,\qquad b_k=\frac{2}{T}\int_{-T/2}^{T/2}f(t)\sin k\omega_o t\mathrm{d}t \tag{3.2}$$

ただし

$$\omega_o = \frac{2\pi}{T} \tag{3.3}$$

と置いた．これを**基本周波数**と呼ぶ．フーリエ級数 (3.1) は関数 $f(t)$ を $\omega_o$ の整数倍の周波数の正弦波の重ね合わせとして表すものである．定数 $a_0/2$ を**直流成分**と呼び，$\omega_o$ の $k$ 倍の周波数の振動を第 $k$ **高調波**と呼ぶ．係数 $a_k, b_k$ は第 $k$ 高調波の含まれる度合いを示すものであり，（**実**）**フーリエ係数**と呼ぶ．以下では変数 $t$ を"時刻"とみなし，$f(t)$ を時間とともに変化する"信号"と呼ぶ．

**チェック**　式 (2.20) の $a_0$ の式は $a_k$ の式で $k=0$ と置くと得られるから考えなくてよい．

**チェック**　基本周波数 $\omega_o = 2\pi/T$ は区間 $[-T/2, T/2]$ を 1 周期とする振動の周波数である．

**【例 3.1】**　次の信号 $f(t)$ を区間 $[-T/2, T/2]$ 上でフーリエ級数に展開せよ（図 3.1）．

$$f(t) = \begin{cases} 1 & -T/4 \leq t \leq T/4 \\ 0 & \text{その他} \end{cases} \tag{3.4}$$

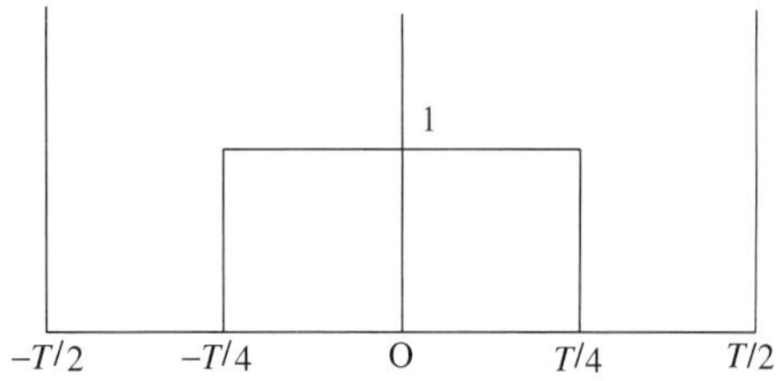


**図 3.1**

（**解**）式 (3.2) より，フーリエ係数は $a_0 = 1$ であり，$k = 1, 2, \ldots$ に対しては次のようになる．

$$a_k = \frac{2}{T}\int_{-T/4}^{T/4} \cos k\omega_o t \mathrm{d}t = \frac{4}{T}\left[\frac{\sin k\omega_o t}{k\omega_o}\right]_0^{T/4} = \frac{2}{\pi}\frac{\sin \pi k/2}{k}$$

$$= \begin{cases} 0 & k = 4m \text{ のとき} \\ 2/\pi k & k = 4m+1 \text{ のとき} \\ 0 & k = 4m+2 \text{ のとき} \\ -2/\pi k & k = 4m+3 \text{ のとき} \end{cases}$$

$$b_k = \frac{2}{T}\int_{-T/4}^{T/4} \sin k\omega_o t \mathrm{d}t = 0 \tag{3.5}$$

ゆえに次のように表せる．

$$f(t) = \frac{1}{2} + \frac{2}{\pi}\cos\omega_o t - \frac{2}{3\pi}\cos 3\omega_o t + \frac{2}{5\pi}\cos 5\omega_o t - \frac{2}{7\pi}\cos 7\omega_o t + \cdots \tag{3.6}$$

□

任意の関数を正弦波の無限級数で表すことを初めて考えたのはフランスの物理数学者の**フーリエ** (Jean Fourier: 1768–1835) である．彼は熱伝導の方程式を導いて，その解を正弦波の無限級数によって表した．これは物理的な直観に基づくものであったが，後の数学者によって厳密化され，今日の物理学，数学の最も重要な基礎となっている．

ディスカッション

**【学生】** 式 (2.19), (2.20) がどうして式 (3.1), (3.2) になるのですか．

**【先生】** $x = 2\pi t/T$ と置くと，$-T/2 \leq t \leq T/2$ のとき $-\pi \leq x \leq \pi$ となりますね．これを式 (2.19), (2.20) に代入し，$\mathrm{d}x = 2\pi \mathrm{d}t/T$ より積分が $\int_{-\pi}^{\pi}(\cdots)\mathrm{d}x = (2\pi/T)\int_{-T/2}^{T/2}(\cdots)\mathrm{d}t$ となることから式 (3.1), (3.2) が得られます．

**【学生】** そうでした．簡単な変数変換でした．ところで式 (3.6) ですが，例 2.7 の式 (2.21) は奇関数だったので式 (2.23) のように sin だけが出てきましたが，式 (3.4) は原点に関して左右対称な偶関数だから式 (3.6) のように定数と cos だけ出てくるのですか．

**【先生】** その通りです．

**【学生】** フーリエ級数は信号を正弦波の重ね合わせで表すということですが，sin を「正弦」，cos を「余弦」，tan を「正接」と呼ぶと習いました．cos が入っているので“正弦波”と“余弦波”の重ね合わせではありませんか．

**【先生】** そういう名前を覚えているとは記憶力がよいですね．確かにそうですが，普通は cos と sin の形の波を合わせて**正弦波**と呼ぶのです．復習しましょう．$a\cos\omega t$, $b\sin\omega t$ はそれぞれ**振幅**が $a$, $b$ で共に**周期** $T = 2\pi/\omega$ の正弦波です（図 3.2）．実際 $t \to t+T$ とするとそれぞれ $a\cos(\omega(t+2\pi/\omega)) = a\cos(\omega t + 2\pi) = a\cos\omega t$, $b\sin(\omega(t+2\pi/\omega)) = b\sin(\omega t+2\pi) = b\sin\omega t$ と同じ値になることがわかります．

**【学生】** 「周波数」というのは「振動数」と同じ意味ですか．

**【先生】** 少し違います．**振動数**は 1 秒間の振動の回数です．周期 $T$ の波は $T$ 秒間に 1 回振動しますから振動数は $f = 1/T$ です．単位は（回数）/秒で，これを Hz と書いて**ヘルツ**と呼

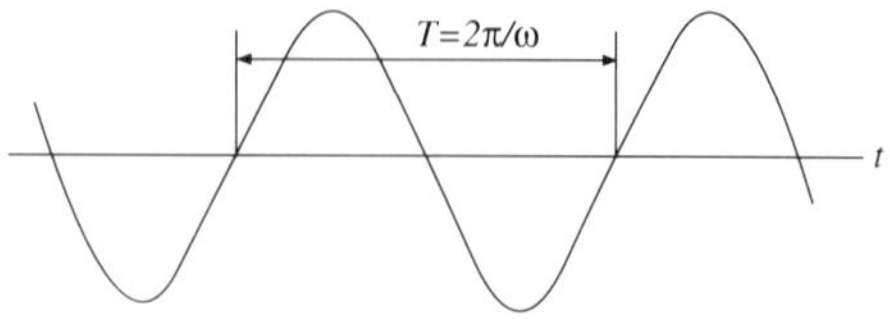


**図 3.2**　周波数 $\omega$ の正弦波は周期 $T = 2\pi/\omega$ を持ち，1 周期で位相が $2\pi$ 進む．

びます．しかし波の数を数えるとき，1 周期を 1 個と数えるのではなく，1 周期を $2\pi$（単位はラジアン）と数えるのが便利です．このように波を数える角度を**位相**（**角**）と呼びます．正弦波は時間とともに位相が一定速度で増加し，位相が $2\pi$ 増えるごとに信号は元の値に戻ります．$a\cos\omega t$, $b\sin\omega t$ はそれぞれ位相が 1 秒間に $\omega$ ラジアン増えています．この $\omega$ を（**角**）**周波数**と呼ぶのです．単位は rad/sec です．振動数 $f$ の波は 1 秒間に $f$ 回振動し，位相は $2\pi f$ だけ増えます．だから周波数は $\omega = 2\pi f$ です．

このように「周波数」$\omega$ と「振動数」$f$ とは $2\pi$ がかかるかかからないかの違いで意味は同じですから，教科書によっては用語を区別しなかったり，振動数 $f$ を用いて $a\cos 2\pi ft$, $b\sin\omega 2\pi ft$ のように書いたりします．この本では $\omega$ (rad/sec) を「周波数」，$f$ (Hz) を「振動数」と区別することにします．

**【学生】** さきほど言われた「位相」というのがピンときません．なぜ波を角度で測るのですか．

**【先生】** 表面的には，式中に $2\pi$ が現れず，式が簡単になるためですが，概念としても便利です．式 (3.1) の右辺の第 $k$ 項に出てくる $\cos k\omega_o t$ と $\sin k\omega_o t$ は式の形は違ってもグラフに描くと形は同じで，ただ凹凸がずれているだけです．実際 $\cos k\omega_o t$ を 1/4 周期だけ正の方向に平行移動すると $\sin k\omega_o t$ になります．この平行移動の大きさは時間で測ると $\pi/2k\omega_o$ (sec) ですが，これではイメージが沸きません．これを位相で測って $\pi/2$ (rad) とすると，$2\pi$ (rad) で 1 周期ですから 1/4 周期であることがすぐイメージできます．

**【学生】** 私はイメージが沸きません．ところで式 (3.1) の右辺の第 $k$ 項の $a_k\cos k\omega_o t$ と $b_k\sin k\omega_o t$ は同じ形の波を平行移動して異なる振幅にして足したものですが，その結果も同じ周波数の波なのですか．

**【先生】** そうです．三角関数の公式で習ったと思いますが，次のように変形できます．

$$a_k\cos k\omega_o t + b_k\sin k\omega_o t = c_k\cos(k\omega_o t - \phi_k) \tag{3.7}$$

ただし $c_k = \sqrt{a_k^2 + b_k^2}$ で，これが合成した波の振幅です．そして $\phi_k$ は $\cos\phi_k = a_k/c_k$, $\sin\phi_k = b_k/c_k$ となる角度です．式 (3.7) の右辺を cos の加法公式で展開してこれらの関係を代入すると左辺に等しくなることがすぐわかります．このようにフーリエ級数の第 $k$ 項は周波数 $k\omega_o$ の正弦波を $c_k$ 倍し，$\phi_k$ だけ位相を遅らせたものです．

**【学生】** 位相を「遅らせる」というのはどういう意味ですか．$\cos(k\omega_o t - \phi_k)$ は $\cos k\omega_o t$ を正の方向に平行移動したものですから位相は「進む」のではありませんか．

**【先生】** 反対です．横軸は場所ではなく時刻 $t$ であることに注意して下さい．同じ位相の部分が遅れて現れるから，そのグラフは時刻が正の方向に平行移動されるのです．例えばこれが海岸のある地点の水面の高さであるとします．波を時刻が正の方向に $\tau$ だけ平行移動すると，波が最大振幅になる時刻が $\tau$ だけ増えます．起こる時刻が増えることは遅れて起こることですね．このように考えると $\sin k\omega_o t$ は $\cos k\omega_o t$ に比べて位相が $\pi/4$ だけ遅れていることになります．

**【学生】** フーリエ級数は別の授業でも出てきました．そのとき，フーリエ級数は周期的な信号を三角関数の和で表すものだと言われたように覚えています．ここではフーリエ級数に表せるのは有限区間の関数だということですが，定義が違うのでしょうか．

**【先生】** いえ，同じです．関数 $f(t)$ は幅 $T$ の区間 $[-T/2, T/2]$ で定義されているとしましたが，式 (3.1) の右辺は $t$ が区間 $[-T/2, T/2]$ 以外でも値が計算できます．フーリエ級数は信号を周波数 $\omega_o$, $2\omega_o$, $3\omega_o, \ldots$ の正弦波の重ね合わせで表すもので，それぞれの周期は $T$, $T/2$, $T/3, \ldots$ です．ですから，どの成分も周期 $T$ の関数です．周期 $T$ の関数をどう足しても結果は周期 $T$ の関数です．つまり，式 (3.1) の $f(t)$ を区間 $[-T/2, T/2]$ の外で計算すると周期 $T$ の関数になっています．逆にいうと，周期 $T$ の関数は式 (3.1) のようにフーリエ級数に表せることになります．その係数は式 (3.2) のように 1 周期区間 $[-T/2, T/2]$ の積分のみから定まります．$f(t)$ が周期 $T$ の関数なら積分 $\int_{-T/2}^{T/2}(\cdots)\mathrm{d}t$ は任意の 1 周期区間の積分 $\int_{\tau}^{\tau+T}(\cdots)\mathrm{d}t$（$\tau$ は任意）に置き換えても構いません．このように幅 $T$ の区間で考えることと，その区間の外で信号が周期的に繰り返されていると考えることは同じことです．

**【学生】** 私には同じとは思えません．式 (3.1) が周期 $T$ の関数の 1 周期区間 $[-T/2, T/2]$ を取り出したものなら，両端で値が等しく，$f(-T/2) = f(T/2)$ でなければなりません．しかし，区間 $[-T/2, T/2]$ の任意の連続関数がフーリエ級数に展開できるのですね．式 (3.1) の右辺はさきほど言われたように必ず周期 $T$ の関数です．すると $f(-T/2) = f(T/2)$ でない関数はフーリエ級数で表せないことになります．これは矛盾ではありませんか．

**【先生】** そういうややこしいことがあるから周期関数のことは言わなかったのですが，仕方がありません．説明しましょう．確かに，$f(-T/2) \neq f(T/2)$ の関数の区間 $[-T/2, T/2]$ の部分をその両側に周期的に繰り返すと，継ぎ目で不連続になります．しかし，第 2 章 2.1.2 項でも少し触れましたが，不連続な関数でもフーリエ級数に展開できて，連続な点では元の値に，不連続な点では両側の平均値に収束することが証明できます．ですから，式 (3.1) の右辺は $-T/2 < t < T/2$ では $f(t)$ に収束し，両端の $t = -T/2$ と $t = T/2$ では $(f(-T/2) + f(T/2))/2$ に収束します．ただし，その近くで**ギブス現象**という振動が起こります．このようなことはこの本の範囲を超えるので，気にしないで下さい．

## 3.2 複素数の指数関数

指数部が虚数の指数関数 $e^{i\theta}$ を次の複素数と定義する．

$$e^{i\theta} = \cos\theta + i\sin\theta \tag{3.8}$$

これは**オイラーの式**と呼ぶ．これは複素平面の単位円上の実軸から角度 $\theta$ の点を表す（図 3.3）．

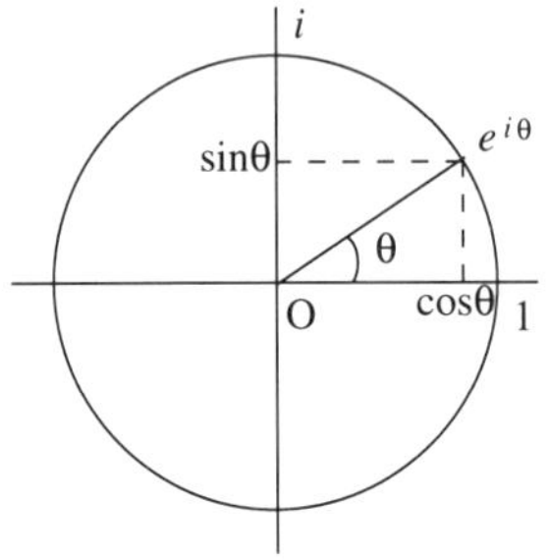


**図 3.3** 複素数 $e^{i\theta} = \cos\theta + i\sin\theta$ は単位円上の実軸から角度 $\theta$ の点を表す．

**【例 3.2】** 次の関係が成り立つことを示せ．

$$e^{i\theta}e^{i\phi} = e^{i(\theta+\phi)}, \qquad \left(e^{i\theta}\right)^n = e^{in\theta} \tag{3.9}$$

**（解）** 式 (3.9) の第 1 式の左辺と右辺はオイラーの式 (3.8) よりそれぞれ次のように書ける．

$$\begin{aligned} e^{i\theta}e^{i\phi} &= (\cos\theta + i\sin\theta)(\cos\phi + i\sin\phi) \\ &= (\cos\theta\cos\phi - \sin\theta\sin\phi) + i(\cos\theta\sin\phi + \sin\theta\cos\phi) \\ e^{i(\theta+\phi)} &= \cos(\theta+\phi) + i\sin(\theta+\phi) \end{aligned} \tag{3.10}$$

両者が等しいことは三角関数の加法定理

$$\cos(\theta+\phi) = \cos\theta\cos\phi - \sin\theta\sin\phi, \ \sin(\theta+\phi) = \cos\theta\sin\phi + \sin\theta\cos\phi \tag{3.11}$$

よりわかる．これから $\left(e^{i\theta}\right)^2 = e^{2i\theta}$ であるから，$e^{i\theta}$ を次々と掛けて式 (3.9) の第 2 式が得られる． □

**【例 3.3】** 次の関係が成り立つことを示せ.

$$\cos\theta = \frac{e^{i\theta}+e^{-i\theta}}{2}, \qquad \sin\theta = \frac{e^{i\theta}-e^{-i\theta}}{2i} \tag{3.12}$$

(解) オイラーの式 (3.8), およびその式の $\theta$ を $-\theta$ に置き換えた式

$$e^{i\theta} = \cos\theta + i\sin\theta, \qquad e^{-i\theta} = \cos\theta - i\sin\theta \tag{3.13}$$

の辺々を足して 2 で割ると式 (3.12) の第 1 式が得られ, 引いて $2i$ で割ると第 2 式が得られる. □

ディスカッション

**【学生】** 式 (3.8) の $e$ は普通の指数関数 $e^x$ の $e$ と同じものですか.

**【先生】** そうです. $e = 2.7182818285590452353 6\ldots$ です. 高校の教科書には**自然対数の底**（てい）と書かれていますが, これを研究したスコットランドの数学者**ネイピア** (J. Napier: 1550–1617) にちなんで**ネイピアの数**とも呼ばれます. 1 より大きい $a$ のべき乗の関数 $y = a^x$ は $x = 0$ で $y = 1$ となり $x$ が増えると急速に増大する関数ですが, ネイピアは $x = 0$ での接線の傾きが 1 になるように $a$ を定めるには $a$ として $e = \lim_{n\to\infty}(1+1/n)^n$ とすればよいことを示しました. これを用いると**指数関数** $y = e^x$ の逆関数の**対数関数** $y = \log_e x$（これを普通は $\log x$ と書いて**自然対数**と呼びます）も $x = 1$ で接線の傾きが 1 になり, $\mathrm{d}e^x/\mathrm{d}x = e^x$, $\mathrm{d}\log x/\mathrm{d}x = 1/x$ という美しい公式が得られます.

**【学生】** それは知っています. でも式 (3.8) で実数 $e$ を虚数の $i\theta$ 回掛けるというのはどういう意味でしょうか.

**【先生】** そう考えると変ですが, "$e^{i\theta}$" は複素数 $\cos\theta + i\sin\theta$ を表す記号だと思って下さい.

**【学生】** どうしてそのような記号を使うのでしょうか. $\cos\theta + i\sin\theta$ と書いたのではいけないのでしょうか.

**【先生】** そのように書くと式が複雑になります. しかしオイラーの式 (3.8) を使うと式が非常に簡単になります. 例えば, 式 (3.11) の cos, sin の加法定理は式 $e^{i\theta}e^{i\phi} = e^{i(\theta+\phi)}$ からオイラーの式 (3.8) によって実部と虚部を取り出したものです. これさえ覚えれば式 (3.11) は覚える必要はありません.

**【学生】** 式 (3.11) は高校の数学に出てきましたが, ややこしいので覚えるのに苦労しました. それに比べて式 (3.9) はすぐ覚えられます. 式 (3.9) を覚えれば式 (3.11) を覚える必要がないなら, 覚えて損をしました. もっと早く教えてもらえればよかったのに.

**【先生】** そうは行きません. やはり物事には順序があります. とにかく, このようなエレガントな式がいろいろ出てくるので, オイラーの式は "数学史上の最大の発見" と言われることがあります.

【学生】図 3.3 は何を表しているのでしょうか．複素平面の単位円とは何ですか．

【先生】「単位円」とは原点を中心とする半径 1 の円のことですが，複素数について復習しましょう．**複素数**とは $z = x + iy$ のように**実（数）部** $x$ に**虚（数）部** $y$ の $i$ 倍を足したものです．$i$ は**虚数単位**で，$i^2 = -1$ となる数と約束します．実部，虚部をそれぞれ $x = \mathrm{Re}\, z$, $y = \mathrm{Im}\, z$ と書きます．複素数 $z = x + iy$ は実部を $x$ 軸に，虚部を $y$ 軸にとって平面上の点 $(x, y)$ として表すことができます（図 3.4）．このような平面を**複素（数）平面**と呼びます．点 $(x, y)$ の原点からの距離 $\sqrt{x^2 + y^2}$ を複素数 $z$ の**絶対値**といい，$|z|$ と書きます．また原点と $(x, y)$ を結ぶ線分の $x$ 軸から正の向きに測った角度 $\phi$ を**偏角**といい，$\arg z$（または $\angle z$）と書きます．定義より $\cos\phi = x/|z|, \sin\phi = y/|z|$ です．

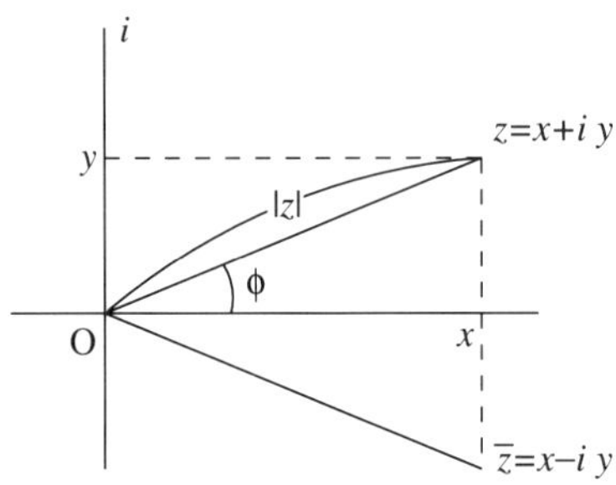


**図 3.4**　複素数の複素平面上の表示．

複素数 $z = x + iy$ に対して，$\bar{z} = x - iy$ をその**共役（きょうやく）複素数**といい，$z, \bar{z}$ は互いに**複素共役**であるといいます．これらは複素平面上で $x$ 軸に関して対称な位置にあります．この定義から

$$x = \frac{z + \bar{z}}{2}, \qquad y = \frac{z - \bar{z}}{2i} \tag{3.14}$$

となります．また，重要な関係として

$$z\bar{z} = (x + iy)(x - iy) = x^2 + y^2 = |z|^2 \tag{3.15}$$

が成り立ちます．複素数についてはこれだけ知っておけばいいでしょう．

【学生】それで $e^{i\theta}$，つまり $\cos\theta + i\sin\theta$ は原点からの距離が 1 だから単位円上にあって，$x$ 軸から角度 $\theta$ のところになるのですね．そして $e^{i\theta}$ の共役複素数が $e^{-i\theta}$ ですね．

【先生】そうです．一般に偏角 $\arg z = \phi$ の複素数は $z = |z|e^{i\phi}$ と書くことができて，その共役複素数は $\bar{z} = |z|e^{-i\phi}$ です．

## 3.3 フーリエ級数の複素表示

式 (3.1) を式 (3.12) によって変形すると次のようになる.

$$f(t) = \frac{a_0}{2} + \sum_{k=1}^{\infty}\Big(a_k\frac{e^{ik\omega_o t}+e^{-ik\omega_o t}}{2} + b_k\frac{e^{ik\omega_o t}-e^{-ik\omega_o t}}{2i}\Big)$$
$$= \frac{a_0}{2} + \frac{1}{2}\sum_{k=1}^{\infty}\Big((a_k - ib_k)e^{ik\omega_o t} + (a_k + ib_k)e^{-ik\omega_o t}\Big) = \sum_{k=-\infty}^{\infty} C_k e^{ik\omega_o t} \tag{3.16}$$

ただし次のように置いた.

$$C_k = \begin{cases} (a_k - ib_k)/2 & k > 0 \\ a_0/2 & k = 0 \\ (a_{-k} + ib_{-k})/2 & k < 0 \end{cases} \tag{3.17}$$

この右辺の各式は式 (3.2) より次のように変形できる.

$$\frac{a_k - ib_k}{2} = \frac{2}{T}\int_{-T/2}^{T/2} f(t)\frac{\cos k\omega_o t - i\sin k\omega_o t}{2}\mathrm{d}t = \frac{1}{T}\int_{-T/2}^{T/2} f(t)e^{-ik\omega_o t}\mathrm{d}t$$
$$\frac{a_0}{2} = \frac{1}{T}\int_{-T/2}^{T/2} f(t)\mathrm{d}t$$
$$\frac{a_{-k} + ib_{-k}}{2} = \frac{2}{T}\int_{-T/2}^{T/2} f(t)\frac{\cos(-k\omega_o t) + i\sin(-k\omega_o t)}{2}\mathrm{d}t$$
$$= \frac{1}{T}\int_{-T/2}^{T/2} f(t)(\cos k\omega_o t - i\sin k\omega_o t)\mathrm{d}t = \frac{1}{T}\int_{-T/2}^{T/2} f(t)e^{-ik\omega_o t}\mathrm{d}t \tag{3.18}$$

これらを合わせると，式 (3.1), (3.2) は次のように複素数で表現できる.

$$f(t) = \sum_{k=-\infty}^{\infty} C_k e^{ik\omega_o t}, \qquad C_k = \frac{1}{T}\int_{-T/2}^{T/2} f(t)e^{-ik\omega_o t}\mathrm{d}t \tag{3.19}$$

$C_k$ を（**複素**）**フーリエ係数**と呼ぶ.

**チェック** 信号 $f(t)$ は周波数 $k\omega_o$ の正弦波 $e^{ik\omega_o t}$ を**負の値を含めた**すべての整数 $k = \ldots -2, -1, 0, 1, 2, \ldots$ に対して重ね合わせ，和 $\sum_{k=-\infty}^{\infty}$ をとったものになっている.

**チェック** フーリエ係数 $C_k$ は信号 $f(t)$ に $e^{ik\omega_o t}$ の**共役複素数** $e^{-ik\omega_o t}$ を掛けて，区間 $[-T/2, T/2]$ での**平均** $\frac{1}{T}\int_{-T/2}^{T/2}(\cdots)\mathrm{d}t$ をとったものである.

## ディスカッション

【学生】式 (3.19) の第 1 式が式 (3.1) を書き直したものですか．でも式 (3.1) なら具体的な関数を表していることがひと目でわかりますが，式 (3.19) では感じがつかめません．なぜ複素数を使うのかまだ納得できません．また，第 2 式の積分の中身は複素数ですが，複素数を積分してもよいのですか．

【先生】これは形式的な表現です．実際の計算はオイラーの式 (3.8) を用いて

$$\begin{aligned}\int_{-T/2}^{T/2} f(t)e^{-ik\omega_o t}\mathrm{d}t &= \int_{-T/2}^{T/2} f(t)(\cos k\omega_o t - i\sin k\omega_o t)\mathrm{d}t \\ &= \int_{-T/2}^{T/2} f(t)\cos k\omega_o t\mathrm{d}t - i\int_{-T/2}^{T/2} f(t)\sin k\omega_o t\mathrm{d}t \qquad (3.20)\end{aligned}$$

のように実部と虚部を別々に計算します．

【学生】そういえば式 (3.19) の第 1 式の右辺は複素数なのに，左辺の $f(t)$ は実数の関数です．これは変です．

【先生】いや，複素数なのは $C_k$ と $e^{ik\omega_o t}$ で，これらを掛けて足すと虚部が消えて実数になります．なお，オイラーの式 $e^{i\omega t} = \cos\omega t + i\sin\omega t$ に複素数 $C = a + ib$ を掛けると，

$$Ce^{i\omega t} = (a+ib)(\cos\omega t + i\sin\omega t) = (a\cos\omega t - b\sin\omega t) + i(a\sin\omega t + b\cos\omega t) \quad (3.21)$$

となりますが，式 (3.7) のような変形をすると，上式は $c(\cos(\omega t+\phi) + i\sin(\omega t+\phi))$，すなわち，$ce^{i(\omega t+\phi)}$ と書けます．ただし，式 (3.7) のときと同様に $c = \sqrt{a^2+b^2}$ で，$\phi$ は $\cos\phi = a/c, \sin\phi = b/c$ となる角度です．したがって，$e^{i\omega t}$ に複素数 $C$ を掛けることは，振幅を $c$ 倍して位相を $\phi$ だけ進めることを意味します．

【学生】あれ，図 3.4 の絶対値と偏角の定義から，その $c$ と $\phi$ は $c = |C|, \phi = \arg C$ ではありませんか．とすると $C = |C|e^{i\phi}$ と書けますね．そうか，わかりました．今の先生の説明は全部を複素数で書くと

$$Ce^{i\omega t} = |C|e^{i\phi}e^{i\omega t} = |C|e^{i(\omega t+\phi)} \quad (3.22)$$

となるのですね．だから振幅が $|C|$ 倍され，位相が $\arg C$ だけ増えるのですね．

【先生】そうです．複素数を使えば式 (3.7), (3.21) のような三角関数の和の公式を使う必要がなく，式 (3.22) のように式が簡単になり，意味もわかりやすくなります．

オイラーの式 (3.8) から $e^{i\omega t}$ は複素平面上では単位円に沿って反時計周りに偏角が毎秒 $\omega$ ラジアンだけ増加しながら回ることを表しています．この偏角の増加率を**角速度**（単位は rad/sec）といいます．ですから周波数 $\omega$ は複素平面上の角速度のことです．マイナスの角速度は反対の向き（時計周り）に回ることです．

式 (3.19) の第 1 式は角速度 $\ldots, -2\omega_o, -\omega_o, 0, \omega_o, 2\omega_o, \ldots$ で回転する点の半径をそれぞれ $\ldots, |C_{-2}|, |C_{-1}|, |C_0|, |C_1|, |C_2|, \ldots$ 倍し，偏角を $\ldots, \arg C_{-2}, \arg C_{-1}, \arg C_0,$

$\arg C_1, \arg C_2, \ldots$ だけずらして，それぞれの実部（$x$ 成分）を足したものが $f(t)$ になることを意味しています．虚部（$y$ 成分）を足すと 0 になります．

**【学生】** ということは，複素平面での偏角のことを「位相」というのですか．そして，回転運動とみなして，1 周期を $2\pi$ (rad) とするのですか．

**【先生】** 正にその通りです．

**【学生】** そういえば思い出しました．電気回路の授業で交流の電圧や電流を表すのに $e^{j\omega t}$ のような式がたくさん出てきました．これは $e^{i\omega t}$ のことですか．

**【先生】** そうです．フーリエ級数の定数項を「直流成分」と呼ぶのもそこに由来しています．しかし，電気工学では電流を表す記号に $i$ が用いられるので，混乱を避けるために虚数単位を $j$ と書く習慣があります．

**【学生】** そのほうがよっぽど混乱します．虚数単位は $i$ として電流のほうを $j$ とするほうがわかりやすいのではありませんか．

**【先生】** 私もそう思いますが，記号の使い方に歴史的な習慣や研究者の好みがあって簡単に変えることができません．この本でも記号や用語に私の好みが反映していますから，他の本を読むときよく比較対照して下さい．

**【学生】** 一つ気がついたのですが，高校では三角関数は sin, cos の順で習いました．そして，日本語で「正弦」,「余弦」というように，sin が “正しい” 関数で cos は “余り” のような印象がありました．しかし，この本では必ず cos が先に出て，sin は後ですね．どうして順序が反対になるのでしょうか．

**【先生】** そう言われても何と答えてよいかわかりません．図 3.3 のように cos が $x$ 軸に対応し，sin が $y$ 軸に対応するので，$x$, $y$ の順に並べる習慣に従って cos, sin と並べるとしか言いようがありません．

---

## 3.4　フーリエ変換

式 (3.19) のフーリエ級数において，

$$\omega_k = k\omega_o, \qquad k = 0, \pm 1, \pm 2, \ldots \tag{3.23}$$

と置き，

$$\Delta\omega = \omega_{k+1} - \omega_k = \omega_o = \frac{2\pi}{T}, \qquad C_k = \frac{F(\omega_k)}{T} \tag{3.24}$$

と書くと，次のようになる．

$$f(t) = \frac{1}{2\pi} \sum_{k=-\infty}^{\infty} F(\omega_k) e^{i\omega_k t} \Delta\omega, \qquad F(\omega_k) = \int_{-T/2}^{T/2} f(t) e^{-i\omega_k t} \mathrm{d}t \tag{3.25}$$

周期 $T \to \infty$ とすると，式 (3.24) より $\Delta\omega \to 0$ となり，上式はその極限で次の積分で表せる．

$$f(t) = \frac{1}{2\pi}\int_{-\infty}^{\infty} F(\omega)e^{i\omega t}\mathrm{d}\omega, \qquad F(\omega) = \int_{-\infty}^{\infty} f(t)e^{-i\omega t}\mathrm{d}t \tag{3.26}$$

第 2 式を信号 $f(t)$ の**フーリエ変換**と呼ぶ．その逆変換を与える第 1 式を**逆フーリエ変換**と呼ぶ．

**チェック**　式 (3.26) で周波数 $\omega$ に関する積分は $\dfrac{1}{2\pi}\displaystyle\int_{-\infty}^{\infty}(\cdots)\mathrm{d}\omega$ の形をし，時刻 $t$ に関する積分は $\displaystyle\int_{-\infty}^{\infty}(\cdots)\mathrm{d}t$ の形をしている．

**チェック**　信号 $f(t)$ は周波数 $\omega$ の正弦波 $e^{i\omega t}$ を**負の数を含めた**すべての実数 $\omega$ に対して重ね合わせている．

**チェック**　フーリエ変換 $F(\omega)$ は信号 $f(t)$ に $e^{i\omega t}$ の**共役複素数** $e^{-i\omega t}$ を掛けて，すべての時刻 $t$ で積分したものになっている．

式 (3.26) の第 1 式は信号 $f(t)$ をあらゆる周波数の振動の重ね合わせで表すものである．$F(\omega)$ は周波数 $\omega$ の成分 $e^{i\omega t}$ の大きさを表し，$f(t)$ の**スペクトル**と呼ばれる．$|\omega|$ が大きい成分を**高周波成分**，小さい成分を**低周波成分**と呼ぶ．特に $\omega = 0$ の成分は定数であり，これを**直流成分**と呼ぶ．

**【例 3.4】**　実数値をとる信号 $f(t)$ のフーリエ変換 $F(\omega)$ に対して次の関係が成り立つことを示せ．

$$F(-\omega) = \overline{F(\omega)} \tag{3.27}$$

（解）式 (3.26) の定義より，$f(t)$ が実数なら

$$F(-\omega) = \int_{-\infty}^{\infty} f(t)e^{i\omega t}\mathrm{d}t = \overline{\int_{-\infty}^{\infty} f(t)e^{-i\omega t}\mathrm{d}t} = \overline{F(\omega)} \tag{3.28}$$

となる．　□

## ディスカッション

**【学生】** フーリエ級数は関数を三角関数の重ね合わせで表すということですが，フーリエ変換のイメージがつかめません．

**【先生】** 基本的にはフーリエ級数と同じです．式 (3.25) のフーリエ級数と式 (3.26) のフーリエ変換はほとんど同じでしょう．違いはギリシャ文字の $\Sigma$, $\Delta$ がローマ字 $\int$ $(= S)$, d になっ

ただけです．第 1 章 1.1.3 項のディスカッションで言いましたが，「ローマはギリシャの極限」です．

【学生】そうムード的に言われても…

【先生】それでは数学的に言いましょう．区間 $[a,b]$ 上の連続関数 $f(x)$ の囲む面積 $S$ は，区間 $[a,b]$ を幅 $\Delta x = 1/N$ に $N$ 等分した分点 $(a =)\ x_0,\ x_1,\ x_2, \ldots, x_{N-1},\ x_N\ (= b)$ をとると $S_N = \sum_{k=0}^{N-1} f(x_k)\Delta x$ で近似できます（図 3.5）．これは区間 $[x_k, x_{k+1}]$ での面積を縦 $f(x_k)$，横 $\Delta x$ の長方形で近似したものです．この計算を**区分求積法**ともいいます．真の面積 $S$ は $S_N$ の分割数 $N$ を限りなく増やして分割幅 $\Delta x$ を 0 に近づけた極限です．その値が存在すれば $\int_a^b f(x)\mathrm{d}x$ と書きます．式で書くと

$$\int_a^b f(x)\mathrm{d}x = \lim_{N\to\infty} \sum_{k=0}^{N-1} f(x_k)\Delta x \tag{3.29}$$

となります．これを（リーマン）**積分**と定義します．積分が存在するとき $f(x)$ は**可積分**（または**積分可能**）であるといいます．

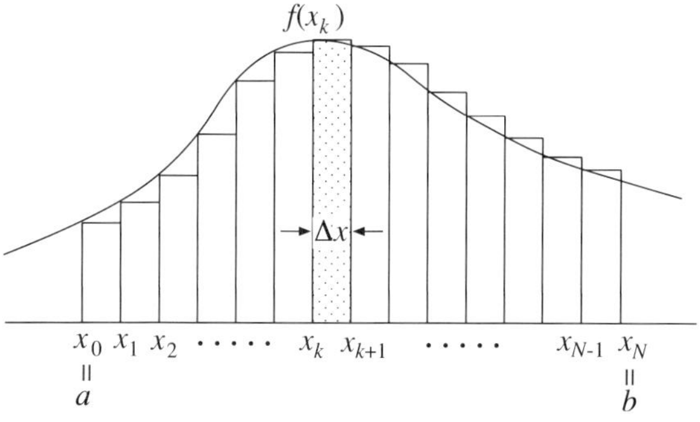


**図 3.5** 区分求積法.

この積分は $f(x)$ の**原始関数** $F(x)$，すなわち，$F'(x) = f(x)$ となる関数 $F(x)$ を用いると $F(b) - F(a)$ に等しいことが高校の教科書に書いてあります．これを（**微分**）**積分学の基本定理**と呼びます．$F(x)$ を**不定積分**とも呼び，$\int f(x)\mathrm{d}x$ とも書きます．これと区別して $\int_a^b f(x)\mathrm{d}x$ を**定積分**ともいいます．

【学生】それは知っています．でも，$\int_a^b f(x)\mathrm{d}x = F(b) - F(a)$ を「積分学の基本定理」と呼ぶのはものものしいですね．これは当たり前で，誰でも知っています．基本定理といえば，“$n$ 次方程式は複素数の範囲で（重解を含めて）$n$ 個の解を持つ”ということを「代数学の基本定理」と呼ぶそうですが，これも当たり前で，誰でも知っています．基本定理というのは“当たり前の定理”という意味ですか．

【先生】とんでもない．非常に深い意味があります．でも，このことはこの本の内容に関係ないから触れないでおきましょう．さて，先ほど言ったことは高校で習いますが，大学でつけ加わるのは，$\int_a^b f(x)\mathrm{d}x$ で $a \to -\infty$, $b \to \infty$ とした値を，それが存在すれば $\int_{-\infty}^{\infty} f(x)\mathrm{d}x$ と書いて**広義積分**（または**異常積分**）と呼ぶことです．式 (3.26) のフーリエ変換は広義積分として定義されます．

なお普通の（リーマン）積分とは異なる定義として**ルベーグ積分**というものがあります．これは式 (3.29) の区分求積法が収束しない関数に対しても定義できるので，これを用いれば $\infty$ や $-\infty$ に発散する特異点や不連続な点が限りなく多くあるような変則的な関数でもフーリエ変換が定義できます．しかし，普通の関数に対してはリーマン積分と同じですし，このことはこの本の範囲を超えているので気にする必要はありません．

【学生】もちろんです．私は積分が存在するかとか，極限が収束するかとか，そういうどうでもいいことは気にしません．

【先生】自信たっぷりですね．でも，これは非常に重要なことで，どうでもよいことではありません．しかし，とりあえずはそれでいいでしょう．

【学生】私が気になるのは存在や収束ではありません．信号 $f(t)$ のフーリエ変換 $F(\omega)$ はどういうものだと思えばよいのでしょうか．

【先生】フーリエ級数は信号 $f(t)$ を幅 $T$ の区間 $[-T/2, T/2]$ で直流成分と基本周波数 $\omega_o = 2\pi/T$ の整数倍 $\omega_o, 2\omega_o, 3\omega_o, \ldots$ の正弦波の重ね合わせで表すものでした．基本周波数 $\omega_o = 2\pi/T$ というのは区間 $T$ を 1 周期とする波の周波数です，周波数が $2\omega_o, 3\omega_o, \ldots$ の波の周期は $T/2, T/3, \ldots$ です．要するに，フーリエ級数に現れる波はすべて区間 $T$ にきっちり整数個だけ入るもので，それ以外はありません．このように飛び飛びの周波数成分しか含まれていない信号 $f(t)$ は**離散スペクトル**を持つといいます．

これを無限区間に広げて $T \to \infty$ とすると基本周波数 $\omega_o$ が 0 に近付き，ありとあらゆる周波数の波が含まれるようになります．このような信号 $f(t)$ は**連続スペクトル**を持つといいます．そして $F(\omega)$ が周波数 $\omega$ の波の含まれる度合いを表しています．

【学生】しかし $-\infty < \omega < \infty$ です．マイナスの周波数の波があるのでしょうか．

【先生】これは $\sin\omega t, \cos\omega t$ を $e^{i\omega t}$ と $e^{-i\omega t}$ の組合せで表すためです．式 (3.17) も同じ変形をしています．つまり，$F(\omega)$ と $F(-\omega)$ を合わせて周波数 $\omega$ の波を表しているのです．実数の信号 $f(t)$ では式 (3.27) より $F(\omega)$ と $F(-\omega)$ が互いに複素共役ですから，実際には $\omega \geq 0$ の部分だけに考えれば十分です．

$F(\omega)$ の偏角を $\arg F(\omega) = \phi(\omega)$ と置くと，$F(\omega) = |F(\omega)|e^{i\phi(\omega)}$ と書けます．すると，式 (3.26) の第 1 式の積分の中身は $|F(\omega)|e^{i(\omega t + \phi(\omega))}$ と書けます．つまり，信号 $f(t)$ に含まれる周波数 $\omega$ の波は振幅が $|F(\omega)|$ で位相が $\phi(\omega)$ だけ進んだものです．

【学生】そう言われてもすぐにはわかりません．後でゆっくり考えてみます．ところで，フーリエ変換のことを“スペクトル”と呼ばれましたが，高校の物理では光がプリズムを通ったときにできる色の帯のことが“スペクトル”でした．これはフーリエ変換と関係があるのでしょうか．

**【先生】** よいことに気づきました．その通りです．光がガラスを通ると，その屈折率は周波数によって違います．ですから，いろいろな周波数の波の混じった光をプリズムに通すと，異なる周波数の波は異なる角度に出てきます．光の周波数は色の違いとして見えますから，プリズムを出た光が壁に当たると色の帯ができます（図 3.6）．その色の強さはその周波数の波の強度を表しています．位相は目に見えませんが，要するに，その色の帯がフーリエ変換に相当しています．

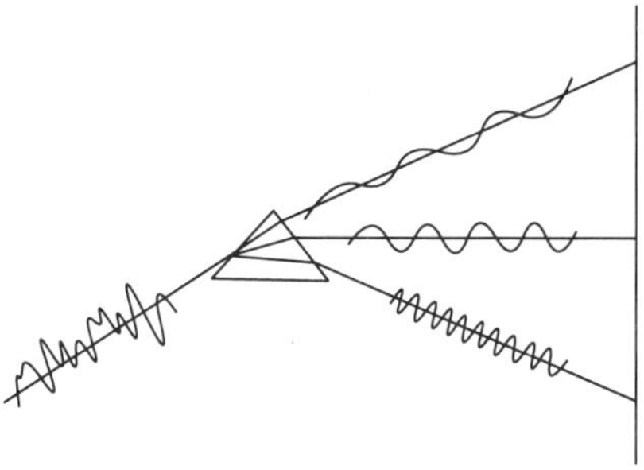

**図 3.6** 光のスペクトル．光は周波数ごとに屈折率が異なるので，異なる色の光は異なる角度で透過し，色の帯が壁に映る．

この事実に着目したのが英国の有名な物理学者ニュートン (Issac Newton: 1642–1727) です．彼はこの実験から，太陽光があらゆる周波数の光を含んでいること，そしてあらゆる周波数の光を合成すると白色光となることを推論しました．なお，虹も原理は同じで，空中の水滴がプリズムと同じ働きをして 7 色の帯が見えます．

**【学生】** 虹がフーリエ変換だったとは思いもよりませんでした．

---

**【例 3.5】** 次の関数を幅 $W$ の方形窓と呼ぶ（図 3.7）．

$$w(t) = \begin{cases} 1/2W & -W \le t \le W \\ 0 & \text{その他} \end{cases} \tag{3.30}$$

このフーリエ変換を求めよ．

（解）次のようになる．

$$\begin{aligned} W(\omega) &= \frac{1}{2W}\int_{-W}^{W} e^{-i\omega t}\mathrm{d}t = \frac{1}{2W}\int_{-W}^{W}(\cos\omega t - i\sin\omega t)\mathrm{d}t \\ &= \frac{1}{W}\int_{0}^{W}\cos\omega t\mathrm{d}t = \frac{1}{W}\left[\frac{\sin\omega t}{\omega}\right]_0^W = \frac{\sin W\omega}{W\omega} = \mathrm{sinc}\,\frac{W}{\pi}\omega \end{aligned} \tag{3.31}$$

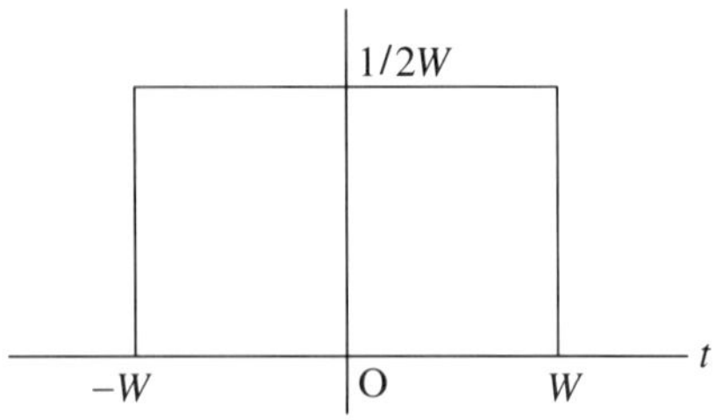


**図 3.7**　方形窓.

ただし関数 $\operatorname{sinc} x$ を次のように定義した（図 3.8）

$$\operatorname{sinc} x = \frac{\sin \pi x}{\pi x} \tag{3.32}$$

□

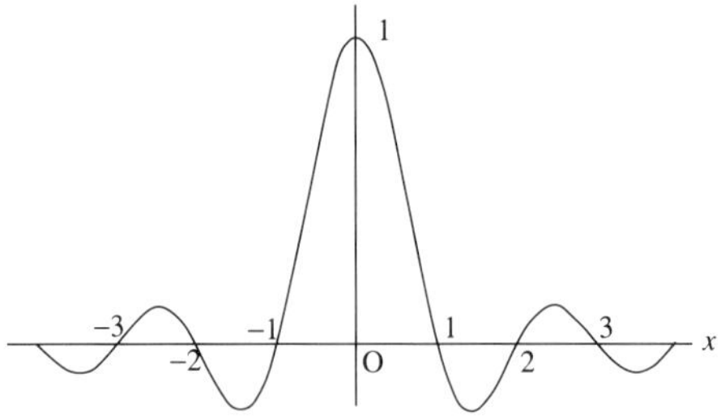


**図 3.8**　関数 $\operatorname{sinc} x$ のグラフ.

**【例 3.6】**　次の関数 $w(x)$ を**幅** $\sigma$ の**ガウス窓**と呼ぶ（図 3.9）.

$$w(t) = \frac{1}{\sqrt{2\pi}\sigma} e^{-t^2/2\sigma^2} \tag{3.33}$$

このフーリエ変換を求めよ.

（解）次のようになる.

$$\begin{aligned} W(\omega) &= \frac{1}{\sqrt{2\pi}\sigma}\int_{-\infty}^{\infty} e^{-t^2/2\sigma^2} e^{-i\omega t} \mathrm{d}t = \frac{1}{\sqrt{2\pi}\sigma}\int_{-\infty}^{\infty} e^{-(t+i\sigma^2\omega)^2/2\sigma^2 - \sigma^2\omega^2/2} \mathrm{d}t \\ &= \Big(\frac{1}{\sqrt{2\pi}\sigma}\int_{-\infty}^{\infty} e^{-(t+i\sigma^2\omega)^2/2\sigma^2} \mathrm{d}t\Big) e^{-\sigma^2\omega^2/2} \end{aligned} \tag{3.34}$$

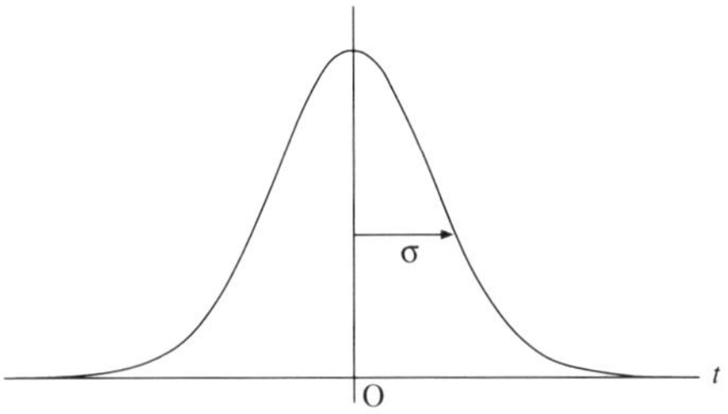


図 **3.9** ガウス窓.

ここで $z = t + i\sigma^2\omega$ と変数変換すると上式は次のようになる.

$$W(\omega) = \Big(\frac{1}{\sqrt{2\pi}\sigma}\int_{-\infty}^{\infty} e^{-z^2/2\sigma^2}\mathrm{d}z\Big)e^{-\sigma^2\omega^2/2}$$

$$= e^{-\sigma^2\omega^2/2} = \frac{\sqrt{2\pi}}{\sigma}\Big(\frac{1}{\sqrt{2\pi}\sigma^{-1}}e^{-\omega^2/2\sigma^{-2}}\Big) \tag{3.35}$$

ただし, ガウス窓の全実数区間 $(-\infty, \infty)$ に渡る積分が 1 であること

$$\frac{1}{\sqrt{2\pi}\sigma}\int_{-\infty}^{\infty} e^{-t^2/2\sigma^2}\mathrm{d}t = 1 \tag{3.36}$$

を用いた. □

## ディスカッション

**【学生】** 「方形窓」とか「ガウス窓」というのはどういう意味ですか.

**【先生】** 式 (3.30) の関数 $w(x)$ は区間 $[-W, W]$ の外側では 0 で, 内側では $1/2W$ です. ですから $(-\infty, \infty)$ で定義された信号 $f(t)$ に $w(t)$ を掛けた $f(t)w(t)$ は信号 $f(t)$ を区間 $[-W, W]$ で切り出して $1/2W$ 倍したものになります. これはちょうど実数軸 $(-\infty, \infty)$ の $[-W, W]$ に "穴" が開いてそこから信号 $f(t)$ を倍率 $1/2W$ で眺めたと考えることができます. このような, 掛けると一部が適当な倍率で取り出されるような関数 $w(x)$ を, 窓から外を眺めるというイメージで**窓**(または**ウィンドウ**)と呼びます. 式 (3.30) は図 3.7 のように形が長方形なので**矩形窓**と昔から呼ばれていますが「矩」の字が難しいので最近は**方形窓**と言われています.

一方, 式 (3.33) は第 1 章 1.1.1 項のディスカッションで言いましたが, 確率論で出てくる**正規分布**を表す式です. 確率分布については確率論の授業に任すとして, ここでは気にしないで下さい. 第 1 章 1.1.1 項のディスカッションで言ったように, 正規分布はドイツの数学者のガウスが導いたので, **ガウス分布**とも呼びます. これにちなんで式 (3.33) の $w(x)$ を**ガウス窓**といいます. これは $(-\infty, \infty)$ に広がっているので「窓」というのはおかしいようですが, グラフを描いてみると図 3.9 のようになり, 原点の両側に $2\sigma \sim 3\sigma$ 程度以上離れると値がほとんど 0 で, 実質的にその区間のみを切り出していると考えることができます. しかも切り出

した部分は中心付近をより増幅し，端に近づくほど減衰させています．この性質は音声や画像などの信号処理で非常に便利なのでよく使われます．なお，定数 $\sigma$ は確率論では**標準偏差**と呼ばれます．

**【学生】** しかし，矩形窓 (3.30) の「幅」は $2W$ ではありませんか，また，ガウス窓 (3.33) の「幅」は無限大です．

**【先生】** 厳密にはそうですが，矩形窓 (3.30) は「幅の半分」を便宜的に「幅」と呼んでいます．また，ガウス窓 (3.33) は原点の両側の $2\sigma \sim 3\sigma$ 程度以上離れると値がほとんど 0 なので，便宜的に $\sigma$ を「幅」とみなします．

確率分布はすべての場合の確率が 1 になることから $\int_{-\infty}^{\infty} w(x)\mathrm{d}x = 1$，すなわち囲む面積が 1 です．それに合わせて式 (3.30), (3.33) もそうなるようにしています．この結果，方形窓もガウス窓も幅が広いと高さが低くなり，幅が狭いと高さが高くなります．

**【学生】** それはわかりました．でも，まだ気になることがあります．式 (3.32) の関数 $\operatorname{sinc} x$ は $x = 0$ で分母が 0 になって発散しませんか．図 3.8 のような滑らかな関数になるのでしょうか．

**【先生】** これは解析学（君はとっていなかったのですね）に出てくるおもしろい関数です．$x = 0$ で分母が 0 ですが分子も 0 になり，値が定義できません．しかし，$x = 0$ に近い極限では $\lim_{x\to 0} \sin \pi x/\pi x = 1$ になるので，「$x = 0$ の値は 1」と定義します．こうすると不思議なことに，そのような特異点はなかったかのような普通の滑らかな関数とみなしても何も問題が起きません．これは**テイラー（・マクローリン）展開**を使って簡単に証明できますが，ここではそうなるということで我慢して下さい．でも $\lim_{x\to 0} \sin \pi x/\pi x = 1$ を納得するのは簡単です．図 3.10 のように原点を中心とする半径 1 の円の $x$ 軸から角度 $\theta$ (rad) の扇形を切り取ると，弧の長さはラジアンの定義より $\theta$ です．頂点の $x$ 軸までの垂直距離は sin の定義より $\sin\theta$ です．ここで $\theta \to 0$ とすると弧の長さと垂直距離が近づく，すなわち $\lim_{\theta\to 0} \sin\theta/\theta = 1$ となることが直観的にわかりますね．

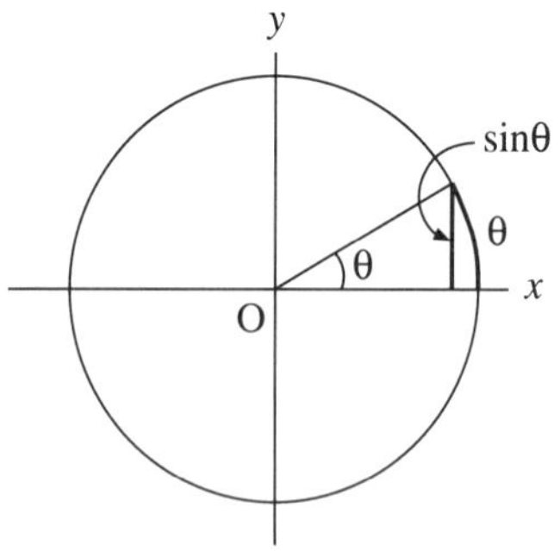


**図 3.10**　$\lim_{\theta\to 0} \sin\theta/\theta = 1$ の意味．

**【学生】** 式 (3.31) はそれでよいことにします．しかし，式 (3.35) がわかりません．式 (3.34) の積分の中に複素数が入っています．以前の話では式 (3.20) のように実部と虚部を別々に計算するということでした．しかし，今度は指数のべきの複素数を実数であるかのように計算しています．そのようにしてよいのですか．また $z = t + i\sigma^2\omega$ のように実数と虚数を混ぜて変数変換しています．このようなことは許されるのでしょうか．

**【先生】** そのような疑問が出るのはもっともですが，そのようなことが許されるというのが（**複素**）**関数論**で証明できます．君たちはそのような授業を履修しないと思いますので，ここでは説明できません．そうしてよいということで我慢して下さい．

**【学生】** では我慢するとして，まだ疑問があります．$z = t + i\sigma^2\omega$ と変数変換すると，$t$ が $-\infty$ から $\infty$ まで増えるとき，$z$ は複素数で $-\infty + i\sigma^2$ から $\infty + i\sigma^2$ まで変化します．これは，複素平面の実軸から上に $\sigma^2$ だけ離れたところを実軸に平行に動くことを意味します．でも，式 (3.36) は普通の実数の積分です．これでよいのですか．

**【先生】** これは鋭い指摘です．実は，君の言うように積分は $\int_{-\infty+i\sigma^2\omega}^{\infty+i\sigma^2\omega}(\cdots)\mathrm{d}z$ と書かなければなりません．しかし，この場合はこれが $\int_{-\infty}^{\infty}(\cdots)\mathrm{d}x$ に等しくなるということが関数論の**コーシーの留数定理**を使って証明できます．これもこの本の範囲を超えているので，そうなるということで我慢して下さい．

**【学生】** またまた我慢ですか．では式 (3.36) はどうやって証明するのでしょうか．置換積分しても部分積分してもうまくいきません．

**【先生】** 次のような巧妙な方法が知られています．

$$\begin{aligned}\Big(\int_{-\infty}^{\infty} e^{-x^2/2\sigma^2}\mathrm{d}x\Big)^2 &= \int_{-\infty}^{\infty} e^{-x^2/2\sigma^2}\mathrm{d}x \int_{-\infty}^{\infty} e^{-y^2/2\sigma^2}\mathrm{d}y \\ &= \int_{-\infty}^{\infty}\int_{-\infty}^{\infty} e^{-(x^2+y^2)/2\sigma^2}\mathrm{d}x\mathrm{d}y \\ &= \int_0^{2\pi}\int_0^{\infty} e^{-r^2/2\sigma^2} r\mathrm{d}r\mathrm{d}\theta = \sigma^2\int_0^{2\pi}\mathrm{d}\theta\int_0^{\infty} e^{-\xi}\mathrm{d}\xi = 2\pi\sigma^2\end{aligned} \tag{3.37}$$

まず，ダミー変換を書き換えて二重積分の形に直します．次に $x = r\cos\theta$, $y = r\sin\theta$ と極座標 $(r, \theta)$ に変数変換し，ヤコビアンを計算して積分要素が $\mathrm{d}x\mathrm{d}y = r\mathrm{d}r\mathrm{d}\theta$ となることを使います．それから積分の順序を入れ換え，再び $\xi = r^2/2\sigma^2$ と変数変換し，$\mathrm{d}\xi = r\mathrm{d}r/\sigma^2$ の関係を用います．しかし，これを解析学を履修していない人に説明するのは無理なので，わからなくても構いません．

**【学生】** またですか．知らないことばかり出てくるとやる気がなくなります．

**【先生】** まあ，そう言わないで我慢して下さい．結果が非常に重要ですから，省くわけには行きません．式 (3.34) の計算は「実数も虚数も区別せずに普通の計算をする」，式 (3.35) は「確率分布だから全積分は 1」と覚えて下さい．重要なことは式 (3.35) が示すように，**ガウス窓**

$w(t)$ のフーリエ変換 $W(\omega)$ は定数倍を除けば $\omega$ を変数とするガウス窓になることです．そして，幅 $\sigma$ のガウス窓 $w(t)$ のフーリエ変換 $W(\omega)$ の幅は $\sigma^{-1}$ です．つまり，**ガウス窓の幅が大きいとそのフーリエ変換の幅は狭まり，ガウス窓の幅が小さいとそのフーリエ変換の幅は広がります．**

特に幅 $\sigma \to 0$ の極限を考えるとガウス窓 (3.33) は原点をはさむ限りなく狭い部分に面積 1 が押し込められ，その極限は第 1 章 1.2.3 項のディスカッションに出てきた（**ディラックの**）**デルタ関数** $\delta(t)$ になります（↪ 図 1.2）．一方，そのフーリエ変換 (3.35) は幅が無限大に広がり，定数関数 $W(\omega) = 1$ になります．もっとも，これだけを示すなら式 (1.67) の約束から次のように直接示せます．

$$W(\omega) = \int_{-\infty}^{\infty} \delta(t) e^{-i\omega t} \mathrm{d}t = e^{-i\omega 0} = 1 \tag{3.38}$$

**【学生】** またデルタ関数ですか．でも第 1 章 1.2.3 項のディスカッションでは，デルタ関数は図 3.7 の方形窓で $W \to 0$ としたものと定義したのではありませんか．図 1.2 は図 3.7 で $W$ を $\varepsilon/2$ と考えれば同じことです．ガウス窓で $\sigma \to 0$ としても同じになるのですか．

**【先生】** 式 (3.31) で $W = 0$ とすると，図 3.8 のように $\operatorname{sinc} 0 = 1$ ですから $W(\omega) = 1$ となります．フーリエ変換が同じならもとの信号も同じです．式 (3.26) の第 1 式からわかるように，**フーリエ変換 $F(\omega)$ によって信号 $f(t)$ は一通りに表せます．** このように，フーリエ変換を通していろいろな関係を導くことができます．

**【学生】** フーリエ変換は奥が深いようです．でも，いろいろなことが一度にでてきてまだ頭が混乱しています．ゆっくり考えて見ます．

---

## 3.5　たたみこみ積分

次の積分を信号 $f(t)$, $g(t)$ の**たたみこみ積分**（または**合成積**）と呼ぶ．

$$f(t) * g(t) = \int_{-\infty}^{\infty} f(s) g(t-s) \mathrm{d}s \tag{3.39}$$

**チェック**　左辺の積分の中身の $f$ と $g$ の変数の和が $t$ になっている．

**【例 3.7】**　任意の実数 $a, b$ と信号 $f(t), g(t), h(t)$ に対して

$$f(t) * (ag(t) + bh(t)) = af(t) * g(t) + bf(t) * h(t) \tag{3.40}$$

であり，次の関係が成り立つことを示せ．

$$f(t) * g(t) = g(t) * f(t), \qquad (f(t) * g(t)) * h(t) = f(t) * (g(t) * h(t)) \tag{3.41}$$

（解） 式 (3.40) が成り立つことは定義式 (3.39) から明らかである．式 (3.39) の右辺の積分の変数を $s$ から $s' = t - s$ に置きかえると $s = t - s'$, $\mathrm{d}s = -\mathrm{d}s'$ より次のようになる．

$$f(t) * g(t) = \int_{\infty}^{-\infty} f(t-s')g(s')(-\mathrm{d}s') = \int_{-\infty}^{\infty} g(s')f(t-s')\mathrm{d}s' = g(t) * f(t) \tag{3.42}$$

ゆえに，式 (3.41) の第 1 式が示された．次に $f(t) * g(t) = p(t)$, $g(t) * h(t) = q(t)$ と置くと次のようになる．

$$\begin{aligned} p(t) * h(t) = h(t) * p(t) &= \int_{-\infty}^{\infty} h(s)p(t-s)\mathrm{d}s \\ &= \int_{-\infty}^{\infty} h(s)\Bigl(\int_{-\infty}^{\infty} f(s')g(t-s-s')\mathrm{d}s'\Bigr)\mathrm{d}s \\ &= \int_{-\infty}^{\infty} f(s')\Bigl(\int_{-\infty}^{\infty} h(s)g(t-s'-s)\mathrm{d}s\Bigr)\mathrm{d}s' \\ &= \int_{-\infty}^{\infty} f(s')q(t-s')\mathrm{d}s' = f(t) * q(t) \end{aligned} \tag{3.43}$$

ただし，途中で積分の順序を入れ換えた．上式より式 (3.41) の第 2 式が示される． □

**【例 3.8】**（たたみこみ積分定理） 信号 $f(t)$, $g(t)$ のフーリエ変換をそれぞれ $F(\omega)$, $G(\omega)$ とするとき，$f(t) * g(t)$ のフーリエ変換が $F(\omega)G(\omega)$ であることを示せ．

（解） $f(t) * g(t)$ のフーリエ変換は次のようになる．

$$\begin{aligned} \int_{-\infty}^{\infty} f(t) * g(t) e^{-i\omega t}\mathrm{d}t &= \int_{-\infty}^{\infty}\Bigl(\int_{-\infty}^{\infty} f(s)g(t-s)\mathrm{d}s\Bigr)e^{-i\omega t}\mathrm{d}t \\ &= \int_{-\infty}^{\infty} f(s)\Bigl(\int_{-\infty}^{\infty} g(t-s)e^{-i\omega t}\mathrm{d}t\Bigr)\mathrm{d}s \\ &= \int_{-\infty}^{\infty} f(s)\Bigl(\int_{-\infty}^{\infty} g(t')e^{-i\omega(t'+s)}\mathrm{d}t'\Bigr)\mathrm{d}s \\ &= \int_{-\infty}^{\infty} f(s)\Bigl(\int_{-\infty}^{\infty} g(t')e^{-i\omega t'}\mathrm{d}t'\Bigr)e^{-i\omega s}\mathrm{d}s \\ &= \Bigl(\int_{-\infty}^{\infty} f(s)e^{-i\omega s}\mathrm{d}s\Bigr)\Bigl(\int_{-\infty}^{\infty} g(t')e^{-i\omega t'}\mathrm{d}t'\Bigr) \\ &= F(\omega)G(\omega) \end{aligned} \tag{3.44}$$

ただし積分の順序を入れ換え，$t' = t - s$ と変数変換し，$t = t' + s$ を代入した． □

## ディスカッション

**【学生】** 式 (3.39) はどういう意味ですか．「たたみこみ」とは何のことですか．

**【先生】** そう問われても式 (3.39) のように定義したものを「たたみこみ積分」と呼ぶとしか答えようがありません．このような積分を通していろいろ有益な関係式が導かれるということです．英語では convolution といい，「ぐるぐる巻き込む」という意味で，「たたみこみ積分」や「合成積」は誰が訳したか知りませんが苦心の和訳です．

積分の仕方をよく見ると次のようになっています．変数を $s$ と書いた信号 $f(s)$, $g(s)$ の積の積分 $\int_{-\infty}^{\infty} f(s)g(s)\mathrm{d}s$ は第 2 章で内積として出てきました．これはそれぞれの信号の各点での値を掛けて足し合わせたようなものです．しかし，直接に掛けるのではなく，まず $g(s)$ を原点に関して左右を入れ換えます．すると $g(-s)$ となります．これを正の方向に $t$ だけ平行移動します．すると $g(-(s-t)) = g(t-s)$ となります．これを $f(s)$ に掛けて積分したものがたたみこみ積分 $f(t) * g(t)$ です．

**【学生】** そう言われてもこれは式 (3.39) の計算そのもので，それ以上のことは何もわかりません．また覚えにくい形をしています．

**【先生】** 意味があるのは式 (3.39) そのものではなく，これを使って導いた関係式だということで我慢して下さい．覚えるには，時刻 $t$ の値は $s$ と $t-s$ での値の積の $s$ に関する積分だ，$s$ と $t-s$ を足すと $t$ になる，と覚えて下さい．式 (3.42) からわかるように，$\int_{-\infty}^{\infty} f(s)g(t-s)\mathrm{d}s$ と $\int_{-\infty}^{\infty} f(t-s)g(s)\mathrm{d}s$ は同じですから，$s$ と $t-s$ の順序はどちらでも構いません．

重要なことは式 (3.40), (3.41) より，$f(t) * g(t)$ が普通の積 $f(t)g(t)$ とまったく同じ演算規則に従うことです．式 (3.40) は**分配法則**，式 (3.41) はそれぞれ**交換法則**，**結合法則**で，ふつうの積では当然成り立ちますが，たたみこみ積分でも成り立ちます．

一般に，ある集合にその要素の間の演算（一般には複数）が定義されているものを**代数系**といいます．そして，異なる集合にそれぞれ別々に定義した演算が同じ規則に従い，一方の集合で成り立つ関係が要素と演算を置き換えれば他方でも成り立つとき，二つの代数系は**同型**であるといいます．この言葉を使えば，関数の和 $+$ とたたみこみ積分 $*$ に関する代数系が，通常の和 $+$ と積 $\times$ に関する代数系に同型であるといえます．

ところがそれだけではありません．$f(t)$, $g(t)$ のフーリエ変換をそれぞれ $F(\omega)$, $G(\omega)$ とすると，例 3.8 より $f(t) * g(t)$ のフーリエ変換が $F(\omega)G(\omega)$ となっています．任意の実数に対して $af(t) + bg(t)$ のフーリエ変換は当然 $aF(\omega) + bG(\omega)$ ですから，関数の和 $+$ とたたみこみ積分 $*$ に関する演算は，そのフーリエ変換の和 $+$ と積 $\times$ に関する演算と同じであり，両方の代数系が同型であることがわかります．

**【学生】** それは式 (3.44) からわかります．でも，だからどうだというのですか．

【先生】そう言われると困りますが，この性質はフーリエ変換に関するいろいろな関係式を導く基礎になります．その一つは次の節で述べるフィルターです．それ以外にも特に線形システム理論や制御工学ではこの関係が非常に重要な役目を果たします．そういうことを習わない人にはピンとこないかもしれませんが，このような数学的に美しい性質があるということは驚くべきことです．

【学生】私には驚くことには見えません．それでお尋ねしますが，フーリエ変換 $F(\omega)$, $G(\omega)$ の積 $F(\omega)G(\omega)$ を信号に戻せば $f(t)*g(t)$ になるなら，商 $F(\omega)/G(\omega)$ を信号に戻せば何になるのですか．

【先生】これはすごいことを聞かれてしまいました．このことはこの本の程度を超えるので，言わないことにします．

【学生】私にはすごいこととは思えませんが，仕方がありません．聞かなかったことにします．

---

## 3.6 フィルター

信号 $f(t)$ の値を時刻 $t$ をはさむ幅 $2W$ の区間で平均し，これを $\tilde{f}(t)$ とする．式で書くと次のようになる．

$$\tilde{f}(t) = \frac{1}{2W}\int_{-W}^{W} f(t-s)\mathrm{d}s \tag{3.45}$$

式 (3.30) の方形窓 $w(t)$ を用いると，次のように書き直せる．

$$\tilde{f}(t) = \int_{-\infty}^{\infty} w(s)f(t-s)\mathrm{d}s = w(t)*f(t) \tag{3.46}$$

区間 $[t-W, t+W]$ で一様に平均するのではなく，$t$ に近いほど大きい重みをつけ，$t$ から遠ざかるほど小さい重みをつけて平均するには式 (3.33) のガウス窓を用いればよい．やはり式 (3.46) のように書ける．関数 $w(t)$ をいろいろに変えれば信号 $f(t)$ のさまざまな変換が実現される．このような操作を関数 $w(t)$ による**フィルター**と呼ぶ．$w(t)$, $f(t)$ のフーリエ変換をそれぞれ $W(\omega)$, $F(\omega)$ と書けば，たたみこみ積分定理により，式 (3.46) のフーリエ変換 $\tilde{F}(\omega)$ が次のように書ける．

$$\tilde{F}(\omega) = W(\omega)F(\omega) \tag{3.47}$$

式 (3.47) より，$|W(\omega)|$ が $|\omega|$ の小さい部分では大きく，$|\omega|$ の大きい部分では小さいと，$w(t)$ によるフィルターは低周波成分を増幅し，高周波成分を

減衰させる．そのようなフィルターを**低域フィルター**（**ローパスフィルター**）と呼ぶ．逆に，$|W(\omega)|$ が $|\omega|$ の小さい部分では小さく，$|\omega|$ の大きい部分では大きいと低周波成分を減衰させ，高周波成分を増幅させる．そのようなフィルターを**高域フィルター**（**ハイパスフィルター**）と呼ぶ．その中間として特定の $|\omega|$ の付近を増幅し，それ以外を減衰させるものは**帯域フィルター**（**バンドパスフィルター**）と呼ぶ．

式 (3.31), (3.35) より，方形窓もガウス窓もフーリエ変換は原点で最大になり，$|\omega|$ が大きくなるにつれて絶対値が小さくなる．これらは典型的な低域フィルターであり，方形窓では幅 $W$ を，ガウス窓では $\sigma$ を大きくとると高周波成分が急速に減衰する．

## ディスカッション

**【学生】**「フィルター」というのは電気回路の授業に出てきましたが，これは特殊な電気回路のことだったように覚えています．

**【先生】** 式 (3.47) は，信号 $f(t)$ の各周波数成分 $F(\omega)$ を周波数 $\omega$ に応じて $W(\omega)$ だけ増幅（減衰）させるものです．元の信号 $f(t)$ に戻すと式 (3.46) のようにたたみこみ積分 $w(t)*f(t)$ になります．例えば，$|W(\omega)|$ が幅 $\omega_c$ の方形窓なら，$W(\omega)$ を $F(\omega)$ に掛けると図 3.11 のように，周波数の絶対値が $\omega_c$ より大きい両側が切り取られます．これを信号に戻すと，激しい振動のない滑らかな信号 $\tilde{f}(t)$ が得られます．電気工学では，このような働きを電気回路で実現したものを「フィルター」と呼んでいますが，同じことです．

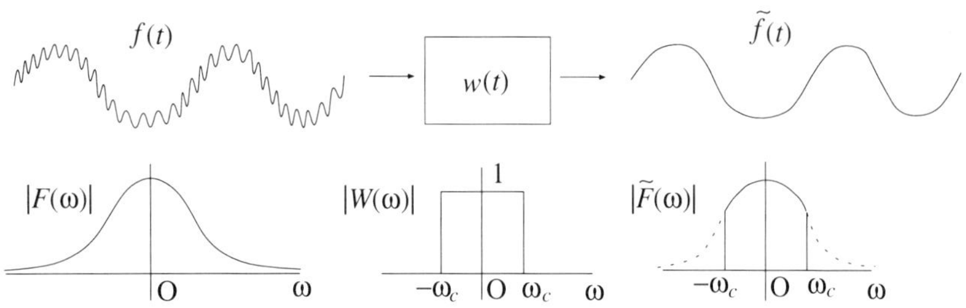


**図 3.11**　フィルターの働き．

図 3.11 のように，ある周波数 $\omega_c$ 以上（または以下）の成分は通し，それ以下（または以上）の成分を通さないような境界を**遮断**（または**カットオフ**）**周波数**と呼びます．明確な遮断周波数を持つフィルターを**理想フィルター**と呼び，$|W(\omega)|$ が図 3.12 のようになります．ただし，これを電気回路で実現するのは困難です．

**【学生】** 電気回路の授業では前に言った $e^{j\omega t}$ というのが出てきて，交流ではコンデンサーの静

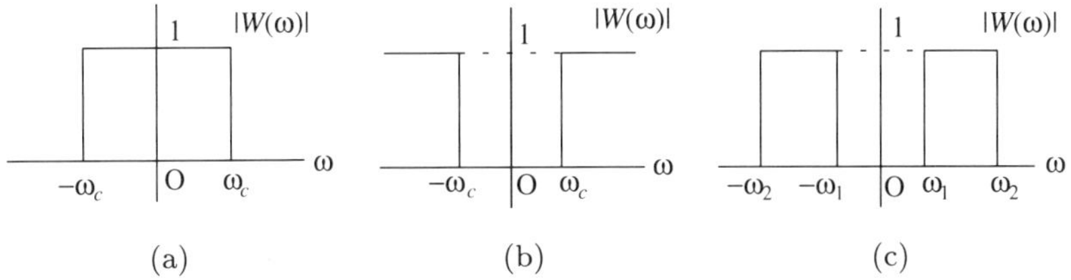


**図 3.12** (a) 理想低域フィルター. (b) 理想高域フィルター. (c) 理想帯域フィルター.

電容量（キャパシタンス）やコイルの誘導係数（インダクタンス）を虚数の抵抗とみなせばよいと習い，計算の方法だけを教わりました．そして横軸が $\omega$ のグラフがいろいろ出てきましたが，フーリエ変換はどこにも出てきませんでした．

**【先生】** フーリエ変換は信号 $f(t)$ をあらゆる周波数の正弦波の重ね合わせに分解することで，直観的には「周波数 $\omega$ の波が $F(\omega)$ だけある」ということです．ところが，交流は電流や電圧が初めから一定の周波数 $\omega$ の正弦波で，既にフーリエ変換した結果になっているので，改めてフーリエ変換を考える必要がないわけです．

**【学生】** では周波数 $\omega$ を横軸にとったグラフはすべてフーリエ変換の性質を表したものと考えてよいのですか．

**【先生】** そう考えて構いません．

---

## 3.7 パワースペクトル

信号 $f(t), g(t)$ のフーリエ変換をそれぞれ $F(\omega), G(\omega)$ とする．

**【例 3.9】** 次のパーセバル（・プランシュレル）の式が成り立つことを示せ．

$$\int_{-\infty}^{\infty} f(t)\overline{g(t)}\mathrm{d}t = \frac{1}{2\pi}\int_{-\infty}^{\infty} F(\omega)\overline{G(\omega)}\mathrm{d}\omega, \qquad \int_{-\infty}^{\infty} |f(t)|^2\mathrm{d}t = \frac{1}{2\pi}\int_{-\infty}^{\infty} |F(\omega)|^2\mathrm{d}\omega \tag{3.48}$$

（解）$f(t), g(t)$ のフーリエ変換が $F(\omega), G(\omega)$ であるから，次の関係が成り立っている．

$$F(\omega) = \int_{-\infty}^{\infty} f(t)e^{-i\omega t}\mathrm{d}t, \qquad g(t) = \frac{1}{2\pi}\int_{-\infty}^{\infty} G(\omega)e^{i\omega t}\mathrm{d}\omega \tag{3.49}$$

これらを用いると，次の関係が成り立つ．

$$\int_{-\infty}^{\infty} f(t)\overline{g(t)}\mathrm{d}t = \int_{-\infty}^{\infty} f(t)\Big(\frac{1}{2\pi}\int_{-\infty}^{\infty} \overline{G(\omega)}e^{-i\omega t}\mathrm{d}\omega\Big)\mathrm{d}t$$

$$= \frac{1}{2\pi}\int_{-\infty}^{\infty}\left(\int_{-\infty}^{\infty} f(t)e^{-i\omega t}\mathrm{d}t\right)\overline{G(\omega)}\mathrm{d}\omega$$

$$= \frac{1}{2\pi}\int_{-\infty}^{\infty} F(\omega)\overline{G(\omega)}\mathrm{d}\omega \tag{3.50}$$

これが第1式であり，$f(t) = g(t)$ とすると第2式が得られる． □

**チェック** 時刻 $t$ に関する積分は $\int_{-\infty}^{\infty}(\cdots)\mathrm{d}t$ の形をし，周波数 $\omega$ に関する積分は $\frac{1}{2\pi}\int_{-\infty}^{\infty}(\cdots)\mathrm{d}\omega$ の形をしている．

信号 $f(t)$ が時間 $t$ とともに変動する振動を表すとき，$|f(t)|^2$ はその振動の単位時間当たりの**エネルギー**とみなせる．パーセバルの式 (3.48) の第2式はエネルギーがすべての $\omega$ に渡る $|F(\omega)|^2$ の積分で表されることを意味している．したがって

$$P(\omega) = |F(\omega)|^2 \tag{3.51}$$

が周波数 $\omega$ の振動成分のもつエネルギーであると解釈できる．これを**パワースペクトル**と呼ぶ．パーセバルの式 (3.48) の第2式は次のように書きかえることができる．

$$\int_{-\infty}^{\infty}|f(t)|^2\mathrm{d}t = \frac{1}{2\pi}\int_{-\infty}^{\infty}P(\omega)\mathrm{d}\omega \tag{3.52}$$

実数値をとる信号 $f(t)$ は式 (3.27) より $F(-\omega) = \overline{F(\omega)}$ であるから，$|F(-\omega)| = |\overline{F(\omega)}|$ である．したがって，パワースペクトル $P(\omega) = |F(\omega)|^2$ のグラフは原点中心に左右対称である（図 3.13）．

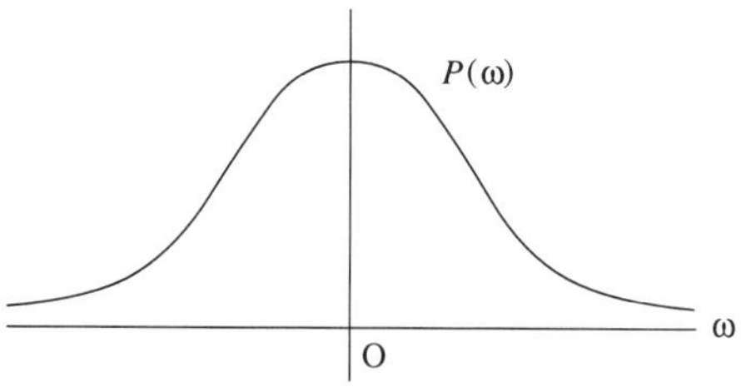


**図 3.13**　実信号の代表的なパワースペクトル．

## ディスカッション

**【学生】** 式 (3.51) はフーリエ変換 $F(\omega)$ の絶対値の二乗をとっただけです．どうしてわざわざ「パワースペクトル」と呼ぶのですか．

**【先生】** まず，前にも君との話に出ましたが，実際上の便宜です．式 (3.30), (3.33) のような原点に関して対称な偶関数はフーリエ変換すると虚部が消えて実数になります（$e^{-i\omega t}$ の虚部 $-\sin\omega t$ が奇関数だから）．しかし，一般にはフーリエ変換 $F(\omega)$ は複素数ですから，$\omega$ を横軸にとるグラフに描くことができません．でも，その絶対値は実数ですから，$P(\omega)=|F(\omega)|^2$ は図 3.13 のようにグラフに描けます．

もう一つは $P(\omega)$ がエネルギーという意味を持っているからです．**パワー**とはエネルギーのことで，電気の場合は「電力」を意味します．このため，本によってはパワースペクトルを「電力スペクトル」とか「エネルギースペクトル」と書いているものもあります．**スペクトル**とは「各周波数成分に分解したもの」という意味で，前に言ったプリズムや虹のスペクトルは光のスペクトルですね．式 (3.52) は左辺のエネルギーを各周波数成分に分解したものとみなせます．つまり，$P(\omega)$ が周波数 $\omega$ の成分のエネルギーであり，これをすべての周波数について合計したものが左辺の全エネルギーになると解釈できます．だから $P(\omega)$ がエネルギーのスペクトルです．

**【学生】** でも，式 (3.52) の左辺はエネルギーですか．信号 $f(t)$ を二乗したものがエネルギーとは思えませんが．

**【先生】** 物理学のいろいろな問題で振動のエネルギーが $\dfrac{1}{2}$(定数) $\times$ (振幅)$^2$ で表されます．この定数は問題によって，物体の質量であったりコンデンサーの静電容量（キャパシタンス）であったりコイルの誘導係数（インダクタンス）であったりします．ですから，振幅の二乗をエネルギーとみなすのは自然です．しかし，ここでは物理学でいうエネルギーというより，形式的に考えた“エネルギーのようなもの”と考えて下さい．

**【学生】** 私は物理学のことはよく知りませんが，$|f(t)|^2 \geq 0$ ですから，これを $(-\infty,\infty)$ で積分すると無限大になりませんか．

**【先生】** これは痛いところを衝かれました．その通りです．この問題は，$f(t)$ として $|f(t)|^2$ が $t\to\pm\infty$ で急速に 0 に減衰するものに限定したり，有限区間 $[-T,T]$ で積分して $T$ で割った平均を考え $T\to\infty$ としたり，あるいは積分 $\int_{-\infty}^{\infty}(\cdots)\mathrm{d}t$ をある種の平均操作と解釈したりすることによって避けることができます．しかし，ここではそういう問題に立ち入らず，積分 $\int_{-\infty}^{\infty}(\cdots)\mathrm{d}t$ はすべて「そのような積分が存在すれば成立する」と解釈して下さい．

**【学生】** ではそうします．それで，パワースペクトルはだいたい図 3.13 のようになるのですか．

**【先生】** そうです．図 3.13 は模式的に書いてありますが，実際には $\omega$ がある程度増えると $P(\omega)$ は急速に 0 に近づくのが普通です．ところが例外もあり，$\omega$ が増えても $P(\omega)$ は緩やかにしか減衰しないものがあります．そのようなものは減衰がおおよそ $1/\omega$ に比例し，振動数 $f$ $(=\omega/2\pi)$ で表すと $1/f$ に比例するので，**$1/f$ ゆらぎ**と呼ばれています．

川のせせらぎや木の葉のそよぎなどの自然界の不規則な振動は $1/f$ ゆらぎであることが知られていますが，その発生の機構はまだ十分には解明されていません．人間の心臓や血管や神経系統などの体内のいろいろなところでも $1/f$ ゆらぎが観測されています．これと関係があるのかはっきりしませんが，$1/f$ ゆらぎは人間にとって心地よい音や振動であることが多く，音響装置や電気器具に人為的に $1/f$ 揺らぎを発生させているものもあります．

**【学生】** フーリエ変換はいろいろなところに利用されているのですね．ところで先ほど，式 (3.52) は各周波数 $\omega$ のエネルギー $P(\omega)$ を合計したものが全エネルギー $\int_{-\infty}^{\infty}|f(t)|^2\mathrm{d}t$ になることを表すと言われましたが，左辺には $1/2\pi$ がついています．正しくは「合計して $2\pi$ で割ったもの」ですね．時刻 $t$ に関する積分は $\displaystyle\int_{-\infty}^{\infty}(\cdots)\mathrm{d}t$ なのに，周波数 $\omega$ に関する積分はどうしていつも $\displaystyle\frac{1}{2\pi}\int_{-\infty}^{\infty}(\cdots)\mathrm{d}\omega$ と $1/2\pi$ がつくのですか．

**【先生】** これは 1 周期を $2\pi$ と数える位相の約束のためです．1 周期を 1 回と数える振動数 $f$ $(=\omega/2\pi)$ で表すと $1/2\pi$ が出てきません．このため，電気工学の本ではフーリエ変換を

$$f(t)=\int_{-\infty}^{\infty}F(f)e^{i2\pi ft}\mathrm{d}f,\qquad F(f)=\int_{-\infty}^{\infty}f(t)e^{-i2\pi ft}\mathrm{d}t \tag{3.53}$$

と定義するものがかなりあります．こうすると式 (3.52) が $\int_{-\infty}^{\infty}|f(t)|^2\mathrm{d}t=\int_{-\infty}^{\infty}P(f)\mathrm{d}f$ と書けるので，見やすくなります．そのかわりに $e^{\pm i\omega t}$ が $e^{\pm i2\pi ft}$ となり，見にくくなります．一方，数学者は $1/2\pi$ を $1/\sqrt{2\pi}$ と $1/\sqrt{2\pi}$ にわけて，フーリエ変換を

$$f(t)=\frac{1}{\sqrt{2\pi}}\int_{-\infty}^{\infty}F(\omega)e^{i\omega t}\mathrm{d}\omega,\qquad F(\omega)=\frac{1}{\sqrt{2\pi}}\int_{-\infty}^{\infty}f(t)e^{-i\omega t}\mathrm{d}t \tag{3.54}$$

と定義します．こうすると時間 $t$ に関する積分と周波数 $\omega$ に関する積分が平等になりますが，$1/\sqrt{2\pi}$ が見苦しくて私は感心しません．

**【学生】** 信号 $f(t)$ は実数なのに式 (3.48) の最初の式の左辺になぜ複素共役のバーがついているのですか．また第 2 式の左辺の積分の中身は $f(t)^2$ ではありませんか．どうして $|f(t)|^2$ と書くのでしょうか．なぜこういう質問をするかというと，第 2 章で内積やノルムや計量空間のような抽象的な数学を習ったので，信号 $f(t)$, $g(t)$ の内積を $(f,g)=\int_{-\infty}^{\infty}f(t)g(t)\mathrm{d}t$ と定義し，ノルムを $\|f\|=\sqrt{\int_{-\infty}^{\infty}f(t)^2\mathrm{d}t}$ と定義すれば式 (3.48) の左辺はそれぞれ $(f,g)$, $\|f\|^2$ と書けてエレガントになるのではありませんか．

**【先生】** 君もかなり数学的なセンスがありますね．その通りです．ただし，式 (3.48) では $f(t)$ は実数とは限らず，一般には複素数の信号とみなしています．普通は実数の信号だけ考えればよいのですが，フーリエ変換は一般には複素数になるので，信号も複素数としたほうが数学的にエレガントになります．その場合に $f(t)$, $g(t)$ の内積を $(f,g)=\int_{-\infty}^{\infty}f(t)g(t)\mathrm{d}t$ とすることはできません．なぜなら，もしそうすれば君の言うとおりノルムが $\|f\|=\sqrt{\int_{-\infty}^{\infty}f(t)^2\mathrm{d}t}$ となりますが，$f(t)$ が複素数なら $f(t)^2$ も複素数で，ノルムが正の数になりません．しかし

$$(f,g)=\int_{-\infty}^{\infty}f(t)\overline{g(t)}\mathrm{d}t \tag{3.55}$$

とすればだいじょうぶです．式 (3.15) より $f(t)\overline{f(t)}=|f(t)|^2\geq 0$ となります．ですから，$\|f\|=\sqrt{(f,f)}$ とノルムが定義できます．同様に，フーリエ変換 $F(\omega)$, $G(\omega)$ にも内積 $(F,G)$

を

$$(F,G) = \frac{1}{2\pi}\int_{-\infty}^{\infty} F(\omega)\overline{G(\omega)}\mathrm{d}\omega \tag{3.56}$$

とすれば $\|F\| = \sqrt{\frac{1}{2\pi}\int_{-\infty}^{\infty}|F(\omega)|^2\mathrm{d}\omega}$ となります．積分の前に $1/2\pi$ が入るのは，先ほど言ったように位相の測り方の約束のためです．こうすると，式 (3.48) は次のようにエレガントに書けます．

$$(f,g) = (F,G), \qquad \|f\|^2 = \|F\|^2 \tag{3.57}$$

【学生】でもそうすると，第 2 章 2.2.1 項のノルムの公理の最初の正値性は満たされますが，片方が複素共役になっているので 2 番目の対称性が成り立ちません．

【先生】よく気がつきました．その通りです．公理が満たされないのでは困ります．これを解決するには公理を変えればよいのです．

【学生】そんな勝手なことをしてもよいのですか．

【先生】変えるといっても，実数だけを考えるときにはこれまでのものに一致するようにすれば問題はありません．スカラとして複素数をとる線形空間 $\mathcal{L}$ を**複素線形空間**といいますが，その任意の元 $\boldsymbol{u}$, $\boldsymbol{v} \in \mathcal{L}$ に次の性質を満たす複素数 $(\boldsymbol{u},\boldsymbol{v})$ が定義されるとき，それを（**エルミート**）**内積**といいます．

1. 任意の $\boldsymbol{u} \in \mathcal{L}$ に対して $(\boldsymbol{u},\boldsymbol{u}) \geq 0$．等号が成り立つのは $\boldsymbol{u} = \boldsymbol{0}$ のときのみ（**正値性**）．
2. 任意の $\boldsymbol{u}$, $\boldsymbol{v} \in \mathcal{L}$ に対して $(\boldsymbol{u},\boldsymbol{v}) = \overline{(\boldsymbol{v},\boldsymbol{u})}$（**エルミート対称性**）．
3. 任意の複素数 $c_1$, $c_2$ と任意の $\boldsymbol{u}$, $\boldsymbol{v}_1$, $\boldsymbol{v}_2 \in \mathcal{L}$ に対して $(c_1\boldsymbol{u}_1 + c_2\boldsymbol{u}_2, \boldsymbol{v}) = c_1(\boldsymbol{u}_1,\boldsymbol{v}) + c_2(\boldsymbol{u}_2,\boldsymbol{v})$（**線形性**）．

$\boldsymbol{u}$, $\boldsymbol{v} \in \mathcal{L}$ に対して $(\boldsymbol{u},\boldsymbol{v}) = 0$ のとき，$\boldsymbol{u}$, $\boldsymbol{v}$ は**直交**するといいます．そして元 $\boldsymbol{u} \in \mathcal{L}$ の（**ユニタリ**）**ノルム**を次のように定義します．

$$\|\boldsymbol{u}\| = \sqrt{(\boldsymbol{u},\boldsymbol{u})} \tag{3.58}$$

このような内積とノルムが定義されている複素線形空間 $\mathcal{L}$ を**ユニタリ空間**（または**複素計量空間**）と呼びます．実数しか現れないときには第 2 章 2.2.1 項の（実）計量空間の場合になります．

積分 $\int_{-\infty}^{\infty}|f(t)|^2\mathrm{d}t$ が収束するような関数 $f(t)$ を**二乗可積分**であるといいます．二乗可積分の関数 $f(t)$, $g(t)$ に対して式 (3.55) のように定義した $(f,g)$ が（エルミート）内積の公理を満たすことはすぐわかります．

ユニタリ空間でも実計量空間の場合と同じようにして**シュワルツの不等式** $|(f,g)| \leq \|f\|\cdot\|g\|$ が証明できます．したがって，$\|f\|$, $\|g\|$ が収束すれば $(f,g)$ も収束し，二乗可積分関数の全体は（無限次元）ユニタリ空間となります．これを記号で $L_2(-\infty,\infty)$ と書きます．パーセバルの式 (3.48) の第 2 式から $f(t)$ が二乗可積分関数ならそのフーリエ変換 $F(\omega)$ も二乗可積

分になります．そして式 (3.58) でノルムが定義され，フーリエ変換の全体も（無限次元）ユニタリ空間となります．

式 (3.26) のフーリエ変換は，複素数関数のユニタリ空間とそのフーリエ変換のユニタリ空間の間の互いの線形写像を定義しています．パーセバルの式 (3.48) を書き換えた式 (3.57) は，その写像によって内積やノルムが変化しないことを意味しています．

**【学生】** だんだん難しくなってよくわからないので，そのくらいにして下さい．

---

## 3.8　自己相関関数

次の関数 $R(\tau)$ を信号 $f(t)$ の**自己相関関数**と呼ぶ．

$$R(\tau) = \int_{-\infty}^{\infty} f(t)\overline{f(t-\tau)}\mathrm{d}t \tag{3.59}$$

$R(0)$ は信号 $f(t)$ のエネルギー $\int_{-\infty}^{\infty}|f(t)|^2\mathrm{d}t$ に等しく，通常は大きな値をとる．そして，$|\tau|$ が大きくなると，$R(\tau)$ は急速に減衰する（図 3.14）．

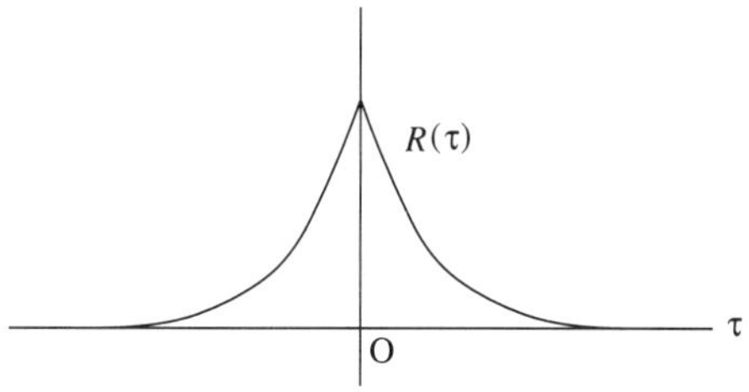


**図 3.14**　実信号の代表的な相関関数．

ディスカッション

**【学生】** 式 (3.59) をどうして「自己相関関数」と呼ぶのですか．

**【先生】** 実数の信号 $f(t)$, $g(t)$ の内積 $\int_{-\infty}^{\infty} f(t)g(t)\mathrm{d}t$ を考えましょう．$f(t)$ と $g(t)$ が無関係なら，時刻 $t$ で $f(t) > 0$ のとき $g(t)$ が正のことも負のこともあります．$f(t) < 0$ でも $g(t)$ が正のことも負のこともあります．ですから，$f(t)g(t)$ はプラスとマイナスが不規則に現れ，積分すると互いに打ち消し合って小さい数になります．一方，$f(t)$ と $g(t)$ が似ていれば $f(t)g(t) \approx f(t)^2 \geq 0$ となり，積分すると非常に大きい数になります．複素数の信号の場合には $f(t)^2$ は正の実数とは限りませんが，エルミート内積 $\int_{-\infty}^{\infty} f(t)\overline{g(t)}\mathrm{d}t$ を考えると，$f(t)$ と $g(t)$ が似ているとき $f(t)g(t) \approx f(t)\overline{f(t)} = |f(t)|^2 \geq 0$ となり，そうでなければプラスとマイナスの値が打ち消し合って実部も虚部も小さい数になります．このように，$\int_{-\infty}^{\infty} f(t)\overline{g(t)}\mathrm{d}t$ は信号 $f(t)$ と $g(t)$ の類似の程度を測る尺度とみなせるので，$f(t)$ と $g(t)$ の（**相互**）**相関**といい

ます．式 (3.59) は信号 $f(t)$ と"それ自身"を正の方向に $\tau$ だけ平行移動した $f(t-\tau)$ の類似の程度を測ったものですから「自己」相関関数と呼ぶのです．ただし，積分 $\int_{-\infty}^{\infty}(\cdots)\mathrm{d}t$ が存在する場合だけを考えています．

【学生】式 (3.59) の積分の中身は $f(t)\overline{f(t-\tau)}$ ですが，どうして $f(t)\overline{f(t+\tau)}$ としないのですか．

【先生】これには実際的な事情があります．$f(t-\tau)$ は信号 $f(t)$ を $\tau$ 秒たってから記録したものです．$f(t+\tau)$ は未来の値が含まれるので知ることができません．

【学生】$f(t)$ を $\tau$ 秒経って記録すると $f(t+\tau)$ になりませんか．

【先生】よく考えて下さい．時刻 $t$ に信号 $f(t)$ が発生しても，それを保存しておいて $\tau$ 秒経ってから取り出して見ることにすると，常に $\tau$ 秒前の値を見ていることになります．ですから時刻 $t$ に見るのは $f(t-\tau)$ です．このことは 3.1 節のディスカッションでも言いました．このため，$f(t-\tau)$ を $f(t)$ の $\tau$ だけの**遅延**といいます

---

**【例 3.10】** 次の関係が成り立つことを示せ．

$$R(-\tau)=\overline{R(\tau)}, \qquad |R(-\tau)|=|R(\tau)| \tag{3.60}$$

（解）式 (3.59) において $\tau$ を $-\tau$ とし，$t'=t+\tau$ と変数変換すると次のようになる．

$$\begin{aligned}R(-\tau)&=\int_{-\infty}^{\infty}f(t)\overline{f(t+\tau)}\mathrm{d}t=\int_{-\infty}^{\infty}f(t'-\tau)\overline{f(t')}\mathrm{d}t'\\&=\overline{\int_{-\infty}^{\infty}f(t')\overline{f(t'-\tau)}\mathrm{d}t'}=\overline{R(\tau)}\end{aligned} \tag{3.61}$$

ゆえに，第 1 式が示された．共役複素数をとっても絶対値は変化しないから第 2 式が成り立つ． □

**【例 3.11】（ウィーナー・ヒンチンの定理）** 信号 $f(t)$ の自己相関関数 $R(\tau)$ のフーリエ変換はパワースペクトルに等しいことを示せ．

$$P(\omega)=\int_{-\infty}^{\infty}R(\tau)e^{-i\omega\tau}\mathrm{d}\tau \tag{3.62}$$

（解）次のようになる．

$$\int_{-\infty}^{\infty}R(\tau)e^{-i\omega\tau}\mathrm{d}\tau=\int_{-\infty}^{\infty}\Big(\int_{-\infty}^{\infty}f(t)\overline{f(t-\tau)}\mathrm{d}t\Big)e^{-i\omega\tau}\mathrm{d}\tau$$

$$
\begin{aligned}
&= \int_{-\infty}^{\infty} f(t)\Big(\int_{-\infty}^{\infty} \overline{f(t-\tau)}e^{-i\omega\tau}\mathrm{d}\tau\Big)\mathrm{d}t \\
&= \int_{-\infty}^{\infty} f(t)\overline{\int_{-\infty}^{\infty} f(t-\tau)e^{i\omega\tau}\mathrm{d}\tau\mathrm{d}t} \\
&= \int_{-\infty}^{\infty} f(t)\overline{\int_{-\infty}^{\infty} f(\tau')e^{i\omega(t-\tau')}\mathrm{d}\tau'\mathrm{d}t} \\
&= \int_{-\infty}^{\infty} f(t)e^{-i\omega t}\mathrm{d}t\overline{\int_{-\infty}^{\infty} f(\tau')e^{-i\omega\tau'}\mathrm{d}\tau'} \\
&= F(\omega)\overline{F(\omega)} = |F(\omega)|^2 = P(\omega)
\end{aligned}
\tag{3.63}
$$

ただし途中で $\tau' = t - \tau$ と置いた. □

これから，パワースペクトル $P(\omega)$ を計算する2通りの方法が得られる．一つは信号 $f(t)$ のフーリエ変換 $F(\omega)$ を計算し，式 (3.51) に従って絶対値の二乗をとることである．もう一つはウィーナー・ヒンチンの定理 (3.62) により，自己相関関数 $R(\tau)$ を計算してそれをフーリエ変換することである．この関係を図示すると次のようになる．

$$
\begin{array}{ccc}
f(t) & \longrightarrow & F(\omega) = \displaystyle\int_{-\infty}^{\infty} f(t)e^{-i\omega t}\mathrm{d}t \\
\downarrow & & \downarrow \\
R(\tau) = \displaystyle\int_{-\infty}^{\infty} f(t)\overline{f(t-\tau)}\mathrm{d}t & \longrightarrow & P(\omega) = \begin{cases} |F(\omega)|^2 \\ \displaystyle\int_{-\infty}^{\infty} R(\tau)e^{-i\omega\tau}\mathrm{d}\tau \end{cases}
\end{array}
\tag{3.64}
$$

## ディスカッション

**【学生】** 式 (3.64) のように $P(\omega)$ を計算する方法に二通りあるということですが，どちらがよいのですか．

**【先生】** パワースペクトル $P(\omega)$ は信号 $f(t)$ に周波数 $\omega$ の成分がどの程度の強度で含まれているかを示す量で，多くの実際問題でこれを計算する必要が出てきます．この計算には，ウィーナー・ヒンチンの定理 (3.62) が便利です．なぜなら，信号 $f(t)$ は通常長い時間にわたって振動を繰り返すので，これを精度よく積分するのが難しいからです．一方，自己相関関数 $R(\tau)$ は先にも言いましたが，各時刻 $t$ ごとに信号 $f(t)$ を $\tau$ 秒だけ遅延させた値と掛けては積算して求まります．また，自己相関関数 $R(\tau)$ は通常，図 3.14 のように $|\tau|$ が増加すると急速に 0

に減衰するので，そのフーリエ変換の積分は $\tau$ 軸上の原点を中心とするごく狭い幅だけで計算すればすみます．

なお，式 (3.64) のように矢印の入った図で，どの頂点の量も，他のどの頂点からどの経路を通って計算してもよいことを表すものを**可換図式**といいます．高級な数学の本を見るとよく出てきます．

**【学生】** 私は高級な数学の本を見たことがありません．

**【先生】** それでは，今度は私が質問しましょう．パワースペクトル $P(\omega)$ が $\omega$ によらずに一定で $P(\omega) = 1$ となるような信号 $f(t)$ はどんなものでしょうか．

**【学生】** ええっと，それは式 (3.64) から $|F(\omega)|^2 = 1$ の場合で，$\int_{-\infty}^{\infty} R(\tau)e^{-i\omega\tau}\mathrm{d}\tau = 1$ の場合です．だから，$R(\tau)$ はフーリエ変換すると 1 となる関数です．そんな関数はありましたか．

**【先生】** もう忘れましたか．3.4 節のディスカッションに出てきましたね．式 (3.38) も思い出して下さい．

**【学生】** またデルタ関数でしたか．でも，$R(\tau) = \delta(\tau)$ ということは $R(0) = \infty$ でそれ以外は $R(\tau) = 0$ になりますが．そんな信号があるのでしょうか．

**【先生】** 自己相関関数 $R(\tau)$ は，信号 $f(t)$ とそれを $\tau$ だけずらした $f(t-\tau)$ がどのくらい似ているかを測る尺度です．$R(\tau) = \delta(\tau)$ ということは，少しでもずらすとプラスとマイナスの値が打ち消し合って積分が 0 となり，ずらさないと $|f(t)|^2$ の積分が $\infty$ に発散するということです．もちろん，デルタ関数 $\delta(t)$ は極限の理想化ですから，これも理想化した話です．このような仮想的な信号を**白色雑音**（または**ホワイトノイズ**）と呼びます（図 3.15）．これは $|F(\omega)|^2 = 1$，すなわち，あらゆる周波数成分を等しい強度で合成したものですが，"白色" と呼ばれるのは，太陽光がほぼこの性質を持っているからです．太陽光の波形は非常に不規則で，わずかにずらしてもまったく重なりません．

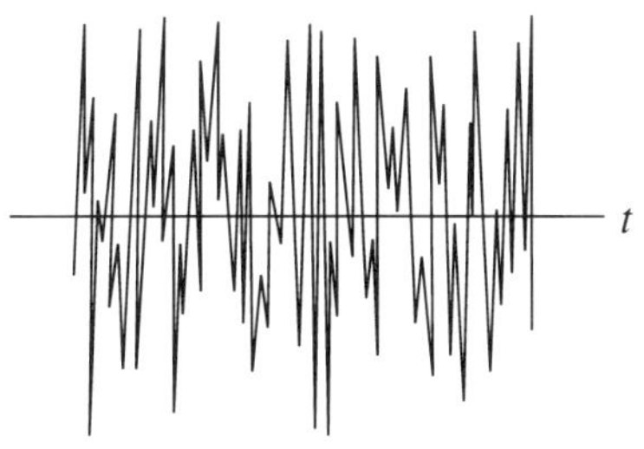


**図 3.15** 白色雑音のイメージ．

**【学生】** どうしてそうなるのですか．

**【先生】** 周波数の高い激しい振動があるほど打ち消し合いがよく生じますが，普通の信号では周波数の大きい成分は急速に減衰するので，図 3.14 のように信号をある程度ずらしても相関が残ります．そして，含まれている周波数の幅が広いほど相関が小さくなり，その極限が白色雑音です．太陽の表面ではありとあらゆる原子核反応が起きて，あらゆる周波数の波が同じ程度に発生しているので，パワースペクトルが一定値に広がります．そのため $\tau \neq 0$ では自己相関のない白色雑音とみなせます．以前に言った $1/f$ ゆらぎは，普通の信号と白色雑音の中間的なものです．白色雑音を音にすると，$1/f$ ゆらぎと正反対に非常に耳障りで不快に聞こえます．

**【学生】** なるほど，パワースペクトルや自己相関関数が信号のいろいろな性質を表しているのですね．

---

## 3.9　サンプリング定理

信号 $f(t)$ の離散的な点 $\{t_k\}$, $k = 0, \pm 1, \pm 2, \pm 3, \ldots,$ での値 $\{f_k\}$ を**サンプル点** $\{t_k\}$ での**サンプル値**と呼ぶ（図 3.16）．サンプル点 $\{t_k\}$ の間隔 $\tau$ を**サンプル間隔**と呼ぶ．サンプル値 $\{f_k\}$ のみから連続関数を再現することを**補間**という．

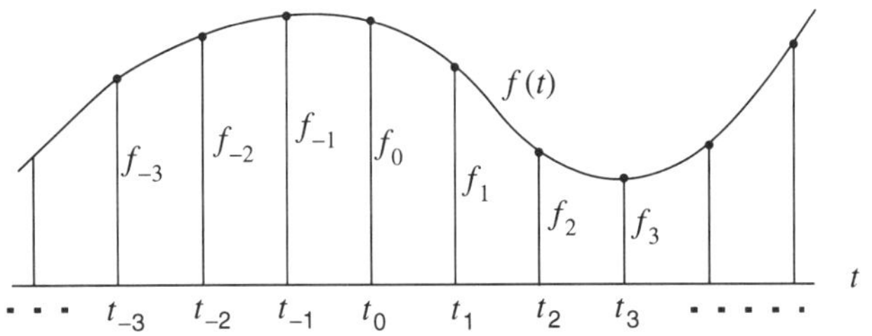


**図 3.16**　信号 $f(t)$ の間隔 $\tau$ のサンプリング．

次の性質を持つ関数 $\phi(t)$ をサンプル間隔 $\tau$ の**補間関数**と呼ぶ．

$$\phi(t) = \begin{cases} 1 & t = 0 \\ 0 & t = \pm\tau, \pm 2\tau, \pm 3\tau, \ldots \end{cases} \tag{3.65}$$

**【例 3.12】**　補間関数 $\phi(t)$ を用いて

$$\hat{f}(t) = \sum_{k=-\infty}^{\infty} f_k \phi(t - t_k) \tag{3.66}$$

と定義した関数 $\hat{f}(t)$ はすべてのサンプル点 $t_i$ でサンプル値 $f_i$ をとることを示せ．

（解） 式 (3.66) に $t = t_i$ を代入すると，$k \neq i$ の項は $\phi(t_i - t_k) = \phi((i-k)\tau) = 0$ であり，$k = i$ の項は $\phi(t_i - t_i) = \phi(0) = 1$ となる．ゆえに，$\hat{f}(t_i) = f_i$, $i = 0, \pm1, \pm2, \pm3, \ldots,$ であり，$\hat{f}(t_i)$ はどのサンプル点 $t_i$ でも値 $f_i$ をとる．□

**【例 3.13】** 補間関数の例をあげよ．

（解） 図 3.17(a) の関数は式 (3.65) を満たす．これを用いた式 (3.66) の補間は明らかに $\ldots, f_{-2}$, $f_{-1}$, $f_0$, $f_1$, $f_2, \ldots$ を通る折れ線グラフになる．また，関数 $\mathrm{sinc}\, t$ は $t = 0$ で 1 であり，0 以外の整数値では 0 になるから（↪ 図 3.8），$\mathrm{sinc}\,\dfrac{t}{\tau}$ も式 (3.65) を満たす（図 3.17(b)）． □

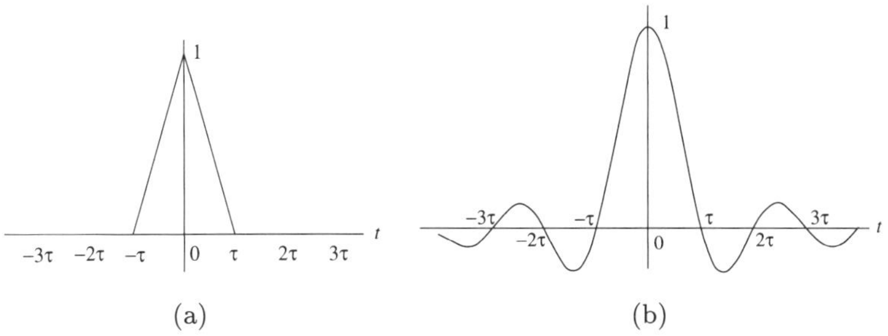


**図 3.17** (a) 折れ線グラフの補間関数．(b) 関数 $\mathrm{sinc}\,(t/\tau)$ による補間．

信号 $f(t)$ のフーリエ変換を $F(\omega)$ とするとき，

$$F(\omega) = 0, \qquad |\omega| \geq W \tag{3.67}$$

であれば，信号 $f(t)$ は**帯域幅** $W$ に**帯域制限**されているという（図 3.18）．このような信号は $W$ 以上の周波数の振動成分を持たない．

**【例 3.14】**（サンプリング定理） 帯域幅 $W$ に帯域制限された信号 $f(t)$ はサンプル間隔

$$\tau = \frac{\pi}{W} \tag{3.68}$$

のサンプル点 $\{t_k\}$ でのサンプル値 $\{f_k\}$ のみから次のように再現されることを示せ．

$$f(t) = \sum_{k=-\infty}^{\infty} f_k \,\mathrm{sinc}\, \frac{t - t_k}{\tau} \tag{3.69}$$

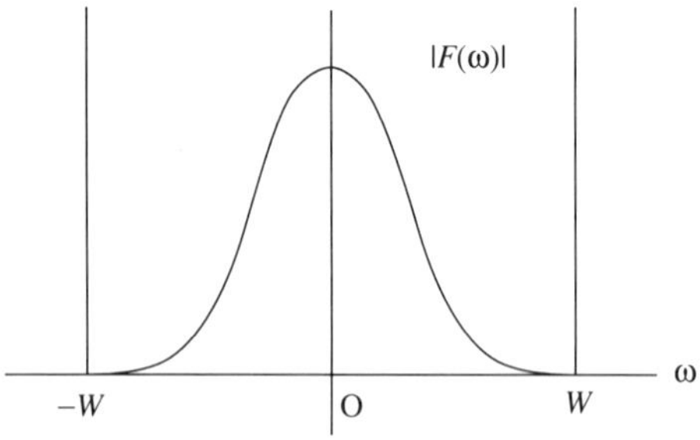


図 **3.18**　帯域幅 $W$ に帯域制限された信号 $f(t)$ のスペクトル $F(\omega)$ の絶対値.

（**解**）信号 $f(t)$ のフーリエ変換 $F(\omega)$ は次のように定義されている（↪ 式 (3.26)）.

$$f(t) = \frac{1}{2\pi}\int_{-\infty}^{\infty} F(\omega)e^{i\omega t}\mathrm{d}\omega, \qquad F(\omega) = \int_{-\infty}^{\infty} f(t)e^{-i\omega t}\mathrm{d}t \tag{3.70}$$

区間 $[-W, W]$ で $F(\omega)$ は次のようにフーリエ級数に展開できる（基本周波数は $2\pi/2W = \pi/W$ となる ↪ 式 (3.19)）.

$$F(\omega) = \sum_{k=-\infty}^{\infty} C_k e^{i\pi k\omega/W}, \qquad C_k = \frac{1}{2W}\int_{-W}^{W} F(\omega)e^{-i\pi k\omega/W}\mathrm{d}\omega \tag{3.71}$$

区間 $[-W, W]$ の外では $F(\omega) = 0$ であるから，上式の $C_k$ は次のように計算できる.

$$\begin{aligned} C_k &= \frac{1}{2W}\int_{-\infty}^{\infty} F(\omega)e^{-i\pi k\omega/W}\mathrm{d}\omega = \frac{\pi}{W}\frac{1}{2\pi}\int_{-\infty}^{\infty} F(\omega)e^{i\omega(-\pi k/W)}\mathrm{d}\omega \\ &= \frac{\pi}{W}f(-\frac{\pi k}{W}) = \tau f(-k\tau) = \tau f_{-k} \end{aligned} \tag{3.72}$$

ゆえに，式 (3.71) の第 1 式から $F(\omega)$ は区間 $[-W, W]$ 内では次のように表せる.

$$\begin{aligned} F(\omega) &= \sum_{k=-\infty}^{\infty} \tau f_{-k} e^{i\pi k\omega/W} = \tau \sum_{k=-\infty}^{\infty} f_k e^{-i\pi k\omega/W} \\ &= \tau \sum_{k=-\infty}^{\infty} f_k e^{-ik\tau\omega} = \tau \sum_{k=-\infty}^{\infty} f_k e^{-it_k\omega} \end{aligned} \tag{3.73}$$

区間 $[-W,W]$ の外では $F(\omega)=0$ であるから，式 (3.70) の第 1 式から $f(t)$ が次のように表せる．

$$\begin{aligned}
f(t) &= \frac{1}{2\pi}\int_{-W}^{W} F(\omega)e^{i\omega t}\mathrm{d}\omega = \frac{1}{2\pi}\int_{-W}^{W}\Big(\tau\sum_{k=-\infty}^{\infty} f_k e^{-it_k\omega}\Big)e^{i\omega t}\mathrm{d}\omega \\
&= \frac{\tau}{2\pi}\sum_{k=-\infty}^{\infty} f_k \int_{-W}^{W} e^{i(t-t_k)\omega}\mathrm{d}\omega \\
&= \frac{\tau}{2\pi}\sum_{k=-\infty}^{\infty} f_k \int_{-W}^{W}\Big(\cos(t-t_k)\omega + i\sin(t-t_k)\omega\Big)\mathrm{d}\omega \\
&= \frac{\tau}{\pi}\sum_{k=-\infty}^{\infty} f_k \int_{0}^{W}\cos(t-t_k)\omega\mathrm{d}\omega \\
&= \frac{1}{W}\sum_{k=-\infty}^{\infty} f_k \left[\frac{\sin(t-t_k)\omega}{(t-t_k)}\right]_0^W = \sum_{k=-\infty}^{\infty} f_k \frac{\sin W(t-t_k)}{W(t-t_k)} \\
&= \sum_{k=-\infty}^{\infty} f_k \,\mathrm{sinc}\,\frac{W(t-t_k)}{\pi} = \sum_{k=-\infty}^{\infty} f_k \,\mathrm{sinc}\,\frac{t-t_k}{\tau}
\end{aligned} \tag{3.74}$$

ただし，最後の行で式 (3.32) の関数 $\mathrm{sinc}\,x$ の定義式を用いた． □

サンプリング定理を導いたのは米国の応用数学者のシャノン (Claude E. Shannon: 1916–2001) である．彼は通信の**情報量**を確率論によって定義し，**情報理論**を確立した．

サンプリング定理より，周波数帯域 $W$ の広い関数ほど，それを忠実に再現するにはサンプル間隔 $\tau$ を小さくとる必要がある．$f(t)$ が時刻 $t$ とともに変化する信号とすると，サンプル間隔 $\tau$ を小さくとることは短い時間間隔でサンプルすることを意味し，そのサンプル値を伝送すると単位時間当たりの伝送量が増加する．このように周波数帯域 $W$ の広い信号は伝送量が多いので，より多くの情報量をもっているとみなせる．この意味で単位時間当たり多くの情報を伝送できる通信路を**広帯域**（ブロードバンド）であるという．

## ディスカッション

**【学生】** どうもおかしいように思えます．離散的なサンプル値だけから信号が復元できるはずがありません．なぜなら，サンプル点では同じ値でサンプル点の間で異なる連続信号が無数にあるからです．これは矛盾です．

**【先生】** そう思うのは当然です．この常識的に不可能なことが証明できるからサンプリング定理が重要なのです．それでは種明かしをしましょう．例えば周期 $2\tau$ の振動 $\sin \pi t/\tau$ を考えましょう．これは図 3.19 のように $t = 0, \pm\tau, \pm 2\tau, \pm 3\tau, \ldots$ で 0 ですから，間隔 $\tau$ でサンプルするとすべて 0 になり，$f(t) = 0$ と区別できません．

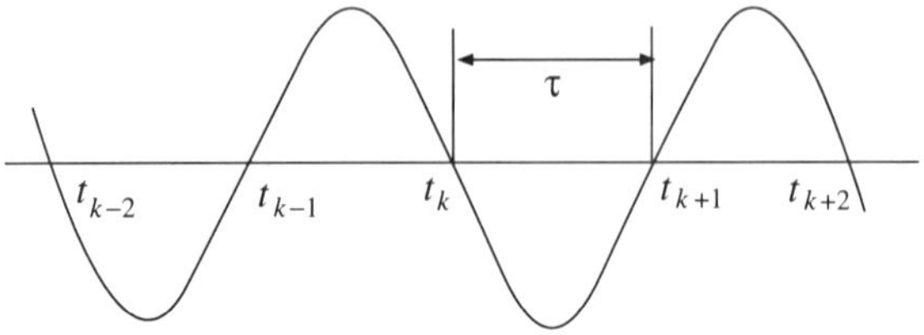


**図 3.19**　サンプリング間隔 $\tau$ を半周期とする振動は各周波数 $W = \pi/\tau$ を持つ．

これはサンプリング定理に矛盾するようですが，そうではありません．なぜなら，周期が $T = 2\tau$ ということは周波数が $\omega = 2\pi/T = \pi/\tau = W$ です．しかし，信号は帯域幅 $W$ に帯域制限されている，すなわち，$W$ 以上の周波数は持たないと仮定しています．図 3.19 の信号は仮定に反します．サンプリング定理が成り立つのはこれより周波数が低い，つまりこれより緩やかに振動する信号です．そのときはサンプル値のみから信号が復元できるというのがサンプリング定理です．

**【学生】** でも，本当に一通りですか．まだ信じられません．

**【先生】** では，$f(t)$ が $W$ 以上の周波数成分を持たない信号とし，これを間隔 $\tau$ でサンプルし，それから $W$ 以上の周波数成分を持たない別の信号 $\tilde{f}(t)$ $(\neq f(t))$ が復元されたとしましょう．すると，$f(t)$ と $\tilde{f}(t)$ はサンプル点で一致していますから，その差 $e(t) = \tilde{f}(t) - f(t)$ はサンプル点で 0 になります．これは，間隔 $\tau$ でプラスとマイナスを繰り返しているので，図 3.19 からわかるように，少なくとも $\pi/\tau = W$ 以上の周波数成分を持ちます．すると，$\tilde{f}(t) = f(t) + e(t)$ は $W$ 以上の周波数成分を持つことになって矛盾です．ですから，$W$ 以上の周波数成分をもたない信号は一通りしか復元できません．これは直観的な説明ですが，これを厳密に証明するのが式 (3.70)〜(3.74) です．

**【学生】** 確かに間隔 $\tau$ でサンプルすると $W = \pi/\tau$ 以上の周波数で激しく振動する信号の変化についていけないことはわかります．でも，$W = \pi/\tau$ 以下の周波数なら本当に一通りに復元できるのでしょうか．まだ釈然としません．

**【先生】** 間隔 $\tau$ でサンプルすると $W = \pi/\tau$ 以上の周波数の信号がとらえられないということは古くから知られていて，$W = \pi/\tau$ をサンプリング間隔 $\tau$ に対する**ナイキスト周波数**といいます．ナイキスト周波数以下に帯域制限すれば元の信号が忠実に復元できるというのがサンプリング定理です．

サンプリング定理によれば，信号を忠実に復元するためにはどの程度の間隔にすればよいかがわかります．逆に，指定した間隔でサンプルすると復元される信号がどういうものになるかもわかります．粗くサンプルすると，狭く帯域制限した信号を復元することに相当するので，低域フィルターをかけたのと同じ効果になります．例えば，電話では効率的に伝送するために粗いサンプルをする結果，周波数帯域が狭まります．これが女性でも男性のような低音の声に歪む理由です．信号を忠実にかつ高速に伝送するには伝送能力の高いブロードバンドが必要になります．

**【学生】** まだしっくりしませんが，事実として認めることにします．ところで，この章全体についての感想ですが，フーリエ変換が物理学や電気回路や通信で非常に重要だということはわかりましたが，私は情報系です．情報系ではフーリエ解析が役に立つのでしょうか．

そう言えば，よい参考書はないかと思って“フーリエ解析”というタイトルの本を図書館や本屋で見てみると，どれも微分方程式のことが書いてあります．微分方程式は物理学の基礎らしいのですが，私は情報系なので関係ありません．

**【先生】** 自然現象のほとんどが微分方程式で表され，多くの微分方程式はフーリエ変換を用いて解くことができます．このため物理学だけでなく電気工学や機械工学などいろいろの分野でフーリエ変換が用いられます．またフィルターは電気工学の最も重要な問題の一つで，音響装置や通信機器の設計に欠かすことができません．

それに対して情報系では微分方程式は出てきません．この本も情報系を対象としているので，微分方程式は出てきません．しかしフーリエ解析は情報系でもパタン認識，画像処理，音声認識などのデータ処理に不可欠です．これらについては後の章でも少し触れます．

**【学生】** フーリエ変換は無限区間の積分ですから，実際問題では具体的に計算することができませんね．

**【先生】** 確かにいろいろな公式は理論的な話であり，実際に厳密に計算できるわけではありません．まず積分ですが，実際の応用では $\pm\infty$ まで値のある信号ではなく，有限区間で定義されているもの，あるいは幅をある程度広げれば値が急速に 0 に近づくようなものを扱います．ですから，実際には有限区間の積分で近似します．さらに，有限区間の積分も離散的に点をサンプルして和で近似します．積分は和の極限として定義したのに，実際には和に戻すわけです．しかし，パーセバルの式 (3.9) やウィーナー・ヒンチンの定理 (3.62) のような極限で成り立つ公式がわかっていれば，それらをもとにしていろいろな近似方法が得られます．

次の章では情報系のために，有限個の離散的な値のみを用いるフーリエ解析を学びます．パタン認識，画像処理，音声認識などの実際の応用ではこの**離散フーリエ解析**が用いられます．

**【学生】** 実際に使うのが離散フーリエ解析なら，情報系では初めから離散フーリエ解析だけを勉強すればよいのではありませんか．この章のような微積分を用いたフーリエ解析は必要なのでしょうか．私は解析学を勉強していません．

**【先生】** 離散フーリエ解析はあくまで連続的なフーリエ解析の“離散版”で，計算には都合がよいのですが，連続的なフーリエ解析を理解しなければ離散フーリエ解析の意味を理解することができません．ただし，離散フーリエ解析を学びながら，それと連続的なフーリエ解析とを比較することによって，逆に連続的なフーリエ解析の理解が深まるということは言えます．そのように勉強することを薦めます．

---

# 第4章

# 離散フーリエ解析

前章のフーリエ解析は連続信号（アナログデータ）を扱ったが，今日の計算機による処理では離散的なディジタルデータの計算が中心となる．前章の最後に示したように，連続信号は短い間隔でサンプルした離散データでよく近似できるが，本章では，そのように連続信号を離散データで近似するのではなく，信号は初めからディジタルデータで与えられるとし，これをさまざまな周波数の振動成分に分解する「離散フーリエ解析」を学ぶ．その結果，ほとんど連続信号の場合と同様な概念と関係式が得られることがわかる．さらに計算機による計算の効率に注目し，離散フーリエ変換を高速に計算する「高速フーリエ変換」の仕組みを調べる．最後に実用上で最も便利な複素数を用いない「離散コサイン変換」についても学ぶ．

## 4.1　離散フーリエ変換

$\theta$ を角度とすると，円周に沿って値が定義された関数 $f(\theta)$ は周期 $2\pi$ の周期関数であり，$\theta$ に $2\pi$ の任意の整数倍を足しても引いても $f(\theta)$ の値は同じである．基本周波数は 1 であるから，$f(\theta)$ のフーリエ級数は式 (3.19) より次のように書ける．

$$f(\theta) = \sum_{k=-\infty}^{\infty} C_k e^{ik\theta}, \qquad C_k = \frac{1}{2\pi}\int_{-\pi}^{\pi} f(\theta)e^{-ik\theta}d\theta \tag{4.1}$$

円周上を $N$ 分割し，次の $N$ 個のサンプル点をとる．

$$\theta_l = \frac{2\pi l}{N}, \qquad l = 0, 1, 2, \ldots, N-1 \tag{4.2}$$

このサンプル点での $f(\theta)$ のサンプル値を $f_l = f(\theta_l)$ とする．式 (4.1) は連続関数 $f(\theta)$ を無限個の係数 $\{C_k\}$, $k = 0, \pm1, \pm2, \pm3, \ldots$, で表すものであるが，もし $N$ 個のサンプル値 $\{f_l\}$ のみが必要な場合は，$N$ 個の係数のみで表されると予想される．実際，次のように表せる（証明は後述）．

$$f_l = \sum_{k=0}^{N-1} F_k e^{i2\pi kl/N}, \qquad F_k = \frac{1}{N}\sum_{l=0}^{N-1} f_l e^{-i2\pi kl/N} \tag{4.3}$$

係数 $\{F_k\}$ をデータ $\{f_l\}$ の**離散フーリエ変換**と呼ぶ．説明の都合上，データ $f_l$ の添え字 $l = 0, 1, \ldots, N$ を**データ番号**，離散フーリエ変換 $F_k$ の添え字 $k = 0, 1, \ldots, N$ を**周波数番号**と呼ぶ．

**チェック** 式 (4.3) が連続信号の場合のフーリエ変換とその逆変換を表す式 (3.26) に対応している．

**チェック** データ $f_l$ は正弦波 $F_k e^{i2\pi kl/N}$ の $k = 0, 1, \ldots, N-1$ に渡る和で表されている．

**チェック** 離散フーリエ変換 $F_k$ はデータ $f_l$ に $e^{i2\pi kl/N}$ の**共役複素数** $e^{-i2\pi kl/N}$ を掛けて，$l = 0, 1, \ldots, N-1$ に渡って足して $N$ で割ったものである．

**チェック** 周波数番号 $k$ に関する和は $\sum_{k=0}^{N-1}$ の形で，データ番号 $l$ に関する和は $\frac{1}{N}\sum_{l=0}^{N-1}$ の形で現れている．

**【例 4.1】** 次の関係が成り立つことを示せ．

$$\frac{1}{N}\sum_{k=0}^{N-1} e^{i2\pi(m-n)k/N} = \begin{cases} 1 & m \equiv n \pmod N \\ 0 & m \not\equiv n \pmod N \end{cases} \tag{4.4}$$

ただし $m \equiv n \pmod N$（$N$ を**法**として**合同**であると読む）は $m-n$ が $N$ の倍数であることを表す．

**（解）** $m \equiv n \pmod N$ のとき $2\pi(m-n)k/N$ は整数であるから，オイラーの式 (3.8) より $e^{i2\pi(m-n)k/N} = 1$ であり，式 (4.4) の左辺は次のようになる．

$$\frac{1}{N}\sum_{k=0}^{N-1} 1 = 1 \tag{4.5}$$

$m \not\equiv n \pmod N$ のときは $e^{i2\pi(m-n)k/N} \neq 1$ であり，等比数列の和の公式によって次のようになる．

$$\frac{1}{N}\sum_{k=0}^{N-1} e^{i2\pi(m-n)k/N} = \frac{1}{N}\Big(1+e^{i2\pi(m-n)/N}+(e^{i2\pi(m-n)/N})^2 + (e^{i2\pi(m-n)/N})^3+\cdots+(e^{i2\pi(m-n)/N})^{N-1}\Big) = \frac{1}{N}\frac{1-(e^{i2\pi(m-n)/N})^N}{1-e^{i2\pi(m-n)/N}} = \frac{1}{N}\frac{1-e^{i2\pi(m-n)}}{1-e^{i2\pi(m-n)/N}} = 0 \tag{4.6}$$

よって式 (4.4) が示された. □

**チェック** オイラーの式 (3.8) より，任意の整数 $k$ に対して $e^{i2\pi k}=1$ となる（↪ 図 3.3）.

**チェック** 初項 1，公比 $r\ (\neq 1)$ の等比数列の和は $1+r+r^2+\cdots+r^{n-1}=\dfrac{1-r^n}{1-r}$ である.

**【例 4.2】** 式 (4.3) の離散フーリエ変換の関係が成り立つことを示せ.

（解）データ $\{f_l\}$ から式 (4.3) の第 2 式で離散フーリエ変換 $\{F_k\}$ を定義すると，次の関係が成り立つ.

$$\sum_{k=0}^{N-1} F_k e^{i2\pi kl/N} = \sum_{k=0}^{N-1}\Big(\frac{1}{N}\sum_{m=0}^{N-1} f_m e^{-i2\pi km/N}\Big)e^{i2\pi kl/N} = \sum_{m=0}^{N-1} f_m\Big(\frac{1}{N}\sum_{k=0}^{N-1} e^{i2\pi(l-m)k/N}\Big) \tag{4.7}$$

式 (4.4) より最後の項のかっこの中は $l\equiv m\ (\mathrm{mod}\,N)$ のとき 1，それ以外は 0 であるが，$0\le l<N,\ 0\le m<N$ の範囲では $l\equiv m\ (\mathrm{mod}\,N)$ となるのは $l=m$ の場合のみである．このため，$f_m$ を掛けて和 $\sum_{m=0}^{N-1}$ をとると $f_l$ になる．ゆえに，式 (4.3) の第 1 式が成立する. □

以下では取り扱いに便利なように，$f_l$，$F_k$ の $l,k=0,1,\ldots,N-1$ の値を**周期的に拡張する**．例えば，$f_N=f_0$，$f_{N+1}=f_1$，$f_{N+2}=f_2,\ldots$ であり，$f_{-1}=f_{N-1}$，$f_{-2}=f_{N-2}$，$f_{-3}=f_{N-3},\ldots$ である．$F_k$ についても同様である．すなわち，$m\equiv n\ (\mathrm{mod}\,N)$ に対して $f_m=f_n$，$F_m=F_n$ とする.

**チェック** 周期的に拡張すれば，任意の整数 $m$ に対して $e^{i2\pi k(l+mN)/N}=e^{i2\pi kl/N}$，$e^{-i2\pi(k+mN)l/N}=e^{-i2\pi kl/N}$ であるから，式 (4.3) は任意の整数 $k$，$l$ で成立する.

**チェック**　周期的に拡張すれば，総和は任意の連続する $N$ 個の和に置き換えても同じである．例えば，$\sum_{k=0}^{N-1}$ は $\sum_{k=1}^{N}$, $\sum_{k=2}^{N+1}$, $\sum_{k=3}^{N+2}$, ... と書いても $\sum_{k=-1}^{N-2}$, $\sum_{k=-2}^{N-3}$, ... と書いても同じである．

**【例 4.3】**　実数データ $\{f_l\}$ に対して次の関係が成り立つことを示せ．

$$F_{-k} = \overline{F_k} \tag{4.8}$$

**チェック**　$0 \leq k < N$ の範囲では式 (4.8) は $F_{N-k} = \overline{F_k}$ を意味する．

**チェック**　式 (4.8) は連続信号の場合の式 (3.27) に対応している．

（解）式 (4.3) の第 2 式から次のようになる．

$$F_{-k} = \frac{1}{N}\sum_{l=0}^{N-1} f_l e^{i2\pi kl/N} = \overline{\frac{1}{N}\sum_{l=0}^{N-1} f_l e^{-i2\pi kl/N}} = \overline{F_k} \tag{4.9}$$

□

周期的に拡張しているので，$F_{-1}$, $F_{-2}$, $F_{-3}$, ... は $F_{N-1}$, $F_{N-2}$, $F_{N-3}$, ... のことである．このため，式 (4.8) より $\{f_l\}$ が実数のとき，$F_0, F_1, \ldots, F_{N-1}$ はすべてが独立ではない．例えば，$N$ が偶数のときは前半の $F_0, F_1, \ldots, F_{N/2}$ のみが独立で，後半の $F_{N/2+1}, F_{N/2+2}, \ldots, F_{N-1}$ は前半の $F_1$, $F_2, \ldots, F_{N/2-1}$ を折り返して複素共役をとった $\overline{F_{N/2-1}}, \overline{F_{N/2-2}}, \ldots, \overline{F_2}, \overline{F_1}$ に等しい．

## ディスカッション

**【学生】** 周期 $2\pi$ の関数 $f(\theta)$ の基本周波数が 1 と言われましたが，周波数というのは位相の 1 秒当たりの増加率のことでした．ここでは $\theta$ は時間ではないのに周波数と呼んでもよいのですか．

**【先生】** 変数が時間でなくても便宜上，「振動数」や「周波数」という言葉が使われます．意味はその変数を時間と考えた場合と同じです．例えば，$x$ が空間的な位置を表すとき，その関数 $f(x)$ の「周期」$T$ とはすべての $x$ について $f(x+T) = f(x)$ となる長さ $T$ です．そして，単位長さ当たり何周期が含まれるかを数えるのが「振動数」で，1 周期を $2\pi$ と数える「位相」を用いて単位長さ当たりいくらあるかを数えるのが「周波数」です．特に，変数をはっきりさせたいときは，時間については**時間周波数**，空間の位置については**空間周波数**と呼んで区別します．

ここでは変数 $\theta$ は円周上の角度と考えています．基本周波数とは全周 $[0, 2\pi]$ を 1 周期とする振動の周波数です．1 周期を $2\pi$ と数えるのが位相ですから，$\theta$ が 1 だけ増えると位相が 1 だけ増えます．だから周波数は 1 です．

【学生】ここに書かれている定義は第 3 章とそっくりです．$f(t)$ が $f_l$ に，$F(\omega)$ が $F_k$ に，$e^{i\omega t}$ が $e^{i2\pi kl/N}$ に置き換わっただけに見えます．

【先生】その通りです．ただし，すべての数列が周期 $N$ で繰り返すため，見かけ上違ってくることがあります．このことは後で出てきます．

【学生】ほとんどの式が連続信号の場合と対応しているようです．式 (4.4) は連続信号の場合のどの式に対応しているのですか．

【先生】次の式に対応しています．

$$\frac{1}{2\pi}\int_{-\infty}^{\infty} e^{i\omega t}\mathrm{d}\omega = \delta(t) \tag{4.10}$$

これは 1 がデルタ関数 $\delta(t)$ のフーリエ変換であることを表す式です．第 3 章 3.8 節のディスカッションで白色雑音に関連して出てきましたし，式 (3.38) からもわかりますね．

【学生】すると式 (4.4) が周期 $N$ の数列に対するデルタ関数のようなものですか．

【先生】そう考えて下さい．

【学生】でも，どうしてデータ番号に関する和に $\dfrac{1}{N}$ がつくのですか．連続信号の場合には周波数に関する積分が $\dfrac{1}{2\pi}\displaystyle\int_{-\infty}^{\infty}(\cdots)\mathrm{d}\omega$ でした．

【先生】これは「周期 $N$ のデータを考えているから」と覚えて下さい．具体的には恒等式 (4.4) の左辺に $\dfrac{1}{N}$ があるからです．ただし，これを周波数番号のほうに回して，式 (4.3) の代わりに離散フーリエ変換を

$$f_l = \frac{1}{N}\sum_{k=0}^{N-1} F_k e^{i2\pi kl/N}, \qquad F_k = \sum_{l=0}^{N-1} f_l e^{-i2\pi kl/N} \tag{4.11}$$

と書く教科書もあります．また，数学者の中にはデータ番号と周波数番号を平等にして

$$f_l = \frac{1}{\sqrt{N}}\sum_{k=0}^{N-1} F_k e^{i2\pi kl/N}, \qquad F_k = \frac{1}{\sqrt{N}}\sum_{l=0}^{N-1} f_l e^{-i2\pi kl/N} \tag{4.12}$$

と書く人もいます．本書で式 (4.3) とする理由は，こうすると離散フーリエ変換 $F_k$ が式 (4.1) のフーリエ係数 $C_k$ と同じになるからです．なぜなら，式 (4.1) の第 2 式は長さ $2\pi$ の区間 $[-\pi,\pi]$ で積分して $2\pi$ で割るので $f(\theta)e^{-ik\theta}$ の「1 周期に渡る平均」と解釈でき，離散的にサンプルした点で平均したものが式 (4.3) の第 2 式だからです．特に，$F_0$ は連続信号の場合と同様に**直流成分**と呼びますが，これが「全データの平均」になっています．式 (4.11) の定義では $F_k$ がその $N$ 倍になり，式 (4.12) の定義ではその $\sqrt{N}$ 倍になってしまいます．

【学生】「同じになる」と言われましたが，正しくは「ほぼ同じになる」ではありませんか．$C_k$ は積分による平均で $F_k$ は和による平均ですから同じになるはずがありません．

**【先生】** いいえ，**厳密に同じ**になります．常識的には積分による平均と和による平均が同じになるはずがないのですが，それが不思議に同じになるのです．これが「サンプリング定理」です．これを次節で示しましょう．

---

## 4.2　周期関数のサンプリング定理

周期 $2\pi$ の連続関数 $f(\theta)$ が式 (4.1) のようにフーリエ級数に展開されるとき，そのフーリエ係数 $C_k$ がある $k$ の範囲以外は 0 であるなら $f(\theta)$ は**帯域制限**されているという．帯域制限された周期関数は，ある間隔より細かくサンプルすればフーリエ係数 $C_k$ と離散フーリエ変換 $F_k$ が等しくなる．

**【例 4.4】**　周期 $2\pi$ の連続関数 $f(\theta)$ のフーリエ係数 $C_k$ が $|k| \geq \dfrac{N}{2}$ に対して 0 のとき，区間 $[0, 2\pi]$ を $N$ 等分して得られる離散フーリエ変換 $F_k$, $|k| < \dfrac{N}{2}$, はフーリエ係数 $C_k$ に等しいことを示せ．

（解）離散フーリエ変換 $F_k$, $|k| < \dfrac{N}{2}$, は式 (4.1), (4.3) より次のように書ける．

$$F_k = \frac{1}{N}\sum_{l=0}^{N-1} f\Big(\frac{2\pi l}{N}\Big)e^{-i2\pi kl/N} = \frac{1}{N}\sum_{l=0}^{N-1}\Big(\sum_{m=-\infty}^{\infty} C_m e^{i2\pi lm/N}\Big)e^{-i2\pi kl/N}$$

$$= \sum_{-N/2<m<N/2} C_m\Big(\frac{1}{N}\sum_{l=0}^{N-1} e^{i2\pi(m-k)l/N}\Big) \tag{4.13}$$

式 (4.4) より最後の項のかっこの中は $m \equiv k \pmod N$ のとき 1，それ以外は 0 であるが，$-N/2 < m < N/2$, $-N/2 < k < N/2$ のとき $m \equiv k \pmod N$ となるのは $m = k$ の場合しかない．ゆえに，上式は $C_k$ に等しい．　□

このことから，帯域制限された周期関数はある間隔より細かくサンプルすればそのサンプル値の補間によって表現できる．

**【例 4.5】（周期関数のサンプリング定理）**　周期 $2\pi$ の連続関数 $f(\theta)$ のフーリエ係数 $C_k$ が $|k| \geq \dfrac{N}{2}$ に対して 0 のとき，$f(\theta)$ は区間 $[0, 2\pi]$ を $N$ 等分して得られるサンプル値 $f_l = f(\theta_l)$ から次のように再現されることを示せ．

$$f(\theta) = \sum_{l=0}^{N-1} f_l \phi_N(\theta - \theta_l) \tag{4.14}$$

ただし，$\phi_N(\theta)$ は次のように定義した補間関数である．

$$\phi_N(\theta) = \frac{1}{N} \sum_{-N/2<k<N/2} e^{ik\theta} = \frac{1 + 2\sum_{0<k<N/2} \cos k\theta}{N} \tag{4.15}$$

**チェック** 式 (4.14) は連続信号の場合の式 (3.69) に対応している．

（解）式 (4.1) のフーリエ級数において $|k| \geq N/2$ では $C_k = 0$ であり，$|k| < N/2$ では $C_k = F_k$ であるから，$f(\theta)$ は次のように書ける．

$$\begin{aligned} f(\theta) &= \sum_{-N/2<k<N/2} F_k e^{ik\theta} = \sum_{-N/2<k<N/2} \left( \frac{1}{N} \sum_{l=0}^{N-1} f_l e^{-i2\pi kl/N} \right) e^{ik\theta} \\ &= \sum_{l=0}^{N-1} f_l \left( \frac{1}{N} \sum_{-N/2<k<N/2} e^{ik(\theta - 2\pi l/N)} \right) = \sum_{l=0}^{N-1} f_l \phi_N(\theta - \theta_l) \end{aligned} \tag{4.16}$$

ただし，式 (3.12) から $e^{ik\theta} + e^{-ik\theta} = 2\cos k\theta$ となることを用いた． □

## ディスカッション

**【学生】** 連続信号のサンプリング定理と同じようですが，こちらのほうがややこしくてわかりにくく思えます．

**【先生】** そんなことはないでしょう．考えるヒントを与えましょう．区間 $[0, 2\pi]$ を $N$ 等分した点で 0 となり，その間をプラスとマイナスに振動する関数の周波数はどうなりますか．

**【学生】** 区間 $[0, 2\pi]$ を $N$ 等分すると分割の幅は $2\pi/N$ です．規則的にプラスとマイナスに振動するなら周期はその 2 倍の $T = 4\pi/N$ です．ですから，周波数は $\omega = 2\pi/T = N/2$ です．

**【先生】** そのような振動はフーリエ級数の何番目の周波数成分ですか．フーリエ級数は関数を基本周波数の整数倍の周波数の波の重ね合わせとして表すものであることを思い出して下さい．

**【学生】** 基本周波数が 1 ですから周波数 $N/2$ の波は $k = N/2$ 番目です．いや，フーリエ級数の複素表示では負の番号も考えますから，$k = \pm N/2$ 番目でした．ああそうか，わかりました．連続信号のサンプリング定理と同じ理屈ですね．つまり，$N$ 等分したのでは，そのサンプル点の間を振動する振動の周波数以上に激しい振動を表せないということですね．逆に，その周波数以下の緩やかな振動なら式 (4.14) のようにサンプル値だけから再現できる，そういうことですね．

**【先生】** その通りです．サンプル点の間を振動する振動の周波数 $N/2$ が再現ができるかできないかの境目であり，連続信号の場合の「ナイキスト周波数」に対応しています．

**【学生】** 実際のデータは帯域制限されていると考えてよいのですか．

**【先生】** データが何らかの測定装置で測定したものなら，いくら拡大しても限りなく細かい振動をしているということは普通はありません．ですから，ある周波数以上の振動成分はないと考えて構いません．したがって，それに見合うほど細かくサンプルすればデータが忠実に再現されます．

---

## 4.3　たたみこみ和定理

周期 $N$ のデータ $\{f_l\}$, $\{g_l\}$ の（**循環**）**たたみこみ和** $\{f_l * g_l\}$ を次のように定義する．

$$f_l * g_l = \frac{1}{N}\sum_{m=0}^{N-1} f_m g_{l-m} \tag{4.17}$$

**チェック**　式 (4.17) は連続信号の場合の式 (3.39) に対応している．

**チェック**　式 (4.17) の左辺の和中身の $f$ と $g$ の添字の和が $l$ になっている．

**チェック**　データ番号 $m$ に関する和が $\frac{1}{N}\sum_{m=0}^{N-1}$ の形で現れている．

**【例 4.6】**　任意の実数 $a, b$ と周期 $N$ のデータ $\{f_l\}$, $\{g_l\}$, $\{h_l\}$ に対して

$$f_l * (ag_l + bh_l) = af_l * g_l + bf_l * h_l \tag{4.18}$$

であり，次の関係が成り立つことを示せ．

$$f_l * g_l = g_l * f_l, \qquad (f_l * g_l) * h_l = f_l * (g_l * h_l) \tag{4.19}$$

**チェック**　式 (4.18), (4.19) は連続信号の場合の式 (3.40), (3.41) に対応している．

（**解**）式 (4.18) が成り立つことは定義式 (4.17) から明らかである．式 (4.17) の右辺の総和の添え字を $m$ から $m' = l - m$ に置き換えると $m = l - m'$ であるから，次のようになる．

$$f_l * g_l = \frac{1}{N}\sum_{m'=l-N+1}^{l} f_{l-m'} g_{m'} = \frac{1}{N}\sum_{m'=0}^{N-1} g_{m'} f_{l-m'} = g_l * f_l \tag{4.20}$$

ゆえに，式 (4.19) の第1式が示された．ただし，周期 $N$ の数列は連続する $N$ 個ならどこからどこまでの和を計算しても同じであることを利用した．一方，

$f_l * g_l = p_l,\ g_l * h_l = q_l$ と置くと次のようになる．

$$\begin{aligned}p_l * h_l = h_l * p_l &= \frac{1}{N}\sum_{m=0}^{N-1} h_m p_{l-m} = \frac{1}{N}\sum_{m=0}^{N-1} h_m\Big(\frac{1}{N}\sum_{m'=0}^{N-1} f_{m'} g_{l-m-m'}\Big)\\ &= \frac{1}{N}\sum_{m'=0}^{N-1} f_{m'}\Big(\frac{1}{N}\sum_{m=0}^{N-1} h_m g_{l-m'-m}\Big) = \frac{1}{N}\sum_{m'=0}^{N-1} f_{m'} q_{l-m'} = f_l * q_l\end{aligned} \tag{4.21}$$

上式より，式 (4.19) の第 2 式が示される． □

**【例 4.7】**（**たたみこみ和定理**） 周期 $N$ のデータ $\{f_l\}, \{g_l\}$ の離散フーリエ変換をそれぞれ $\{F_k\}, \{G_k\}$ とするとき，$\{f_l * g_l\}$ の離散フーリエ変換が $\{F_k G_k\}$ であることを示せ．

**チェック** これは連続信号の場合の例 3.8 のたたみこみ積分定理に対応している．

（**解**） $\{f_l * g_l\}$ の離散フーリエ変換は次のようになる．

$$\begin{aligned}\frac{1}{N}\sum_{l=0}^{N-1} f_l * g_l e^{-i2\pi kl/N} &= \frac{1}{N}\sum_{l=0}^{N-1}\Big(\frac{1}{N}\sum_{m=0}^{N-1} f_m g_{l-m}\Big)e^{-i2\pi kl/N}\\ &= \frac{1}{N}\sum_{m=0}^{N-1} f_m\Big(\frac{1}{N}\sum_{l=0}^{N-1} g_{l-m} e^{-i2\pi kl/N}\Big)\\ &= \frac{1}{N}\sum_{m=0}^{N-1} f_m\Big(\frac{1}{N}\sum_{l'=-m}^{N-1-m} g_{l'} e^{-i2\pi k(l'+m)/N}\Big)\\ &= \frac{1}{N}\sum_{m=0}^{N-1} f_m\Big(\frac{1}{N}\sum_{l'=0}^{N-1} g_{l'} e^{-i2\pi kl'/N}\Big)e^{-i2\pi km/N}\\ &= \Big(\frac{1}{N}\sum_{m=0}^{N-1} f_m e^{-i2\pi km/N}\Big)\Big(\frac{1}{N}\sum_{l'=0}^{N-1} g_{l'} e^{-i2\pi kl'/N}\Big)\\ &= F_k G_k\end{aligned} \tag{4.22}$$

ただし，途中で添え字を $l$ から $l' = l - m$ に書き直し，$l = l' + m$ を代入した．また，周期 $N$ の数列は連続する $N$ 個ならどこからどこまでの和を計算しても同じであることを利用した． □

## ディスカッション

【学生】これは積分 $\int$ が和 $\sum$ になっただけで，連続信号のたたみこみ積分定理とまったく同じですね．連続信号の場合は証明に積分の変数変換が出てきますが，離散データの場合は和の順序を変えるだけなので，私にはこちらのほうがわかりやすく思えます．

【先生】一つだけ連続信号の場合との重要な違いがあります．式 (4.17) のたたみこみ和の定義は，連続信号の場合と同様にデータ $\{g_m\}$ を時間番号 0 に関して左右を反転させ（その結果 $\{g_{-m}\}$ となります），それを $l$ だけ平行移動して（その結果 $\{g_{l-m}\}$ となります），それを $\{f_m\}$ の各要素に掛けて加えたものですが，平行移動して範囲 $0 \leq m < N$ をはみ出した部分が逆のほうに "循環" して入ってきます．例えば，$m = N, N+1, N+2, \ldots$ とはみ出せば，それらが $m = 0, 1, 2, \ldots$ の項として足されます．これはデータを周期 $N$ に拡張しているからです．また，時間番号に関する和に $1/N$ が入って $\frac{1}{N}\sum_{m=0}^{N-1}$ となっていることにも注意してください．

【学生】このようなたたみこみ和を定義して何になるのでしょうか．連続信号の場合はフィルターへの応用がありましたが，離散データでも同じでしょうか．

【先生】その通りです．データ $\{f_l\}$ にフィルターをかけるとは

$$\hat{f}_l = \frac{1}{N}\sum_{m=0}^{N} w_m f_{l-m} = w_l * f_l \tag{4.23}$$

のようなデータ $\{\hat{f}_l\}$ を作り出すことです．$\{w_m\}$ は式 (3.30) の方形窓や式 (3.33) のガウス窓を離散的にサンプルしたものです．連続信号の場合と区別するときは**ディジタルフィルター**と呼びます．

式 (4.23) は連続信号の場合の式 (3.46) に相当しています．ただ注意しなければならないのは，$t = 0$ を中心とする偶関数 $w(t)$ をサンプルする場合は $m = 0, 1, 2, \ldots$ が $w(t)$ の $t \geq 0$ の右半分ですが，$t < 0$ の左半分は**右端**の $m = \ldots, N-3,\ N-2,\ N-1$ に現れ，次節の図 4.1 のような形になります．周期的に拡張すれば負の番号の部分が右側に回り込んでくるからです．

【学生】ややこしくて混乱します．連続する $N$ 個のどこからどこまでの和を計算しても同じなら，0 を中心にして左右対称に和をとったほうがわかりやすいと思います．

【先生】その通りで，本当は $m = 0$ を中心にした和のほうが考えやすいのですが，その場合は $N$ が偶数の場合と奇数の場合で式が変わります．$N$ が偶数なら

$$\hat{f}_l = \frac{1}{N}\sum_{m=-N/2+1}^{N/2} w_m f_{l-m} \tag{4.24}$$

$N$ が奇数なら

$$\hat{f}_l = \frac{1}{N}\sum_{m=-(N-1)/2}^{(N-1)/2} w_m f_{l-m} \tag{4.25}$$

のように書き分けなければなりません．このようにややこしくなるので，式 (4.23) のように書くほうが便利です．

**【学生】** それで式 (4.23) にたたみこみ和定理を適用すると，$\{\hat{f}_l\}$, $\{w_l\}$, $\{f_l\}$ の離散フーリエ変換がそれぞれ $\{\hat{F}_k\}$, $\{W_k\}$, $\{F_l\}$ のとき $\hat{F}_k = W_k F_k$ となるというわけですか．

**【先生】** その通りです．そして，$|W_k|^2$ のグラフの形によって低域フィルター，広域フィルター，帯域フィルターなどに分類されます．例えば，低域フィルターは $|W_k|^2$ が $|k|$ の小さい周波数番号のみ大きい値を持ち，それ以外は 0 に近いものです．ただし，これは $k=0$ を中心として考えた場合のことで，$0 \le k < N$ で考えると $k = 0, 1, 2, \ldots$ の左端部分と $k = \ldots, N-3$, $N-2$, $N-1$ の右端部分のみに大きい値を持ち，次節の図 4.1 のような形になります．

**【学生】** またですか．周期関数は循環して，右端部分が負の番号の部分に相当しているのですね．やはり循環のない連続信号の場合のほうがわかりやすいような気がしてきました．

**【先生】** 君は気が変わりやすいですね．ともかく，フィルターは連続信号の場合は電気回路によって実現できますが，今日ではディジタルデータを計算機で処理することのほうが多く，ディジタルフィルターとして計算するのが普通です．でも，その原理は連続信号の場合と同じですから，連続信号の場合をよく理解して下さい．

---

## 4.4 パワースペクトル

周期 $N$ のデータ $\{f_l\}$, $\{g_l\}$ の離散フーリエ変換をそれぞれ $\{F_k\}$, $\{G_k\}$ とする．

**【例 4.8】** 次のパーセバル（・プランシュレル）の式が成り立つことを示せ．

$$\frac{1}{N}\sum_{l=0}^{N-1} f_l \overline{g_l} = \sum_{k=0}^{N-1} F_k \overline{G_k}, \qquad \frac{1}{N}\sum_{l=0}^{N-1} |f_l|^2 = \sum_{k=0}^{N-1} |F_k|^2 \tag{4.26}$$

**チェック** 式 (4.26) は連続信号の場合のパーセバルの式 (3.48) に対応している．

**チェック** データ番号 $l$ に関する和は $\dfrac{1}{N}\displaystyle\sum_{l=0}^{N-1}$ の形で，周波数番号 $k$ に関する和は $\displaystyle\sum_{k=0}^{N-1}$ の形で現れている．

**(解)** $\{f_l\}, \{g_l\}$ の離散フーリエ変換が $\{F_k\}, \{G_k\}$ であるから，次の関係が成り立っている．

$$F_k = \frac{1}{N}\sum_{l=0}^{N-1} f_l e^{-i2\pi kl/N}, \qquad g_l = \sum_{k=0}^{N-1} G_k e^{i2\pi kl/N} \tag{4.27}$$

これらを用いると，次の関係が成り立つ．

$$\begin{aligned}\frac{1}{N}\sum_{l=0}^{N-1} f_l\overline{g_l} &= \frac{1}{N}\sum_{l=0}^{N-1} f_l\Big(\sum_{k=0}^{N-1}\overline{G_k}e^{-i2\pi kl/N}\Big)\\ &= \sum_{k=0}^{N-1}\Big(\frac{1}{N}\sum_{l=0}^{N-1} f_l e^{-i2\pi kl/N}\Big)\overline{G_k} = \sum_{k=0}^{N-1} F_k\overline{G_k}\end{aligned} \tag{4.28}$$

これが第 1 式であり，$f_l = g_l$ とすると第 2 式が得られる．　□

$(1/N)\sum_{l=0}^{N-1}|f_l|^2$ は $\{f_l\}$ の**平均エネルギー**を表しているとみなせる．パーセバルの式 (4.26) の第 2 式はこれが $\sum_{k=0}^{N-1}|F_k|^2$ で表されることを意味している．したがって**パワースペクトル**を

$$P_k = |F_k|^2 \tag{4.29}$$

と定義すると，式 (4.26) の第 2 式は次のように書き換えることができる．

$$\frac{1}{N}\sum_{l=0}^{N-1}|f_l|^2 = \sum_{k=0}^{N-1} P_k \tag{4.30}$$

**チェック**　式 (4.29), (4.30) は連続信号の場合の式 (3.51), (3.52) に対応している．

**チェック**　データ番号 $l$ に関する和は $\frac{1}{N}\sum_{l=0}^{N-1}$ の形で，周波数番号 $k$ に関する和は $\sum_{k=0}^{N-1}$ の形で現れている．

データ $\{f_l\}$ が実数のときは，式 (4.8) より $F_{-k} = \overline{F_k}$ であるから $P_{-k} = P_k$ である．したがって，$P_k$ のグラフを $k = \ldots, -2, -1, 0, 1, 2, \ldots$ に対してプロットすると，$k = 0$ に関して左右対称になる．これを $k = 0, 1, 2, \ldots, N-1$ に対してプロットすると，図 4.1 のように前半の $1 \leq k < N/2$ の部分と後半の $N/2 < k \leq N-1$ とが左右対称になる．

**チェック**　図 4.1 は連続信号の場合の図 3.13 に対応している．

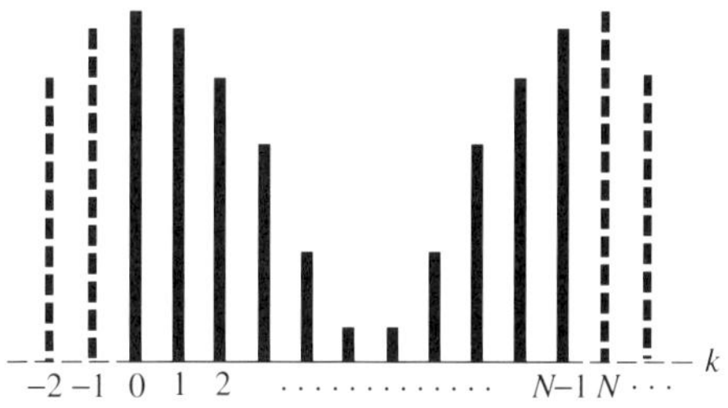


図 **4.1** 実数データ $\{f_l\}$ の代表的なパワースペクトル $\{P_k\}$, $k = 0, 1, 2, \ldots, N-1$. 後半は前半を折り返したものになる.

## ディスカッション

【学生】ここも $\int$ が $\sum$ になっただけで連続信号の場合とまったく同じですね. 前節の先生のお話から, $P_k$ のグラフを $k = 0$ を中心にして描くと左右対称になるところが, $0 \leq k < N$ の範囲に描くと図 4.1 のように左端と右端に分かれることもわかりました.

連続信号の場合にパーセバルの式 (4.26) を内積やノルムの形でエレガントに書き直しましたが, 離散的な場合も同じですか.

【先生】そうです. 周期 $N$ の数列 $\boldsymbol{f} = \{f_l\}$, $\boldsymbol{g} = \{g_l\}$ に対して

$$(\boldsymbol{f}, \boldsymbol{g}) = \frac{1}{N} \sum_{l=0}^{N-1} f_l \overline{g_l} \tag{4.31}$$

と定義すれば, これは 3 章 3.7 節のディスカッションで話した(**エルミート**)**内積**になっています. そして,(**ユニタリ**)**ノルム** $\|\boldsymbol{f}\| = \sqrt{(\boldsymbol{f}, \boldsymbol{f})}$ によって, 周期 $N$ の数列の全体は($N$ 次元)**ユニタリ空間**になります. この定義により, 式 (4.4) は $\boldsymbol{e}_k = \{e^{i2\pi kl/N}\}$, $k = 0, 1, \ldots, N-1$, と置くと, 次のように書けます.

$$(\boldsymbol{e}_m, \boldsymbol{e}_n) = \delta_{mn} \tag{4.32}$$

したがって, $\boldsymbol{e}_0$, $\boldsymbol{e}_1, \ldots, \boldsymbol{e}_{N-1}$ は**正規直交基底**です. 式 (4.3) の離散フーリエ変換はこの基底に関する**直交展開**ということになります. 実際, 式 (4.3) は次のように書き直せます.

$$\boldsymbol{f} = \sum_{k=0}^{N-1} F_k \boldsymbol{e}_k, \qquad F_k = (\boldsymbol{f}, \boldsymbol{e}_k) \tag{4.33}$$

式 (4.3) の第 2 式で共役複素数を掛けているのは, エルミート内積をとっているからにほかなりません.

一方, $\boldsymbol{f} = \{f_l\}$, $\boldsymbol{g} = \{g_l\}$ の離散フーリエ変換 $\boldsymbol{F} = \{F_k\}$, $\boldsymbol{G} = \{G_k\}$ に対して

$$(\boldsymbol{F}, \boldsymbol{G}) = \sum_{k=0}^{N-1} F_k \overline{G_k} \tag{4.34}$$

と定義すればこれもエルミート内積になっていて，ユニタリノルム $\|\boldsymbol{F}\| = \sqrt{(\boldsymbol{F},\boldsymbol{F})}$ によって，離散フーリエ変換の全体も（$N$ 次元）ユニタリ空間になります．このときパーセバルの式 (4.26) は，連続信号の場合の式 (3.57) に対応して次のように書けます．

$$(\boldsymbol{f},\boldsymbol{g}) = (\boldsymbol{F},\boldsymbol{G}), \qquad \|\boldsymbol{f}\|^2 = \|\boldsymbol{F}\|^2 \tag{4.35}$$

そして，式 (4.3) は周期 $N$ の数列のユニタリ空間とその離散フーリエ変換のユニタリ空間の互いの線形写像を定義しています．上式は，その写像によって内積やノルムが変化しないことを意味しています．

**【学生】** またまた私の苦手な抽象的な話になってきました．そのくらいにして下さい．

---

## 4.5　自己相関係数

周期 $N$ のデータ $\{f_l\}$ の**自己相関係数** $\{R_n\}$ を次のように定義する．

$$R_n = \frac{1}{N}\sum_{l=0}^{N-1} f_l \overline{f_{l-n}} \tag{4.36}$$

これも周期 $N$ の数列となる．したがって，$k = 0, 1, 2, \ldots, N-1$ に対してプロットすると，後半の $N/2 < n \leq N-1$ の部分は前半の $1 \leq n < N/2$ の部分を折り返したものになる（図 4.2）．$R_0$ は平均エネルギー $(1/N)\sum_{l=0}^{N-1}|f_l|^2$ に等しい．

**チェック**　式 (4.36) は連続信号の場合の式 (3.59) に対応している．

**チェック**　データ番号 $l$ に関する和が $\dfrac{1}{N}\sum_{l=0}^{N-1}$ の形で現れている．

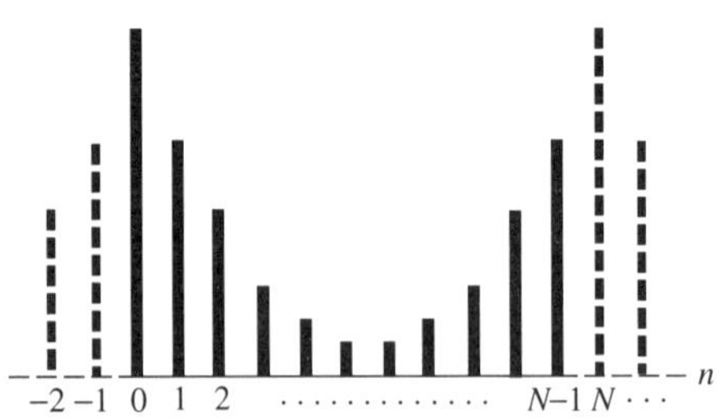


**図 4.2**　実数データ $\{f_l\}$ の代表的な自己相関係数 $\{R_n\}$, $n = 0, 1, 2, \ldots, N-1$．後半は前半を折り返したものに等しい．

【例 4.9】 次の関係が成り立つことを示せ．

$$R_{-n} = \overline{R_n}, \qquad |R_{-n}| = |R_n| \tag{4.37}$$

チェック $0 \leq n < N$ の範囲では式 (4.37) は $R_{N-n} = \overline{R_n}$, $|R_{N-n}| = |R_n|$ を意味する．

チェック 式 (4.37) は連続信号の場合の式 (3.60) に対応している．

（解） 総和の添え字を $l' = l + n$ とすると次のようになる．

$$R_{-n} = \frac{1}{N}\sum_{l=0}^{N-1} f_l \overline{f_{l+n}} = \frac{1}{N}\sum_{l'=0}^{N-1} f_{l'-n}\overline{f_{l'}} = \overline{\frac{1}{N}\sum_{l'=0}^{N-1} f_{l'}\overline{f_{l'-n}}} = \overline{R_n} \tag{4.38}$$

ゆえに，第 1 式が示された．共役複素数をとっても絶対値は変化しないから第 2 式が成り立つ． □

【例 4.10】（ウィーナー・ヒンチンの定理） 周期 $N$ のデータ $\{f_l\}$ の自己相関係数 $\{R_n\}$ の離散フーリエ変換はパワースペクトルに等しいことを示せ．

$$P_k = \frac{1}{N}\sum_{n=0}^{N-1} R_n e^{-i2\pi kn/N} \tag{4.39}$$

チェック 式 (4.39) は連続信号の場合のウィーナー・ヒンチンの定理 (3.62) に対応している．

チェック データ番号 $n$ に関する和が $\frac{1}{N}\sum_{n=0}^{N-1}$ の形で現れている．

（解） 次のようになる．

$$\begin{aligned}
\frac{1}{N}\sum_{n=0}^{N-1} R_n e^{-i2\pi kn/N} &= \frac{1}{N}\sum_{n=0}^{N-1}\Big(\frac{1}{N}\sum_{l=0}^{N-1} f_l\overline{f_{l-n}}\Big)e^{-i2\pi kn/N} \\
&= \frac{1}{N}\sum_{l=0}^{N-1} f_l\Big(\frac{1}{N}\sum_{n=0}^{N-1}\overline{f_{l-n}}e^{-i2\pi kn/N}\Big) \\
&= \frac{1}{N}\sum_{l=0}^{N-1} f_l\overline{\Big(\frac{1}{N}\sum_{n=0}^{N-1} f_{l-n}e^{i2\pi kn/N}\Big)} \\
&= \frac{1}{N}\sum_{l=0}^{N-1} f_l\overline{\Big(\frac{1}{N}\sum_{n'=0}^{N-1} f_{n'}e^{i2\pi k(l-n')/N}\Big)} \\
&= \Big(\frac{1}{N}\sum_{l=0}^{N-1} f_l e^{-i2\pi kl/N}\Big)\overline{\Big(\frac{1}{N}\sum_{n'=0}^{N-1} f_{n'}e^{-i2\pi kn'/N}\Big)} \\
&= F_k\overline{F_k} = |F_k|^2 = P_k
\end{aligned} \tag{4.40}$$

ただし途中で $n' = l - n$ と置いた． □

これからパワースペクトル $\{P_k\}$ が 2 通りの方法で計算できる．その関係を図示すると次のようになる．

$$\begin{array}{ccc} f_l & \longrightarrow & F_k = \dfrac{1}{N}\displaystyle\sum_{l=0}^{N-1} f_l e^{-i2\pi kl/N} \\ \downarrow & & \downarrow \\ R_n = \dfrac{1}{N}\displaystyle\sum_{l=0}^{N-1} f_l \overline{f_{l-n}} & \longrightarrow & P_k = \begin{cases} |F_k|^2 \\ \dfrac{1}{N}\displaystyle\sum_{n=0}^{N-1} R_n e^{-i2\pi kn/N} \end{cases} \end{array} \tag{4.41}$$

**チェック**　これは連続信号の場合の式 (3.64) に対応している．

## ディスカッション

**【学生】** ここも $\int$ が $\sum$ になっただけで連続信号の場合と同じですね．$\sum$ のほうが証明が簡単に思えます．自己相関係数 $R_n$ の式 (4.36) で $f_{l+n}$ ではなく $f_{l-n}$ を考えるのは，未来の値がわからないため過去の値と比較するためですね．でも $0 \leq l < N$ の左端を越すと右端の未来の側に回り込むのではありませんか．

**【先生】** 鋭いですね．しかし実際問題では $N$ を十分大きくとり，データ $\{f_l\}$ が範囲 $0 \leq l < N$ の両側のかなり長い部分で 0 になるようにします．普通はデータの遅延 $n$ がある程度大きいと $R_n$ が急速に 0 に近づくので，計算する必要があるのは $n$ が小さい範囲のみです．このため範囲を超えた循環は通常は起こりません．

**【学生】** 式 (4.41) のパワースペクトル $P_k$ の 2 通りの計算は，離散的な場合も自己相関係数 $R_n$ を用いたほうが便利なのですね．

**【先生】** そうとはいえません．連続的な場合と決定的に違うのは，離散フーリエ変換に対してこの後に述べる**高速フーリエ変換** (**FFT**) という驚異的に高速な計算法が存在することです．確かに自己相関係数 $R_n$ は $n$ が小さい部分だけ計算すればよいのですが，0 となる部分が多い少ないにかかわらず高速フーリエ変換で計算してしまえば，元データを用いても自己相関係数を用いても計算効率にほとんど差が出ません．

**【学生】** 第 3 章 3.9 節のディスカッションの終わりに，離散フーリエ変換はパタン認識，画像処理，音声認識などの応用で必要になるということでしたが，どういう応用があるのでしょうか．

【先生】画像や音声の処理では連続信号をサンプルして積分を和に置き換えるために離散フーリエ変換を使うことが多いのですが，元々から周期的なデータの解析の例としてパタン認識で用いる**フーリエ記述子**というものがあります．これは，閉曲線に対して，重心からその周りに等角度で直線を引き，各方向の半径 $r_k$ をデータとし（図 4.3(a)），そのパワースペクトルや自己相関係数の形からその図形が表す文字やパタンを分類したり識別したりするものです．パワースペクトルから代表的な凸凹のスケールがわかり，回転対称性があってある角度だけ回転すると元の形状に近くなるときは，それが自己相関係数に現れます．

曲線が曲がりくねっているときは半径が唯一に定まるとは限りませんが，周長を等間隔に分割して，各点で曲線に沿う方向の接線ベクトルの方向角 $\phi_k$ をとれば唯一なデータとなります（図 4.3(b)）．実際にはこちらのタイプがよく使われます．

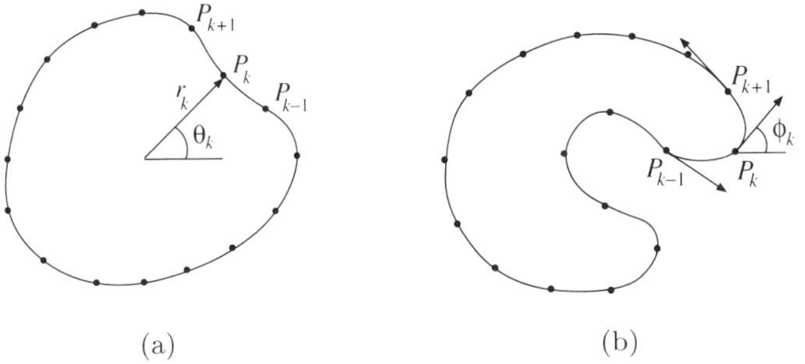


**図 4.3**　フーリエ記述子．そのパワースペクトルや相関係数から図形の分類や識別ができる．(a) 半径データ $\{r_k\}$．(b) 接線の方向データ $\{\phi_k\}$．

## 4.6　1 の原始 $N$ 乗根による表現

$\omega_N$ を次のように定義する．

$$\omega_N = e^{i2\pi/N} \tag{4.42}$$

これは $N$ 次方程式 $z^N - 1 = 0$ の解であり，次の関係を満たす．

$$\omega_N^N = 1, \qquad \omega_N^k \neq 1, \quad k = 1, 2, \ldots, N-1 \tag{4.43}$$

上式を満たす $\omega_N$ を **1 の原始 $N$ 乗根**と呼ぶ．

**チェック**　式 (4.43) は，$\omega_N$ が $N$ 乗して初めて **1** になる数であることを意味する．

式 (4.43) を用いると，式 (4.3) が次のように書ける．

$$f_l = \sum_{k=0}^{N-1} F_k \omega_N^{kl}, \qquad F_k = \frac{1}{N}\sum_{l=0}^{N-1} f_l \omega_N^{-kl} \tag{4.44}$$

ベクトルと行列の形で書くと次のようになる．

$$\begin{pmatrix} f_0 \\ f_1 \\ f_2 \\ \vdots \\ f_{N-1} \end{pmatrix} = \begin{pmatrix} 1 & 1 & 1 & \cdots & 1 \\ 1 & \omega_N & \omega_N^2 & \cdots & \omega_N^{N-1} \\ 1 & \omega_N^2 & \omega_N^4 & \cdots & \omega_N^{2(N-1)} \\ \vdots & \vdots & \vdots & & \vdots \\ 1 & \omega_N^{N-1} & \omega_N^{2(N-1)} & \cdots & \omega_N^{(N-1)(N-1)} \end{pmatrix} \begin{pmatrix} F_0 \\ F_1 \\ F_2 \\ \vdots \\ F_{N-1} \end{pmatrix}$$

$$\begin{pmatrix} F_0 \\ F_1 \\ F_2 \\ \vdots \\ F_{N-1} \end{pmatrix} = \frac{1}{N} \begin{pmatrix} 1 & 1 & 1 & \cdots & 1 \\ 1 & \omega_N^{-1} & \omega_N^{-2} & \cdots & \omega_N^{-(N-1)} \\ 1 & \omega_N^{-2} & \omega_N^{-4} & \cdots & \omega_N^{-2(N-1)} \\ \vdots & \vdots & \vdots & & \vdots \\ 1 & \omega_N^{-(N-1)} & \omega_N^{-2(N-1)} & \cdots & \omega_N^{-(N-1)(N-1)} \end{pmatrix} \begin{pmatrix} f_0 \\ f_1 \\ f_2 \\ \vdots \\ f_{N-1} \end{pmatrix} \tag{4.45}$$

**【例 4.11】** 次の関係を示せ．

$$\begin{pmatrix} 1 & 1 & \cdots & 1 \\ 1 & \omega_N & \cdots & \omega_N^{N-1} \\ \vdots & \vdots & & \vdots \\ 1 & \omega_N^{N-1} & \cdots & \omega_N^{(N-1)(N-1)} \end{pmatrix}^{-1} = \frac{1}{N} \begin{pmatrix} 1 & 1 & \cdots & 1 \\ 1 & \omega_N^{-1} & \cdots & \omega_N^{-(N-1)} \\ \vdots & \vdots & & \vdots \\ 1 & \omega_N^{-(N-1)} & \cdots & \omega_N^{-(N-1)(N-1)} \end{pmatrix} \tag{4.46}$$

（解）式 (4.45) の関係から明らかであるが，これを確かめるには，$(kl)$ 要素が $\omega_N^{kl}$ である行列と $(kl)$ 要素が $\omega_N^{-kl}/N$ である行列の積が単位行列になることを示せばよい．積の $(kl)$ 要素は次のようになる．

$$\sum_{m=0}^{N-1} \left(\omega_N^{km}\right)\left(\frac{\omega_N^{-ml}}{N}\right) = \frac{1}{N}\sum_{m=0}^{N-1} \omega_N^{(k-l)m} \tag{4.47}$$

式 (4.4) は次のように書き直せる．

$$\frac{1}{N}\sum_{m=0}^{N-1}\omega_N^{(k-l)m}=\begin{cases}1 & k\equiv l \pmod N\\ 0 & k\not\equiv l \pmod N\end{cases} \tag{4.48}$$

$0\le k\le N-1,\ 0\le l\le N-1$ の範囲で $k\equiv l \pmod N$ となるのは $k=l$ のときのみである．したがって，式 (4.47) は $\delta_{kl}$ であり，単位行列の $(kl)$ 要素に等しい． □

**【例 4.12】** 式 (4.44) の離散フーリエ変換を計算するには長さ $N$ の任意の数列 $a_0, a_1, a_2, \ldots, a_{N-1}$ に対して

$$b_k=\sum_{l=0}^{N-1}a_l\omega_N^{kl}, \qquad k=0,1,2,\ldots,N-1 \tag{4.49}$$

となる数列 $b_0, b_1, b_2, \ldots, b_{N-1}$ が計算できればよいことを示せ．

（**解**）式 (4.44) の第 1 式より，$\{F_k\}$ から $\{f_l\}$ を計算するには，式 (4.49) で $a_k=F_k$ とすれば $f_l=b_l$ が得られる．一方，$\overline{\omega_N}=\omega_N^{-1}$ であるから，式 (4.44) の第 2 式は次のように書き直せる．

$$F_k=\frac{1}{N}\overline{\sum_{l=0}^{N-1}\overline{f_l}\omega_N^{kl}} \tag{4.50}$$

ゆえに，$\{f_l\}$ から $\{F_k\}$ を計算するには式 (4.49) で $a_l=\overline{f_l}$ とすれば $F_k=\overline{b_k}/N$ が得られる． □

## ディスカッション

**【学生】** 式 (4.43) を満たす $\omega_N$ を「1 の原始 $N$ 乗根」と呼ぶとありますが，式 (4.42) のことを 1 の原始 $N$ 乗根と呼ぶのではないのですか．

**【先生】** そうではありません．$\alpha^N=1$ となる $\alpha$ を「1 の $N$ 乗根」といい，そのような $N$ 乗根が $N$ 個あることは知っていますね．その中で「$N$ 乗して初めて 1 になるもの」を**原始** $N$ 乗根と呼ぶのです．例えば 1 の 4 乗根は $\pm1, \pm i$ の 4 個ですが，1 はそのまま 1 であり，$-1$ は 2 乗すると 1 になるので原始 4 乗根ではありません．しかし $\pm i$ は 2 乗しても 3 乗しても 1 ではなく 4 乗して初めて 1 になりますから原始 4 乗根です．

式 (4.42) の $\omega_N$ は明らかに 1 の原始 $N$ 乗根ですね．その複素共役 $\overline{\omega_N}=e^{-i2\pi/N}=\omega_N^{-1}$ も 1 の原始 $N$ 乗根です．$\alpha$ が 1 の原始 $N$ 乗根のとき，$N$ と「互いに素な」，すなわち共

通の約数を持たない $m$ に対して $\alpha^m$ も 1 の原始 $N$ 乗根であることがわかります．特に，$N$ が素数なら 1 以外のすべての $N$ 乗根が原始 $N$ 乗根になります．$\alpha$ が 1 の原始 $N$ 乗根なら $\alpha, \alpha^2, \alpha^3, \ldots, \alpha^{N-1}$ はすべて相異なる 1 の $N$ 乗根ですから，これと 1 $(= \alpha^0)$ と合わせてすべての 1 の $N$ 乗根が $\alpha$ のべき乗として表せます．

**【学生】** そういうふうに原始であるものとないものに区別して何の意味があるのですか．

**【先生】** 次節で述べる「高速フーリエ変換」は，そこに出てくる $\omega_N$ が式 (4.42) で与えられるものでなくても 1 の原始 $N$ 乗根なら成立するからです．しかし，ここでは式 (4.42) 以外の場合は考えないので特に気にすることはありません．ただ，君もそのうち習うと思いますが，これは符号理論で非常に重要になりますので，名前だけは覚えておいて下さい．

**【学生】** 名前は覚えますが，この節の意味は何でしょうか．式 (4.44) は式 (4.3) の $e^{i2\pi/N}$ を $\omega_N$ と書き換えただけです．書き換えても何も新しいことは出てきません．

**【先生】** そんなことはありません．一つのデータ $f_l$，あるいは一つの係数 $F_k$ を考えるなら何も変わりませんが，$l = 0, \ldots, N-1$, $k = 0, \ldots, N-1$ の全部を考えると，式 (4.44) は式 (4.45) のように書けること，すなわち，離散フーリエ変換が $f_0, \ldots, f_{N-1}$ と $F_0, \ldots, F_{N-1}$ の間の**線形変換**になっていることが大切なことです．実は，連続信号のフーリエ級数やフーリエ変換も，積分が入ってわかりにくいのですが，数学的にはみな線形変換です．それに対して，式 (4.44), (4.45) の形は $N$ 次元ベクトルから $N$ 次元ベクトルへの写像として一番わかりやすい形です．

この線形変換のおもしろい点は，式 (4.45) に現れる行列の $(kl)$ **要素が 1 の原始 $N$ 乗根の $kl$ 乗**になっているという事実です．先ほど言いましたように，$\omega_N$ も $\omega_N^{-1}$ も 1 の原始 $N$ 乗根ですね．次節の「高速フーリエ変換」はこの事実に基づくものです．

---

## 4.7　高速フーリエ変換

$N$ が **2 のべき乗**であれば離散フーリエ変換の計算が効率化される．

**【例 4.13】** $N$ が偶数のとき，次の関係が成り立つことを示せ．

$$\omega_N^{N/2} = -1, \quad \omega_N^{N/2+1} = -\omega_N, \quad \omega_N^{N/2+2} = -\omega_N^2, \quad \ldots, \quad \omega_N^{N-1} = -\omega_N^{N/2-1} \tag{4.51}$$

（解）式 (4.42) より $\omega_N^{N/2} = (e^{i2\pi/N})^{N/2} = e^{i\pi} = -1$ である．ゆえに，$\omega_N^{N/2+k} = \omega_N^{N/2}\omega_N^k = -\omega_N^k$ である．□

**チェック**　式 (4.51) は，複素平面の単位円周上の $N$ 等分点の後半は**前半の符号を換えたもの**であることを意味する（図 4.4）．

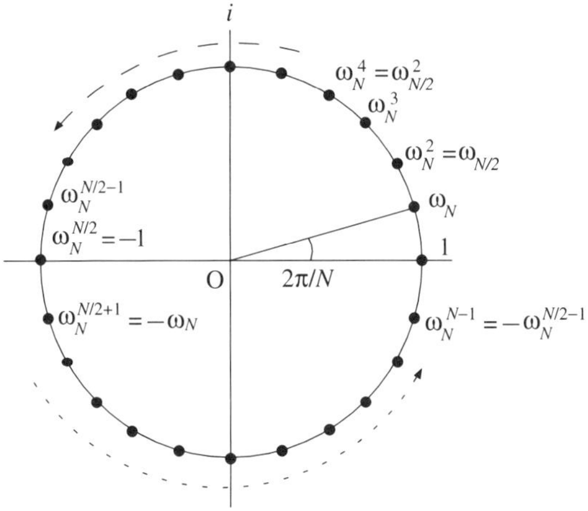


図 **4.4** 1 の原始 $N$ 乗根を次々とべき乗すると，複素平面の単位円周上を回転する．直径の反対側は符号を変えたものに等しい．また，1 の原始 $N/2$ 乗根は 2 倍の間隔で回転する．

**【例 4.14】** $N$ が偶数のとき，$\omega_N^2$ は次のように 1 の 原始 $N/2$ 乗根として表せることを示せ．

$$\omega_N^2 = \omega_{N/2} \tag{4.52}$$

（解） 式 (4.42) より $\omega_N^2 = (e^{i2\pi/N})^2 = e^{i4\pi/N} = e^{i2\pi/(N/2)} = \omega_{N/2}$ となる． □

**チェック** 式 (4.52) は，$\omega_N^2$ を次々とべき乗すると，複素平面の単位円周の $N$ 等分点を**一つ置きに進み**，$N/2$ 回で一周して元に戻ることを意味する（図 4.4）．

$N-1$ 次多項式

$$f(x) = a_0 + a_1 x + a_2 x^2 + \cdots + a_{N-1} x^{N-1} = \sum_{l=0}^{N-1} a_l x^l \tag{4.53}$$

を定義すると，式 (4.49) は

$$b_k = f(\omega_N^k), \qquad k = 0, 1, 2, \ldots, N-1 \tag{4.54}$$

と書ける．すなわち，$b_0, b_1, b_2, \ldots, b_N$ を計算するには $f(1), f(\omega_N), f(\omega_N^2), \ldots, f(\omega_N^{N-1})$ を計算すればよい．これは**複素平面上の単位円周の** $N$ **等分点で** $N-1$ **次多項式** $f(x)$ **を計算する**ことである（図 4.4）．この計算を $\mathrm{FFT}_N[f(x)]$ とい

う記号で表すと，次のように書ける．ただし，$\{\cdots\}$ の中身は**計算すべき値**を列挙したものである．

$$\mathrm{FFT}_N[f(x)] = \{f(1), f(\omega_N), f(\omega_N^2), \ldots, f(\omega_N^{N-1})\} \tag{4.55}$$

式 (4.53) は次のように書き直せる．

$$\begin{aligned} f(x) &= a_0 + a_2x^2 + a_4x^4 + \cdots + a_{N-2}x^{N-2} \\ &\quad + x(a_1 + a_3x^2 + a_5x^4 + \cdots + a_{N-1}x^{N-2}) \\ &= p(x^2) + xq(x^2) \end{aligned} \tag{4.56}$$

ただし $N/2-1$ 次式 $p(x)$, $q(x)$ を次のように定義した．

$$\begin{cases} p(x) = a_0 + a_2x + a_4x^2 + \cdots + a_{N-2}x^{N/2-1} \\ q(x) = a_1 + a_3x + a_5x^2 + \cdots + a_{N-1}x^{N/2-1} \end{cases} \tag{4.57}$$

これらはそれぞれ偶数番目と奇数番目の係数の**間引き**によって得られる．

まず，式 (4.56) の $p(x^2)$ を考える．$x$ が複素平面上の単位円周の $N$ 等分点を順にたどって1周するとき，$x^2$ はそれらを**一つ置きに進んで2周する**．したがって，**前半の $N/2$ 個のみ計算すれば**よいから

$$\mathrm{FFT}_N[p(x^2)] = \{p(1), p(\omega_N^2), p(\omega_N^4), \ldots, p(\omega_N^{N-2})\} \tag{4.58}$$

となる．式 (4.52) より $\omega_N^2$ は1の原始 $N/2$ 乗根であるから，上式は次のように書き直せる．

$$\mathrm{FFT}_N[p(x^2)] = \{p(1), p(\omega_{N/2}), p(\omega_{N/2}^2), \ldots, p(\omega_{N/2}^{N/2-1})\} \tag{4.59}$$

これは**データ数 $N/2$ 個の離散フーリエ変換に他ならない**．$q(x^2)$ についても同様であり，次のように書ける．

$$\mathrm{FFT}_N[p(x^2)] = \mathrm{FFT}_{N/2}[p(x)], \qquad \mathrm{FFT}_N[q(x^2)] = \mathrm{FFT}_{N/2}[q(x)] \tag{4.60}$$

したがって，$\mathrm{FFT}_{N/2}$ を計算するアルゴリズムが存在すれば，それを用いて $\mathrm{FFT}_N[p(x^2)]$, $\mathrm{FFT}_N[q(x^2)]$ が計算できる．それらが計算できれば，$f(x)$ は式 (4.51), (4.56) より次のように計算できる．

$$\begin{cases} f(\omega_N^k) = p(\omega_{N/2}^k) + \omega_N^k q(\omega_{N/2}^k), & k = 0, 1, \ldots, N/2-1 \\ f(\omega_N^{N/2+k}) = p(\omega_{N/2}^k) - \omega_N^k q(\omega_{N/2}^k), & k = 0, 1, \ldots, N/2-1 \end{cases} \tag{4.61}$$

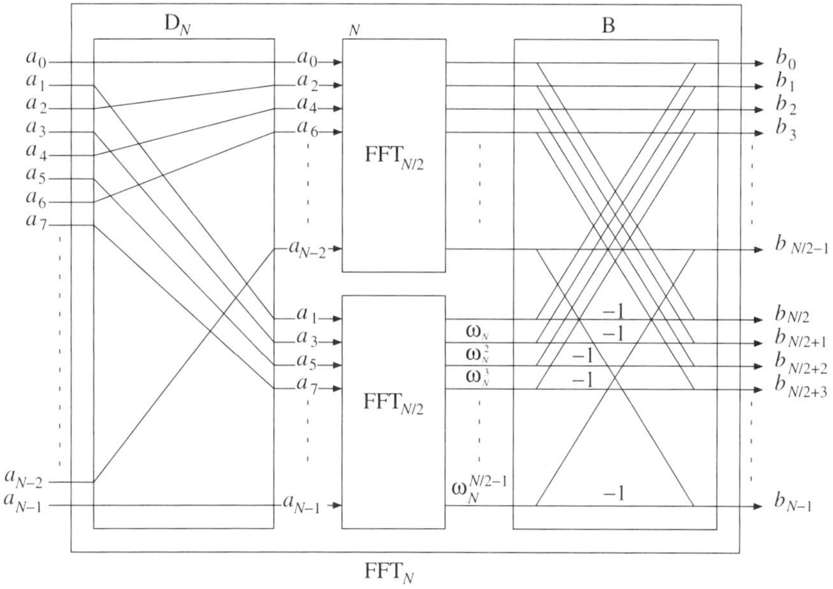


**図 4.5** $\mathrm{FFT}_N$ は係数の間引き $\mathrm{D}_N$ を行ない，$\mathrm{FFT}_{N/2}$ を実行し，バタフライ $\mathrm{B}_N$ を施す．データは左から右に流れる．バタフライ $\mathrm{B}_N$ 中の枝の上の 1, $\omega_N$, $\omega_N^2, \ldots, \omega_N^{N/2-1}$ はそれを掛けることを表し，$-1$ は符号を換えることを表す．分岐点では値は両方に送られ，合流点では和がとられる．

ただし，上式の下段の計算では $\omega_N^{N/2}, \omega_N^{N/2+1}, \omega_N^{N/2+2}, \ldots$ が式 (4.51) より $-1, -\omega_N, -\omega_N^2, \ldots$ に等しいことを利用した．

式 (4.61) の計算を**バタフライ**と呼び，式中の $\omega_N^k$ を**回転因子**（または**ひねり因子**）と呼ぶ．ここで $\mathrm{FFT}_{N/2}$ の計算アルゴリズムが存在するとしたが，これは再び $\mathrm{FFT}_{N/4}$ の計算に間引きとバタフライを施して得られる（図 4.5）．以下同様に $\mathrm{FFT}_{N/8}, \mathrm{FFT}_{N/16}, \ldots$ と分解すると，最終的に $\mathrm{FFT}_1$ の計算になり，0 次式（定数）の計算となる．したがって，$\mathrm{FFT}_N$ は間引きの繰り返しとバタフライの繰り返しで計算できる（図 4.6）．この方法を**高速フーリエ変換** (**FFT**) と呼ぶ．

**【例 4.15】** 間引きを次々と行なうと最終的に，データ $a_l$ の番号 $l$ を 2 進数で表したとき，そのビットの並びを反転した 2 進数の表す番号のデータに置き換わる．この置換を**ビット反転**と呼ぶ．このことを示せ．

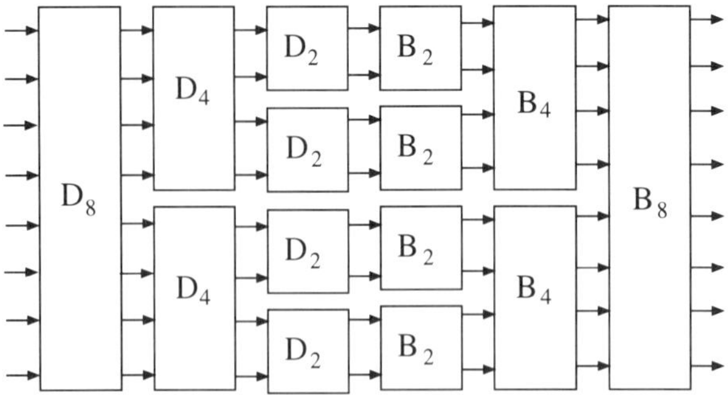


**図 4.6**　$\mathrm{FFT}_N$ は結局，係数の間引き $\mathrm{D}_N, \mathrm{D}_{N/2}, \ldots, \mathrm{D}_2$ を行ない，次に順にバタフライ $\mathrm{B}_2, \mathrm{B}_4, \ldots, \mathrm{B}_N$ を実行すればよい（$\mathrm{D}_1$, $\mathrm{B}_1$ は何もしないことに相当する）．図は $N = 8$ の場合である．

**(解)** 番号 $l$ を 2 進数で表し，偶数番目を上へ，奇数番目を下へ間引くことは，その 2 進数の一番右のビットが 0 のものを上に，1 のものを下に分けることに等しい．それぞれのグループで偶数番目を上へ，奇数番目を下へ間引くことは，右から 2 番目のビットが 0 のものを上に，1 のものを下に分けることに等しい．これを続けると，ビット列を反転させたものを小さい順に上から並べていくことになる． □

高速フーリエ変換は 1960 年代にアメリカの電気学者**クーリー** (J. W. Cooley) と**チューキー** (J. W. Tukey) によって発表されたので，当初は「クーリー・チューキー法」と呼ばれた．そしてその驚異的な性能から計算アルゴリズムに関する 20 世紀最大の発明であるとされた．しかし後に，この計算の原理は既に 19 世紀のドイツの数学者**ガウス** (Karl Gauss: 1777–1855) が発表していたことが判明した．

## ディスカッション

**【学生】** すっかり情報系らしくなりました．これはプログラミングの授業でならった「再帰プログラム」ではありませんか．$N$ が 2 のべき乗のとき，$N$ 個の入力に関する計算を $N/2$ 個の入力に対して計算できるものとして定義すればよいのでした．そうすると，$N/2$ 個の入力に対する計算は $N/4$ 個の入力に対する計算を呼び出し，$N/4$ 個の入力に対する計算は $N/8$ 個の入力に対する計算を呼び出し，…となるので，結局 1 個の入力に対して計算を定義すればよいことになります．このようなプログラムは，そのプログラム中でそのプログラムと同じ名前のプログラムを少ない変数に対して実行すればよいのでした．その例として「クイックソート」というのと「ヒープソート」というのを習いました．

**【先生】** さすが情報系ですね．その通りです．ただし，実際には高速フーリエ変換を再帰プログラムで書く必要はありません．考え方は再帰ですが，次々と分解していけば図 4.5, 4.6 のようになるので，ビット反転とバタフライを $N$ を半分にしながら反復すれば計算できます．

**【学生】** 私にはこの計算はずいぶんややこしいように見えます．このような計算をして本当に高速になるのでしょうか．かえって計算時間がよけいにかかるように思えます．

**【先生】** 信じないなら実際に計算の回数を数えてみましょう．$\mathrm{FFT}_N$ を計算するのに必要な加減乗除の回数を $T(N)$ としましょう．すると，$\mathrm{FFT}_{N/2}[p(x)]$, $\mathrm{FFT}_{N/2}[q(x)]$ はそれぞれ $T(N/2)$ 回の加減乗除で計算できることになります．式 (4.61) のバタフライの計算で，回転因子 $\omega_N, \omega_N^2, \ldots, \omega_N^{N-1}$ があらかじめ数表として，あるいはメモリに用意してあるとします．式 (4.61) の右辺の各項は上段と下段で符号以下は同じですから，上段だけ計算すればよいことになります．しかも $\omega_N^0 = 1$ は掛けなくてよいので，掛け算は合計 $N/2-1$ 回です．しかし，加減算は $N$ 回必要です．これから次の関係が成り立ちます．

$$T(N) = 2T\Big(\frac{N}{2}\Big) + \frac{N}{2} - 1 + N \tag{4.62}$$

$N = 1$ のときは 0 次式，すなわち定数の計算ですから，1 個の入力をそのまま返します．したがって $T(1) = 0$ です．$N = 2^n$ とし，$t_n = T(2^n)$ と置くと式 (4.62) は次のように書けます．

$$t_n = 2t_{n-1} + \frac{3}{2}\cdot 2^n - 1, \qquad t_0 = 0 \tag{4.63}$$

両辺から 1 を引いて $2^n$ で割ると次のようになります．

$$\frac{t_n - 1}{2^n} = \frac{t_{n-1}-1}{2^{n-1}} + \frac{3}{2}, \qquad \frac{t_0-1}{2^0} = -1 \tag{4.64}$$

これは $(t_n-1)/2^n$ が公差 $3/2$ の等差数列であることを意味していますから，解は次のようになります．

$$\frac{t_n-1}{2^n} = -1 + \frac{3}{2}n \tag{4.65}$$

書き直すと次のようになります．

$$T(N) = t_n = 2^n\Big(\frac{3}{2}n - 1\Big) + 1 = N\Big(\frac{3}{2}\log N - 1\Big) + 1 \tag{4.66}$$

ただし log の底は 2 です．このように驚異的に高速になります．

**【学生】** どこが驚異的なのですか．どうということはないようです．

**【先生】** 君は情報系のくせに log の恐ろしさを知らないのですね．では，直接に式 (4.54) を計算する場合と比べてみましょう．式 (4.54) の $b_k$ の計算は $k = 0$ のときは $N-1$ 回の加減算のみでよいですね．そして，$\omega_N, \omega_N^2, \ldots, \omega_N^{N-1}$ があらかじめ用意されているとすると，

$k = 1, \ldots, N-1$ ではそれぞれ $N-1$ 回の乗算と $N-1$ 回の加減算が必要となります．したがって，計算回数は合計

$$N - 1 + (N-1)(N-1+N-1) = (N-1)(2N-1) \tag{4.67}$$

です．例えば，よく使われる $N = 2^{10} = 1{,}024$ とするとこれは 2,094,081 回の演算です．一方，高速フーリエ変換の演算回数は式 (4.65) より 14,337 回ですから，計算時間は 1/100 以下で済みます．

**【学生】** そんなに違うとは思いませんでした．でも，log の恐ろしさというのは何ですか．

**【先生】** 数学的には $\log N$ は $N$ の単調増加関数で $N \to \infty$ のとき $\infty$ に発散します．ですから，$N$ を大きくとれば $\log N$ はいくらでも大きくなるはずです．ところが，実際は $\log N$ はなかなか大きくなりません．簡単のために底が 10 の場合を考えると，$N = 10$ のとき $\log N = 1$ で，$N = 100$ のとき $\log N = 2$ です．$N = 10{,}000{,}000{,}000$（100 億）で初めて $\log N = 10$ です．例えば，$\log N = 100$ となる $N$ は想像を絶するほど大きい数です．ですから，普通の計算で出てくる値に対しては $\log N$ は実質的に「定数」とみなしてよいのです．

対数関数 log は指数関数の逆関数ですから，指数関数については逆のことが言えます．$a^N$ は $a > 1$ のとき $N$ が増えると急速に増加します．そのような増加を**指数的な増加**と呼びます．

**【学生】** わかりました．「指数的な増加」は兎のように速く，「対数的な増加」は亀のようにのろいというわけですね．いや，「指数的な増加」は「ねずみ算」ともいいますから，「ねずみのように増える」です．そうすると「対数的な増加」は…．ともかく，式 (4.67) は $N$ の 2 次式ですが，式 (4.66) には $\log N$ が入っているので，$\log N$ を定数とみなすと式 (4.66) は実質的には $N$ の 1 次式だというわけですね．

**【先生】** その通りです．

**【学生】** でも，計算時間に差が出るのは $b_0, b_1, \ldots, b_{N-1}$ の全部を計算するからではありませんか．以前に聞いた話では，フーリエ成分の大きさは周波数が高くなるにつれて急速に減衰するということでした．ということは全部を計算する必要はなく，初めのいくつかを計算すればよいことになります．その場合は式 (4.54) を計算したほうが速いのではありませんか．

**【先生】** そう思うのはもっともです．では，計算してみましょう．先ほどの $N = 1{,}024$ の場合で，最初の 8 個の $b_0, b_1, \ldots, b_7$ のみを計算したいとします．式 (4.67) から，必要な演算の回数は 15,345 回となります．しかし，高速フーリエ変換は 1,024 個の $b_0, b_1, \ldots, b_{1023}$ を全部計算して 14,337 回ですから，こちらのほうが速いことになります．

**【学生】** これは意外でした．8 個のために 1016 個を無駄に計算したほうが速いとは，やはり高速フーリエ変換は恐るべき速さです．

**【先生】** 先に述べた見積りは大雑把なもので，実際には $\omega_N^{N/2} = i$ の掛け算は，実数部と虚数部を入れ換えて実数部の符号を換えるなどの工夫をするともっと高速化できます．

**【学生】** この恐るべき高速フーリエ変換を考えたのはガウスだということですが，ガウスの時代にはコンピュータはありませんでした．それでも考えたのですか．

**【先生】** そうです．それがガウスのすごいところです．ガウスは手計算の効率化のため，連立1次方程式を解く**ガウスの消去法**，積分を計算する**ガウスの積分公式**などのさまざまな計算手法を考案し，今日の計算機アルゴリズムの基礎になっています．また，誤差解析のために**正規**（または**ガウス**）**分布**を定義し，**最小二乗法**を考案したことは以前にも言いましたね．

一方，ガウスは純粋数学でも多くの定理を導き，「ガウスの定理」というと何を指すのかわからないほどです．その代表は「$n$ 次方程式は複素数の範囲で $n$ 個の解を持つ」という**代数学の基本定理**です．また，電磁気学や流体力学でもガウスの導いた公式が盛んに出てきます．このように，ガウスは大数学者であっただけでなく，物理学者でもあり，また情報工学の先駆者でもありました．

**【学生】** ところで，一つ疑問があります．高速フーリエ変換は複素数の計算です．式 (4.3) から，$\{f_l\}$ が実数データでもその離散フーリエ変換 $\{F_k\}$ は複素数になります．しかし，式 (4.45) は $f_0, \ldots, f_{N-1}$ と $F_0, \ldots, F_{N-1}$ の間の線形変換です．でも，$F_0, \ldots, F_{N-1}$ が複素数ならそれぞれ実部と虚部があり，合計 $2N$ 個の実数データです．$N$ 個の実数データと $2N$ 個の実数データとの間に線形変換が成り立つというのは数が合いません．

**【先生】** 非常に重要なところに気がつきましたね．でも，式 (4.8) を思い出して下さい．$\{f_l\}$ が実数のとき，$F_0, \ldots, F_{N-1}$ はその半分しか独立ではありません．後半は前半の複素共役を折り返したものです．したがって，独立な実数は $N$ 個しかありません．

**【学生】** そうでした．$N$ 個の実数データがその半分の個数の複素数に変換され，残りの半分は複素共役をとったコピーでした．でも，初めから $N$ 個の実数データを $N$ 個の実数係数に線形変換するようには書けないのでしょうか．

**【先生】** 大変よい質問です．実は，そのように書く方法がいろいろあります．その中で実際に最もよく使われるのが，次節で述べる**離散コサイン変換**です．

---

## 4.8 離散コサイン変換

$N$ 個の実数データ $\{f_l\}$ を次のように反転して右に加えた長さ $2N$ の数列を考える．

$$f_{N-1}, f_{N-2}, \ldots, f_2, f_1, f_0, f_0, f_1, f_2, \ldots, f_{N-2}, f_{N-1} \tag{4.68}$$

これを次の記号で表す．

$$\tilde{f}_{-N}, \tilde{f}_{-N+1}, \ldots, \tilde{f}_{-3}, \tilde{f}_{-2}, \tilde{f}_{-1}, \tilde{f}_0, \tilde{f}_1, \tilde{f}_2, \ldots, \tilde{f}_{N-2}, \tilde{f}_{N-1} \tag{4.69}$$

すなわち，次のように置いた．

$$\tilde{f}_l = \begin{cases} f_l & l = 0, 1, \ldots, N-1 \\ f_{-l-1} & l = -N, -N+1, \ldots, -1 \end{cases} \tag{4.70}$$

式 (4.69) の $2N$ 個の系列に離散フーリエ変換を施すと次のようになる．

$$\tilde{f}_l = \sum_{k=-N}^{N-1} \tilde{F}_k e^{i2\pi kl/2N}, \qquad \tilde{F}_k = \frac{1}{2N} \sum_{l=-N}^{N-1} \tilde{f}_l e^{-i2\pi kl/2N} \tag{4.71}$$

**【例 4.16】**　次のことを示せ．

$$\tilde{F}_{-k} = \overline{\tilde{F}_k}, \qquad \tilde{F}_{-N} = 0 \tag{4.72}$$

（**解**）式 (4.71) の第 2 式中の $f_l$ が実数であるから，式 (4.72) の第 1 式は明らかである．式 (4.71) の第 2 式で $k = -N$ とすると，$e^{i\pi} = -1$ であるから次のようになる．

$$\begin{aligned} \tilde{F}_{-N} &= \sum_{l=-N}^{N-1} \tilde{f}_l e^{i\pi l} = \sum_{l=-N}^{N-1} (-1)^l \tilde{f}_l \\ &= \cdots - \tilde{f}_{-3} + \tilde{f}_{-2} - \tilde{f}_{-1} + \tilde{f}_0 - \tilde{f}_1 + \tilde{f}_2 - \tilde{f}_3 + \cdots \\ &= \cdots - f_2 + f_1 - f_0 + f_0 - f_1 + f_2 - f_3 + \cdots = 0 \end{aligned} \tag{4.73}$$

□

**【例 4.17】**　$k = 0, 1, \ldots, N-1$ に対して

$$F_k = 2e^{-i\pi k/2N} \tilde{F}_k \tag{4.74}$$

と定義すると，次のように表せることを示せ．

$$F_k = \frac{2}{N} \sum_{l=0}^{N-1} f_l \cos \frac{\pi k(2l+1)}{2N}, \qquad k = 0, 1, \ldots, N-1 \tag{4.75}$$

（**解**）式 (4.71) の第 2 式は次のように書き直せる．

$$\tilde{F}_k = \frac{1}{2N} \sum_{l=0}^{N-1} \tilde{f}_l e^{-i\pi kl/N} + \frac{1}{2N} \sum_{l=-N}^{-1} \tilde{f}_l e^{-i\pi kl/N}$$

$$= \frac{1}{2N}\sum_{l=0}^{N-1}\tilde{f}_l e^{-i\pi kl/N} + \frac{1}{2N}\sum_{l=0}^{N-1}\tilde{f}_{-l-1}e^{-i\pi k(-l-1)/N}$$
$$= \frac{1}{2N}\sum_{l=0}^{N-1} f_l e^{-i\pi k(l+1/2)/N}e^{i\pi k/2N} + \frac{1}{2N}\sum_{l=0}^{N-1} f_l e^{i\pi k(l+1/2)/N}e^{i\pi k/2N}$$
$$= \frac{e^{i\pi k/2N}}{N}\sum_{l=0}^{N-1} f_l \frac{e^{i\pi k(l+1/2)/N} + e^{-i\pi k(l+1/2)/N}}{2}$$
$$= \frac{e^{i\pi k/2N}}{N}\sum_{l=0}^{N-1} f_l \cos\frac{\pi k(l+1/2)}{N} \tag{4.76}$$

これを式 (4.74) に代入すると式 (4.75) が得られる. □

チェック　式 (4.76) の変形に公式 $(e^{i\theta}+e^{-i\theta})/2=\cos\theta$ を用いた（↪ 式 (3.12)）.

**【例 4.18】** 式 (4.75) の $F_k$ を用いると, 次のように書けることを示せ.

$$f_l = \frac{F_0}{2} + \sum_{k=1}^{N-1} F_k \cos\frac{\pi k(2l+1)}{2N}, \qquad l = 0,1,\ldots,N-1 \tag{4.77}$$

（解） $l=0,1,\ldots,N-1$ では $\tilde{f}_l = f_l$ であるから, 式 (4.72), (4.74) を用いると, 式 (4.71) の第 1 式から $f_l$ が次のように書ける.

$$f_l = \tilde{F}_0 + \sum_{k=1}^{N-1}\tilde{F}_k e^{i\pi kl/N} + \sum_{k=-N+1}^{-1}\tilde{F}_k e^{i\pi kl/N}$$
$$= \tilde{F}_0 + \sum_{k=1}^{N-1}\tilde{F}_k e^{i\pi kl/N} + \sum_{k=1}^{N-1}\tilde{F}_{-k} e^{-i\pi kl/N}$$
$$= \tilde{F}_0 + \sum_{k=1}^{N-1}\tilde{F}_k e^{i\pi kl/N} + \sum_{k=1}^{N-1}\overline{\tilde{F}_k} e^{-i\pi kl/N}$$
$$= \frac{F_0}{2} + \frac{1}{2}\sum_{k=1}^{N-1} e^{i\pi k/2N}F_k e^{i\pi kl/N} + \frac{1}{2}\sum_{k=1}^{N-1}\overline{e^{i\pi k/2N}F_k} e^{-i\pi kl/N}$$
$$= \frac{F_0}{2} + \frac{1}{2}\sum_{k=1}^{N-1} F_k e^{i\pi k(l+1/2)/N} + \frac{1}{2}\sum_{k=1}^{N-1} F_k e^{-i\pi k(l+1/2)/N}$$
$$= \frac{F_0}{2} + \sum_{k=1}^{N-1} F_k \frac{e^{i\pi k(l+1/2)/N} + e^{-i\pi k(l+1/2)/N}}{2}$$
$$= \frac{F_0}{2} + \sum_{k=1}^{N-1} F_k \cos\frac{\pi k(l+1/2)}{N} \tag{4.78}$$

ただし，式 (4.75) から $F_k$ が実数であることを用いた． □

式 (4.75), (4.77) を合わせると次のように書ける．

$$f_l = \frac{F_0}{2} + \sum_{k=1}^{N-1} F_k \cos\frac{\pi k(2l+1)}{2N}, \qquad l = 0, 1, \ldots, N-1$$
$$F_k = \frac{2}{N} \sum_{l=0}^{N-1} f_l \cos\frac{\pi k(2l+1)}{2N}, \qquad k = 0, 1, \ldots, N-1 \tag{4.79}$$

第 2 式の $\{F_k\}$ を信号 $\{f_l\}$ の**離散コサイン変換**と呼ぶ．

ディスカッション

**【学生】** 確かに式 (4.79) で $N$ 個の実数 $\{f_l\}$ が $N$ 個の実数 $\{F_k\}$ に変換されています．でも，cos しか出てきません．どうして sin は出てこないのでしょうか．

**【先生】** それは (4.68) のように対称に折り返したからです．原点に関して対称なデータは原点に関して対称な cos の重ね合わせで表せます．sin は原点に関して符号が反対なので現れません．これは，第 2 章 2.1.2 項のディスカッションでフーリエ級数について話したことと同じです．第 3 章 3.1 節のディスカッションでも君が話していましたね．

**【学生】** 思い出しました．とすると，(4.68) の代わりに符号を変えた折り返し $-f_{N-1}$，$-f_{N-2}, \ldots, -f_2$，$-f_1$，$-f_0$，$f_0$，$f_1$，$f_2, \ldots, f_{N-2}$，$f_{N-1}$ を考えたら sin だけが出てくる式になるのですか．

**【先生】** その通りです．今度は公式 $(e^{i\theta} - e^{-i\theta})/2i = \sin\theta$ （↪ 式 (3.12)）の出番となって，式 (4.75), (4.77) で cos を sin に代えたものが得られます．これを**離散サイン変換**と呼びます．離散コサイン変換も離散サイン変換も，高速フーリエ変換のような高速の計算法が考えられています．

**【学生】** 離散コサイン変換がよく使われると言われましたが，どのように使われるのですか．

**【先生】** 例えば，データ $\{f_l\}$ が画像の濃淡値のとき，式 (4.79) の第 2 式の離散コサイン変換 $\{F_k\}$ は通常は $k$ が大きいと急速に 0 に近づきます．このため，式 (4.79) の第 1 式の小さい $k$ に対する少数の項のみで画像がよく表せます．この性質から画像データを圧縮し，伝送速度を向上させたり記憶容量を節約するのに利用されます．君の持っている動画像が送れる携帯電話でも，離散コサイン変換した係数のみを伝送するような工夫を数多く積み重ねて送信時間を短縮しているはずです．これについては第 6 章 6.2 節でもう少し詳しく学びます．

# 第5章

# 固有値問題と2次形式

本章では，これまでの章でたびたび現れた線形代数の概念や方法をまとめる．まず，「行列式」，「線形独立」，「固有値」，「固有ベクトル」などの基礎的な概念の定義とその計算法を整理する．次に，その結果を基にして「2 次形式」と呼ばれる関数を「標準形」に変換し，その最大値や最小値を計算する方法を学ぶ．その過程で，「直交行列」，「スペクトル分解」，「正値 2 次形式」などの線形代数の重要な概念が現れる．本章の結果は，次章以下の各種の信号処理の理論の基礎となる．

## 5.1 線形代数のまとめ

### 5.1.1 連立 1 次方程式と行列式

$n$ 個の未知数 $x_1, x_2, \ldots, x_n$ に関する次の**連立 1 次方程式**を考える．

$$\begin{cases} a_{11}x_1 + a_{12}x_2 + \cdots + a_{1n}x_n = b_1 \\ a_{21}x_1 + a_{22}x_2 + \cdots + a_{2n}x_n = b_2 \\ \qquad\qquad\vdots \\ a_{n1}x_1 + a_{n2}x_2 + \cdots + a_{nn}x_n = b_n \end{cases} \tag{5.1}$$

行列 $\boldsymbol{A}$ とベクトル $\boldsymbol{x}, \boldsymbol{b}$ を

$$\boldsymbol{A} = \begin{pmatrix} a_{11} & a_{12} & \cdots & a_{1n} \\ a_{21} & a_{22} & \cdots & a_{2n} \\ \vdots & \vdots & \ddots & \vdots \\ a_{n1} & a_{n2} & \cdots & a_{nn} \end{pmatrix}, \quad \boldsymbol{x} = \begin{pmatrix} x_1 \\ x_2 \\ \vdots \\ x_n \end{pmatrix}, \quad \boldsymbol{b} = \begin{pmatrix} b_1 \\ b_2 \\ \vdots \\ b_n \end{pmatrix} \tag{5.2}$$

と定義すると，式 (5.1) は次のように書ける．

$$\boldsymbol{A}\boldsymbol{x} = \boldsymbol{b} \tag{5.3}$$

これが唯一の解を持つ必要十分条件は，**行列** $\boldsymbol{A}$ **の行列式** $|\boldsymbol{A}|$ が $\boldsymbol{0}$ でないことであることが知られている．行列 $\boldsymbol{A}$ の**行列式** $|\boldsymbol{A}|$ （$\det \boldsymbol{A}$ とも書く）は要素 $a_{11}, \ldots, a_{nn}$ の $n$ 次式であり，次のように書く．

$$|\boldsymbol{A}| = \begin{vmatrix} a_{11} & a_{12} & \cdots & a_{1n} \\ a_{21} & a_{22} & \cdots & a_{2n} \\ \vdots & \vdots & \ddots & \vdots \\ a_{n1} & a_{n2} & \cdots & a_{nn} \end{vmatrix} \tag{5.4}$$

これは各 $a_{ij}$ については 1 次式であり，$n = 2, 3$ のときは次のようになる．

$$\begin{vmatrix} a_{11} & a_{12} \\ a_{21} & a_{22} \end{vmatrix} = a_{11}a_{22} - a_{21}a_{12} \tag{5.5}$$

$$\begin{vmatrix} a_{11} & a_{12} & a_{13} \\ a_{21} & a_{22} & a_{23} \\ a_{31} & a_{32} & a_{33} \end{vmatrix} = a_{11}a_{22}a_{33} + a_{12}a_{23}a_{31} + a_{13}a_{32}a_{21} - a_{13}a_{22}a_{31} - a_{12}a_{21}a_{33} - a_{11}a_{32}a_{23} \tag{5.6}$$

この計算法を図示すると図 5.1 のようになる．これを**サラスの方法**という．

**図 5.1**　行列式を計算するサラスの方法．

**【例 5.1】** 行列 $\begin{pmatrix} 3 & 2 \\ 4 & 5 \end{pmatrix}$ の行列式を計算せよ．

（解）

$$\begin{vmatrix} 3 & 2 \\ 4 & 5 \end{vmatrix} = 3 \cdot 5 - 4 \cdot 2 = 7 \tag{5.7}$$

□

**【例 5.2】** 行列 $\begin{pmatrix} 3 & 2 & 1 \\ 1 & 3 & 2 \\ 2 & 1 & 3 \end{pmatrix}$ の行列式を計算せよ．

□

（解）

$$\begin{vmatrix} 3 & 2 & 1 \\ 1 & 3 & 2 \\ 2 & 1 & 3 \end{vmatrix} = 3 \cdot 3 \cdot 3 + 2 \cdot 2 \cdot 2 + 1 \cdot 1 \cdot 1 - 1 \cdot 3 \cdot 2 - 2 \cdot 1 \cdot 3 - 3 \cdot 1 \cdot 2 = 18 \tag{5.8}$$

□

## ディスカッション

**【学生】** $n$ が 4 以上のときも図 5.1 と同じようにして計算すればよいのですね．

**【先生】** 「同じよう」とはどういうことですか．

**【学生】** $n = 4$ のときは左上から斜め右下に積をとります．行列の外にはみ出せば，図 5.1 のように下から折り返します．それが全部済んだら，右上から左下に向けて積をとって引いていきます．このようにして 4 個の要素の積のプラスの項が 4 個，マイナスの項が 4 個，合計 8 個の項が出てきます．

**【先生】** 残念ながらそうはいきません．図 5.1 のように計算できるのは $n = 2, 3$ の場合のみです．$n = 4$ の場合は 4 個の要素の積が合計 24 個出てきます．

**【学生】** 図 5.1 のように計算するものを「行列式」と呼ぶのではないのですか．24 個の項が出てくるなら，行列式とは一体何ですか．

**【先生】** $n \times n$ 行列 $\boldsymbol{A}$ の行列式は要素の $n$ 個の積を足したり引いたりするものですが，積をとる $n$ 個は各行各列から一つずつとります．$(ij)$ 要素を $a_{ij}$ とし，第 1 行から $a_{1i_1}$，第 2 行から $a_{2i_2}$，…，第 $n$ 行から $a_{1i_n}$ を選んだとき，$i_1, i_2, \ldots, i_n$ は互いに異なる番号です．つまり

$1, 2, \ldots, n$ の順序を入れ換えたものです．これを $1, 2, \ldots, n$ の**順列**といいます．そして，あらゆる順列について積をつくります．$1, 2, \ldots, n$ の順列は $n!$ 個あります．

**【学生】** それを足したり引いたりするということですが，どれを足してどれを引くのですか．

**【先生】** あらゆる順列はその中の二つの入れ換えを繰り返してできます．その入れ換えが偶数回のものを**偶順列**，奇数回のものを**奇順列**といいます．偶順列の積は足し，奇順列の積は引きます．式で書くと次のようになります．

$$|\boldsymbol{A}| = \sum_{i_1, i_2, \ldots, i_n = 1}^{n} \sigma(i_1, i_2, \ldots, i_n) a_{1i_1} a_{2i_2} \cdots a_{ni_n} \tag{5.9}$$

式中の $\sigma(i_1, i_2, \ldots, i_n)$ は $(i_1, i_2, \ldots, i_n)$ が $(1, 2, \ldots, n)$ の偶順列のとき 1，奇順列のとき $-1$，それ以外は 0 と約束する記号で，**順列符号**と呼びます．これが行列式の正式な定義です．$n = 2, 3$ のときは，それぞれ式 (5.5), (5.6) となり，図 5.1 のサラスの方法で計算できます．

**【学生】** それでは $n$ が 4 以上の場合は式 (5.9) の定義に従って計算すればよいのですか．

**【先生】** 式 (5.9) は理論的な証明によく使われますが，数値を計算するには適していません．$n = 4, 5$ なら何とか計算することができますが，それ以上は無理です．項数は全部で $n!$ 個あり，例えば $n = 10$ では約 363 万個になります．コンピュータを使っても式 (5.9) をそのまま計算すると時間が掛かり過ぎます．コンピュータで計算するときは連立 1 次方程式の解法に帰着させる**ガウスの消去法**，（**ガウス・ジョルダンの**）**掃き出し法**，**LU 分解**などの計算法が用いられます．

**【学生】** またガウスですか．ガウスはコンピュータのない時代に先を見通した大天才ですね．

---

### 5.1.2　余因子展開と逆行列

次の公式が知られている．

$$|\boldsymbol{A}| = \sum_{k=1}^{n} (-1)^{i+k} a_{ik} A^{\dagger}_{ik}, \qquad |\boldsymbol{A}| = \sum_{k=1}^{n} (-1)^{k+j} a_{kj} A^{\dagger}_{kj} \tag{5.10}$$

ただし，$A^{\dagger}_{ij}$ は行列 $\boldsymbol{A}$ の第 $i$ 行と第 $j$ 列を除いた $(n-1) \times (n-1)$ 行列の行列式であり，$\boldsymbol{A}$ の $a_{ij}$ に関する**余因子**と呼ぶ．上式の第 1 式を第 $i$ 行に関する**余因子展開**，第 2 式を第 $j$ 列に関する余因子展開と呼ぶ．

**【例 5.3】**　行列 $\begin{pmatrix} 1 & 2 & 4 & 2 \\ 0 & 4 & 1 & 4 \\ 1 & 1 & 2 & 2 \\ 6 & 6 & 9 & 7 \end{pmatrix}$ の行列式を計算せよ．

(**解**) 第 1 列に関して余因子展開すると次のようになる.

$$
\begin{aligned}
\begin{vmatrix} 1 & 2 & 4 & 2 \\ 0 & 4 & 1 & 4 \\ 1 & 1 & 2 & 2 \\ 6 & 6 & 9 & 7 \end{vmatrix}
&= 1 \times \begin{vmatrix} 4 & 1 & 4 \\ 1 & 2 & 2 \\ 6 & 9 & 7 \end{vmatrix} - 0 \times \begin{vmatrix} 2 & 4 & 2 \\ 1 & 2 & 2 \\ 6 & 9 & 7 \end{vmatrix} \\
&\quad + 1 \times \begin{vmatrix} 2 & 4 & 2 \\ 4 & 1 & 4 \\ 6 & 9 & 7 \end{vmatrix} - 6 \times \begin{vmatrix} 2 & 4 & 2 \\ 4 & 1 & 4 \\ 1 & 2 & 2 \end{vmatrix} \\
&= (4\cdot 2\cdot 7 + 1\cdot 2\cdot 6 + 4\cdot 9\cdot 1 - 4\cdot 2\cdot 6 - 1\cdot 1\cdot 7 - 4\cdot 9\cdot 2) \\
&\quad + (2\cdot 1\cdot 7 + 4\cdot 4\cdot 6 + 2\cdot 9\cdot 4 - 2\cdot 1\cdot 6 - 4\cdot 4\cdot 7 - 2\cdot 9\cdot 4) \\
&\quad - 6(2\cdot 1\cdot 2 + 4\cdot 4\cdot 1 + 2\cdot 2\cdot 4 - 2\cdot 1\cdot 1 - 4\cdot 4\cdot 2 - 2\cdot 2\cdot 4) \\
&= 47
\end{aligned}
\tag{5.11}
$$

□

**チェック** 取り出す行列要素は，その位置が次の並びの + の部分にあればそのまま，− の部分にあれば符号を変える.

$$
\begin{pmatrix} + & - & + & - & \cdots \\ - & + & - & + & \cdots \\ + & - & + & - & \cdots \\ - & + & - & + & \cdots \\ \vdots & \vdots & \vdots & \vdots & \ddots \end{pmatrix}
\tag{5.12}
$$

行列 $\boldsymbol{A}$ の**余因子行列**を次のように定義する.

$$
\boldsymbol{A}^\dagger = \begin{pmatrix} a^\dagger_{11} & a^\dagger_{12} & \cdots & a^\dagger_{1n} \\ a^\dagger_{21} & a^\dagger_{22} & \cdots & a^\dagger_{2n} \\ \vdots & \vdots & \ddots & \vdots \\ a^\dagger_{n1} & a^\dagger_{n2} & \cdots & a^\dagger_{nn} \end{pmatrix}
\tag{5.13}
$$

ただし，次のように定義する.

$$
a^\dagger_{ij} = (-1)^{i+j} A^\dagger_{ji}
\tag{5.14}
$$

**チェック** 余因子行列 $\boldsymbol{A}^\dagger$ の $(ij)$ 要素 $a^\dagger_{ij}$ は，$\boldsymbol{A}$ の $(ji)$ 要素（$(ij)$ ではない!）に関する余因子 $A^\dagger_{ji}$ に式 (5.12) の符号をつけたものである.

次の関係が成り立つ．

$$\sum_{k=1}^{n} a_{ik}a_{kj}^{\dagger} = |\boldsymbol{A}|\delta_{ij} \tag{5.15}$$

**チェック**　$\delta_{ij}$ はクロネッカーのデルタであり，$i=j$ のとき 1，$i \neq j$ のとき 0 と約束する（↪ 式 (1.90)）．

式 (5.15) は，行列 $\boldsymbol{A}$, $\boldsymbol{A}^{\dagger}$ を用いれば次のように書ける．

$$\boldsymbol{A}\boldsymbol{A}^{\dagger} = |\boldsymbol{A}|\boldsymbol{I} \tag{5.16}$$

ただし，$\boldsymbol{I}$ は**単位行列**

$$\boldsymbol{I} = \begin{pmatrix} 1 & & & \\ & 1 & & \\ & & \ddots & \\ & & & 1 \end{pmatrix} \tag{5.17}$$

であり，対角要素がすべて 1 で，他の要素がすべて 0 の行列（要素の書かれていないところは 0 と約束する）である．$n \times n$ 行列 $\boldsymbol{A}$ に対して $\boldsymbol{A}\boldsymbol{X} = \boldsymbol{I}$ となる $n \times n$ 行列 $\boldsymbol{X}$ を $\boldsymbol{A}$ の**逆行列**といい，$\boldsymbol{A}^{-1}$ と書く．式 (5.16) から，$|\boldsymbol{A}| \neq 0$ であれば行列 $\boldsymbol{A}$ の逆行列 $\boldsymbol{A}^{-1}$ が次のように表せる．

$$\boldsymbol{A}^{-1} = \frac{\boldsymbol{A}^{\dagger}}{|\boldsymbol{A}|} \tag{5.18}$$

**【例 5.4】**　$2 \times 2$ 行列 $\boldsymbol{A} = \begin{pmatrix} a_{11} & a_{12} \\ a_{21} & a_{22} \end{pmatrix}$, $a_{11}a_{22} - a_{21}a_{12} \neq 0$ の逆行列を求めよ．

（解）$a_{11}^{\dagger} = a_{22}$, $a_{12}^{\dagger} = -a_{12}$, $a_{21}^{\dagger} = -a_{21}$, $a_{22}^{\dagger} = a_{11}$ であるから，次のようになる．

$$\boldsymbol{A}^{-1} = \frac{\begin{pmatrix} a_{22} & -a_{12} \\ -a_{21} & a_{11} \end{pmatrix}}{\begin{vmatrix} a_{11} & a_{12} \\ a_{21} & a_{22} \end{vmatrix}} = \frac{1}{a_{11}a_{22} - a_{21}a_{12}} \begin{pmatrix} a_{22} & -a_{12} \\ -a_{21} & a_{11} \end{pmatrix} \tag{5.19}$$

□

**【例 5.5】** $n \times n$ 行列 $\boldsymbol{A}$ に対する連立 1 次方程式 (5.3) の解は，逆行列 $\boldsymbol{A}^{-1}$ が存在するとき，次の**クラメルの公式**で与えられることを示せ．

$$
x_j = \frac{\begin{vmatrix} a_{11} & a_{12} & \cdots & \overset{(j)}{b_1} & \cdots & a_{1n} \\ a_{21} & a_{22} & \cdots & b_2 & \cdots & a_{2n} \\ \vdots & \vdots & \ddots & \vdots & \ddots & \vdots \\ a_{n1} & a_{n2} & \cdots & b_n & \cdots & a_{nn} \end{vmatrix}}{\begin{vmatrix} a_{11} & a_{12} & \cdots & a_{1j} & \cdots & a_{1n} \\ a_{21} & a_{22} & \cdots & a_{2j} & \cdots & a_{2n} \\ \vdots & \vdots & \ddots & \vdots & \ddots & \vdots \\ a_{n1} & a_{n2} & \cdots & a_{nj} & \cdots & a_{nn} \end{vmatrix}}, \qquad j = 1, \ldots, n \tag{5.20}
$$

ただし，分子は第 $j$ 列をベクトル $\boldsymbol{b}$ で置き換えた行列式である．

（解）式 (5.3) の両辺の左から $\boldsymbol{A}^{-1}$ を掛けると，式 (5.18) より次のようになる．

$$
\boldsymbol{x} = \boldsymbol{A}^{-1}\boldsymbol{b} = \frac{\boldsymbol{A}^{\dagger}\boldsymbol{b}}{|\boldsymbol{A}|} \tag{5.21}
$$

式 (5.14) を用いて要素で書くと，次のようになる．

$$
x_j = \frac{\sum_{k=1}^{n}(-1)^{j+k}A^{\dagger}_{kj}b_k}{|\boldsymbol{A}|} \tag{5.22}
$$

余因子展開の式 (5.10) と比較すると，分子は式 (5.20) の分子の第 $j$ 列に関する余因子展開になっている． □

**【例 5.6】** 次の連立 1 次方程式を解け．

$$
\begin{cases} 3x - 4y = 1 \\ 2x + 5y = 16 \end{cases} \tag{5.23}
$$

（解）クラメルの公式より解は次のようになる．

$$x = \frac{\begin{vmatrix} 1 & -4 \\ 16 & 5 \end{vmatrix}}{\begin{vmatrix} 3 & -4 \\ 2 & 5 \end{vmatrix}} = \frac{1 \cdot 5 - 16 \cdot (-4)}{3 \cdot 5 - 2 \cdot (-4)} = 3,$$

$$y = \frac{\begin{vmatrix} 3 & 1 \\ 2 & 16 \end{vmatrix}}{\begin{vmatrix} 3 & -4 \\ 2 & 5 \end{vmatrix}} = \frac{3 \cdot 16 - 2 \cdot 1}{3 \cdot 5 - 2 \cdot (-4)} = 2 \tag{5.24}$$

□

## ディスカッション

【学生】式 (5.10) はどうやって証明するのですか．

【先生】行列式は線形代数学の基本ですが，君は習わなかったのですか．

【学生】そうです．先輩から情報系は勉強しなくてもよいと聞きました．

【先生】君は解析学についてもそう言っていました．また先輩のせいにするのですか．しかたがありませんから説明しましょう．式をすべて書くと長くなるので，要点のみを述べましょう．行列式は次の性質を持ちます．

(1)　ある行またはある列の要素をすべて $c$ 倍すると行列式は $c$ 倍になる．
(2)　ある行が二つの行ベクトルの和で表されるとき，行列式はその行をそれぞれの行ベクトルで置き換えた行列の行列式の和になる．列についても同様である．
(3)　行列の二つの行または列を入れ換えると行列式は符号を換える．

(1) は，行列式は各行各列から一つずつ取り出した要素を掛けて足すことからわかります．例えば第 2 行から取り出した要素は式 (5.9) の $n!$ 個の項のすべてに一つずつありますから，第 2 行を $c$ 倍すればすべての項が $c$ 倍され，行列式は $c$ 倍されます．同様に，例えば第 3 列から取り出した要素はすべての項に一つずつあり，第 3 列を $c$ 倍すれば行列式は $c$ 倍されます．

(2) も同様です．ある行または列が二つの行ベクトルまたは列ベクトルの和で表されるなら，その行または列から選ばれた要素がどの項にも一つずつありますから，分配法則により全体がその行または列をそれぞれの行ベクトルまたは列ベクトルに置き換えた行列式の和になります．

(3) は次のように考えます．例えば第 1 行と第 2 行を入れ換えると，すべての項で第 1 行と第 2 行から選ばれた要素の順序が入れ換わるので，並べ方が奇順列なら偶順列に，偶順列なら奇順列となり，符号が換わります．第 1 列と第 2 列を入れ換えても各項で要素の並びに一回の入れ換えが起こるので符号が換わります．

さて，式 (5.10) ですが，これは例 5.3 の計算を見ればわかります．つまり，例 5.3 のように計算できるから，それを一般式で書いた式 (5.10) が成り立つということです．例 5.3 の計算が正しいことは第 1 列が $1\times\begin{pmatrix}1\\0\\0\\0\end{pmatrix}+0\times\begin{pmatrix}0\\1\\0\\0\end{pmatrix}+1\times\begin{pmatrix}0\\0\\1\\0\end{pmatrix}+6\times\begin{pmatrix}0\\0\\0\\1\end{pmatrix}$ と書けることからわかります．上の (1), (2) より，行列式が次のように書けます．

$$1\times\begin{vmatrix}1&2&4&2\\0&4&1&4\\0&1&2&2\\0&6&9&7\end{vmatrix}+0\times\begin{vmatrix}0&2&4&2\\1&4&1&4\\0&1&2&2\\0&6&9&7\end{vmatrix}+1\times\begin{vmatrix}0&2&4&2\\0&4&1&4\\1&1&2&2\\0&6&9&7\end{vmatrix}+6\times\begin{vmatrix}0&2&4&2\\0&4&1&4\\0&1&2&2\\1&6&9&7\end{vmatrix} \tag{5.25}$$

さらに (3) より，行を次々と入れ換えて次のように書けます．

$$1\times\begin{vmatrix}1&2&4&2\\0&4&1&4\\0&1&2&2\\0&6&9&7\end{vmatrix}-0\times\begin{vmatrix}1&4&1&4\\0&2&4&2\\0&1&2&2\\0&6&9&7\end{vmatrix}+1\times\begin{vmatrix}1&1&2&2\\0&2&4&2\\0&4&1&4\\0&6&9&7\end{vmatrix}-6\times\begin{vmatrix}1&6&9&7\\0&2&4&2\\0&4&1&4\\0&1&2&2\end{vmatrix} \tag{5.26}$$

行列式は各行各列から一つずつ要素を選んで積を作るので，0 が含まれると無意味です．第 1 列の (1,1) 要素が 1 で残りが 0 のものは，その 1 を選べば第 1 列と第 1 行からはもう選べません．残りは第 2 ∼ 4 行と第 2 ∼ 4 列の各行各列から一つずつ要素を選んで積をつくりますが，これは第 2 ∼ 4 行と第 2 ∼ 4 列からできる $3\times 3$ 行列の行列式になっていることがわかります．このような展開は，どの列についてもどの行についても行えます．式 (5.10) の第 1 式は第 $i$ 行について，第 2 式は第 $j$ 列について，このような展開を行う場合の一般式です．符号が各項ごとに入れ換わるのは，上記のように選ぶ要素を $(1,1)$ 要素に移すように行と列を次々と入れ換えるからです．

**【学生】** 一般式 (5.10) はややこしくてよくわかりませんが，例 5.3 の計算の仕方はわかりました．ところで，式 (5.15) もややこしいのですが，これはどう証明するのですか．

**【先生】** 見かけは複雑ですが，$i=j$ のときは $\delta_{ij}=1$ ですから余因子展開の式 (5.15) と同じです．$i\neq j$ のときは $\sum_{k=1}^n a_{ik}a^\dagger_{kj}=\sum_{k=1}^n(-1)^{i+k}a_{ik}A^\dagger_{jk}$ となり，これは $\boldsymbol{A}$ の第 $k$ 列を第 $i$ 列で置き換えた行列の余因子展開になっています．しかし，二つの列が等しいので行列式は 0 です．なぜなら，二つの列を入れ換えると行列式の符号が換わりますが，入れ換えても同じ行列です．符号を換えても値が換わらないのは 0 だけです．

**【学生】** それで納得することにします．でも，一つ気になることがあります．本文によると，$\boldsymbol{AX}=\boldsymbol{I}$ となる行列 $\boldsymbol{X}$ を $\boldsymbol{A}$ の逆行列というとあります．逆行列は高校でも習いましたが，$\boldsymbol{XA}=\boldsymbol{I}$ となる行列 $\boldsymbol{X}$ が逆行列だったような気がします．どちらが正しいのでしょうか．

【先生】どちらでも同じです．$\boldsymbol{AX}_r = \boldsymbol{I}$, $\boldsymbol{X}_l\boldsymbol{A} = \boldsymbol{I}$ となる $\boldsymbol{X}_r$, $\boldsymbol{X}_l$ があったとして，$\boldsymbol{X}_l\boldsymbol{AX}_r$ を考えましょう．これは，$\boldsymbol{X}_l(\boldsymbol{AX}_r) = \boldsymbol{X}_l\boldsymbol{I} = \boldsymbol{X}_l$ と考えてもよいし，$(\boldsymbol{X}_l\boldsymbol{A})\boldsymbol{X}_r = \boldsymbol{IX}_r = \boldsymbol{X}_r$ と考えてもよいので $\boldsymbol{X}_r = \boldsymbol{X}_l$ です．

【学生】そのような $\boldsymbol{X}_r$, $\boldsymbol{X}_l$ があるとすれば $\boldsymbol{X}_r = \boldsymbol{X}_l$ ということはわかりました．でも，そのような $\boldsymbol{X}_r$, $\boldsymbol{X}_l$ がないときはどうなるのですか．

【先生】$|\boldsymbol{A}| = 0$ のときは両方とも存在しません．しかし，$|\boldsymbol{A}| \neq 0$ なら $\boldsymbol{AX}_r = \boldsymbol{I}$ となる $\boldsymbol{X}_r = \boldsymbol{A}^{-1}$ が式 (5.18) から計算できます．そして，$|\boldsymbol{A}| \neq 0$ なら $|\boldsymbol{A}^\top| = |\boldsymbol{A}| \neq 0$ です．ここで，$\boldsymbol{A}^\top$ は $\boldsymbol{A}$ の**転置行列**です．これは $\boldsymbol{A}$ の行を列に取り換えた（列を行に取り換えた）行列のことです．転置行列については，この章の 5.2.2 項で詳しく説明します．転置しても行列式が同じなのは，行列式が「各行各列から一つずつ要素を選んで積をつくる」というように行と列の同等な操作によって定義されるからです．

さて，$|\boldsymbol{A}| \neq 0$ なら $\boldsymbol{A}^\top\boldsymbol{X}' = \boldsymbol{I}$ となる行列 $\boldsymbol{X}'$ が計算できます．そして，$\boldsymbol{A}^\top\boldsymbol{X}' = \boldsymbol{I}$ の両辺を転置すると $\boldsymbol{X}'^\top\boldsymbol{A} = \boldsymbol{I}$ となります．この関係式も 5.2.2 項で説明します．この結果，$\boldsymbol{X}_l = \boldsymbol{X}'^\top$ が $\boldsymbol{X}_l\boldsymbol{A} = \boldsymbol{I}$ となる行列 $\boldsymbol{X}_l$ です．

【学生】そういわれても何かだまされたようです．そこで，具体的な計算法についてお尋ねします．クラメルの公式 (5.20) を計算するには分子分母の行列式を計算しなければなりません．先ほど，行列式は $n = 3, 4$ 以外は普通の方法では計算が無理だと言われました．この分子分母を計算するには，そのときに言われたガウスの消去法や掃き出し法などで計算するのでしょうか．

【先生】コンピュータでクラメルの公式を計算するというのは話しが逆です．そうではなく，連立1次方程式を直接に解きます．それには中学，高校でおなじみの消去法を用います．式を何倍かして他の式から引いて変数を次々と消去するもので，コンピュータを用いても同じことです．この消去の手順を規則的にしたものが「ガウスの消去法」や「（ガウス・ジョルダンの）掃き出し法」であり，それをさらにコンピュータ向きに書き変えたものが「LU 分解」です．このような消去法を変形すると，行列式も計算できます．

これは逆行列の計算についても同じです．$n = 3, 4$ 以外で式 (5.18) を計算するということはまずありません．逆行列を用いれば連立1次方程式が解けることを逆用して，連立1次方程式を解くことによって逆行列が計算できます．これにもガウスの消去法や掃き出し法や LU 分解が使われます．

連立1次方程式や行列式や逆行列の計算の具体的な計算手順は線形代数や数値計算の教科書に載っていますから，興味があれば見て下さい．最近はどのプログラムライブラリにも，そのようなプログラムが備わっています．それに対して，クラメルの公式 (5.20) は理論的な証明に向いています．例えば，前節で「連立1次方程式 $\boldsymbol{Ax} = \boldsymbol{b}$ が唯一の解を持つ必要十分条件は $|\boldsymbol{A}| \neq 0$ である」と言いましたが，$|\boldsymbol{A}| \neq 0$ ならクラメルの公式 (5.20) によって唯一の解が得られることが明らかです．

【学生】行列式が0のときはどうなるのでしょうか．

【先生】ガウスの消去法や掃き出し法で変数を次々と消去していくと，次の三つのどれかになります．

(1) 唯一の解が得られる．この場合を**正則**と呼びます．
(2) 式に矛盾が生じて解が存在しない．この場合を**不能**と呼びます．
(3) 式が足りなくて，解が無数に存在する．この場合を**不定**と呼びます．

この変形の過程も線形代数や数値計算の教科書に書いてあります．そして，(1) の場合は行列式が 0 でなく，(2), (3) の場合に行列式が 0 になっていることがわかります．この結果，「連立 1 次方程式 $\boldsymbol{A}\boldsymbol{x} = \boldsymbol{b}$ が唯一の解を持つ必要十分条件は $|\boldsymbol{A}| \neq 0$ である」と結論できます．

---

### 5.1.3 線形結合，線形独立，ランク

$r$ 本の $n$ 次元ベクトル $\boldsymbol{a}_1, \boldsymbol{a}_2, \ldots, \boldsymbol{a}_r$ と実数 $c_1, c_2, \ldots, c_r$ に対して，$c_1\boldsymbol{a}_1 + c_2\boldsymbol{a}_2 + \cdots + c_r\boldsymbol{a}_r$ をベクトル $\boldsymbol{a}_1, \boldsymbol{a}_2, \ldots, \boldsymbol{a}_r$ の $c_1, c_2, \ldots, c_r$ を係数とする**線形結合**（または**1 次結合**）という．ベクトル $\boldsymbol{a}_1, \boldsymbol{a}_2, \ldots, \boldsymbol{a}_r$ は，そのどれかが残りのベクトルの線形結合で表せるとき**線形従属**（または**1 次従属**），そうでないときは**線形独立**（または**1 次独立**）であるという．$n$ 次元空間の任意の $n+1$ 本以上のベクトルは線形従属である．

**【例 5.7】** ベクトル $\boldsymbol{a}_1, \boldsymbol{a}_2, \ldots, \boldsymbol{a}_r$ が線形独立である必要十分条件は，

$$c_1\boldsymbol{a}_1 + c_2\boldsymbol{a}_2 + \cdots + c_r\boldsymbol{a}_r = \boldsymbol{0} \tag{5.27}$$

と書けるのが $c_1 = c_2 = \cdots = c_r = 0$ の場合に限ることである．これを示せ．

（解）式 (5.27) が成り立ち，しかも $c_1, c_2, \ldots, c_r$ の内のどれか一つ，例えば $c_i$ が 0 ではないとすると

$$\boldsymbol{a}_i = -\frac{1}{c_i}\Big(c_1\boldsymbol{a}_1 + \cdots + c_{i-1}\boldsymbol{a}_{i-1} + c_{i+1}\boldsymbol{a}_{i+1} + \cdots + c_r\boldsymbol{a}_r\Big) \tag{5.28}$$

のように，$\boldsymbol{a}_i$ が残りのベクトルの線形結合で表せる．逆に，$\boldsymbol{a}_i$ が上式のように残りのベクトルの線形結合で表せるなら，式 (5.27) が得られ，$\boldsymbol{a}_i$ の係数が 0 でない．ゆえに，$\boldsymbol{a}_1, \boldsymbol{a}_2, \ldots, \boldsymbol{a}_r$ が線形従属である必要十分条件は，式 (5.27) の $c_1, c_2, \ldots, c_r$ の少なくともどれか一つが 0 でないことである．それ以外，すなわち線形独立であるのは $c_1, c_2, \ldots, c_r$ のすべてが 0 の場合に限る． □

**【例 5.8】** ベクトル $\boldsymbol{x}$ が線形独立なベクトル $\boldsymbol{a}_1, \boldsymbol{a}_2, \ldots, \boldsymbol{a}_r$ の線形結合で表せるなら，その表し方はただ一通りであることを示せ．

**（解）** $\boldsymbol{x}$ が次のように二通りの線形結合で表せたとする．

$$\begin{aligned} c_1\boldsymbol{a}_1 + c_2\boldsymbol{a}_2 + \cdots + c_r\boldsymbol{a}_r = \boldsymbol{x} \\ c_1'\boldsymbol{a}_1 + c_2'\boldsymbol{a}_2 + \cdots + c_r'\boldsymbol{a}_r = \boldsymbol{x} \end{aligned} \tag{5.29}$$

辺々を差し引くと次のようになる．

$$(c_1 - c_1')\boldsymbol{a}_1 + (c_2 - c_2')\boldsymbol{a}_2 + \cdots + (c_r - c_r')\boldsymbol{a}_r = \boldsymbol{0} \tag{5.30}$$

$\boldsymbol{a}_1, \boldsymbol{a}_2, \ldots, \boldsymbol{a}_r$ は線形独立だから，$c_1 = c_1', c_2 = c_2', \ldots, c_r = c_r'$ である．　□

**【例 5.9】**　互いに直交する $\boldsymbol{0}$ でないベクトル $\boldsymbol{a}_1, \boldsymbol{a}_2, \ldots, \boldsymbol{a}_r$ は線形独立であることを示せ．

**（解）** 次のように書けたとする．

$$c_1\boldsymbol{a}_1 + c_2\boldsymbol{a}_2 + \cdots + c_r\boldsymbol{a}_r = \boldsymbol{0} \tag{5.31}$$

両辺と $\boldsymbol{a}_i$ との内積をとると，$i \neq j$ に対して $(\boldsymbol{a}_i, \boldsymbol{a}_j) = 0$ であるから，

$$c_i(\boldsymbol{a}_i, \boldsymbol{a}_i) = 0 \tag{5.32}$$

となる．$(\boldsymbol{a}_i, \boldsymbol{a}_i) = \|\boldsymbol{a}_i\|^2 > 0$ であるから，$c_i = 0$ である．これが任意の $i$ で成り立つから，$c_1 = c_2 = \cdots = c_r = 0$ である．　□

$m$ 本の $n$ 次元ベクトル $\boldsymbol{a}_1, \boldsymbol{a}_2, \ldots, \boldsymbol{a}_m$ に対して，すべての実数 $x_1, x_2, \ldots, x_m$ に渡る線形結合 $x_1\boldsymbol{a}_1 + x_2\boldsymbol{a}_2 + \cdots + x_m\boldsymbol{a}_m$ の全体を，ベクトル $\boldsymbol{a}_1, \boldsymbol{a}_2, \ldots, \boldsymbol{a}_m$ の**張る**（または**生成する**）**部分空間**と呼ぶ．その部分空間の任意のベクトルに対して，$\boldsymbol{a}_1, \boldsymbol{a}_2, \ldots, \boldsymbol{a}_m$ による表し方が一通りのとき，その部分空間は**次元**が $m$ であるという．

**【例 5.10】**　ベクトル $\boldsymbol{a}_1, \boldsymbol{a}_2, \ldots, \boldsymbol{a}_m$ の張る部分空間の次元は，$\boldsymbol{a}_1, \boldsymbol{a}_2, \ldots, \boldsymbol{a}_m$ のうちの線形独立なものの個数に等しいことを示せ．

**（解）** $\boldsymbol{a}_1, \boldsymbol{a}_2, \ldots, \boldsymbol{a}_m$ が線形独立なら，例 5.8 より任意のベクトルのこれらによる表し方は一通りである．ゆえに，次元は $m$ である．$\boldsymbol{a}_1, \boldsymbol{a}_2, \ldots, \boldsymbol{a}_m$ が線形従属なら，どれかが残りのベクトルの線形結合で表せる．ゆえに，そのベクト

ルを除いても張る空間は同じである．このようにして線形従属なものを次々と除いていくと，最終的に線形独立のものが残る．ゆえに，$\boldsymbol{a}_1, \boldsymbol{a}_2, \ldots, \boldsymbol{a}_m$ の張る部分空間の次元は，$\boldsymbol{a}_1$, $\boldsymbol{a}_2, \ldots, \boldsymbol{a}_m$ のうちの線形独立なものの個数に等しい． □

$m$ 本の $n$ 次元ベクトル $\boldsymbol{a}_1$, $\boldsymbol{a}_2, \ldots, \boldsymbol{a}_m$ を列とする $n \times m$ 行列を $\boldsymbol{A} = (\boldsymbol{a}_1\ \boldsymbol{a}_2\ \cdots\ \boldsymbol{a}_m)$ と書く．$\boldsymbol{a}_1$, $\boldsymbol{a}_2, \ldots, \boldsymbol{a}_m$ の内の線形独立なものの個数を行列 $\boldsymbol{A}$ の**ランク**（または**階数**）と呼ぶ．

**【例 5.11】** $n$ 本の $n$ 次元ベクトル $\boldsymbol{a}_1, \boldsymbol{a}_2, \ldots, \boldsymbol{a}_n$ が線形独立である必要十分条件は，それらを列とする $n \times n$ 行列 $\boldsymbol{A} = (\boldsymbol{a}_1\ \boldsymbol{a}_2\ \cdots\ \boldsymbol{a}_n)$ の行列式が 0 でないことであることを示せ．

（解） 式 (5.2) の行列 $\boldsymbol{A}$ の各列をベクトル

$$\boldsymbol{a}_1 = \begin{pmatrix} a_{11} \\ a_{21} \\ \vdots \\ a_{n1} \end{pmatrix}, \quad \boldsymbol{a}_2 = \begin{pmatrix} a_{12} \\ a_{22} \\ \vdots \\ a_{n2} \end{pmatrix}, \quad \ldots, \quad \boldsymbol{a}_n = \begin{pmatrix} a_{1n} \\ a_{2n} \\ \vdots \\ a_{nn} \end{pmatrix} \tag{5.33}$$

と置くと，連立 1 次方程式 (5.1) は次のように書き直せる．

$$x_1\boldsymbol{a}_1 + x_2\boldsymbol{a}_2 + \cdots + x_n\boldsymbol{a}_n = \boldsymbol{b} \tag{5.34}$$

これが唯一の解をもつのは，すなわち，ベクトル $\boldsymbol{b}$ が $\boldsymbol{a}_1, \boldsymbol{a}_2, \ldots, \boldsymbol{a}_n$ の線形結合でただ一通りに表せるのは，$\boldsymbol{a}_1, \boldsymbol{a}_2, \ldots, \boldsymbol{a}_n$ が線形独立である場合である．一方，連立 1 次方程式 (5.1) が唯一の解をもつのは行列式 $|\boldsymbol{A}|$ が 0 でない場合である．ゆえに，ベクトル $\boldsymbol{a}_1, \boldsymbol{a}_2, \ldots, \boldsymbol{a}_n$ が線形独立である必要十分条件は，それらを列とする行列の行列式が 0 でないことである． □

以上より，$n \times n$ 行列 $\boldsymbol{A}$ に関する次の条件はすべて同値であることがわかる．

(1) $\boldsymbol{A}$ のランクが $n$ である．
(2) 行列式 $|\boldsymbol{A}|$ が 0 でない．
(3) 逆行列 $\boldsymbol{A}^{-1}$ が存在する．

(4)　連立1次方程式 $\boldsymbol{A}\boldsymbol{x} = \boldsymbol{b}$ が唯一の解を持つ.

このような行列 $\boldsymbol{A}$ を**正則行列**，そうでないものを**特異行列**と呼ぶ.

## ディスカッション

**【学生】** 急に抽象的な定義がたくさん出てきました．これは第2章や第3章の直交関数展開やフーリエ解析を抽象的に書いたものですか.

**【先生】** そう考えることもできますが，ここではとりあえず列ベクトルのことと考えて下さい.

**【学生】** 列ベクトルだとしても「線形独立」,「線形従属」のイメージが沸きません.

**【先生】** 「線形独立」とは「無駄がない」,「線形従属」とは「無駄がある」と考えて下さい．例えば，平面上の $\mathbf{0}$ でない二つの異なるベクトル $\boldsymbol{a}, \boldsymbol{b}$ を考えると，あらゆる実数 $x, y$ に対する $x\boldsymbol{a} + y\boldsymbol{b}$ の全体は平面全体になります．これを，$\boldsymbol{a}, \boldsymbol{b}$ は平面全体を「張る」または「生成する」といいます．「張る」とは傘や扇子の骨に布や紙を張って，骨と骨の間を埋めるというイメージです．$\boldsymbol{a}, \boldsymbol{b}$ が「骨」です．これにもう一つのベクトル $\boldsymbol{c}$ を加えた $x\boldsymbol{a} + y\boldsymbol{b} + z\boldsymbol{c}$ の全体を考えても，やはり同じ平面ですから，同じベクトルが異なる $x, y, z$ によって表されることになります．このような「無駄がある」ベクトルを「線形従属」と呼びます．それに対して，平面上の任意のベクトルの $\boldsymbol{a}, \boldsymbol{b}$ による表し方は一通りです．そのような「無駄のない」ものを「線形独立」と呼ぶのです.

空間の $\mathbf{0}$ でなく，かつ同一平面上にない3本のベクトルも空間全体を張り，その表し方は一通りですから，これらは線形独立です．同一平面上の3本のベクトルはその平面を張りますが，そのうちの2本で足りますから線形従属です．その空間を張るベクトルの最小個数がその空間の「次元」です．平面は最低2本のベクトルで張れるから2次元で，空間は最低3本のベクトルで張れるから3次元です.

**【学生】** 大体わかりました．ところで，$m$ 本の $n$ 次元ベクトル $\boldsymbol{a}_1, \boldsymbol{a}_2, \ldots, \boldsymbol{a}_m$ のうちの線形独立なものの個数が，それらを列とする $n \times m$ 行列 $\boldsymbol{A} = \begin{pmatrix} \boldsymbol{a}_1 & \boldsymbol{a}_2 & \cdots & \boldsymbol{a}_n \end{pmatrix}$ の「ランク」だということですが，$n \times m$ 行列 $\boldsymbol{A}$ が与えられたとき，そのランクはどうやって計算するのですか．ランクは線形独立なベクトルの個数，線形独立なベクトルの個数はそれらの作る行列のランク，というのではぐるぐる回りです．計算できないものを定義しても仕方がありません.

**【先生】** 「計算できないものは意味がない」と考えるのは情報工学の根本ですから，情報系の君がそう考えるのも当然です．でも，安心して下さい．ランクを計算する手順はあります．それは，やはりガウスの消去法や掃き出し法の変形です．次々とランクを変えないように，かつ要素がなるべく0になるように変形し，最終的に残った $\mathbf{0}$ でないベクトルの数がランクです．見方を変えれば，これは $m \times n$ 行列 $\boldsymbol{A}$ を係数とする連立1次方程式 $\boldsymbol{A}\boldsymbol{x} = \mathbf{0}$ に対して，ガウスの消去法や掃き出し法で変数を消去していると考えられます．$\boldsymbol{x} = \mathbf{0}$ が解ですから，不能ということはありません．解として $\boldsymbol{x} = \mathbf{0}$ しか得られなければランクは $n$，$k$ 個の任意定数を含む解が得られればランクは $n - k$ です．このような計算の過程も線形代数の教科書に必ず書いてあります．

【学生】またですか．やはり線形代数の教科書を買わなければなりませんか．

【先生】ぜひそうして下さい．ただし，この本はそのような知識がなくても読むのに差し支えないように内容を選んでいます．

---

### 5.1.4 固有値と固有ベクトル

行列 $\boldsymbol{A}$ に対して

$$\boldsymbol{A}\boldsymbol{u} = \lambda \boldsymbol{u} \tag{5.35}$$

となる定数 $\lambda$ と $\boldsymbol{0}$ でないベクトル $\boldsymbol{u}$ が存在するとき，$\lambda$ を $\boldsymbol{A}$ の**固有値**（または**特性値**），$\boldsymbol{u}$ をそれに対する**固有ベクトル**（または**特性ベクトル**）と呼ぶ．式 (5.35) を書き直すと次のようになる．

$$(\lambda \boldsymbol{I} - \boldsymbol{A})\boldsymbol{u} = \boldsymbol{0} \tag{5.36}$$

これは $\boldsymbol{u}$ に関する連立 1 次方程式である．明らかに $\boldsymbol{u} = \boldsymbol{0}$ は解であるが，$\boldsymbol{u} \neq \boldsymbol{0}$ と仮定しているので，$\boldsymbol{u} = \boldsymbol{0}$ 以外にも解がなければならない．5.1.1 項に述べたように，連立 1 次方程式が唯一の解を持つのは係数の行列の**行列式**が $\boldsymbol{0}$ でないときである．ゆえに

$$|\lambda \boldsymbol{I} - \boldsymbol{A}| = 0 \tag{5.37}$$

でなければならない．左辺は $\lambda$ の $n$ 次多項式であるから，上式は $\lambda$ の $n$ 次方程式である．これを行列 $\boldsymbol{A}$ の**固有方程式**（または**特性方程式**）と呼ぶ．これは一般に $n$ 個の解 $\lambda_1, \lambda_2, \ldots, \lambda_n$ を持つ．それぞれの固有値に対して，連立 1 次方程式 (5.36) を解いて固有ベクトル $\boldsymbol{u}$ が求まる．ただし，$\boldsymbol{u}$ が解ならそれに任意の定数 $C$ を掛けた $C\boldsymbol{u}$ も解である．そこで，適当な数を掛けて $\boldsymbol{u}$ を単位ベクトルとすることができる．

【例 5.12】 次の行列の固有値とその固有ベクトルを求めよ．

$$\begin{pmatrix} 6 & 2 \\ 2 & 3 \end{pmatrix} \tag{5.38}$$

**(解)** 固有方程式 (5.37) は次のようになる．

$$\begin{vmatrix} \lambda-6 & -2 \\ -2 & \lambda-3 \end{vmatrix} = 0 \tag{5.39}$$

これは，次の $\lambda$ の 2 次方程式となる．

$$(\lambda-6)(\lambda-3)-(-2)(-2) = \lambda^2-9\lambda+14 = (\lambda-2)(\lambda-7) = 0 \tag{5.40}$$

これから $\lambda = 2, 7$ を得る．固有ベクトル $\boldsymbol{u} = \begin{pmatrix} u_1 \\ u_2 \end{pmatrix}$ は次のように求まる．

$\lambda = 2$： 式 (5.36) は次のようになる．

$$\begin{pmatrix} -4 & -2 \\ -2 & -1 \end{pmatrix} \begin{pmatrix} u_1 \\ u_2 \end{pmatrix} = \begin{pmatrix} 0 \\ 0 \end{pmatrix} \tag{5.41}$$

これは一つの式

$$2u_1 + u_2 = 0 \tag{5.42}$$

を表している．一つの解は $u_1 = 1, u_2 = -2$ である．定数倍して単位ベクトルを作ると，次の解を得る．

$$\boldsymbol{u}_1 = \begin{pmatrix} 1/\sqrt{5} \\ -2/\sqrt{5} \end{pmatrix} \tag{5.43}$$

$\lambda = 7$： 式 (5.36) は次のようになる．

$$\begin{pmatrix} 1 & -2 \\ -2 & 4 \end{pmatrix} \begin{pmatrix} u_1 \\ u_2 \end{pmatrix} = \begin{pmatrix} 0 \\ 0 \end{pmatrix} \tag{5.44}$$

これは一つの式

$$u_1 - 2u_2 = 0 \tag{5.45}$$

を表している．一つの解は $u_1 = 2, u_2 = 1$ である．定数倍して単位ベクトルを作ると，次の解を得る．

$$\boldsymbol{u}_2 = \begin{pmatrix} 2/\sqrt{5} \\ 1/\sqrt{5} \end{pmatrix} \tag{5.46}$$

以上より，固有値は 2, 7 であり，それぞれの固有ベクトルは次のようになる．

$$\boldsymbol{u}_1 = \begin{pmatrix} 1/\sqrt{5} \\ -2/\sqrt{5} \end{pmatrix}, \qquad \boldsymbol{u}_2 = \begin{pmatrix} 2/\sqrt{5} \\ 1/\sqrt{5} \end{pmatrix} \tag{5.47}$$

□

【例 5.13】 次の行列の固有値とその固有ベクトルを求めよ．

$$\begin{pmatrix} 4 & -1 & 0 \\ -2 & 4 & -1 \\ 0 & -2 & 4 \end{pmatrix} \tag{5.48}$$

（解） 固有方程式 (5.37) は次のようになる．

$$\begin{vmatrix} \lambda - 4 & 1 & 0 \\ 2 & \lambda - 4 & 1 \\ 0 & 2 & \lambda - 4 \end{vmatrix} = 0 \tag{5.49}$$

これは，次の $\lambda$ の 3 次方程式となる．

$$(\lambda-4)^3 - 2(\lambda-4) - 2(\lambda-4) = (\lambda-4)((\lambda-4)^2-4) = (\lambda-4)(\lambda-6)(\lambda-2) = 0 \tag{5.50}$$

これから $\lambda = 4, 6, 2$ を得る．

$\lambda = 4$： 式 (5.36) は次のようになる．

$$\begin{pmatrix} 0 & 1 & 0 \\ 2 & 0 & 1 \\ 0 & 2 & 0 \end{pmatrix} \begin{pmatrix} u_1 \\ u_2 \\ u_3 \end{pmatrix} = \begin{pmatrix} 0 \\ 0 \\ 0 \end{pmatrix} \tag{5.51}$$

第 1 式を 2 倍すると第 3 式となる．したがって，第 1 式と第 2 式のみを考えればよい．すなわち，上式は二つの式

$$u_2 = 0, \qquad 2u_1 + u_3 = 0 \tag{5.52}$$

を表している．一つの解は $u_1 = 1, u_2 = 0, u_3 = -2$ である．定数倍し

て単位ベクトルを作ると，次の解を得る．

$$\boldsymbol{u}_1 = \begin{pmatrix} 1/\sqrt{5} \\ 0 \\ -2/\sqrt{5} \end{pmatrix} \tag{5.53}$$

$\lambda = 6$：　式 (5.36) は次のようになる．

$$\begin{pmatrix} 2 & 1 & 0 \\ 2 & 2 & 1 \\ 0 & 2 & 2 \end{pmatrix} \begin{pmatrix} u_1 \\ u_2 \\ u_3 \end{pmatrix} = \begin{pmatrix} 0 \\ 0 \\ 0 \end{pmatrix} \tag{5.54}$$

第1式に第3式を2で割ったものを足すと第2式となる．したがって，第1式と第3式のみを考えればよい．すなわち，上式は二つの式

$$2u_1 + u_2 = 0, \qquad 2u_2 + 2u_3 = 0 \tag{5.55}$$

を表している．一つの解は $u_1 = 1, u_2 = -2, u_3 = 2$ である．定数倍して単位ベクトルを作ると，次の解を得る．

$$\boldsymbol{u}_2 = \begin{pmatrix} 1/3 \\ -2/3 \\ 2/3 \end{pmatrix} \tag{5.56}$$

$\lambda = 2$：　式 (5.36) は次のようになる．

$$\begin{pmatrix} -2 & 1 & 0 \\ 2 & -2 & 1 \\ 0 & 2 & -2 \end{pmatrix} \begin{pmatrix} u_1 \\ u_2 \\ u_3 \end{pmatrix} = \begin{pmatrix} 0 \\ 0 \\ 0 \end{pmatrix} \tag{5.57}$$

第1式に第3式を2で割ったものを足すと第2式の符号を変えたものになる．したがって，第1式と第3式のみを考えればよい．すなわち，上式は二つの式

$$-2u_1 + u_2 = 0, \qquad 2u_2 - 2u_3 = 0 \tag{5.58}$$

を表している．一つの解は $u_1 = 1, u_2 = 2, u_3 = 2$ である．定数倍して単位ベクトルを作ると，次の解を得る．

$$\boldsymbol{u}_3 = \begin{pmatrix} 1/3 \\ 2/3 \\ 2/3 \end{pmatrix} \tag{5.59}$$

以上より，固有値は 4, 6, 2 であり，それぞれの固有ベクトルは次のようになる．

$$\boldsymbol{u}_1 = \begin{pmatrix} 1/\sqrt{5} \\ 0 \\ -2/\sqrt{5} \end{pmatrix}, \qquad \boldsymbol{u}_2 = \begin{pmatrix} 1/3 \\ -2/3 \\ 2/3 \end{pmatrix}, \qquad \boldsymbol{u}_3 = \begin{pmatrix} 1/3 \\ 2/3 \\ 2/3 \end{pmatrix} \tag{5.60}$$

□

**【例 5.14】** 次の行列の固有値とその固有ベクトルを求めよ．

$$\boldsymbol{A} = \begin{pmatrix} 4 & -1 & 1 \\ -1 & 4 & -1 \\ 1 & -1 & 4 \end{pmatrix} \tag{5.61}$$

（解）固有方程式 (5.37) は次のようになる．

$$\begin{vmatrix} \lambda - 4 & 1 & -1 \\ 1 & \lambda - 4 & 1 \\ -1 & 1 & \lambda - 4 \end{vmatrix} = 0 \tag{5.62}$$

これは，次の $\lambda$ の 3 次方程式となる．

$$(\lambda - 4)^3 - 1 - 1 - 3(\lambda - 4) = \lambda^3 - 12\lambda^2 + 45\lambda - 54 = (\lambda - 6)(\lambda - 3)^2 = 0 \tag{5.63}$$

これから $\lambda = 6, 3$（2 重解）を得る．

**$\lambda = 6$:**　式 (5.36) は次のようになる．

$$\begin{pmatrix} 2 & 1 & -1 \\ 1 & 2 & 1 \\ -1 & 1 & 2 \end{pmatrix} \begin{pmatrix} u_1 \\ u_2 \\ u_3 \end{pmatrix} = \begin{pmatrix} 0 \\ 0 \\ 0 \end{pmatrix} \tag{5.64}$$

第2式から第1式を引けば第3式となる．したがって，第1式と第2式のみを考えればよい．すなわち，上式は二つの方程式

$$2u_1 + u_2 - u_3 = 0, \qquad u_1 + 2u_2 + u_3 = 0 \tag{5.65}$$

を表している．変数が一つ過剰であるから，例えば $u_3 = 1$ と置くと，$2u_1 + u_2 = 1$, $u_1 + 2u_2 = -1$ より解 $u_1 = 1$, $u_2 = -1$ を得る．定数倍して単位ベクトルを作ると，次の解を得る．

$$\boldsymbol{u}_1 = \begin{pmatrix} 1/\sqrt{3} \\ -1/\sqrt{3} \\ 1/\sqrt{3} \end{pmatrix} \tag{5.66}$$

$\lambda = 3$**:**　式 (5.36) は次のようになる．

$$\begin{pmatrix} -1 & 1 & -1 \\ 1 & -1 & 1 \\ -1 & 1 & -1 \end{pmatrix} \begin{pmatrix} u_1 \\ u_2 \\ u_3 \end{pmatrix} = \begin{pmatrix} 0 \\ 0 \\ 0 \end{pmatrix} \tag{5.67}$$

これは一つの方程式

$$u_1 - u_2 + u_3 = 0 \tag{5.68}$$

を表している．まず $u_3 = 0$ とすると $u_1 - u_2 = 0$ となり，例えば $u_1 = 1$ とすると $u_2 = 1$ となって $\boldsymbol{u} = \begin{pmatrix} 1 \\ 1 \\ 0 \end{pmatrix}$ が得られる．次に $u_3 = 1$ とすると $u_1 - u_2 = -1$ となり，例えば $u_2 = 0$ とすると $u_1 = -1$ となって $\boldsymbol{u}' = \begin{pmatrix} -1 \\ 0 \\ 1 \end{pmatrix}$ が得られる．しかし，これらの任意の線形結合も式 (5.68) を満たすので，適当な線形結合によって両者が**直交するように選ぶ**．そのために，第2章 2.2.5 項の**シュミットの直交化**を行う．すなわち，$\boldsymbol{u}'$ の代わりに $\boldsymbol{u}'' = \boldsymbol{u}' - c\boldsymbol{u}$ と置き，$(\boldsymbol{u}, \boldsymbol{u}'') = 0$ となるように $c$ を定める．$(\boldsymbol{u}, \boldsymbol{u}'') = (\boldsymbol{u}, \boldsymbol{u}') - c(\boldsymbol{u}, \boldsymbol{u}) = -1 - 2c = 0$ より $c = -1/2$ となり，$\boldsymbol{u}'' = \begin{pmatrix} -1/2 \\ 1/2 \\ 1 \end{pmatrix}$ となる．定数倍して単位ベクトルを作ると，次の解を得る．

$$\boldsymbol{u}_2 = \begin{pmatrix} 1/\sqrt{2} \\ 1/\sqrt{2} \\ 0 \end{pmatrix}, \qquad \boldsymbol{u}_3 = \begin{pmatrix} -1/\sqrt{6} \\ 1/\sqrt{6} \\ 2/\sqrt{6} \end{pmatrix} \tag{5.69}$$

以上より，行列 $\boldsymbol{A}$ の固有値は 6, 3, 3 であり，それぞれの固有ベクトルは次のようになる．

$$\boldsymbol{u}_1 = \begin{pmatrix} 1/\sqrt{3} \\ -1/\sqrt{3} \\ 1/\sqrt{3} \end{pmatrix}, \qquad \boldsymbol{u}_2 = \begin{pmatrix} 1/\sqrt{2} \\ 1/\sqrt{2} \\ 0 \end{pmatrix}, \qquad \boldsymbol{u}_3 = \begin{pmatrix} -1/\sqrt{6} \\ 1/\sqrt{6} \\ 2/\sqrt{6} \end{pmatrix} \tag{5.70}$$

□

## ディスカッション

**【学生】** 固有多項式を解いて固有値を求めた後，固有ベクトルを求めるところが何か変です．どうしていつも無駄な式が出てくるのでしょうか．

**【先生】** 例えば式 (5.64) では第 2 式から第 1 式を引けば第 3 式となるので，第 1 式と第 2 式のみを考えればよいのですが，このようになるのは偶然ではありません．**そうなるように固有値を定めたからです．** 式 (5.36) はこの場合は

$$\begin{pmatrix} \lambda-4 & 1 & -1 \\ 1 & \lambda-4 & 1 \\ -1 & 1 & \lambda-4 \end{pmatrix} \begin{pmatrix} u_1 \\ u_2 \\ u_3 \end{pmatrix} = \begin{pmatrix} 0 \\ 0 \\ 0 \end{pmatrix} \tag{5.71}$$

ですが，5.1.1 項の結果から，もしこの係数行列の行列式が 0 でなければ唯一の解を持ちます．明らかに $u_1 = u_2 = u_3 = 0$ は解ですから，行列式が 0 でなければそれ以外に解はありません．そこでそれ以外に解があるように，すなわち行列式が 0 になるように固有方程式 (5.63) を解いて $\lambda$ を定めるのです．その結果，上式の係数行列の行列式は 0 となり，5.1.2 項のディスカッションの最後に行った，解が無数に存在する「不定」の場合になります．このとき，例 5.11 に示したように，係数行列の各列は線形従属になります．5.1.2 項のディスカッションで言ったように，行列式に関する性質は行と列を取り換えても成り立ちますから，係数行列の各行も線形従属です．ですから，式 (5.28) のように，ある行が別の行を足したり定数倍したりして表せるのです．そのような行は連立 1 次方程式を解くには無駄です．

**【学生】** 連立 1 次方程式が唯一の解を持たない，つまり，解が無数にあって不定というのは方程式に無駄があるということで，行列式が 0 というのはそのような無駄があることを表すのですね．

**【先生】** その通りです．例えば 2 変数の場合の 2 式

$$\begin{cases} ax + by = 0 \\ cx + dy = 0 \end{cases} \tag{5.72}$$

の片方が無駄になるのはどういうときですか．

**【学生】** 第 1 式を定数倍して第 2 式になるのは係数が比例している場合，つまり $a:c=b:d$ のときです．書き直すと $ad=cb$ です．わかりました．これは行列式 $ad-cb$ が 0 であることと同じです．

**【先生】** このように，方程式 (5.71) に無駄があるように固有方程式 (5.63) を解いて $\lambda$ を定めるので，その結果，式 (5.64) に無駄が生じるのです．無駄が生じるから $u_1=u_2=u_3=0$ 以外の解が求まるのです．

**【学生】** 普通は一つの式が無駄ですが，式 (5.67) は二つの式が無駄になり，一つの式 (5.68) になります．これはどうしてですか．

**【先生】** これは固有値 $\lambda=3$ が固有方程式 (5.63) の **2 重解**だからです．次のようにイメージして下さい．2 重解は二つの固有値が限りなく近づいた極限で，一つの固有値によってある式が無駄になり，もう一つの固有値によってもう一つの式が無駄になるから，極限では二つの式が無駄になるということです．5.1.3 項に示したように，行列の列（行としても同じです）の線形独立な数をその行列の**ランク**といいます．この場合はランクが 1 になります．

無駄な式が一つのときは，解を定める式が一つ足りませんから，例えば式 $u_1=1$ を追加すれば，固有ベクトルが 1 個求まります（$u_1=1$ が残りの式と線形従属なら，別の変数を指定します．残りの式は $n-1$ 個ですから，$n$ 個のどの変数を指定しても線形従属ということはありません）．固有ベクトルは式 (5.35) の定義から何倍しても固有ベクトルですから，定数倍を除くとこれ以外には存在しません．

無駄な式が二つのときは，式が二つ足りないので，例えば 2 式 $u_1=1$, $u_2=0$ を追加して固有ベクトルが 1 個求まり，例えば 2 式 $u_1=0$, $u_2=1$ を追加してもう一つ求まります（残りの式と従属なら他の 2 変数を指定します）．それ以外に何を追加しても，線形独立な解は得られません．なぜなら，$u_1=a$, $u_2=b$ を追加しても，解は $u_1=1$, $u_2=0$ を追加した解を $a$ 倍し，$u_1=0$, $u_2=1$ を追加した解を $b$ 倍し，両者を加えたものになるからです．

**【学生】** そのようなとき，式 (5.68) ではシュミットの直交化をして互いに直交する固有ベクトルを作っています．これはなぜですか．固有ベクトルは直交しなくても構わないと思いますが．

**【先生】** これは応用の便利のためです．実際問題でよく扱う対称行列では，重解でない固有値の固有ベクトルは初めから直交していることが証明できます（後で示します）．固有値が $k$ 重解なら，式 (5.36) の係数行列のランクが $n-k$ となり，$k$ 個の式が不足します．そして，これを任意に補って $k$ 個の線形独立な固有ベクトルが得られ，それらの任意の線形結合も同じ固有値の固有ベクトルです．ですから，それらを互いに直交するようにとると，固有ベクトルのみから成る直交系が得られます．実際問題で固有値と固有ベクトルを計算する目的の一つは，そのような直交系を作ることです．後に出てくる例を見ればそれがわかるはずです．

**【学生】**「対称行列」というのは何ですか．

**【先生】** これは次の節で出てきますが，$(ij)$ 要素と $(ji)$ 要素が等しい正方形の行列です．行列の左上から右下への対角線に対して，右上の要素と左下の要素が鏡に映ったように対称になります．このとき固有値は必ず実数です（後に示します）．対称行列でない場合は，固有値が複素数になったり，重解のときに**ジョルダンの標準形**という非常にややこしい話が生じたりします．しかし，実際の問題で固有値と固有ベクトルを計算する必要が生じるのは，ほとんどが対称行列の場合です．

**【学生】** どうしてですか．

**【先生】** 後でそのような応用を見せます．それを見ればわかります．

**【学生】** ではそれを待つことにして，私は情報系ですから，実際の計算法についてお聞きします．固有値を計算するには固有方程式を求めなければなりません．固有方程式を作るには行列式を計算しなければなりません．これまでの節で，$n = 3, 4$ 以外はコンピュータでも行列式の計算は無理だと言われました．しかも，数値だけでなく未知数 $\lambda$ が含まれています．どうするのですか．

**【先生】** 君の言うとおり，未知数 $\lambda$ を含む行列式の計算は簡単ではありません．しかし，コンピュータを使うならコンピュータで固有方程式を計算するのではなく，固有値と固有ベクトルを直接に計算します．よく使われるのは，対称行列に対する**ヤコビ法**と**ハウスホルダー法**です．これらはともに「反復解法」です．反復解法とはまず固有値 $\lambda_1, \ldots, \lambda_n$ と固有ベクトル $\boldsymbol{u}_1, \ldots, \boldsymbol{u}_n$ の候補を近似的に求め，これらが式 (5.35) を満たすように少しずつ修正を加え，式 (5.35) がほとんど満たされるまでこれを繰り返すというものです．ヤコビ法はどちらかというとこれを直接に行い，ハウスホルダー法はこれをいくつかの段階に分けて間接的に行うものです．これらのプログラムは，ほとんどのソフトウェアライブラリに含まれています．

---

## 5.2　2 次形式とその標準形

### 5.2.1　2 次形式

変数の 2 次の項のみからなる式を **2 次形式**と呼ぶ．$n$ 変数 $x_1, \ldots, x_n$ の 2 次形式は次のように書ける．

$$f = a_{11}x_1^2 + a_{22}x_2^2 + \cdots + a_{nn}x_n^2 + 2a_{12}x_1x_2 + 2a_{13}x_1x_3 + \cdots + 2a_{n(n-1)}x_nx_{n-1} \tag{5.73}$$

これは次のようにも書ける．

$$f = \sum_{i,j=1}^{n} a_{ij}x_ix_j \tag{5.74}$$

ただし $a_{ij} = a_{ji}$ と約束する．行列

$$\boldsymbol{A} = \begin{pmatrix} a_{11} & \cdots & a_{1n} \\ \vdots & \ddots & \vdots \\ a_{n1} & \cdots & a_{nn} \end{pmatrix}, \qquad \boldsymbol{x} = \begin{pmatrix} x_1 \\ \vdots \\ x_n \end{pmatrix} \tag{5.75}$$

が $a_{ij} = a_{ji}$ のとき，$\boldsymbol{A}$ は**対称行列**であるという．式 (5.74) は，対称行列 $\boldsymbol{A}$ を用いると次のようなベクトルの内積として表せる．

$$f = (\boldsymbol{x}, \boldsymbol{A}\boldsymbol{x}) \tag{5.76}$$

対称行列 $\boldsymbol{A}$ を 2 次形式 $f$ の**係数行列**と呼ぶ．

**【例 5.15】** 2 次形式

$$f = ax^2 + 2bxy + cy^2 \tag{5.77}$$

は次のように表せることを示せ．

$$f = \left( \begin{pmatrix} x \\ y \end{pmatrix}, \begin{pmatrix} a & b \\ b & c \end{pmatrix} \begin{pmatrix} x \\ y \end{pmatrix} \right) \tag{5.78}$$

（解）式 (5.78) を変形すると次のようになる．

$$f = \left( \begin{pmatrix} x \\ y \end{pmatrix}, \begin{pmatrix} ax + by \\ bx + cy \end{pmatrix} \right) = x(ax + by) + y(bx + cy) = ax^2 + 2bxy + cy^2 \tag{5.79}$$

□

**【例 5.16】** 次の 2 次形式をベクトルと対称行列とで表せ．

$$f = 5x^2 + 6xy + 4y^2 \tag{5.80}$$

（解）$6xy$ の項を $3xy + 3yx$ と考えると，次のように表せる．

$$f = \left( \begin{pmatrix} x \\ y \end{pmatrix}, \begin{pmatrix} 5 & 3 \\ 3 & 4 \end{pmatrix} \begin{pmatrix} x \\ y \end{pmatrix} \right) \tag{5.81}$$

□

**チェック**　式 (5.81) の係数行列は，式 (5.80) の $x^2$, $y^2$ の係数 5, 4 をそれぞれ対角要素とし，$xy$ の係数 6 を**半分**にして右上と左下に振り分けたものである．

【例 5.17】 2 次形式

$$f = Ax^2 + By^2 + Cz^2 + 2(Dyz + Ezx + Fxy) \tag{5.82}$$

は次のように表せることを示せ.

$$f = \left( \begin{pmatrix} x \\ y \\ z \end{pmatrix}, \begin{pmatrix} A & F & E \\ F & B & D \\ E & D & C \end{pmatrix} \begin{pmatrix} x \\ y \\ z \end{pmatrix} \right) \tag{5.83}$$

（解） 式 (5.83) を変形すると次のようになる.

$$\begin{aligned} f &= \left( \begin{pmatrix} x \\ y \\ z \end{pmatrix}, \begin{pmatrix} Ax + Fy + Ez \\ Fx + By + Dz \\ Ex + Dy + Cz \end{pmatrix} \right) \\ &= x(Ax + Fy + Ez) + y(Fx + By + Dz) + z(Ex + Dy + Cz) \\ &= Ax^2 + By^2 + Cz^2 + 2(Dyz + Ezx + Fxy) \end{aligned} \tag{5.84}$$

□

【例 5.18】 次の 2 次形式をベクトルと対称行列とで表せ.

$$f = 4x^2 + 3y^2 + 5z^2 + 4yz + 6zx + 2xy \tag{5.85}$$

（解） $4yz = 2yz + 2zy$, $6zx = 3zx + 3xz$, $2xy = xy + yx$ と考えると，次のように表せる.

$$f = \left( \begin{pmatrix} x \\ y \\ z \end{pmatrix}, \begin{pmatrix} 4 & 1 & 3 \\ 1 & 3 & 2 \\ 3 & 2 & 5 \end{pmatrix} \begin{pmatrix} x \\ y \\ z \end{pmatrix} \right) \tag{5.86}$$

□

**チェック** 式 (5.86) の係数行列は，式 (5.85) の $x^2$, $y^2$, $z^2$ の係数 4, 3, 5 をそれぞれ対角要素とし，$yz$, $zx$, $xy$ の係数 4, 6, 2 をそれぞれ**半分**にして，右上と左下に振り分けたものである.

## ディスカッション

**【学生】** 変数の 2 次の式は「2 次式」ではありませんか．なぜ「2 次形式」と呼ぶのですか.

【先生】「2 次の式」とは言っていません.「2 次のみの式」が「2 次形式」です.「2 次式」は「2 次およびそれ以下の式」です．例えば，1 変数 $x$ の 2 次式は，$2x^2+3x+4$ のように 2 次と 1 次と 0 次（定数）の項から成ります．しかし，1 変数 $x$ の 2 次形式は，$2x^2$ のように 2 次の項だけです．2 変数 $x$, $y$ の 2 次式は，$2x^2+3xy+4y^2+7x-y+1$ のように 6 個の項からなりますが，$x$, $y$ の 2 次形式は，$2x^2+3xy+4y^2$ のように 3 個の項だけです．わかりましたか.

【学生】わかりました．それで 2 次形式を行列の形に直すとき，$x^2$ の係数を $(1,1)$ 要素に，$y^2$ の係数を $(2,2)$ 要素に，…，と対角要素に置き，$xy$ の係数を半分にして $(1,2)$ 要素と $(2,1)$ 要素に振り分けて，$yz$ の係数を半分にして $(2,3)$ 要素と $(3,2)$ 要素に振り分けて，…というふうにするのですね.

【先生】その通りです.

【学生】でも，なぜ半分にして右上と左下に振り分けるのですか．例えば，式 (5.80) で $6xy$ を $2xy+4yx$ と考えると $f=\left(\begin{pmatrix} x \\ y \end{pmatrix}, \begin{pmatrix} 5 & 2 \\ 4 & 4 \end{pmatrix}\begin{pmatrix} x \\ y \end{pmatrix}\right)$ とも書けるのではありませんか.

【先生】もちろんそうも書けます．しかし，係数行列が対称でなくなります．対称行列でも対称でない行列でも表せるなら，対称行列で表すほうが便利です.

【学生】何が便利なのですか.

【先生】係数行列を対称行列と約束しておくと，2 次形式の表し方が一通りに決まります．そう約束しないと，同じ 2 次形式にいろいろな表し方があって比較するのに困るからです.

---

### 5.2.2　転置行列

$(ij)$ 要素が $a_{ij}$ の $n\times m$ 行列 $\boldsymbol{A}$ の**転置行列** $\boldsymbol{A}^\top$ とは，$(ij)$ 要素が $a_{ji}$ の $m\times n$ 行列のことである．特に，$\boldsymbol{A}^\top=\boldsymbol{A}$ のものが対称行列である.

**【例 5.19】**　任意の $n\times n$ 行列 $\boldsymbol{A}$ と任意の $n$ 次元ベクトル $\boldsymbol{x}, \boldsymbol{y}$ に対して，次の関係が成り立つことを示せ.

$$(\boldsymbol{Ax}, \boldsymbol{y}) = (\boldsymbol{x}, \boldsymbol{A}^\top\boldsymbol{y}) \tag{5.87}$$

（解）次のように確かめられる.

$$(\boldsymbol{x}, \boldsymbol{A}^\top\boldsymbol{y}) = \sum_{i,j=1}^{n} a_{ji}x_iy_j = \sum_{j=1}^{n}\left(\sum_{i=1}^{n} a_{ji}x_i\right)y_j = (\boldsymbol{Ax}, \boldsymbol{y}) \tag{5.88}$$

□

**【例 5.20】** 任意の $n \times n$ 行列 $\boldsymbol{A}, \boldsymbol{B}$ に対して，次の公式が成り立つことを示せ．

$$(\boldsymbol{A}\boldsymbol{B})^\top = \boldsymbol{B}^\top \boldsymbol{A}^\top \tag{5.89}$$

**チェック** 式 (5.89) は，行列の積の転置は，**それぞれの転置の順序を変えた積**に等しいことを意味する．

（解）式 (5.87) より任意の $n$ 次元ベクトル $\boldsymbol{x}, \boldsymbol{y}$ に対して，次の関係が成り立つ．

$$(\boldsymbol{A}\boldsymbol{B}\boldsymbol{x}, \boldsymbol{y}) = (\boldsymbol{x}, (\boldsymbol{A}\boldsymbol{B})^\top \boldsymbol{y}) \tag{5.90}$$

一方，式 (5.87) より次の関係が成り立つ．

$$(\boldsymbol{A}\boldsymbol{B}\boldsymbol{x}, \boldsymbol{y}) = (\boldsymbol{B}\boldsymbol{x}, \boldsymbol{A}^\top \boldsymbol{y}) = (\boldsymbol{x}, \boldsymbol{B}^\top \boldsymbol{A}^\top \boldsymbol{y}) \tag{5.91}$$

$\boldsymbol{x}, \boldsymbol{y}$ は任意の $n$ 次元ベクトルであるから，式 (5.90), (5.91) を比較して式 (5.89) を得る． □

**【例 5.21】** 任意の $n \times n$ 行列 $\boldsymbol{A}_1, \ldots, \boldsymbol{A}_N$ に対して，次の公式が成り立つことを示せ．

$$(\boldsymbol{A}_1 \boldsymbol{A}_2 \cdots \boldsymbol{A}_N)^\top = \boldsymbol{A}_N^\top \boldsymbol{A}_{N-1}^\top \cdots \boldsymbol{A}_1^\top \tag{5.92}$$

**チェック** 式 (5.92) は，複数の行列の積の転置は，**それぞれの転置の順序を逆にした積**に等しいことを意味する．

（解）式 (5.87) より任意の $n$ 次元ベクトル $\boldsymbol{x}, \boldsymbol{y}$ に対して，次の関係が成り立つ．

$$(\boldsymbol{A}_1 \boldsymbol{A}_2 \cdots \boldsymbol{A}_N \boldsymbol{x}, \boldsymbol{y}) = (\boldsymbol{x}, (\boldsymbol{A}_1 \boldsymbol{A}_2 \cdots \boldsymbol{A}_N)^\top \boldsymbol{y}) \tag{5.93}$$

一方，式 (5.87) より次の関係が成り立つ．

$$\begin{aligned}(\boldsymbol{A}_1 \boldsymbol{A}_2 \cdots \boldsymbol{A}_N \boldsymbol{x}, \boldsymbol{y}) &= (\boldsymbol{A}_2 \cdots \boldsymbol{A}_N \boldsymbol{x}, \boldsymbol{A}_1^\top \boldsymbol{y}) = (\boldsymbol{A}_3 \cdots \boldsymbol{A}_N \boldsymbol{x}, \boldsymbol{A}_2^\top \boldsymbol{A}_1^\top \boldsymbol{y}) \\ &= \cdots = (\boldsymbol{A}_N \boldsymbol{x}, \boldsymbol{A}_{N-1}^\top \boldsymbol{A}_{N-2}^\top \cdots \boldsymbol{A}_1^\top \boldsymbol{y}) = (\boldsymbol{x}, \boldsymbol{A}_N^\top \boldsymbol{A}_{N-1}^\top \cdots \boldsymbol{A}_1^\top \boldsymbol{y})\end{aligned} \tag{5.94}$$

$\boldsymbol{x}, \boldsymbol{y}$ は任意の $n$ 次元ベクトルであるから，式 (5.93), (5.94) を比較して式 (5.92) を得る． □

## ディスカッション

**【学生】** この節はすべて公式 (5.87) の応用です．公式 (5.87) はずいぶん役に立つのですね．

【先生】そうです．ぜひ覚えて下さい．覚え方は，左辺の $\boldsymbol{Ax}$ はベクトル $\boldsymbol{x}$ が行列 $\boldsymbol{A}$ を抱えているとイメージして下さい．これを相棒のベクトル $\boldsymbol{y}$ に渡すのですが，**ひっくり返して**渡します．その結果 $\boldsymbol{y}$ が $\boldsymbol{A}^\top$ を受け取り，右辺の $\boldsymbol{A}^\top \boldsymbol{y}$ となります．

【学生】わかりました．ところで，式 (5.90) の右辺と式 (5.91) の右辺が等しいからといって，行列同士が等しいといえるのでしょうか．やや不安です．

【先生】君のいう意味は $(\boldsymbol{x}, \boldsymbol{Ay}) = (\boldsymbol{x}, \boldsymbol{By})$ だからといって $\boldsymbol{A} = \boldsymbol{B}$ としてよいかということですね．よいところに気がつきました．これが $\boldsymbol{x}$, $\boldsymbol{y}$ の**任意の値**で成り立つなら $\boldsymbol{A} = \boldsymbol{B}$ が成り立ちます．例えば，$\boldsymbol{x}$ として第 1 成分のみが 1 で残りが 0 のもの，$\boldsymbol{y}$ として第 2 成分のみが 1 で残りが 0 のものを $(\boldsymbol{x}, \boldsymbol{Ay}) = (\boldsymbol{x}, \boldsymbol{By})$ に代入すると，$a_{12} = b_{12}$ となります．$\boldsymbol{x}$, $\boldsymbol{y}$ として $x_i$ と $y_j$ が 1 で残りがすべて 0 のものを代入すると，両辺の $(ij)$ 要素が等しいことがわかります．このようにして，すべての要素が等しいことがわかります．

【学生】わかりました．同様にして，任意の値をとるベクトル $\boldsymbol{x}$ に対して $(\boldsymbol{x}, \boldsymbol{Ax}) = (\boldsymbol{x}, \boldsymbol{Bx})$ なら $\boldsymbol{A} = \boldsymbol{B}$ ですね．

【先生】君，早合点は困ります．どこが「同様にして」ですか．$\boldsymbol{x}$ をどう選んでも，$a_{12} = b_{12}$ を示すことはできません．$(\boldsymbol{x}, \boldsymbol{Ax}) = (\boldsymbol{x}, \boldsymbol{Bx})$ を (左辺)−(右辺) $= 0$ の形にすると $(\boldsymbol{x}, (\boldsymbol{A} - \boldsymbol{B})\boldsymbol{x}) = 0$ となります．これから $\boldsymbol{A} = \boldsymbol{B}$ を言うには，「任意の $\boldsymbol{x}$ に対して $(\boldsymbol{x}, \boldsymbol{Cx}) = 0$ なら $\boldsymbol{C} = \boldsymbol{O}$」がいえなければなりません．でも例えば，$\boldsymbol{C} = \begin{pmatrix} 0 & 2 \\ -2 & 0 \end{pmatrix}$ を考えて下さい．どうなりますか．

【学生】ええっと，$(\boldsymbol{x}, \boldsymbol{Cx}) = \left( \begin{pmatrix} x \\ y \end{pmatrix}, \begin{pmatrix} 0 & 2 \\ -2 & 0 \end{pmatrix} \begin{pmatrix} x \\ y \end{pmatrix} \right) = \left( \begin{pmatrix} x \\ y \end{pmatrix}, \begin{pmatrix} 2y \\ -2x \end{pmatrix} \right) =$ $2xy - 2yx = 0$ となりました．やはり，$(\boldsymbol{x}, \boldsymbol{Cx}) = 0$ だからといって $\boldsymbol{C} = \boldsymbol{O}$ ではないのですね．

【先生】このような $(\boldsymbol{x}, \boldsymbol{Cx}) = 0$ となる $\boldsymbol{O}$ でない行列は**反対称行列**であることが証明できます．反対称行列とは $(ij)$ 要素と $(ji)$ 要素が互いの符号を換えた正方形の行列のことです．式で書くと $\boldsymbol{A}^\top = -\boldsymbol{A}$ となる行列です．対角要素はそれ自身の符号を換えたものですからすべて 0 です．そして，右上の要素と左下の要素が鏡に映ったように互いに符号を換えたものになっています．$\begin{pmatrix} 0 & 2 \\ -2 & 0 \end{pmatrix}$ は反対称行列です．

証明は次の通りです．$\boldsymbol{x}$ として第 $i$ 要素が 1 で残りが 0 のベクトルを $(\boldsymbol{x}, \boldsymbol{Cx}) = 0$ に代入すると，$c_{ii} = 0$ となります．したがって，$\boldsymbol{C}$ の対角要素は 0 です．$\boldsymbol{x}$ として第 $i$ 要素と第 $j$ $(\neq i)$ 要素が 1 で残りが 0 のベクトルを代入すると，$c_{ii} + c_{ij} + c_{ji} + c_{jj} = 0$ となりますが，対角要素は 0 ですから $c_{ij} + c_{ji} = 0$，すなわち，$c_{ij} = -c_{ji}$ となって $\boldsymbol{C}$ は反対称行列です．逆に，$\boldsymbol{C}$ が反対称行列なら $(\boldsymbol{x}, \boldsymbol{Cx}) = 0$ です．なぜなら，$c_{11} = 0$ ですから $x^2$ の項は $c_{11}x^2 = 0$ となり，$c_{12} = -c_{21}$ ですから，$xy$ の項は $c_{12}xy + c_{21}yx = 0$ と打ち消し合い，同様にしてすべての項が 0 になるからです．

以上のことから，もし $\boldsymbol{A}$ が対称行列のとき，任意の $\boldsymbol{x}$ に対して $(\boldsymbol{x}, \boldsymbol{A}\boldsymbol{x}) = 0$ なら $\boldsymbol{A} = \boldsymbol{O}$ がいえます．なぜなら，任意の $\boldsymbol{x}$ に対して $(\boldsymbol{x}, \boldsymbol{A}\boldsymbol{x}) = 0$ ですから $\boldsymbol{A}$ は反対称行列ですが，対称かつ反対称の行列は $\boldsymbol{O}$ しかないからです．このことから，$\boldsymbol{A}$, $\boldsymbol{B}$ が対称行列のとき，任意の $\boldsymbol{x}$ に対して $(\boldsymbol{x}, \boldsymbol{A}\boldsymbol{x}) = (\boldsymbol{x}, \boldsymbol{B}\boldsymbol{x})$ なら $\boldsymbol{A} = \boldsymbol{B}$ です．

**【学生】** それで前節で2次形式の係数行列は対称行列と約束したのですね．

**【先生】** その通りです．せっかくここまで話が進んだので少し形式的な表記を示しましょう．任意の $n \times n$ 行列 $\boldsymbol{A}$ は次のように書けます．

$$\boldsymbol{A} = \frac{1}{2}(\boldsymbol{A} + \boldsymbol{A}^\top) + \frac{1}{2}(\boldsymbol{A} - \boldsymbol{A}^\top) = \boldsymbol{A}_s + \boldsymbol{A}_a \tag{5.95}$$

ただし，次のように置きました．

$$\boldsymbol{A}_s = \frac{1}{2}(\boldsymbol{A} + \boldsymbol{A}^\top), \qquad \boldsymbol{A}_a = \frac{1}{2}(\boldsymbol{A} - \boldsymbol{A}^\top) \tag{5.96}$$

$\boldsymbol{A}_s$ が対称行列，$\boldsymbol{A}_a$ が反対称行列です．実際，$\boldsymbol{A}_s^\top = \frac{1}{2}(\boldsymbol{A}^\top + \boldsymbol{A}) = \boldsymbol{A}_s$ であり，$\boldsymbol{A}_a^\top = \frac{1}{2}(\boldsymbol{A}^\top - \boldsymbol{A}) = -\boldsymbol{A}_a$ です．$\boldsymbol{A}_s$, $\boldsymbol{A}_a$ をそれぞれ $\boldsymbol{A}$ の**対称部分**，**反対称部分**といいます．そして，行列 $\boldsymbol{A}$ を係数とする2次形式は，その対称部分 $\boldsymbol{A}_s$ のみで表せます．なぜなら，反対称行列を係数とする2次形式は0なので

$$(\boldsymbol{x}, \boldsymbol{A}\boldsymbol{x}) = (\boldsymbol{x}, (\boldsymbol{A}_s + \boldsymbol{A}_a)\boldsymbol{x}) = (\boldsymbol{x}, \boldsymbol{A}_s\boldsymbol{x}) + (\boldsymbol{x}, \boldsymbol{A}_a\boldsymbol{x}) = (\boldsymbol{x}, \boldsymbol{A}_s\boldsymbol{x}) \tag{5.97}$$

となるからです．

---

### 5.2.3 直交行列

$n$ 本の互いに直交する $n$ 次元単位ベクトル $\boldsymbol{u}_1, \ldots, \boldsymbol{u}_n$ を列とする $n \times n$ 行列

$$\boldsymbol{U} = (\ \boldsymbol{u}_1\ \cdots\ \boldsymbol{u}_n\ ) \tag{5.98}$$

を直交行列と呼ぶ．

**【例 5.22】** $\boldsymbol{U}$ が直交行列である必要十分条件が次式で与えられることを示せ．

$$\boldsymbol{U}^\top \boldsymbol{U} = \boldsymbol{I} \tag{5.99}$$

（解）$\boldsymbol{U}$ の列を $\boldsymbol{u}_1, \ldots, \boldsymbol{u}_n$ とすると，これらが正規直交系（互いに直交する単位ベクトル）であることは次のように書ける．

$$(\boldsymbol{u}_i, \boldsymbol{u}_j) = \delta_{ij} \tag{5.100}$$

式 (5.99) の左辺は，行列の積の計算の約束から次のように書ける．

$$U^\top U = \begin{pmatrix} u_1^\top \\ u_2^\top \\ \vdots \\ u_n^\top \end{pmatrix} (\, u_1 \ u_2 \ \cdots \ u_n \,) = \begin{pmatrix} (u_1, u_1) & (u_1, u_2) & \cdots & (u_1, u_n) \\ (u_2, u_1) & (u_2, u_2) & \cdots & (u_2, u_n) \\ \vdots & \vdots & \ddots & \vdots \\ (u_n, u_1) & (u_n, u_2) & \cdots & (u_n, u_n) \end{pmatrix} \tag{5.101}$$

ゆえに，式 (5.100) と $U^\top U = I$ は同値である． □

**チェック** $\delta_{ij}$ はクロネッカーのデルタであり，$i = j$ のとき 1，$i \neq j$ のとき 0 と約束する（↪ 式 (1.90)）．

**チェック** 列ベクトル $a$ の転置 $a^\top$ は $a$ の成分を横に並べた行ベクトルである．

**チェック** ベクトル $a$, $b$ の内積は $a^\top b$ とも書ける．

$$a^\top b = (\, a_1 \ a_2 \ \cdots \ a_n \,) \begin{pmatrix} b_1 \\ b_2 \\ \vdots \\ b_n \end{pmatrix} = a_1 b_1 + a_2 b_2 + \cdots + a_n b_n = (a, b) \tag{5.102}$$

**チェック** 行列 $A$, $B$ の積 $AB$ の $(ij)$ 要素は $A$ の $i$ 行と $B$ の $j$ 列との内積になっている．

**【例 5.23】** 直交行列 $U$ は正則行列であり，その逆行列 $U^{-1}$ は転置行列 $U^\top$ に等しいことを示せ．

$$U^{-1} = U^\top \tag{5.103}$$

（解）直交行列 $U$ の列 $u_1, \ldots, u_n$ は互いに直交するから線形独立である．ゆえに $U$ は正則行列である．式 (5.99) は $U^\top$ が $U$ の逆行列であることを示している． □

**チェック** 互いに直交する $\mathbf{0}$ でないベクトルは線形独立である（↪ 例 5.9）．

**チェック** すべての列が線形独立な行列は正則行列である（↪5.1.3 項）．

**【例 5.24】** $U$ が直交行列なら $U^\top$ も直交行列であり，$U$ の各行も正規直交系であることを示せ．

（解）$U$ が直交行列なら $U^\top$ はその逆行列であるから，次の式も成り立つ．

$$UU^\top = I \tag{5.104}$$

式 (5.99) より，これは $\boldsymbol{U}^\top$ が直交行列である条件であり，したがって，$\boldsymbol{U}^\top$ の列（$= \boldsymbol{U}$ の行）は正規直交系である．□

**【例 5.25】** $\boldsymbol{U}$ が直交行列なら，任意のベクトル $\boldsymbol{x}$ に対して $\boldsymbol{x}$ と $\boldsymbol{Ux}$ のノルムが等しいこと，すなわち次式が成り立つことを示せ．

$$\|\boldsymbol{Ux}\| = \|\boldsymbol{x}\| \tag{5.105}$$

（解）次のように示される．

$$\|\boldsymbol{Ux}\|^2 = (\boldsymbol{Ux}, \boldsymbol{Ux}) = (\boldsymbol{x}, \boldsymbol{U}^\top\boldsymbol{Ux}) = (\boldsymbol{x}, \boldsymbol{x}) = \|\boldsymbol{x}\|^2 \tag{5.106}$$

□

## ディスカッション

**【学生】** 式 (5.106) の証明は感動します．式 (5.105) を見たときにはどうしたらよいか見当がつきませんでした．ノルムの二乗を考えて式 (5.87) を使うのですね．

**【先生】** そうですね．実は，直交行列 $\boldsymbol{U}$ による写像でノルムだけでなく，内積も変化しません．なぜなら

$$(\boldsymbol{Ux}, \boldsymbol{Uy}) = (\boldsymbol{x}, \boldsymbol{U}^\top\boldsymbol{Uy}) = (\boldsymbol{x}, \boldsymbol{y}) \tag{5.107}$$

だからです．3 次元空間の場合は $(\boldsymbol{x}, \boldsymbol{y}) = \|\boldsymbol{x}\| \cdot \|\boldsymbol{y}\| \cos\theta$ が成り立つことは知っていますね．$\theta$ はベクトル $\boldsymbol{x}$, $\boldsymbol{y}$ の成す角です．ベクトル $\boldsymbol{Ux}$, $\boldsymbol{Uy}$ のなす角を $\theta'$ とすると，$(\boldsymbol{Ux}, \boldsymbol{Uy}) = \|\boldsymbol{Ux}\| \cdot \|\boldsymbol{Uy}\| \cos\theta'$ ですが，$\|\boldsymbol{Ux}\| = \|\boldsymbol{x}\|$, $\|\boldsymbol{Uy}\| = \|\boldsymbol{y}\|$, $(\boldsymbol{Ux}, \boldsymbol{Uy}) = (\boldsymbol{x}, \boldsymbol{y})$ ですから $\theta' = \theta$ でなければなりませんね．つまり，$\boldsymbol{U}$ で写像するとベクトルの長さも角度も変化しません．

**【学生】** 長さも角度も変化しないのは全体として回転する場合ですね．ということは，直交行列というのは回転の行列なのですね．

**【先生】** 回転以外にもう一つあります．それは鏡に映すように裏返す写像で，それを**鏡映**といいます．長さも角度も変化しませんね．直交行列は回転と鏡映の組合せです．ここでは説明しませんが，直交行列が鏡映を表すときはその行列式が $-1$，そうでないときは行列式が 1 になることが証明できます．ですから，行列式が 1 の直交行列が回転を表すといえます．

**【学生】** 3 次元以上の空間でも「回転」はあるのでしょうか．

**【先生】** 行列式が 1 の直交行列による変換を「回転」と定義します．次のようにイメージして下さい．原点を始点とする 2 次元ベクトル $\boldsymbol{a}$, $\boldsymbol{b}$ は，それらを 2 辺とする平行四辺形を作ります．3 次元ベクトル $\boldsymbol{a}$, $\boldsymbol{b}$, $\boldsymbol{c}$ は，それらを 3 辺とする平行六面体を作ります．同様に，行列 $\boldsymbol{U} = (\,\boldsymbol{u}_1\ \ \boldsymbol{u}_2\ \ \cdots\ \ \boldsymbol{u}_n\,)$ の列ベクトル $\boldsymbol{u}_1$, $\boldsymbol{u}_2, \ldots, \boldsymbol{u}_n$ の作る平行多面体を考えて下さい．$\boldsymbol{U}$

が直交行列なら定義より列ベクトル $\boldsymbol{u}_1, \boldsymbol{u}_2, \ldots, \boldsymbol{u}_n$ は正規直交系，すなわち互いに直交する単位ベクトルですから，それらは $n$ 次元単位立方体を作ります．各座標軸に沿う単位ベクトルを

$$\boldsymbol{e}_1 = \begin{pmatrix} 1 \\ 0 \\ \vdots \\ 0 \end{pmatrix}, \qquad \boldsymbol{e}_2 = \begin{pmatrix} 0 \\ 1 \\ \vdots \\ 0 \end{pmatrix}, \qquad \ldots, \qquad \boldsymbol{e}_n = \begin{pmatrix} 0 \\ 0 \\ \vdots \\ 1 \end{pmatrix} \tag{5.108}$$

とします．これらも正規直交系ですから，$n$ 個の辺が座標軸に沿う $n$ 次元単位立方体を作ります．$\boldsymbol{e}_i$ に行列 $\boldsymbol{U}$ を掛けると

$$\boldsymbol{U}\boldsymbol{e}_i = \begin{pmatrix} \boldsymbol{u}_1 & \boldsymbol{u}_2 & \cdots & \boldsymbol{u}_n \end{pmatrix} \begin{pmatrix} 0 \\ \vdots \\ 1 \\ \vdots \\ 0 \end{pmatrix} = \boldsymbol{u}_i \tag{5.109}$$

となります．したがって，$\boldsymbol{U}$ は $\boldsymbol{e}_1, \boldsymbol{e}_2, \ldots, \boldsymbol{e}_n$ を $\boldsymbol{u}_1, \boldsymbol{u}_2, \ldots, \boldsymbol{u}_n$ に写像します．つまり，座標軸に接する $n$ 次元単位立方体が $\boldsymbol{U}$ の列ベクトルの作る $n$ 次元単位立方体に写像されます．原点は固定されていますから，$n$ 次元空間の立方体が原点の周りに回るイメージが沸くでしょう（図 5.2）．

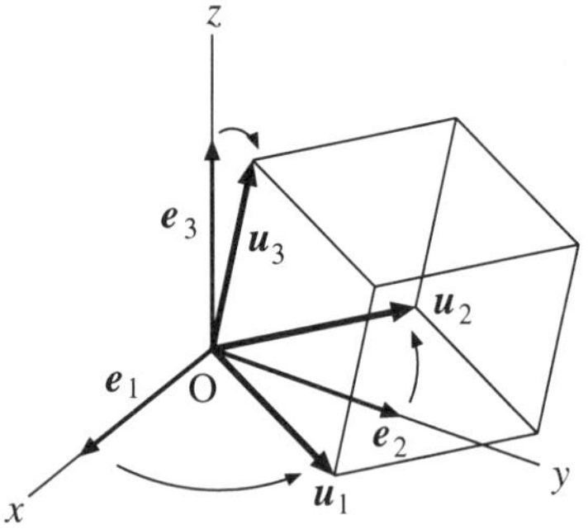


図 **5.2**　直交行列 $\boldsymbol{U} = (\boldsymbol{u}_1\ \boldsymbol{u}_2\ \boldsymbol{u}_3)$ による写像.

この本では省略しましたが，行列式はその列ベクトルの作る平行多面体の体積と解釈できます．$\boldsymbol{e}_1, \boldsymbol{e}_2, \ldots, \boldsymbol{e}_n$ を列とする行列は単位行列 $\boldsymbol{I}$ ですから行列式は 1 で，それらの作る立方体の体積は 1 です．体積 $V$ の平行多面体を鏡に映した鏡像は体積が $-V$ であると約束します．そして，$\boldsymbol{U}$ の行列式が 1 なら $\boldsymbol{u}_1, \boldsymbol{u}_2, \ldots, \boldsymbol{u}_n$ の作る立方体は $\boldsymbol{e}_1, \boldsymbol{e}_2, \ldots, \boldsymbol{e}_n$ の作る立方体を回転したもの，$\boldsymbol{U}$ の行列式が $-1$ なら鏡映してから回転したものと解釈できます．

**【先生】** 何となく角砂糖が転がるようなイメージが沸きました．でも，このようなイメージをしなければいけないのでしょうか．

**【学生】** 数学は記号の学問ですから，定理や証明は式で示すのが正式です．しかし，このような幾何学的な解釈は非常に理解の助けになります．ぜひ活用して下さい．

---

### 5.2.4　対称行列の固有値と固有ベクトル

実際の応用で固有値や固有ベクトルを計算するのはほとんどの場合，対称行列である（代表的な応用を次章で学ぶ）．それは以下に示すように，対称行列に対しては**固有値も固有ベクトルもすべて実数であり，固有ベクトルは互いに直交する**からである．

**【例 5.26】** 対称行列の固有値はすべて実数であり，対応する固有ベクトルも実数ベクトルであることを示せ．

（解）対称行列 $\boldsymbol{A}$ の一つの固有値を $\lambda$，対応する固有ベクトルを $\boldsymbol{u} = \begin{pmatrix} u_1 \\ \vdots \\ u_n \end{pmatrix}$ とすると，定義より $\boldsymbol{Au} = \lambda\boldsymbol{u}$ である．両辺の複素共役をとったものと合わせると次のように書ける．

$$\boldsymbol{Au} = \lambda\boldsymbol{u}, \qquad \boldsymbol{A}\overline{\boldsymbol{u}} = \overline{\lambda}\overline{\boldsymbol{u}} \tag{5.110}$$

$\overline{\boldsymbol{u}}$ と第 1 式の両辺，および $\boldsymbol{u}$ と第 2 式の両辺とそれぞれ内積をとると次のようになる．

$$(\overline{\boldsymbol{u}}, \boldsymbol{Au}) = \lambda(\overline{\boldsymbol{u}}, \boldsymbol{u}), \qquad (\boldsymbol{u}, \boldsymbol{A}\overline{\boldsymbol{u}}) = \overline{\lambda}(\boldsymbol{u}, \overline{\boldsymbol{u}}) \tag{5.111}$$

$\boldsymbol{A}$ は対称行列であるから，式 (5.87) より $(\overline{\boldsymbol{u}}, \boldsymbol{Au}) = (\boldsymbol{Au}, \overline{\boldsymbol{u}}) = (\boldsymbol{u}, \boldsymbol{A}^\top\overline{\boldsymbol{u}}) = (\boldsymbol{u}, \boldsymbol{A}\overline{\boldsymbol{u}})$ であり，式 (5.111) の辺々を差し引くと次のようになる．

$$(\lambda - \overline{\lambda})(\boldsymbol{u}, \overline{\boldsymbol{u}}) = 0 \tag{5.112}$$

固有ベクトルは $\boldsymbol{0}$ ではないから $(\boldsymbol{u}, \overline{\boldsymbol{u}}) = |u_1|^2 + \cdots + |u_n|^2 > 0$ であり，したがって $\lambda = \overline{\lambda}$ である．ゆえに $\lambda$ は実数である．固有ベクトルは連立 1 次方程式

$$(\lambda\boldsymbol{I} - \boldsymbol{A})\boldsymbol{u} = \boldsymbol{0} \tag{5.113}$$

の解であり，係数がすべて実数であるから解も実数である．　□

**【例 5.27】** 対称行列の異なる固有値に対応する固有ベクトルは互いに直交することを示せ．

（解）対称行列 $\boldsymbol{A}$ の二つの異なる固有値を $\lambda_1, \lambda_2$，対応する固有ベクトルを $\boldsymbol{u}_1, \boldsymbol{u}_2$ とする．

$$\boldsymbol{A}\boldsymbol{u}_1 = \lambda_1 \boldsymbol{u}_1, \qquad \boldsymbol{A}\boldsymbol{u}_2 = \lambda_2 \boldsymbol{u}_2 \tag{5.114}$$

$\boldsymbol{u}_2$ と第1式の両辺，および $\boldsymbol{u}_1$ と第2式の両辺とそれぞれ内積をとると次のようになる．

$$(\boldsymbol{u}_2, \boldsymbol{A}\boldsymbol{u}_1) = \lambda_1(\boldsymbol{u}_2, \boldsymbol{u}_1), \qquad (\boldsymbol{u}_1, \boldsymbol{A}\boldsymbol{u}_2) = \lambda_2(\boldsymbol{u}_1, \boldsymbol{u}_2) \tag{5.115}$$

$\boldsymbol{A}$ は対称行列であるから，式 (5.87) より $(\boldsymbol{u}_2, \boldsymbol{A}\boldsymbol{u}_1) = (\boldsymbol{A}\boldsymbol{u}_1, \boldsymbol{u}_2) = (\boldsymbol{u}_1, \boldsymbol{A}^\top \boldsymbol{u}_2)$ $= (\boldsymbol{u}_1, \boldsymbol{A}\boldsymbol{u}_2)$ であり，式 (5.115) の辺々を差し引くと次のようになる．

$$(\lambda_1 - \lambda_2)(\boldsymbol{u}_1, \boldsymbol{u}_2) = 0 \tag{5.116}$$

$\lambda_1 - \lambda_2 \neq 0$ であるから $(\boldsymbol{u}_1, \boldsymbol{u}_2) = 0$ であり，$\boldsymbol{u}_1, \boldsymbol{u}_2$ は互いに直交する．　□

固有方程式が重解を持つ場合は，例 5.14 に示したように，シュミットの直交化によって重複度の数だけ互いに直交する固有ベクトルを作り出すことができる．固有ベクトルは定数倍しても固有ベクトルであるから，単位ベクトルと約束しても一般性を失わない．以上より，**$n \times n$ 対称行列 $\boldsymbol{A}$ の固有値 $\lambda_1, \ldots, \lambda_n$ はすべて実数であり，$n$ 個の互いに直交する単位ベクトルの固有ベクトル $\boldsymbol{u}_1, \ldots, \boldsymbol{u}_n$ を持つ．** それらを列とする行列 $\boldsymbol{U} = \begin{pmatrix} \boldsymbol{u}_1 & \cdots & \boldsymbol{u}_n \end{pmatrix}$ は直交行列である．

## ディスカッション

**【学生】** 固有方程式が重解を持つ場合シュミットの直交化を行う理由がわかりました．要するに正規直交系を作りたいのですね．そして，例 5.26, 5.27 が 5.1.4 項のディスカッションで「あとで示す」と言われた，**対称行列の固有値は実数であり，重解でなければ固有ベクトルは直交する**ことの証明ですね．それにしても，例 5.26, 5.27 の証明は高級なので，私には思いつきません．

**【先生】** 確かに巧妙な証明ですが，両方に共通の技法があります．例 5.26 は固有値 $\lambda$ が実数であることを示すのに，$\lambda$ とその共役複素数 $\overline{\lambda}$ が等しいことを示しています．例 5.26 は二つの固有ベクトルが直交することを示しています．このように，二つのものの関係を証明するのに，それぞれの定義式を書いて，前者に関係する演算を後者に施し，後者に関係する演算を前者に施し，この「たすきがけ」演算で等しい式を二つ作り，それらを等しいと置くものです．慣れてくると自然に思えます．

【学生】 私は慣れそうにありません．

---

### 5.2.5　対称行列の対角化とスペクトル分解

対称行列の固有値と固有ベクトルを計算すると都合がよいのは，それによって対称行列が対角行列に書き直せるからである．これを次の例で示す．これは対称行列の固有値と固有ベクトルに関する最も重要な結果である．

**【例 5.28】** $n\times n$ 対称行列 $\boldsymbol{A}$ の固有値を $\lambda_1,\ldots,\lambda_n$，対応する固有ベクトルの正規直交系を $\boldsymbol{u}_1,\ldots,\boldsymbol{u}_n$ とし，$\boldsymbol{u}_1,\ldots,\boldsymbol{u}_n$ を列とする行列を $\boldsymbol{U}=\begin{pmatrix}\boldsymbol{u}_1 & \cdots & \boldsymbol{u}_n\end{pmatrix}$ とすると，次式が成り立つ．

$$\boldsymbol{U}^\top\boldsymbol{A}\boldsymbol{U}=\begin{pmatrix}\lambda_1 & & & \\ & \lambda_2 & & \\ & & \ddots & \\ & & & \lambda_n\end{pmatrix} \tag{5.117}$$

これを対称行列 $\boldsymbol{A}$ の**対角化**と呼ぶ．これを示せ．

（解） $\boldsymbol{A}\boldsymbol{u}_1=\lambda_1\boldsymbol{u}_1$, $\boldsymbol{A}\boldsymbol{u}_2=\lambda_2\boldsymbol{u}_2,\ldots,\boldsymbol{A}\boldsymbol{u}_n=\lambda_n\boldsymbol{u}_n$ および行列とベクトルの積の計算の約束より，次の関係が成り立つ．

$$\begin{aligned}\boldsymbol{A}\boldsymbol{U}&=\boldsymbol{A}\begin{pmatrix}\boldsymbol{u}_1 & \boldsymbol{u}_2 & \cdots & \boldsymbol{u}_n\end{pmatrix}\\&=\begin{pmatrix}\boldsymbol{A}\boldsymbol{u}_1 & \boldsymbol{A}\boldsymbol{u}_2 & \cdots & \boldsymbol{A}\boldsymbol{u}_n\end{pmatrix}=\begin{pmatrix}\lambda_1\boldsymbol{u}_1 & \lambda_2\boldsymbol{u}_2 & \cdots & \lambda_n\boldsymbol{u}_n\end{pmatrix}\\&=\begin{pmatrix}\boldsymbol{u}_1 & \boldsymbol{u}_2 & \cdots & \boldsymbol{u}_n\end{pmatrix}\begin{pmatrix}\lambda_1 & & & \\ & \lambda_2 & & \\ & & \ddots & \\ & & & \lambda_n\end{pmatrix}=\boldsymbol{U}\begin{pmatrix}\lambda_1 & & & \\ & \lambda_2 & & \\ & & \ddots & \\ & & & \lambda_n\end{pmatrix}\end{aligned} \tag{5.118}$$

$\boldsymbol{U}^\top$ を両辺の左から掛けると式 (5.117) が得られる．　□

**チェック** 直交行列 $\boldsymbol{U}$ の逆行列 $\boldsymbol{U}^{-1}$ はその転置行列 $\boldsymbol{U}^{\top}$ に等しい（↪ 式 (5.103)）.

**【例 5.29】** $n \times n$ 対称行列 $\boldsymbol{A}$ の固有値を $\lambda_1, \ldots, \lambda_n$, 対応する固有ベクトルの正規直交系を $\boldsymbol{u}_1, \ldots, \boldsymbol{u}_n$ とし, $\boldsymbol{u}_1, \ldots, \boldsymbol{u}_n$ を列とする行列を $\boldsymbol{U} = \begin{pmatrix} \boldsymbol{u}_1 & \cdots & \boldsymbol{u}_n \end{pmatrix}$ とすると, 次式が成り立つ.

$$\boldsymbol{A} = \boldsymbol{U} \begin{pmatrix} \lambda_1 & & & \\ & \lambda_2 & & \\ & & \ddots & \\ & & & \lambda_n \end{pmatrix} \boldsymbol{U}^{\top} \tag{5.119}$$

これを対称行列 $\boldsymbol{A}$ の**スペクトル分解**（または**固有値分解**）と呼ぶ. これを示せ.

**（解）** 式 (5.118) の両辺の右から $\boldsymbol{U}^{\top}$ を掛けると式 (5.119) が得られる.　□

**ディスカッション**

**【学生】** 式 (5.117), (5.119) を導いて何になるのですか.

**【先生】** これは線形代数学の最も奥の深い, 重要な結果の一つです. これらの式の意味とその役割をこれから説明します. そして, 実際問題でいかに役に立つかを次の章に示します.

**【学生】** それでは楽しみにしています.

---

### 5.2.6　2 次形式の標準形

対称行列が固有値と固有ベクトルによって対角化されることは, 見方を変えると, 2 次形式を標準形と呼ぶ簡単な形に書き直すことに相当している. これをまず一般的に述べて, 次に具体的な計算例で説明する.

$n \times n$ 対称行列 $\boldsymbol{A}$ を係数行列とする $n$ 次元ベクトル $\boldsymbol{x} = \begin{pmatrix} x_1 \\ \vdots \\ x_n \end{pmatrix}$ の 2 次形式 $(\boldsymbol{x}, \boldsymbol{A}\boldsymbol{x})$ を考える. $\boldsymbol{A}$ の固有値を $\lambda_1, \ldots, \lambda_n$, 対応する固有ベクトルの正規直交系を $\boldsymbol{u}_1, \ldots, \boldsymbol{u}_n$ とし, これらを列とする直交行列を $\boldsymbol{U} = \begin{pmatrix} \boldsymbol{u}_1 & \cdots & \boldsymbol{u}_n \end{pmatrix}$ とする. そして, その $(ij)$ 要素を $u_{ij}$ と書く. 変数 $x_1, \ldots, x_n$ の線形結合を次のように定義する.

$$\begin{aligned} x_1' &= u_{11}x_1 + u_{21}x_2 + \cdots + u_{n1}x_n \\ x_2' &= u_{12}x_1 + u_{22}x_2 + \cdots + u_{n2}x_n \\ &\vdots \\ x_n' &= u_{1n}x_1 + u_{2n}x_2 + \cdots + u_{nn}x_n \end{aligned} \tag{5.120}$$

行列 $\boldsymbol{U}$ とベクトル $\boldsymbol{x}$ を用いると，ベクトル $\boldsymbol{x}' = \begin{pmatrix} x_1' \\ \vdots \\ x_n' \end{pmatrix}$ は次のように書ける．

$$\boldsymbol{x}' = \boldsymbol{U}^\top \boldsymbol{x} \tag{5.121}$$

$\boldsymbol{U}$ は直交行列であるから，両辺に左から $\boldsymbol{U}$ を掛けると次のようにも書ける．

$$\boldsymbol{x} = \boldsymbol{U}\boldsymbol{x}' \tag{5.122}$$

2 次形式 $(\boldsymbol{x}, \boldsymbol{A}\boldsymbol{x})$ は次のように変形できる．

$$\begin{aligned} (\boldsymbol{x}, \boldsymbol{A}\boldsymbol{x}) &= (\boldsymbol{U}\boldsymbol{x}', \boldsymbol{A}\boldsymbol{U}\boldsymbol{x}') = (\boldsymbol{x}', \boldsymbol{U}^\top \boldsymbol{A}\boldsymbol{U}\boldsymbol{x}') = \left( \boldsymbol{x}', \begin{pmatrix} \lambda_1 & & \\ & \ddots & \\ & & \lambda_n \end{pmatrix} \boldsymbol{x}' \right) \\ &= \lambda_1 {x_1'}^2 + \lambda_2 {x_2'}^2 + \cdots + \lambda_n {x_n'}^2 \end{aligned} \tag{5.123}$$

このような変数の二乗の線形結合を 2 次形式の**標準形**と呼ぶ．

**【例 5.30】**　次の 2 次形式を標準形に直せ．

$$f = 6x^2 + 4xy + 3y^2 \tag{5.124}$$

（解） $f$ はベクトルと行列を用いると次のように書き直せる．

$$f = \left( \begin{pmatrix} x \\ y \end{pmatrix}, \begin{pmatrix} 6 & 2 \\ 2 & 3 \end{pmatrix} \begin{pmatrix} x \\ y \end{pmatrix} \right) \tag{5.125}$$

例 5.12 より，係数行列

$$\boldsymbol{A} = \begin{pmatrix} 6 & 2 \\ 2 & 3 \end{pmatrix} \tag{5.126}$$

の固有値は 2, 7 であり，それぞれの単位固有ベクトルは

$$\boldsymbol{u}_1 = \begin{pmatrix} 1/\sqrt{5} \\ -2/\sqrt{5} \end{pmatrix}, \qquad \boldsymbol{u}_2 = \begin{pmatrix} 2/\sqrt{5} \\ 1/\sqrt{5} \end{pmatrix} \tag{5.127}$$

である．$\boldsymbol{u}_1, \boldsymbol{u}_2$ を第 1 列，第 2 列とする行列 $\boldsymbol{U} = (\,\boldsymbol{u}_1\ \ \boldsymbol{u}_2\,)$ は次のようになる．

$$\boldsymbol{U} = \begin{pmatrix} 1/\sqrt{5} & 2/\sqrt{5} \\ -2/\sqrt{5} & 1/\sqrt{5} \end{pmatrix} \tag{5.128}$$

これを用いると行列 $\boldsymbol{A}$ が次のように対角化される．

$$\boldsymbol{U}^\top \boldsymbol{A}\boldsymbol{U} = \begin{pmatrix} 1/\sqrt{5} & -2/\sqrt{5} \\ 2/\sqrt{5} & 1/\sqrt{5} \end{pmatrix} \begin{pmatrix} 6 & 2 \\ 2 & 3 \end{pmatrix} \begin{pmatrix} 1/\sqrt{5} & 2/\sqrt{5} \\ -2/\sqrt{5} & 1/\sqrt{5} \end{pmatrix} = \begin{pmatrix} 2 & 0 \\ 0 & 7 \end{pmatrix} \tag{5.129}$$

次の変数 $x', y'$ を定義する．

$$x' = \frac{x}{\sqrt{5}} - \frac{2y}{\sqrt{5}}, \qquad y' = \frac{2x}{\sqrt{5}} + \frac{y}{\sqrt{5}} \tag{5.130}$$

$x, y$ について表すと次のようになる．

$$x = \frac{x'}{\sqrt{5}} + \frac{2y'}{\sqrt{5}}, \qquad y = -\frac{2x'}{\sqrt{5}} + \frac{y'}{\sqrt{5}} \tag{5.131}$$

式 (5.130), (5.131) はベクトルと行列を用いると，それぞれ $\boldsymbol{x}' = \boldsymbol{U}^\top \boldsymbol{x}, \boldsymbol{x} = \boldsymbol{U}\boldsymbol{x}'$ となっている．これから，式 (5.125) が次のように変形される．

$$\begin{aligned} f &= \left( \begin{pmatrix} x \\ y \end{pmatrix}, \begin{pmatrix} 6 & 2 \\ 2 & 3 \end{pmatrix} \begin{pmatrix} x \\ y \end{pmatrix} \right) \\ &= \left( \begin{pmatrix} 1/\sqrt{5} & 2/\sqrt{5} \\ -2/\sqrt{5} & 1/\sqrt{5} \end{pmatrix} \begin{pmatrix} x' \\ y' \end{pmatrix}, \begin{pmatrix} 6 & 2 \\ 2 & 3 \end{pmatrix} \begin{pmatrix} 1/\sqrt{5} & 2/\sqrt{5} \\ -2/\sqrt{5} & 1/\sqrt{5} \end{pmatrix} \begin{pmatrix} x' \\ y' \end{pmatrix} \right) \\ &= \left( \begin{pmatrix} x' \\ y' \end{pmatrix}, \begin{pmatrix} 1/\sqrt{5} & -2/\sqrt{5} \\ 2/\sqrt{5} & 1/\sqrt{5} \end{pmatrix} \begin{pmatrix} 6 & 2 \\ 2 & 3 \end{pmatrix} \begin{pmatrix} 1/\sqrt{5} & 2/\sqrt{5} \\ -2/\sqrt{5} & 1/\sqrt{5} \end{pmatrix} \begin{pmatrix} x' \\ y' \end{pmatrix} \right) \\ &= \left( \begin{pmatrix} x' \\ y' \end{pmatrix}, \begin{pmatrix} 2 & 0 \\ 0 & 7 \end{pmatrix} \begin{pmatrix} x' \\ y' \end{pmatrix} \right) \end{aligned} \tag{5.132}$$

ゆえに，$f$ の標準形は次のようになる．

$$f = 2x'^2 + 7y'^2 \tag{5.133}$$

□

【例 5.31】 次の 2 次形式を標準形に直せ．

$$f = 4x^2 + 4y^2 + 4z^2 - 2yz + 2zx - 2xy \tag{5.134}$$

（解） $f$ はベクトルと行列を用いると次のように書き直せる．

$$f = \left( \begin{pmatrix} x \\ y \\ z \end{pmatrix}, \begin{pmatrix} 4 & -1 & 1 \\ -1 & 4 & -1 \\ 1 & -1 & 4 \end{pmatrix} \begin{pmatrix} x \\ y \\ z \end{pmatrix} \right) \tag{5.135}$$

例 5.14 より，係数行列

$$\boldsymbol{A} = \begin{pmatrix} 4 & -1 & 1 \\ -1 & 4 & -1 \\ 1 & -1 & 4 \end{pmatrix} \tag{5.136}$$

の固有値は 6, 3, 3 であり，それぞれの単位固有ベクトルは

$$\boldsymbol{u}_1 = \begin{pmatrix} 1/\sqrt{3} \\ -1/\sqrt{3} \\ 1/\sqrt{3} \end{pmatrix}, \quad \boldsymbol{u}_2 = \begin{pmatrix} 1/\sqrt{2} \\ 1/\sqrt{2} \\ 0 \end{pmatrix}, \quad \boldsymbol{u}_3 = \begin{pmatrix} -1/\sqrt{6} \\ 1/\sqrt{6} \\ 2/\sqrt{6} \end{pmatrix} \tag{5.137}$$

である．$\boldsymbol{u}_1, \boldsymbol{u}_2, \boldsymbol{u}_3$ を第 1 列，第 2 列，第 3 列とする行列 $\boldsymbol{U} = (\, \boldsymbol{u}_1 \ \boldsymbol{u}_2 \ \boldsymbol{u}_3 \,)$ は次のようになる．

$$\boldsymbol{U} = \begin{pmatrix} 1/\sqrt{3} & 1/\sqrt{2} & -1/\sqrt{6} \\ -1/\sqrt{3} & 1/\sqrt{2} & 1/\sqrt{6} \\ 1/\sqrt{3} & 0 & 2/\sqrt{6} \end{pmatrix} \tag{5.138}$$

これを用いると行列 $\boldsymbol{A}$ が次のように対角化される．

$$U^\top A U = \begin{pmatrix} 1/\sqrt{3} & -1/\sqrt{3} & 1/\sqrt{3} \\ 1/\sqrt{2} & 1/\sqrt{2} & 0 \\ -1/\sqrt{6} & 1/\sqrt{6} & 2/\sqrt{6} \end{pmatrix} \begin{pmatrix} 4 & -1 & 1 \\ -1 & 4 & -1 \\ 1 & -1 & 4 \end{pmatrix}$$

$$\times \begin{pmatrix} 1/\sqrt{3} & 1/\sqrt{2} & -1/\sqrt{6} \\ -1/\sqrt{3} & 1/\sqrt{2} & 1/\sqrt{6} \\ 1/\sqrt{3} & 0 & 2/\sqrt{6} \end{pmatrix}$$

$$= \begin{pmatrix} 6 & 0 & 0 \\ 0 & 3 & 0 \\ 0 & 0 & 3 \end{pmatrix} \tag{5.139}$$

次の変数 $x'$, $y'$, $z'$ を定義する．

$$x' = \frac{x}{\sqrt{3}} - \frac{y}{\sqrt{3}} + \frac{z}{\sqrt{3}}, \quad y' = \frac{x}{\sqrt{2}} + \frac{y}{\sqrt{2}}, \quad z' = -\frac{x}{\sqrt{6}} + \frac{y}{\sqrt{6}} + \frac{2z}{\sqrt{6}} \tag{5.140}$$

$x$, $y$, $z$ について表すと次のようになる．

$$x = \frac{x'}{\sqrt{3}} + \frac{y'}{\sqrt{2}} - \frac{z'}{\sqrt{6}}, \quad y = -\frac{x'}{\sqrt{3}} + \frac{y'}{\sqrt{2}} + \frac{z'}{\sqrt{6}}, \quad z = \frac{x'}{\sqrt{3}} + \frac{2z'}{\sqrt{6}} \tag{5.141}$$

式 (5.140), (5.141) はベクトルと行列を用いるとそれぞれ $\boldsymbol{x}' = \boldsymbol{U}^\top \boldsymbol{x}$, $\boldsymbol{x} = \boldsymbol{U}\boldsymbol{x}'$ となっている．これから，式 (5.135) が次のように変形される．

$$f = \left( \begin{pmatrix} x \\ y \\ z \end{pmatrix}, \begin{pmatrix} 4 & -1 & 1 \\ -1 & 4 & -1 \\ 1 & -1 & 4 \end{pmatrix} \begin{pmatrix} x \\ y \\ z \end{pmatrix} \right)$$

$$= \left( \begin{pmatrix} 1/\sqrt{3} & 1/\sqrt{2} & -1/\sqrt{6} \\ -1/\sqrt{3} & 1/\sqrt{2} & 1/\sqrt{6} \\ 1/\sqrt{3} & 0 & 2/\sqrt{6} \end{pmatrix} \begin{pmatrix} x' \\ y' \\ z' \end{pmatrix}, \right.$$

$$\left. \begin{pmatrix} 4 & -1 & 1 \\ -1 & 4 & -1 \\ 1 & -1 & 4 \end{pmatrix} \begin{pmatrix} 1/\sqrt{3} & 1/\sqrt{2} & -1/\sqrt{6} \\ -1/\sqrt{3} & 1/\sqrt{2} & 1/\sqrt{6} \\ 1/\sqrt{3} & 0 & 2/\sqrt{6} \end{pmatrix} \begin{pmatrix} x' \\ y' \\ z' \end{pmatrix} \right)$$

$$= \left( \begin{pmatrix} x' \\ y' \\ z' \end{pmatrix}, \begin{pmatrix} 1/\sqrt{3} & -1/\sqrt{3} & 1/\sqrt{3} \\ 1/\sqrt{2} & 1/\sqrt{2} & 0 \\ -1/\sqrt{6} & 1/\sqrt{6} & 2/\sqrt{6} \end{pmatrix} \begin{pmatrix} 4 & -1 & 1 \\ -1 & 4 & -1 \\ 1 & -1 & 4 \end{pmatrix} \right.$$
$$\left. \times \begin{pmatrix} 1/\sqrt{3} & 1/\sqrt{2} & -1/\sqrt{6} \\ -1/\sqrt{3} & 1/\sqrt{2} & 1/\sqrt{6} \\ 1/\sqrt{3} & 0 & 2/\sqrt{6} \end{pmatrix} \begin{pmatrix} x' \\ y' \\ z' \end{pmatrix} \right)$$
$$= \left( \begin{pmatrix} x' \\ y' \\ z' \end{pmatrix}, \begin{pmatrix} 6 & 0 & 0 \\ 0 & 3 & 0 \\ 0 & 0 & 3 \end{pmatrix} \begin{pmatrix} x' \\ y' \\ z' \end{pmatrix} \right) \tag{5.142}$$

ゆえに，$f$ の標準形は次のようになる．

$$f = 6x'^2 + 3y'^2 + 3z'^2 \tag{5.143}$$

□

## ディスカッション

**【学生】** 2 次形式を標準形にすると何がよいのですか．例 5.30 では，要するに式 (5.124) に式 (5.131) を代入すると式 (5.133) になるという，それだけのことではありませんか．

**【先生】** 式 (5.133) には $x'y'$ の項がありませんね．これをなくすために固有値や固有ベクトルの計算をしているのです．これにそれだけの手間をかける価値があります．例えば，式 (5.124) の関数 $f$ の値が 1 となる $(x, y)$ の軌跡 $6x^2 + 4xy + 3y^2 = 1$ を考えましょう．これはどういう曲線を表しますか．

**【学生】** 高校では習わなかったようです．

**【先生】** それなら式 (5.133) で $f = 1$ と置いた $2x'^2 + 7y'^2 = 1$ はどうですか．

**【学生】** これはわかります．書き換えると $\dfrac{x'^2}{(1/\sqrt{2})^2} + \dfrac{y'^2}{(1/\sqrt{7})^2} = 1$ で長軸の半径が $1/\sqrt{2}$，短軸の半径が $1/\sqrt{7}$ の楕円です．ということは $6x^2 + 4xy + 3y^2 = 1$ も同じ楕円なのでしょうか．変数が変わっているので同じ形とはいえないと思いますが．

**【先生】** それが同じ形なのです．なぜなら，式 (5.131) はベクトルで書くと $\boldsymbol{x} = \boldsymbol{U}\boldsymbol{x}'$ で，$\boldsymbol{U}$ は直交行列ですから，**回転と鏡映を合わせた写像**です．簡単のために，「回転と鏡映を合わせた写像」を単に「回転」（正式には**広義回転**）ということにします．曲線 $6x^2 + 4xy + 3y^2 = 1$ を回転したものが $2x'^2 + 7y'^2 = 1$ で，回転しても形は変わりませんから，$6x^2 + 4xy + 3y^2 = 1$ は $2x'^2 + 7y'^2 = 1$ と同じ形の楕円です．

【学生】$6x^2+4xy+3y^2=1$ を回転したものが $2x'^2+7y'^2=1$ というのは，なぜですか．

【先生】$\boldsymbol{x}=\boldsymbol{U}\boldsymbol{x}'$ は $\boldsymbol{x}'$ を $\boldsymbol{U}$ だけ回転したものが $\boldsymbol{x}$，言い換えれば $\boldsymbol{x}$ を $\boldsymbol{U}^{-1}$ だけ回転したものが $\boldsymbol{x}'$ ということです．そして，$\boldsymbol{x}$ が $(\boldsymbol{x},\boldsymbol{A}\boldsymbol{x})=1$ を満たせば $(\boldsymbol{x},\boldsymbol{A}\boldsymbol{x})=(\boldsymbol{U}\boldsymbol{x}',\boldsymbol{A}\boldsymbol{U}\boldsymbol{x}')$ $=(\boldsymbol{x}',\boldsymbol{U}^\top\boldsymbol{A}\boldsymbol{U}\boldsymbol{x}')$ ですから，

$$\boldsymbol{A}'=\boldsymbol{U}^\top\boldsymbol{A}\boldsymbol{U} \tag{5.144}$$

と書くと，$\boldsymbol{x}'$ の満たす式は $(\boldsymbol{x}',\boldsymbol{A}'\boldsymbol{x}')=1$ です．式 (5.144) を対称行列 $\boldsymbol{A}$ の直交行列 $\boldsymbol{U}$ による**合同変換**と呼びます．「合同」というのは形が変わらないことからきています．特に $\boldsymbol{U}$ として $\boldsymbol{A}$ の固有ベクトルを列とする直交行列を用いれば，式 (5.117) によって標準形になります．

【学生】ということは，行列の対角化とは楕円を回転してその長軸と短軸を座標軸にそろえることなのですか．

【先生】その通りです．ただし「楕円を回転して長軸と短軸を座標軸にそろえる」と考えるより，同じことですが楕円は固定して「$xy$ 座標系を回転して楕円の長軸と短軸にそろえる」と考えるほうが後々好都合です．楕円を $\boldsymbol{U}^{-1}$ だけ回転すると標準形になるということは，楕円は固定して $xy$ 座標系を $\boldsymbol{U}$ だけ回転すると，長軸と短軸に一致するということです．では，私から質問しましょう．$x$ 軸と $y$ 軸に沿う単位ベクトル $\boldsymbol{e}_1=\begin{pmatrix}1\\0\end{pmatrix}$, $\boldsymbol{e}_2=\begin{pmatrix}0\\1\end{pmatrix}$ を $\boldsymbol{U}=\begin{pmatrix}\boldsymbol{u}_1 & \boldsymbol{u}_2\end{pmatrix}$ だけ回転するとどうなりますか．

【学生】ええっと，$\boldsymbol{U}\boldsymbol{e}_1=\begin{pmatrix}\boldsymbol{u}_1 & \boldsymbol{u}_2\end{pmatrix}\begin{pmatrix}1\\0\end{pmatrix}=\boldsymbol{u}_1$ で，思い出しました．5.2.3 項のディスカッションにありましたね．式 (5.109) です．$\boldsymbol{e}_1$, $\boldsymbol{e}_2$ に $\boldsymbol{U}$ を掛けると，それぞれその列ベクトル $\boldsymbol{u}_1$, $\boldsymbol{u}_2$ になります．座標系を $\boldsymbol{U}$ だけ回転すると長軸と短軸に一致するということは，$\boldsymbol{u}_1$, $\boldsymbol{u}_2$ が楕円の長軸と短軸の方向なのですか．

【先生】そうです．ただし，どちらが長軸でどちらが短軸かはどちらの半径が大きいかによります．そこで，長軸と短軸を合わせて**主軸**といいます．これは楕円の対称軸になっています．

【学生】ということは，楕円 $(\boldsymbol{x},\boldsymbol{A}\boldsymbol{x})=1$ の主軸方向が $\boldsymbol{A}$ の固有ベクトル $\boldsymbol{u}_1$, $\boldsymbol{u}_2$ なのですか．

【先生】そうです．

【学生】なぜそれを早く教えてくれなかったのですか．要するに，固有ベクトルを計算することは楕円の主軸を計算することなのですね．そして，その固有値がそれぞれの主軸方向の半径なのですね．

【先生】半径は固有値ではありません．標準形が $\lambda_1x'^2+\lambda_2y'^2=1$ ですから，書き直すと $\dfrac{x'^2}{(1/\sqrt{\lambda_1})^2}+\dfrac{y'^2}{(1/\sqrt{\lambda_2})^2}=1$ となり，半径はそれぞれ $1/\sqrt{\lambda_1}$, $1/\sqrt{\lambda_2}$ です．でも，君の言

うとおり，楕円 $(\boldsymbol{x}, \boldsymbol{A}\boldsymbol{x}) = 1$ は $\boldsymbol{A}$ の固有ベクトル $\boldsymbol{u}_1$, $\boldsymbol{u}_2$ がその主軸方向を指し，$\boldsymbol{u}_1$, $\boldsymbol{u}_2$ の方向をそれぞれ $x'$ 軸，$y'$ 軸にとると，その楕円が $\lambda_1 x'^2 + \lambda_2 y'^2 = 1$ と書けるというわけです（図 5.3）.

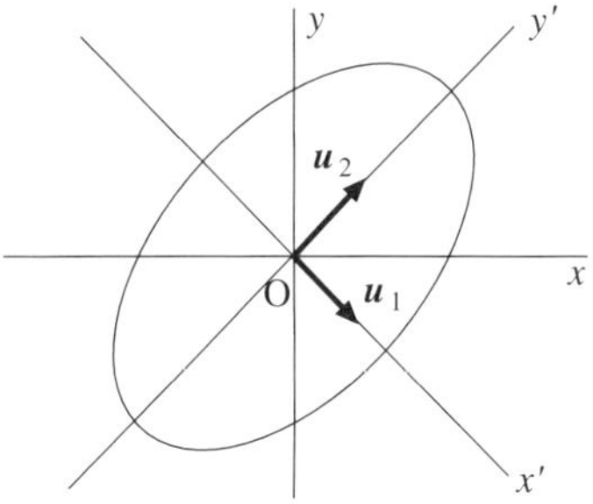


**図 5.3** 楕円 $(\boldsymbol{x}, \boldsymbol{A}\boldsymbol{x}) = 1$ は係数行列 $\boldsymbol{A}$ の固有ベクトル $\boldsymbol{u}_1$, $\boldsymbol{u}_2$ の方向に $x'$ 軸，$y'$ 軸をとると，標準形 $\lambda_1 x'^2 + \lambda_2 y'^2 = 1$ と書ける.

**【学生】** そうでしたか．固有値，固有ベクトルの意味がようやくわかりました．楕円の主軸と半径の計算なのですね．ということは，式 (5.134) の場合は $4x^2 + 4y^2 + 4z^2 - 2yz + 2zx - 2xy = 1$ が楕円体で，その主軸方向が係数行列 (5.136) の固有ベクトル $\boldsymbol{u}_1$, $\boldsymbol{u}_2$, $\boldsymbol{u}_3$ で，これを $x'$, $y'$, $z'$ 軸にとるとその楕円体が標準形 $6x'^2 + 3y'^2 + 3z'^2 = 1$ に書けるのですね.

**【先生】** その通りです．このように主軸を座標軸にとった座標系で表すことを**主軸変換**と呼び，そのときの固有値を**主値**とも言います．これらの用語は乱用され，固有値，固有ベクトルを「主軸」,「主値」と呼ぶこともあり，式 (5.117) の行列の対角化を「主軸変換」と呼ぶこともあります.

---

### 5.2.7 正値対称行列と正値 2 次形式

2 次形式を標準形に直すことによって，その 2 次形式の最大値や最小値が計算できる．これはいろいろな応用によく現れる問題であり，次章でいくつかの代表的な応用を学ぶ．ここでは，まず原理を一般的に述べて，次に具体的な計算例で説明する.

**【例 5.32】** 対称行列 $\boldsymbol{A}$ に対して，2 次形式 $(\boldsymbol{x}, \boldsymbol{A}\boldsymbol{x})$ を最大にする単位ベクトル $\boldsymbol{x}$ は $\boldsymbol{A}$ の最大固有値に対する単位固有ベクトルであり，その最大値は行列 $\boldsymbol{A}$ の最大固有値に等しいことを示せ.

（解）2 次形式 $(\boldsymbol{x}, \boldsymbol{A}\boldsymbol{x})$ は式 (5.123) のように標準形に表せる．式 (5.105) より，$\boldsymbol{x}$ が単位ベクトルなら $\boldsymbol{x}'$ も単位ベクトルであるから，$\sum_{i=1}^{n} x_i'^2 = 1$ である．固有値を大きい順に $\lambda_1 \geq \lambda_2 \geq \cdots \geq \lambda_n$ と並べたとすると次の関係が成り立つ．

$$(\boldsymbol{x}, \boldsymbol{A}\boldsymbol{x}) = \sum_{i=1}^{n} \lambda_i x_i'^2 \leq \sum_{i=1}^{n} \lambda_1 x_i'^2 = \lambda_1 \sum_{i=1}^{n} x_i'^2 = \lambda_1 \qquad (5.145)$$

等号は $x_1' = 1, x_2' = \cdots = x_n' = 0$ の場合に成立する．式 (5.122) より

$$\boldsymbol{x} = \boldsymbol{U}\boldsymbol{x}' = (\, \boldsymbol{u}_1 \;\; \boldsymbol{u}_2 \;\; \cdots \;\; \boldsymbol{u}_n \,) \begin{pmatrix} x_1' \\ x_2' \\ \vdots \\ x_n' \end{pmatrix} = x_1'\boldsymbol{u}_1 + x_2'\boldsymbol{u}_2 + \cdots + x_n'\boldsymbol{u}_n \qquad (5.146)$$

であるから，$x_1' = 1, x_2' = \cdots = x_n' = 0$ に対しては $\boldsymbol{x} = \boldsymbol{u}_1$，すなわち最大固有値 $\lambda_1$ に対する単位固有ベクトルに等しい．□

**【例 5.33】**　対称行列 $\boldsymbol{A}$ に対して，2 次形式 $(\boldsymbol{x}, \boldsymbol{A}\boldsymbol{x})$ を最小にする単位ベクトル $\boldsymbol{x}$ は $\boldsymbol{A}$ の最小固有値に対する単位固有ベクトルであり，その最小値は行列 $\boldsymbol{A}$ の最小固有値に等しいことを示せ．

（解）例 5.32 と同様に考えると

$$(\boldsymbol{x}, \boldsymbol{A}\boldsymbol{x}) = \sum_{i=1}^{n} \lambda_i x_i'^2 \geq \sum_{i=1}^{n} \lambda_n x_i'^2 = \lambda_n \sum_{i=1}^{n} x_i'^2 = \lambda_n \qquad (5.147)$$

であり，等号は $x_1' = \cdots = x_{n-1}' = 0, x_n' = 1$ の場合に成立する．このとき，式 (5.146) より $\boldsymbol{x} = \boldsymbol{u}_n$ となり，最小固有値 $\lambda_n$ に対する単位固有ベクトルに等しい．□

**【例 5.34】**　対称行列 $\boldsymbol{A}$ の最大固有値 $\lambda_1$ に対する単位固有ベクトルを $\boldsymbol{u}_1$ とする．2 次形式 $(\boldsymbol{x}, \boldsymbol{A}\boldsymbol{x})$ を最大にする $\boldsymbol{u}_1$ に直交する単位ベクトル $\boldsymbol{x}$ は $\boldsymbol{A}$ の 2 番目に大きい固有値 $\lambda_2$ に対する単位固有ベクトル $\boldsymbol{u}_2$ であり，その最大値は $\lambda_2$ に等しいことを示せ．

（解）2 次形式 $(\boldsymbol{x}, \boldsymbol{A}\boldsymbol{x})$ を式 (5.123) のように標準形に表し，固有値を $\lambda_1 \geq \lambda_2 \geq \cdots \geq \lambda_n$ の順に番号をつける．$\boldsymbol{x}$ が $\boldsymbol{u}_1$ と直交する条件 $(\boldsymbol{x}, \boldsymbol{u}_1) = 0$ は式

(5.146) を代入すると $x_1' = 0$ と書ける．例 5.32 と同様に考えると

$$(\boldsymbol{x}, \boldsymbol{A}\boldsymbol{x}) = \lambda_2 {x_2'}^2 + \lambda_3 {x_3'}^2 + \cdots + \lambda_n {x_n'}^2 \tag{5.148}$$

が最大になるのは $x_2' = 1, x_3' = \cdots = x_n' = 0$ の場合であり，その最大値は $\lambda_2$ である．このとき，式 (5.146) から $\boldsymbol{x} = \boldsymbol{u}_2$，すなわち $\boldsymbol{x}$ は 2 番目に大きい固有値 $\lambda_2$ に対する単位固有ベクトルに等しい． □

同様に考えると，$\boldsymbol{x}$ が $\boldsymbol{u}_1, \boldsymbol{u}_2, \ldots, \boldsymbol{u}_{i-1}$ に直交する単位ベクトルであるとき，$(\boldsymbol{x}, \boldsymbol{A}\boldsymbol{x})$ が最大になるのは $\boldsymbol{x}$ が $\boldsymbol{A}$ の $i$ 番目に大きい固有値 $\lambda_i$ に対する単位固有ベクトル $\boldsymbol{u}_i$ であり，その最大値は $\lambda_i$ に等しいことがわかる．最小値についても同様の関係が成り立つ．

**【例 5.35】** $x^2 + y^2 = 1$ のとき，次の関数の最大値と最小値を求めよ．

$$f = 6x^2 + 4xy + 3y^2 \tag{5.149}$$

（解）変数 $x', y'$ を次のように定義する．

$$\begin{cases} x = \dfrac{x'}{\sqrt{5}} + \dfrac{2y'}{\sqrt{5}} \\ y = -\dfrac{2x'}{\sqrt{5}} + \dfrac{y'}{\sqrt{5}} \end{cases} \qquad \begin{cases} x' = \dfrac{x}{\sqrt{5}} - \dfrac{2y}{\sqrt{5}} \\ y' = \dfrac{2x}{\sqrt{5}} + \dfrac{y}{\sqrt{5}} \end{cases} \tag{5.150}$$

ベクトル $\boldsymbol{x} = \begin{pmatrix} x \\ y \end{pmatrix}, \boldsymbol{x}' = \begin{pmatrix} x' \\ y' \end{pmatrix}$ と行列 $\boldsymbol{U} = \begin{pmatrix} 1/\sqrt{5} & 2/\sqrt{5} \\ -2/\sqrt{5} & 1/\sqrt{5} \end{pmatrix}$ を用いれば，上式は $\boldsymbol{x} = \boldsymbol{U}\boldsymbol{x}', \boldsymbol{x}' = \boldsymbol{U}^\top \boldsymbol{x}$ とも書ける．条件 $x^2 + y^2 = 1$ は $x'^2 + y'^2 = 1$ と書ける．関数 $f$ を変数 $x', y'$ で表すと次の標準形となる．

$$f = 2x'^2 + 7y'^2 \tag{5.151}$$

$x'^2 + y'^2 = 1$ のとき，これが最大になるのは $x' = 0, y' = 1$ のときであり，$f = 7$ となる．最小になるのは $x' = 1, y' = 0$ のときであり，$f = 2$ となる．$x' = 0, y' = 1$ および $x' = 1, y' = 0$ のとき，式 (5.150) より

$$\begin{pmatrix} x \\ y \end{pmatrix} = \begin{pmatrix} 1/\sqrt{5} & 2/\sqrt{5} \\ -2/\sqrt{5} & 1/\sqrt{5} \end{pmatrix} \begin{pmatrix} 0 \\ 1 \end{pmatrix} = \begin{pmatrix} 2/\sqrt{5} \\ 1/\sqrt{5} \end{pmatrix}$$

$$\begin{pmatrix} x \\ y \end{pmatrix} = \begin{pmatrix} 1/\sqrt{5} & 2/\sqrt{5} \\ -2/\sqrt{5} & 1/\sqrt{5} \end{pmatrix} \begin{pmatrix} 1 \\ 0 \end{pmatrix} = \begin{pmatrix} 1/\sqrt{5} \\ -2/\sqrt{5} \end{pmatrix} \tag{5.152}$$

となる．これらは，$f = (\boldsymbol{x}, \boldsymbol{A}\boldsymbol{x})$ と表した場合の係数行列 $\boldsymbol{A} = \begin{pmatrix} 6 & 2 \\ 2 & 3 \end{pmatrix}$ の最大固有値，最小固有値に対する単位固有ベクトルであり，最大固有値，最小固有値がそれぞれ $f$ の最大値，最小値となる．□

**【例 5.36】** $x^2 + y^2 + z^2 = 1$ のとき，次の関数の最大値と最小値を求めよ．

$$f = 4x^2 + 4y^2 + 4z^2 - 2yz + 2zx - 2xy \tag{5.153}$$

（解）変数 $x', y', z'$ を次のように定義する．

$$\begin{cases} x = \dfrac{x'}{\sqrt{3}} + \dfrac{y'}{\sqrt{2}} - \dfrac{z'}{\sqrt{6}} \\ y = -\dfrac{x'}{\sqrt{3}} + \dfrac{y'}{\sqrt{2}} + \dfrac{z'}{\sqrt{6}} \\ z = \dfrac{x'}{\sqrt{3}} + \dfrac{2z'}{\sqrt{6}} \end{cases} \qquad \begin{cases} x' = \dfrac{x}{\sqrt{3}} - \dfrac{y}{\sqrt{3}} + \dfrac{z}{\sqrt{3}} \\ y' = \dfrac{x}{\sqrt{2}} + \dfrac{y}{\sqrt{2}} \\ z' = -\dfrac{x}{\sqrt{6}} + \dfrac{y}{\sqrt{6}} + \dfrac{2z}{\sqrt{6}} \end{cases} \tag{5.154}$$

ベクトル $\boldsymbol{x} = \begin{pmatrix} x \\ y \\ z \end{pmatrix}$, $\boldsymbol{x}' = \begin{pmatrix} x' \\ y' \\ z' \end{pmatrix}$ と行列 $\boldsymbol{U} = \begin{pmatrix} 1/\sqrt{3} & 1/\sqrt{2} & -1/\sqrt{6} \\ -1/\sqrt{3} & 1/\sqrt{2} & 1/\sqrt{6} \\ 1/\sqrt{3} & 0 & 2/\sqrt{6} \end{pmatrix}$ を用いれば，上式は $\boldsymbol{x} = \boldsymbol{U}\boldsymbol{x}'$, $\boldsymbol{x}' = \boldsymbol{U}^\top \boldsymbol{x}$ とも書ける．条件 $x^2 + y^2 + z^2 = 1$ は $x'^2 + y'^2 + z'^2 = 1$ と書ける．関数 $f$ を変数 $x', y', z'$ で表すと次の標準形となる．

$$f = 6x'^2 + 3y'^2 + 3z'^2 \tag{5.155}$$

$x'^2 + y'^2 + z'^2 = 1$ のとき，これが最大になるのは $x' = 1, y' = z' = 0$ のときであり，$f = 6$ となる．最小になるのは $y' = 1, x' = z' = 0$ のときであり，$f = 3$ となる（ただし一意的ではない．$z' = 1, x' = y' = 0$ としてもよい）．$x' = 1, y' = z' = 0$ および $y' = 1, x' = z' = 0$ のとき，式 (5.154) より

$$\begin{pmatrix} x \\ y \\ z \end{pmatrix} = \begin{pmatrix} 1/\sqrt{3} & 1/\sqrt{2} & -1/\sqrt{6} \\ -1/\sqrt{3} & 1/\sqrt{2} & 1/\sqrt{6} \\ 1/\sqrt{3} & 0 & 2/\sqrt{6} \end{pmatrix} \begin{pmatrix} 1 \\ 0 \\ 0 \end{pmatrix} = \begin{pmatrix} 1/\sqrt{3} \\ -1/\sqrt{3} \\ 1/\sqrt{3} \end{pmatrix}$$

$$\begin{pmatrix} x \\ y \\ z \end{pmatrix} = \begin{pmatrix} 1/\sqrt{3} & 1/\sqrt{2} & -1/\sqrt{6} \\ -1/\sqrt{3} & 1/\sqrt{2} & 1/\sqrt{6} \\ 1/\sqrt{3} & 0 & 2/\sqrt{6} \end{pmatrix} \begin{pmatrix} 0 \\ 1 \\ 0 \end{pmatrix} = \begin{pmatrix} 1/\sqrt{2} \\ 1/\sqrt{2} \\ 0 \end{pmatrix} \tag{5.156}$$

となる．これらは，$f = (\boldsymbol{x}, \boldsymbol{A}\boldsymbol{x})$ と表した場合の係数行列 $\boldsymbol{A} = \begin{pmatrix} 4 & -1 & 1 \\ -1 & 4 & -1 \\ 1 & -1 & 4 \end{pmatrix}$ の最大固有値，最小固有値に対する単位固有ベクトルであり，最大固有値，最小固有値がそれぞれ $f$ の最大値，最小値となる． □

対称行列の 0 でない固有値の個数はその行列の**ランク**（または**階数**）に等しい．したがって，$n \times n$ 対称行列が正則行列である必要十分条件は，**すべての固有値が 0 でないことである．**

**チェック** $n \times n$ 行列が正則行列である必要十分条件はランクが $n$ となることである（$\hookrightarrow$ 第 5 章 5.1.3 項）．

固有値がすべて正の対称行列を**正値**（または**正定値**）**対称行列**といい，固有値がすべて 0 または正の対称行列を**半正値**（または**半正定値**）**対称行列**という．

**【例 5.37】** 対称行列 $\boldsymbol{A}$ が正値である必要十分条件は，任意の $\boldsymbol{0}$ でないベクトル $\boldsymbol{x}$ に対して

$$(\boldsymbol{x}, \boldsymbol{A}\boldsymbol{x}) > 0 \tag{5.157}$$

であることを示せ．

（解）2 次形式 $(\boldsymbol{x}, \boldsymbol{A}\boldsymbol{x})$ は，式 (5.123) のように標準形に表せる．固有値 $\lambda_1, \lambda_2, \ldots, \lambda_n$ がすべて正なら，任意の $\boldsymbol{x}' \neq \boldsymbol{0}$ に対して上式は正である．したがって，任意の $\boldsymbol{x} = \boldsymbol{U}\boldsymbol{x}' \neq \boldsymbol{0}$ に対して上式は正である．逆に，任意の $\boldsymbol{x} \neq \boldsymbol{0}$ に対して式 (5.123) が正なら，任意の $\boldsymbol{x}' = \boldsymbol{U}^\top \boldsymbol{x} \neq \boldsymbol{0}$ に対して上式が正である．

$x_1' = x_2' = \cdots = x_{i-1}' = 0, x_i' = 1, x_{i+1}' = x_{i+2}' = \cdots = x_n = 0$ とすると $\lambda_i > 0$ である．$i$ は任意であるから，$\lambda_1, \lambda_2, \ldots, \lambda_n$ はすべて正である． □

**【例 5.38】** 対称行列 $\boldsymbol{A}$ が半正値である必要十分条件は，任意ベクトル $\boldsymbol{x}$ に対して

$$(\boldsymbol{x}, \boldsymbol{A}\boldsymbol{x}) \geq 0 \tag{5.158}$$

であることを示せ．

（解）例 5.37 と同様に考えると，固有値 $\lambda_1, \lambda_2, \ldots, \lambda_n$ が正または 0 なら，式 (5.123) は正または 0 である．逆に，式 (5.123) が正または 0 なら，$x_1' = x_2' = \cdots = x_{i-1}' = 0, x_i' = 1, x_{i+1}' = x_{i+2}' = \cdots = x_n = 0$ の場合を考えると $\lambda_i \geq 0$ となる． □

正値対称行列を係数とする 2 次形式を**正値 2 次形式**，半正値対称行列を係数とする 2 次形式を**半正値 2 次形式**とも呼ぶ．

## ディスカッション

**【学生】** 前節の 2 次形式の標準形は，楕円の主軸に座標軸をとることだと解釈して非常によくわかりました．2 次形式の最大最小も同じような解釈ができますか．

**【先生】** もちろんです．式 (5.149) を考えましょう．$f =$（一定）とすると楕円ですから，$f$ の等高線を描くと図 5.4 のようになります．係数行列の固有ベクトル $\boldsymbol{u}_1, \boldsymbol{u}_2$ の方向に $x'$ 軸，$y'$ 軸をとると，$\lambda_1 x'^2 + \lambda_2 y'^2 =$（一定）と書けるのでした．条件 $x^2 + y^2 = 1$ は原点から距離が 1 ということです．

図 5.4 から，原点から 1 だけ進んで $f$ を最大にするには，最も勾配の大きい，楕円の短軸方向，すなわち大きい固有値の固有ベクトル方向に進めばよいことがわかります．同様に，$f$ を最小にするには楕円の長軸方向，すなわち小さい固有値の固有ベクトル方向に進めばよいことがわかります．

**【学生】** しかし，標準形が $f = \lambda_1 x'^2 + \lambda_2 y'^2$ でも，$\lambda_1, \lambda_2$ が正でないときは楕円になりません．

**【先生】** そうです．2 次形式 $f = (\boldsymbol{x}, \boldsymbol{A}\boldsymbol{x})$ の値を $xy$ 平面上の高さにとった曲面の形は，$\lambda_1$, $\lambda_2$ の符号によって異なります．$\lambda_1, \lambda_2$ が共に正の場合は，図 5.5(a) のように下に凸の曲面となり，$xy$ に平行な切り口は楕円です．$\lambda_1, \lambda_2$ が共に負の場合は，上下が反転した上に凸の曲面になります．このような形を**楕円型**といいます．$\lambda_1, \lambda_2$ の一つが 0 の場合は，図 5.5(b) のように平面を折り曲げたような形になり，$xy$ 平面に垂直な平面で曲面と直交するように切ると，切り口は放物線になります．このような形を**放物型**といいます．$\lambda_1, \lambda_2$ が異符号の場合

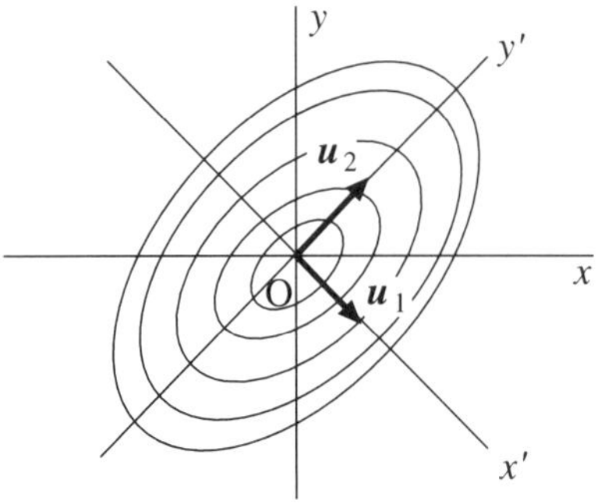


**図 5.4**　原点から 1 だけ進んで $f$ を最大にするには等高線の短軸方向に，最小にするには長軸方向に進めばよい．

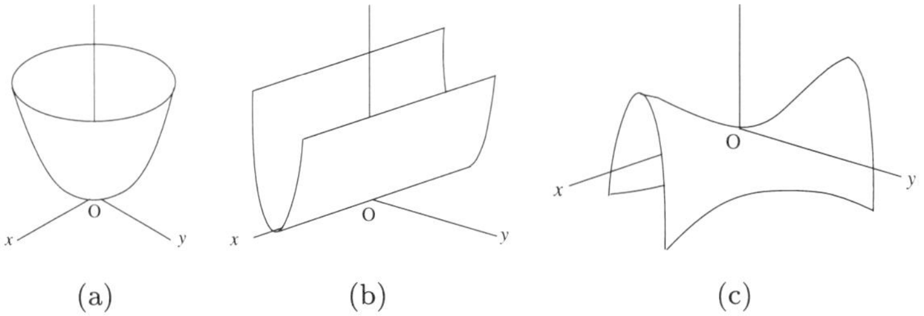


**図 5.5**　2 次形式 $f = \lambda_1 x^2 + \lambda_2 y^2$ の表す曲面．(a) $\lambda_1$, $\lambda_2$ が同符号の場合は楕円型，(b) $\lambda_1$, $\lambda_2$ の一方が 0 の場合は放物型，(c) $\lambda_1$, $\lambda_2$ が異符号の場合は双曲型．

は，図 5.5(c) のように，一つの対称軸に沿っては両方向に値が増加し，それに直交する対称軸に沿っては両方向に値が減少します．$xy$ 平面に平行な切り口は双曲線になります．このような形を**双曲型**といいます．その峠にあたる点を，馬の背に乗せる鞍の形に似ていることから**鞍点**（あんてん）と呼びます．

どの場合も，係数行列の固有ベクトルが等高線の対称軸になり，その方向に座標軸をとると式が標準形になります．そして，原点から 1 だけ進んで $f$ を最大または最小にするには，それぞれ大きい固有値および小さい固有値の固有ベクトル方向に進めばよいことがわかります．3 変数以上は曲面が描けませんが考え方は同じです．例えば，3 変数では，2 次形式が一定値の点全体はフットボールのような楕円体になり，原点から 1 だけ進んで $f$ を最大にするには最大固有値の固有ベクトル方向に進めばよく，それに垂直な方向で値を最大にするには 2 番目に大きい固有値の固有ベクトル方向に進めばよいことがわかります．

**【学生】** つまり，固有値 $\lambda_1, \ldots, \lambda_n$ がすべて正になることと 2 次形式 $f$ が原点以外では正になることとが同じなのですね．それが式 (5.157) の意味ですね．

【先生】そうです．そのように固有値がすべて正になる対称行列が**正値対称行列**で，その 2 次形式が**正値 2 次形式**です．固有値のうちに 0 があるものが**半正値対称行列**で，その 2 次形式が**半正値 2 次形式**です．

【学生】ということは，2 変数の場合，正値 2 次形式の曲面は図 5.5(a) の楕円型，半正値 2 次形式の曲面は図 5.5(b) の放物型，固有値に正のものと負のものがあれば図 5.5(c) の双曲型になるのですね．

【先生】そうです．また固有値がすべて負の場合を**負値 2 次形式**，負または零の場合を**半負値 2 次形式**といいます．これらの曲面は，図 5.5(a), (b) の曲面の上下を反転したものになります．反転してもそれぞれ楕円型，放物型です．

【学生】式を追っただけではよくわかりませんでしたが，図形を思い浮かべると，この項に書いてあることは明らかなことばかりです．図形を思い浮かべることの大切さがよくわかりました．

---

# 第6章

# 主軸変換とその応用

本章では，前章に示した2次形式の標準化の方法を実際的な問題へ適用する．まず，多数の多次元データを解析して意味のある量を引き出す「主成分分析」を学ぶ．その基礎となるのは，「共分散行列」の「主軸変換」であり，「主軸」，「主成分」などの概念が得られる．次に，画像データを組織的な基底によって表す「アダマール変換」，「離散コサイン変換」などの手法が，画像の識別やデータの圧縮に果す役割を理解する．さらに，データ画像のみからこれを特徴づける基底を引き出す「固有空間法」を学ぶ．これは，今日の画像による顔認識，人物認識などの多くの応用で基本となる技術である．最後に，コンピュータによる高次元行列の固有値計算を効率化する方法を考察し，そのための「特異値分解」について学ぶ．

## 6.1 主成分分析

### 6.1.1 主軸変換

$n$ 次元空間に $N$ 個の点が分布しているとし，その位置ベクトルを $\boldsymbol{r}_\alpha$, $\alpha = 1,\ldots,N$, とする．その平均を

$$\bar{\boldsymbol{r}} = \frac{1}{N}\sum_{\alpha=1}^{N}\boldsymbol{r}_\alpha \tag{6.1}$$

とする．各位置ベクトル $\boldsymbol{r}_\alpha$ から平均 $\bar{\boldsymbol{r}}$ を差し引いたものを $\boldsymbol{x}_\alpha$ と置く．

$$\boldsymbol{x}_\alpha = \boldsymbol{r}_\alpha - \bar{\boldsymbol{r}} \tag{6.2}$$

したがって，$N$ 点 $\{\boldsymbol{x}_\alpha\}$ の平均は原点 O である．

原点 O を通り，単位ベクトル $\boldsymbol{u}_1$ の方向の直線を $l_1$ とする．点 $\boldsymbol{x}_\alpha$ から直線 $l_1$ 上へ下ろした垂線の足 H の原点 O からの距離 $OH$ を，$\boldsymbol{x}_\alpha$ を $l_1$ 上に**射影した長さ**と呼ぶ．ただし，$l_1$ に沿ってベクトル $\boldsymbol{u}_1$ の方向に正，反対方向に負と約束する．

**【例 6.1】**　ベクトル $\boldsymbol{x}_\alpha$ を単位ベクトル $\boldsymbol{u}_1$ に沿う直線 $l_1$ 上に射影した長さは，$(\boldsymbol{u}_1, \boldsymbol{x}_\alpha)$ であることを示せ．

（解）ベクトル $\boldsymbol{x}_\alpha, \boldsymbol{u}_1$ のなす角を $\theta_\alpha$ とすれば，射影した長さは $\|\boldsymbol{x}_\alpha\| \cos\theta_\alpha$ である．$\boldsymbol{u}_1$ は単位ベクトルであるから，次の関係が成り立つ（図 6.1）．

$$(\boldsymbol{u}_1, \boldsymbol{x}_\alpha) = \|\boldsymbol{u}_1\| \cdot \|\boldsymbol{x}_\alpha\| \cos\theta_\alpha = \|\boldsymbol{x}_\alpha\| \cos\theta_\alpha \tag{6.3}$$

□

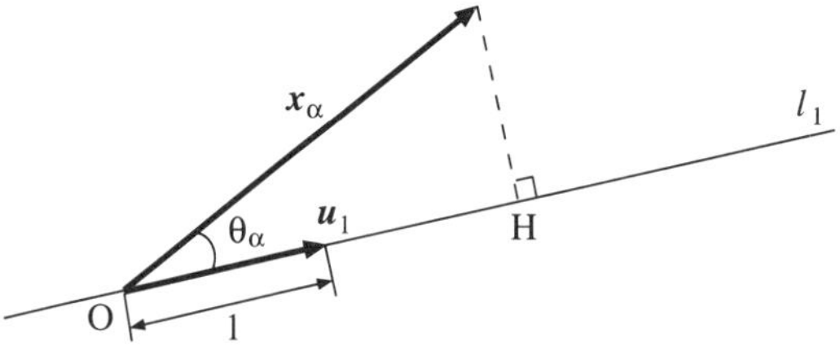


**図 6.1**　ベクトルを直線上に射影した長さ．

―――――――――― ディスカッション ――――――――――

**【学生】** ちょっと待って下さい．$n$ 次元空間でもベクトルの**なす角**があるのですか．

**【先生】** もちろんです．どんなに次元が高くても，始点が一致した二つのベクトル $\boldsymbol{u}, \boldsymbol{v}$ を通る 2 次元平面があります．その 2 次元平面内で考えれば，普通の平面の場合と同じです．でも，形式的に示せば次のようになります．2 章 2.2 節で示したように，内積とノルムが定義されれば，式 (2.73) の**シュワルツの不等式**が成り立ちます．したがって

$$-1 \leq \frac{(\boldsymbol{u}, \boldsymbol{v})}{\|\boldsymbol{u}\| \cdot \|\boldsymbol{v}\|} \leq 1 \tag{6.4}$$

ですから，これが $\cos\theta$ となる角度 $\theta$ で $0 \leq \theta \leq \pi$ のものがただ一つ存在します．この角度 $\theta$ を用いると

$$(\boldsymbol{u}, \boldsymbol{v}) = \|\boldsymbol{u}\| \cdot \|\boldsymbol{v}\| \cos\theta \tag{6.5}$$

と書けます．この角度 $\theta$ がベクトル $\boldsymbol{u}$, $\boldsymbol{v}$ の**なす角**です．このことは第 2 章 2.2.1 項のディスカッションで君に言いましたね．式 (2.87), (2.88) を見てください．

**【学生】** 思い出しました．でも，これはなす角の定義です．式 (6.3) の計算が本当に図 6.1 の関係を表しているのでしょうか．

**【先生】** 確かに三角関数の使い方が直観的ですね．これは正しいのですが，より厳密には次のようにします．ベクトル $\boldsymbol{x}_\alpha$ の始点を原点とみなすと，直線 $l_1$ 上の点は $t\boldsymbol{u}_1$ と表せます．$t$ は $l_1$ に沿う長さです（$\boldsymbol{u}_1$ の方向を正とします）．これが $\boldsymbol{x}_\alpha$ から $l_1$ に下ろした垂線の足であるなら，$\boldsymbol{x}_\alpha - t\boldsymbol{u}_1$ が $\boldsymbol{u}_1$ と直交していなければなりません．したがって，それらの内積は 0 です．$\boldsymbol{u}_1$ は単位ベクトルですから

$$0 = (\boldsymbol{u}_1, \boldsymbol{x}_\alpha - t\boldsymbol{u}_1) = (\boldsymbol{u}_1, \boldsymbol{x}_\alpha) - t(\boldsymbol{u}_1, \boldsymbol{u}_1) = (\boldsymbol{u}_1, \boldsymbol{x}_\alpha) - t \tag{6.6}$$

であり，$t = (\boldsymbol{u}_1, \boldsymbol{x}_\alpha)$ となります．

**【学生】** 垂線の足までの距離が内積 $(\boldsymbol{u}_1, \boldsymbol{x}_\alpha)$ に等しいことはわかりました．でも，垂線の足がその直線までの最短距離になっているのでしょうか．

**【先生】** もちろんです．距離を最小にすることは距離の二乗を最小にすること，すなわち最小二乗法です．最小二乗法の解が垂線の足になっていることは，第 2 章 2.2.3 項の例 2.26 で示しました．図 2.7 の部分空間 $\mathcal{V}_n$ が 1 次元の場合が図 6.1 です．

**【学生】** そうでした．忘れていました．

---

**【例 6.2】** 原点 O を平均とする $N$ 点 $\{\boldsymbol{x}_\alpha\}$ を単位ベクトル $\boldsymbol{u}_1$ の方向の直線 $l_1$ 上に射影した長さの平均は，$\boldsymbol{u}_1$ がどの方向でも 0 であることを示せ．

（解）点 $\boldsymbol{x}_\alpha$ を直線 $l_1$ 上に射影した長さは $(\boldsymbol{u}_1, \boldsymbol{x}_\alpha)$ であるから，その $N$ 点に渡る平均は

$$\frac{1}{N}\sum_{\alpha=1}^{N}(\boldsymbol{u}_1, \boldsymbol{x}_\alpha) = (\boldsymbol{u}_1, \frac{1}{N}\sum_{\alpha=1}^{N}\boldsymbol{x}_\alpha) \tag{6.7}$$

となる．$\{\boldsymbol{x}_\alpha\}$ の平均が O であるから，これは 0 である．□

$N$ 点 $\{\boldsymbol{x}_\alpha\}$ を直線 $l_1$ 上に射影した長さの平均は 0 であるから，次にその分散，すなわち二乗の平均を考える．射影した長さは $(\boldsymbol{u}_1, \boldsymbol{x}_\alpha)$ であるから，その $N$ 点に渡る二乗の平均は次のようになる

$$S = \frac{1}{N}\sum_{\alpha=1}^{N}(\boldsymbol{u}_1, \boldsymbol{x}_\alpha)^2 = \frac{1}{N}\sum_{\alpha=1}^{N}\boldsymbol{u}_1^\top \boldsymbol{x}_\alpha \boldsymbol{x}_\alpha^\top \boldsymbol{u}_1$$

$$= \boldsymbol{u}_1^\top \Big( \frac{1}{N} \sum_{\alpha=1}^N \boldsymbol{x}_\alpha \boldsymbol{x}_\alpha^\top \Big) \boldsymbol{u}_1 = (\boldsymbol{u}_1, \boldsymbol{V}\boldsymbol{u}_1) \tag{6.8}$$

ただし，行列 $\boldsymbol{V}$ を次のように定義し，（**分散・**）**共分散行列**と呼ぶ．

$$\boldsymbol{V} = \frac{1}{N} \sum_{\alpha=1}^N \boldsymbol{x}_\alpha \boldsymbol{x}_\alpha^\top \tag{6.9}$$

式 (6.8) の分散 $S$ が最大になる方向 $\boldsymbol{u}_1$ を**主方向**と呼ぶ．

**チェック**　列ベクトル $\boldsymbol{a}$ の転置 $\boldsymbol{a}^\top$ は $\boldsymbol{a}$ の成分を横に並べた行ベクトルである．

**チェック**　ベクトル $\boldsymbol{a}, \boldsymbol{b}$ に対して $\boldsymbol{a}^\top \boldsymbol{b}$ はスカラであり，内積 $(\boldsymbol{a}, \boldsymbol{b})$ に等しい（↪ 式 (5.102)）．

$$\boldsymbol{a}^\top \boldsymbol{b} = \begin{pmatrix} a_1 & \cdots & a_n \end{pmatrix} \begin{pmatrix} b_1 \\ \vdots \\ b_n \end{pmatrix} = a_1 b_1 + \cdots + a_n b_n = (\boldsymbol{a}, \boldsymbol{b}) \tag{6.10}$$

**チェック**　ベクトル $\boldsymbol{a} = \begin{pmatrix} a_1 \\ \vdots \\ a_n \end{pmatrix}$, $\boldsymbol{b} = \begin{pmatrix} b_1 \\ \vdots \\ b_n \end{pmatrix}$ に対して，$\boldsymbol{a}\boldsymbol{b}^\top$ は $n \times n$ 行列であり，その $(ij)$ 要素は $a_i b_j$ である．

$$\boldsymbol{a}\boldsymbol{b}^\top = \begin{pmatrix} a_1 \\ \vdots \\ a_n \end{pmatrix} \begin{pmatrix} b_1 & \cdots & b_n \end{pmatrix} = \begin{pmatrix} a_1 b_1 & \cdots & a_1 b_n \\ \vdots & & \vdots \\ a_n b_1 & \cdots & a_n b_n \end{pmatrix} \tag{6.11}$$

## ディスカッション

**【学生】**「共分散行列」とはどういう意味ですか．統計学に関係あるのですか．

**【先生】**そうです．2 変数の場合で考えると，データを $(x_\alpha, y_\alpha)$, $\alpha = 1, \ldots, N$, とすると，式 (6.1) の平均は

$$\bar{\boldsymbol{r}} = \frac{1}{N} \sum_{\alpha=1}^N \begin{pmatrix} x_\alpha \\ y_\alpha \end{pmatrix} = \begin{pmatrix} \sum_{\alpha=1}^N x_\alpha / N \\ \sum_{\alpha=1}^N y_\alpha / N \end{pmatrix} \tag{6.12}$$

となります．$\{x_\alpha\}$, $\{y_\alpha\}$ の平均値を $\bar{x} = \sum_{\alpha=1}^N x_\alpha / N$, $\bar{y} = \sum_{\alpha=1}^N y_\alpha / N$ と書くと，式 (6.9) が次のように書けます．

$$\begin{aligned} \boldsymbol{V} &= \frac{1}{N} \sum_{\alpha=1}^N \begin{pmatrix} x_\alpha - \bar{x} \\ y_\alpha - \bar{y} \end{pmatrix} \begin{pmatrix} x_\alpha - \bar{x} & y_\alpha - \bar{y} \end{pmatrix} \\ &= \begin{pmatrix} \sum_{\alpha=1}^N (x_\alpha - \bar{x})^2 / N & \sum_{\alpha=1}^N (x_\alpha - \bar{x})(y_\alpha - \bar{y}) / N \\ \sum_{\alpha=1}^N (x_\alpha - \bar{x})(y_\alpha - \bar{y}) / N & \sum_{\alpha=1}^N (y_\alpha - \bar{y})^2 / N \end{pmatrix} \end{aligned} \tag{6.13}$$

左上の $\sum_{\alpha=1}^{N}(x_\alpha - \bar{x})^2/N$ は各 $x_\alpha$ の平均値 $\bar{x}$ からのずれの二乗の平均であり，$\{x_\alpha\}$ の**分散**と呼びます．これは $\{x_\alpha\}$ が平均値 $\bar{x}$ からどの程度離れて分布しているかを表す量です．

**【学生】** 知っています．その平方根が**標準偏差**です．成績の「偏差値」はこれをもとにして換算した点数のことだと聞きました．右下の，$\sum_{\alpha=1}^{N}(y_\alpha - \bar{y})^2/N$ は $\{y_\alpha\}$ の分散です．非対角要素の $\sum_{\alpha=1}^{N}(x_\alpha - \bar{x})(y_\alpha - \bar{y})/N$ は何ですか．

**【先生】** それを説明する前に，一言注意しましょう．「平均」，「分散」，「標準偏差」という言葉は何気なく使われますが，これには 2 通りの意味があります．一つは変数の確率分布から定義されるものであり，もう一つはデータから定義されるものです．それを区別するには，式 (6.12) を**サンプル平均**，$\sum_{\alpha=1}^{N}(x_\alpha - \bar{x})^2/N$ を $\{x_\alpha\}$ の**サンプル分散**，その平方根を**サンプル標準偏差**と呼ぶのが正式です．それに対して，確率分布から定義されるものは「母（集団）」をつけ，例えば，式 (3.33) は**母（集団）平均** 0，**母（集団）分散** $\sigma^2$ の正規分布であるというのが正式です．「母平均」0，「母分散」$\sigma^2$ の確率分布に従ってランダムに発生するデータの「サンプル平均」と「サンプル分散」は，必ずしも 0, $\sigma^2$ には一致しません．しかし，データ数を非常に多くとると次第に一致します．これが**大数（たいすう）の法則**です．「サンプル」（人によっては「データ」）や「母（集団）」（人によっては「アンサンブル」）という言葉は普通は省略されますので，「平均」や「分散」がどちらの意味か，絶えず注意することが大切です．

さて，分散は二乗の平均ですから負になることはありませんが，

$$C = \frac{1}{N}\sum_{\alpha=1}^{N}(x_\alpha - \bar{x})(y_\alpha - \bar{y}) \tag{6.14}$$

は正にも負にもなります．例えば，$x_\alpha$ が平均 $\bar{x}$ より大きいとき $y_\alpha$ が平均 $\bar{y}$ より大きいデータが多いとき，または $x_\alpha$ が平均 $\bar{x}$ より小さいとき $y_\alpha$ が平均 $\bar{y}$ より小さいデータが多いときは正になります．その反対に，$x_\alpha$ が平均 $\bar{x}$ より大きいとき $y_\alpha$ が平均 $\bar{y}$ より小さい，あるいはその逆のデータが多いときは負になります．このように，$C$ はデータ $\{x_\alpha\}$ と $\{y_\alpha\}$ の依存の度合いを表すもので，**共分散**と呼びます．これを両方の標準偏差で割った

$$R = \frac{\sum_{\alpha=1}^{N}(x_\alpha - \bar{x})(y_\alpha - \bar{y})/N}{\sqrt{\sum_{\alpha=1}^{N}(x_\alpha - \bar{x})^2/N}\sqrt{\sum_{\alpha=1}^{N}(y_\alpha - \bar{y})^2/N}} \tag{6.15}$$

を**相関係数**と呼びます．共分散 $C$（または相関係数 $R$）が正なら，$x_\alpha$ が大きいと $y_\alpha$ が大きい可能性が高いので，**正の相関**があるといいます．負なら，$x_\alpha$ が大きいと $y_\alpha$ が小さい可能性が高いので，**負の相関**があるといいます．共分散 $C$（または相関係数 $R$）が 0 のときは，$x_\alpha$ が大きいか小さいかは $y_\alpha$ が大きいか小さいかに関係がなく，**無相関**であるといいます（図 6.2）．

**【学生】** 前回のディスカッションを思い出して気がついたことがあります．平均値からのずれ $\{x_\alpha - \bar{x}\}$, $\{y_\alpha - \bar{y}\}$, $\alpha = 1, \ldots, N$, をそれぞれ $N$ 次元ベクトル

$$\begin{pmatrix} x_1 - \bar{x} \\ \vdots \\ x_N - \bar{x} \end{pmatrix}, \qquad \begin{pmatrix} y_1 - \bar{y} \\ \vdots \\ y_N - \bar{y} \end{pmatrix} \tag{6.16}$$

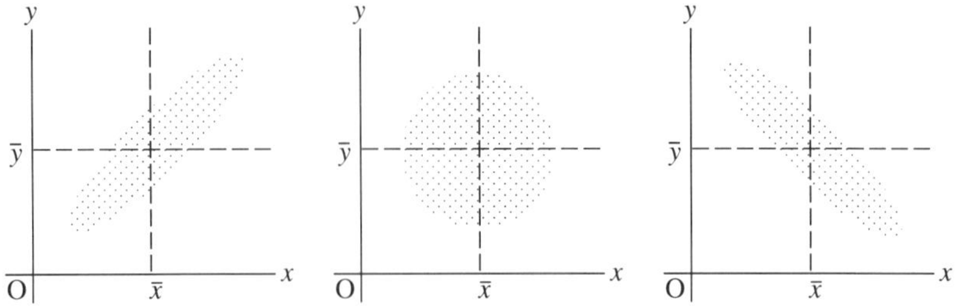


(a) 正の相関 ($R > 0$).　(b) 無相関 ($R = 0$).　(c) 負の相関 ($R < 0$).

図 **6.2**

で表し，$N$ 次元ベクトル $\boldsymbol{a}$, $\boldsymbol{b}$ の内積を

$$(\boldsymbol{a}, \boldsymbol{b}) = \frac{1}{N}\sum_{\alpha=1}^{N} a_\alpha b_\alpha \tag{6.17}$$

と定義すると共分散 (6.14) は式 (6.16) のベクトルの内積になっています．そして相関係数 (6.15) は式 (6.4) の真ん中の部分の形をしています．したがって，シュワルツの不等式から相関係数 $R$ は $-1 \leq R \leq 1$ ですね．式 (6.16) のベクトルの各成分が互いに比例しているとき $R = 1$，符号を換えて比例しているとき $R = -1$，直交しているとき $R = 0$ です．要するに，式 (6.5) の $\cos\theta$ になっているのですね．

式 (6.17) は普通の内積とは違いますが，第 2 章 2.2.1 項で習ったように，内積は公理を満たせばどう定義してもよいのでした．係数 $1/N$ があるかないかは公理には関係ありません．

**【先生】** これは驚きました．君がそこまで覚えていたとは感心します．

**【学生】** どういたしまして．先生がいつも「図形としての意味を考えるとよい」と言われていたのを思い出しただけです．

---

**【例 6.3】**　共分散行列 $\boldsymbol{V}$ は半正値対称行列であることを示せ．

（解）$\boldsymbol{x}_\alpha \boldsymbol{x}_\alpha^\top$ が対称行列であることは式 (6.11) より明らかである．ゆえに，$\boldsymbol{V}$ は対称行列である．そして，任意のベクトル $\boldsymbol{x}$ に対して次の関係が成り立つ．

$$\begin{aligned}(\boldsymbol{x}, \boldsymbol{V}\boldsymbol{x}) &= \Big(\boldsymbol{x}, \Big(\frac{1}{N}\sum_{\alpha=1}^{N} \boldsymbol{x}_\alpha \boldsymbol{x}_\alpha^\top\Big)\boldsymbol{x}\Big) = \frac{1}{N}\sum_{\alpha=1}^{N} (\boldsymbol{x}, \boldsymbol{x}_\alpha \boldsymbol{x}_\alpha^\top \boldsymbol{x}) \\ &= \frac{1}{N}\sum_{\alpha=1}^{N} (\boldsymbol{x}, \boldsymbol{x}_\alpha)(\boldsymbol{x}_\alpha, \boldsymbol{x}) = \frac{1}{N}\sum_{\alpha=1}^{N} (\boldsymbol{x}, \boldsymbol{x}_\alpha)^2 \geq 0\end{aligned} \tag{6.18}$$

ゆえに，$\boldsymbol{V}$ は半正値である．　□

チェック 対称行列 $\boldsymbol{A}$ が半正値である必要十分条件は，任意ベクトル $\boldsymbol{x}$ に対して $(\boldsymbol{x}, \boldsymbol{A}\boldsymbol{x}) \geq 0$ となることである（↪ 例 5.38）．

【例 6.4】 $N$ 点 $\{\boldsymbol{x}_\alpha\}$ の主方向は共分散行列 $\boldsymbol{V}$ の最大固有値 $\lambda_1$ に対する固有ベクトル $\boldsymbol{u}_1$ の方向であり，その方向の分散は $\lambda_1$ であることを示せ．

（解） 式 (6.8) の 2 次形式を最大にする単位ベクトル $\boldsymbol{u}_1$ は $\boldsymbol{V}$ の最大固有値 $\lambda_1$ に対する単位固有ベクトルであり，その最大値は $\lambda_1$ である． □

チェック 2 次形式 $(\boldsymbol{x}, \boldsymbol{A}\boldsymbol{x})$ を最大にする単位ベクトル $\boldsymbol{x}$ は $\boldsymbol{A}$ の最大固有値に対する固有ベクトルである（↪ 例 5.32）．

【例 6.5】 $N$ 点 $\{\boldsymbol{x}_\alpha\}$ の主方向 $\boldsymbol{u}_1$ に直交する方向で最も分散の大きい方向，およびその方向の分散は何か．

（解） $\boldsymbol{u}_2$ を $\boldsymbol{u}_1$ に直交する任意の単位ベクトルとする．$\boldsymbol{u}_2$ の方向の直線 $l_2$ 上に $\boldsymbol{x}_\alpha$ を射影した長さは $(\boldsymbol{u}_2, \boldsymbol{x}_\alpha)$ であるから，方向 $\boldsymbol{u}_2$ の分散は式 (6.8) と同様に

$$S = \frac{1}{N}\sum_{\alpha=1}^{N}(\boldsymbol{u}_2, \boldsymbol{x}_\alpha)^2 = \boldsymbol{u}_2^\top\Big(\frac{1}{N}\sum_{\alpha=1}^{N}\boldsymbol{x}_\alpha\boldsymbol{x}_\alpha^\top\Big)\boldsymbol{u}_2 = (\boldsymbol{u}_2, \boldsymbol{V}\boldsymbol{u}_2) \tag{6.19}$$

である．$\boldsymbol{u}_1$ に直交し，上式を最大にする方向は $\boldsymbol{V}$ の 2 番目に大きい固有値 $\lambda_2$ に対する単位固有ベクトルの方向であり，その最大値は $\lambda_2$ である． □

チェック 対称行列 $\boldsymbol{A}$ の最大固有値 $\lambda_1$ に対する単位固有ベクトル $\boldsymbol{u}_1$ に直交するベクトルで 2 次形式 $(\boldsymbol{x}, \boldsymbol{A}\boldsymbol{x})$ を最大にする単位ベクトル $\boldsymbol{x}$ は，$\boldsymbol{A}$ の 2 番目に大きい固有値 $\lambda_2$ に対する単位固有ベクトル $\boldsymbol{u}_2$ であり，$\lambda_2$ がその最大値である（↪ 例 5.34）．

同様に考えると，$\boldsymbol{u}_1$, $\boldsymbol{u}_2$ に直交し，分散が最大になる方向は，共分散行列 $\boldsymbol{V}$ の 3 番目に大きい固有値 $\lambda_3$ に対する単位固有ベクトル $\boldsymbol{u}_3$ の方向である．一般に，$\boldsymbol{V}$ の固有値を大きい順に並べて $\lambda_1 \geq \lambda_2 \geq \cdots \geq \lambda_n$ $(\geq 0)$ とすると，対応する固有ベクトルの正規直交系 $\boldsymbol{u}_1, \boldsymbol{u}_2, \ldots, \boldsymbol{u}_n$ が分散の大きい順にとった座標系となり，$\lambda_1, \lambda_2, \ldots, \lambda_n$ がそれぞれの方向の分散となっている（図 6.3）．$\boldsymbol{u}_1, \boldsymbol{u}_2, \ldots, \boldsymbol{u}_n$ の方向を**主軸**，$\lambda_1, \lambda_2, \ldots, \lambda_n$ を**主値**という．

主軸方向の単位ベクトル $\boldsymbol{u}_1, \boldsymbol{u}_2, \ldots, \boldsymbol{u}_n$ を基底とする，新しい $x_1'x_2'\cdots x_n'$ 座標系を定義する．元の座標系で座標 $(x_1, x_2, \ldots, x_n)$ を持つ点 $\boldsymbol{x}$ が新しい座

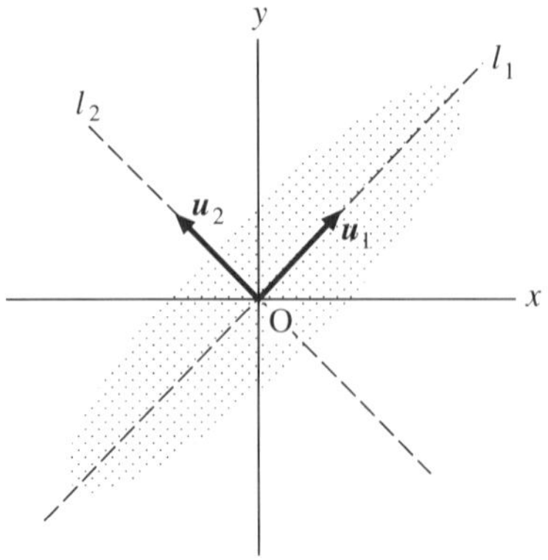


**図 6.3**　分布の主軸.

標系で座標 $(x'_1, x'_2, \ldots, x'_n)$ を持つとすると，定義より次の関係が成り立つ.

$$\boldsymbol{x} = x'_1\boldsymbol{u}_1 + x'_2\boldsymbol{u}_2 + \cdots + x'_n\boldsymbol{u}_n \tag{6.20}$$

これはベクトル $\boldsymbol{x}$ の基底 $\{\boldsymbol{u}_1,\ \boldsymbol{u}_2, \ldots, \boldsymbol{u}_n\}$ による**展開**とも呼ばれる. $\boldsymbol{u}_1$, $\boldsymbol{u}_2, \ldots, \boldsymbol{u}_n$ を列とする直交行列 $\boldsymbol{U}$ とベクトル $\boldsymbol{x}$, $\boldsymbol{x}'$ を

$$\boldsymbol{U} = (\ \boldsymbol{u}_1\ \ \boldsymbol{u}_2\ \ \cdots\ \ \boldsymbol{u}_n\ ), \qquad \boldsymbol{x} = \begin{pmatrix} x_1 \\ x_2 \\ \vdots \\ x_n \end{pmatrix}, \qquad \boldsymbol{x}' = \begin{pmatrix} x'_1 \\ x'_2 \\ \vdots \\ x'_n \end{pmatrix} \tag{6.21}$$

とすると，式 (6.20) は $\boldsymbol{x} = \boldsymbol{U}\boldsymbol{x}'$ と書ける（$\hookrightarrow$ 式 (5.146)）.

**【例 6.6】**　主軸を座標系にとると，その座標系では共分散行列はどのようになるか.

（解）元の座標系の点 $\boldsymbol{x}_\alpha$ は，新しい座標系では $\boldsymbol{x}'_\alpha = \boldsymbol{U}^\top\boldsymbol{x}_\alpha$ と書ける. その共分散行列は次のようになる.

$$\boldsymbol{V}' = \frac{1}{N}\sum_{\alpha=1}^{N}\boldsymbol{x}'_\alpha\boldsymbol{x}'^\top_\alpha = \frac{1}{N}\sum_{\alpha=1}^{N}(\boldsymbol{U}^\top\boldsymbol{x}_\alpha)(\boldsymbol{U}^\top\boldsymbol{x}_\alpha)^\top = \frac{1}{N}\sum_{\alpha=1}^{N}\boldsymbol{U}^\top\boldsymbol{x}_\alpha\boldsymbol{x}_\alpha^\top\boldsymbol{U}$$

$$= \boldsymbol{U}^\top \Big( \frac{1}{N} \sum_{\alpha=1}^{N} \boldsymbol{x}_\alpha \boldsymbol{x}_\alpha^\top \Big) \boldsymbol{U} = \boldsymbol{U}^\top \boldsymbol{V} \boldsymbol{U} = \begin{pmatrix} \lambda_1 & & & \\ & \lambda_2 & & \\ & & \ddots & \\ & & & \lambda_n \end{pmatrix} \tag{6.22}$$

すなわち，元の共分散行列 $\boldsymbol{V}$ の固有値を対角要素とする対角行列である．□

**チェック** 正規直交系 $\boldsymbol{u}_1, \boldsymbol{u}_2, \ldots, \boldsymbol{u}_n$ を列とする行列 $\boldsymbol{U}$ は直交行列であり，その逆行列 $\boldsymbol{U}^{-1}$ は転置 $\boldsymbol{U}^\top$ に等しい（↪ 第 5 章 5.2.3 項）．

**チェック** ベクトル $\boldsymbol{Av}$ の転置 $(\boldsymbol{Av})^\top$ は $\boldsymbol{v}^\top \boldsymbol{A}^\top$ に等しい．その両辺の第 $i$ 成分は $\sum_{j=1}^n A_{ij} v_j = \sum_{j=1}^n v_j A_{ij}$ である．

**チェック** 対称行列 $\boldsymbol{A}$ は，その単位固有ベクトルを列とする行列を $\boldsymbol{U}$ とすると $\boldsymbol{U}^\top \boldsymbol{A} \boldsymbol{U} = \begin{pmatrix} \lambda_1 & & \\ & \ddots & \\ & & \lambda_n \end{pmatrix}$ と対角化され，$\lambda_n$ は $\boldsymbol{A}$ の固有値である（↪ 式 (5.117)）．

上の例のように，共分散行列 $\boldsymbol{V}$ が対角行列になるように主軸方向に新しい座標系をとることを**主軸変換**と呼ぶ．

## ディスカッション

【学生】ここでやっていることは，第 5 章 5.2.6 項のディスカッションで言われたように，$n$ 次元空間の楕円体 $(\boldsymbol{x}, \boldsymbol{Vx}) = 1$ の主軸を座標軸にとると $\lambda_1 x_1^2 + \lambda_2 x_2^2 + \cdots + \lambda_n x_n^2 = 1$ と書けるということですか．

【先生】ちょっと違います．$n$ 次元空間に点が分布しているとき，その平均を原点とする座標系をとると，図 6.3 のように原点の周りに点が分布します．共分散行列を式 (6.9) で定義すると，この分布を最もよく近似する楕円体は $(\boldsymbol{x}, \boldsymbol{V}^{-1}\boldsymbol{x}) =$（定数）です．そして，点が最も大きく分散している方向が，この楕円体の半径が最大の主軸方向です．逆行列 $\boldsymbol{V}^{-1}$ の固有値は $\boldsymbol{V}$ の固有値の逆数で，同じ固有ベクトルを持ちますから，半径が最大の主軸方向は $\boldsymbol{V}^{-1}$ の最小固有値，すなわち $\boldsymbol{V}$ の最大固有値の固有ベクトルの方向です．その方向に直交する方向で最も大きく点が分散する方向は，$\boldsymbol{V}$ の 2 番目に大きい固有値の固有ベクトルの方向で，以下同様です．これらの主軸の方向に座標軸をとると，式 (6.22) より

$$\frac{x_1'^2}{\lambda_1} + \frac{x_2'^2}{\lambda_2} + \cdots + \frac{x_n'^2}{\lambda_n} = (\text{定数}) \tag{6.23}$$

と書けます．$\lambda_1, \lambda_2, \ldots, \lambda_n$ は共分散行列 $\boldsymbol{V}$ の固有値で，各方向の分散を表しています．それらの平方根 $\sqrt{\lambda_1}, \sqrt{\lambda_2}, \ldots, \sqrt{\lambda_n}$ が各方向の分布の標準偏差です．

【学生】式 (6.23) は確率分布と関係あるのですか．

【先生】その通りです．君の確率・統計の授業に出てくるかどうかわかりませんが，$n$ 次元ベクトル $\boldsymbol{x}$ の平均 $\mathbf{0}$ の $n$ 次元**正規分布**（**ガウス分布**）は次のように書けます．

$$f(\boldsymbol{x}) = \frac{1}{\sqrt{(2\pi)^n|\boldsymbol{V}|}}e^{-(\boldsymbol{x},\boldsymbol{V}^{-1}\boldsymbol{x})/2} \tag{6.24}$$

この値が一定値をとる点の全体は $(\boldsymbol{x},\boldsymbol{V}^{-1}\boldsymbol{x}) =$（定数）で表される楕円体です．2 次元の場合は等高線が図 5.4 のような原点を囲む楕円であり，横から見ると図 3.9 のような裾野を引く釣り鐘型です．$f(\boldsymbol{x})$ の値は点の現れやすさを表し，原点に近いほど現れやすく，遠くにいくほど現れにくいことを意味します．空間に点が分布しているとき，$\boldsymbol{V}$ として式 (6.9) の（サンプル）共分散行列をとると，式 (6.24) が分布を最もよく近似する正規分布となります．

$f(\boldsymbol{r})$ が一定となる楕円体 $(\boldsymbol{x},\boldsymbol{V}^{-1}\boldsymbol{x}) =$（定数）の定数を 1 にとった $(\boldsymbol{x},\boldsymbol{V}^{-1}\boldsymbol{x}) = 1$ を考えると，$\boldsymbol{V}$ の固有ベクトルがこの楕円体の主軸で，その固有値がその方向の半径の二乗です．主軸を新しい座標軸に選ぶと $(\boldsymbol{x},\boldsymbol{V}^{-1}\boldsymbol{x})$ は式 (6.23) の左辺のように書けますから，式 (6.24) は次のように書き直せます．

$$f(\boldsymbol{x}') = \frac{1}{\sqrt{2\pi\lambda_1}}e^{-{x'_1}^2/2\lambda_1} \times \frac{1}{\sqrt{2\pi\lambda_2}}e^{-{x'_2}^2/2\lambda_2} \times \cdots \times \frac{1}{\sqrt{2\pi\lambda_n}}e^{-{x'_n}^2/2\lambda_n} \tag{6.25}$$

【学生】これは式 (1.15) と同じ形です．1 変数の正規分布は式 (3.33) ですから，式 (6.25) はそれぞれの変数の正規分布の積です．そして，共分散行列 $\boldsymbol{V}$ の固有値 $\lambda_i$ が $i$ 番目の変数 $x'_i$ の分散になっています．

【先生】その通りです．まだ確率・統計を習っていないならわからなくても構いませんが，これを確率・統計の言葉でいうと，「原点を中心とする $n$ 次元正規分布は，共分散行列 $\boldsymbol{V}$ の固有ベクトルを座標軸にとると，各変数が**独立**に正規分布に従い，その分散は $\boldsymbol{V}$ の対応する固有値である」ということです．

【学生】ところで，逆行列 $\boldsymbol{V}^{-1}$ の固有値は $\boldsymbol{V}$ の固有値の逆数で，同じ固有ベクトルを持つのはなぜですか．

【先生】これは簡単です．$\boldsymbol{V}\boldsymbol{u} = \lambda\boldsymbol{u}$ なら両辺に逆行列 $\boldsymbol{V}^{-1}$ を掛けると $\boldsymbol{u} = \lambda\boldsymbol{V}^{-1}\boldsymbol{u}$，すなわち $\boldsymbol{V}^{-1}\boldsymbol{u} = (1/\lambda)\boldsymbol{u}$ です．だから，$\boldsymbol{u}$ は $\boldsymbol{V}^{-1}$ の固有値 $1/\lambda$ の固有ベクトルです．

【学生】$\lambda$ が 0 ならどうなりますか．

【先生】固有値が 0 なら $\boldsymbol{V}\boldsymbol{u} = \mathbf{0}$ となる $\boldsymbol{u}$ $(\neq \mathbf{0})$ があることになり，$|\boldsymbol{V}| = 0$ です．なぜなら，$|\boldsymbol{V}| \neq 0$ なら $\boldsymbol{V}\boldsymbol{u} = \mathbf{0}$ の唯一の解は $\boldsymbol{u} = \mathbf{0}$ ですから（$\hookrightarrow$ 第 5 章 5.1.1 項）．そして，$|\boldsymbol{V}| = 0$ なら逆行列 $\boldsymbol{V}^{-1}$ が存在しません（$\hookrightarrow$ 第 5 章 5.1.3 項）．したがって，逆行列 $\boldsymbol{V}^{-1}$ が存在する限り固有値は 0 ではありません．

共分散行列 $\boldsymbol{V}$ に固有値 0 があれば，その固有ベクトルの方向は分散が 0 になり，例えば 3 次元空間では，分布の楕円体がその方向に垂直な平面上につぶれた楕円盤のようになります．この章では実際の問題で生じる測定データを考えているので，このような変則的な場合は考えないことにします．

【学生】楕円体を考えるなら対称行列でなければなりませんが，逆行列 $\boldsymbol{V}^{-1}$ も対称行列なのでしょうか．

【先生】もちろんです．$\boldsymbol{V}\boldsymbol{V}^{-1} = \boldsymbol{I}$ の両辺の転置をとると，公式 (5.89) より $(\boldsymbol{V}^{-1})^\top \boldsymbol{V}^\top = \boldsymbol{I}$ ですが，$\boldsymbol{V}$ が対称行列ですから $(\boldsymbol{V}^{-1})^\top \boldsymbol{V} = \boldsymbol{I}$ です．これは $(\boldsymbol{V}^{-1})^\top$ が $\boldsymbol{V}$ の逆行列であることを意味しています．すなわち $(\boldsymbol{V}^{-1})^\top = \boldsymbol{V}^{-1}$ です．これは $\boldsymbol{V}^{-1}$ が対称行列であることを示す式です．

---

### 6.1.2 主成分

**【例 6.7】** 表 6.1 はある学校の生徒 30 人の身長 (cm) と体重 (kg) を調べたものである．これを解析せよ．

**表 6.1** 30 人の身長 (cm) と体重 (kg)．

| 番号 | 身長 (cm) | 体重 (kg) | 番号 | 身長 (cm) | 体重 (kg) |
|---|---|---|---|---|---|
| 1 | 171.9 | 58.5 | 16 | 142.4 | 40.0 |
| 2 | 175.8 | 66.6 | 17 | 161.9 | 62.6 |
| 3 | 159.3 | 47.0 | 18 | 175.5 | 78.2 |
| 4 | 146.9 | 69.4 | 19 | 171.0 | 55.7 |
| 5 | 143.4 | 58.4 | 20 | 172.6 | 71.1 |
| 6 | 151.4 | 54.5 | 21 | 144.0 | 61.9 |
| 7 | 159.9 | 55.3 | 22 | 161.8 | 62.1 |
| 8 | 170.7 | 71.9 | 23 | 151.7 | 50.1 |
| 9 | 140.6 | 62.4 | 24 | 167.1 | 69.3 |
| 10 | 154.5 | 52.6 | 25 | 162.9 | 57.4 |
| 11 | 154.0 | 60.4 | 26 | 156.1 | 57.5 |
| 12 | 154.1 | 44.5 | 27 | 141.2 | 49.8 |
| 13 | 150.6 | 58.8 | 28 | 165.9 | 51.9 |
| 14 | 150.5 | 74.6 | 29 | 165.0 | 65.2 |
| 15 | 157.3 | 40.1 | 30 | 169.3 | 68.0 |

（解）番号 $\alpha$ の生徒の身長と体重をそれぞれ $x_\alpha$(cm), $y_\alpha$(kg) とすると，その平均値は次のようになる．

$$\begin{pmatrix} \bar{x} \\ \bar{y} \end{pmatrix} = \begin{pmatrix} \sum_{\alpha=1}^{30} x_\alpha/30 \\ \sum_{\alpha=1}^{30} y_\alpha/30 \end{pmatrix} = \begin{pmatrix} 158.3 \\ 59.2 \end{pmatrix} \tag{6.26}$$

平均値を原点とする座標系を用いて $(x_\alpha, y_\alpha)$ をプロットすると，図 6.4 のようになる．

共分散行列は次のようになる．

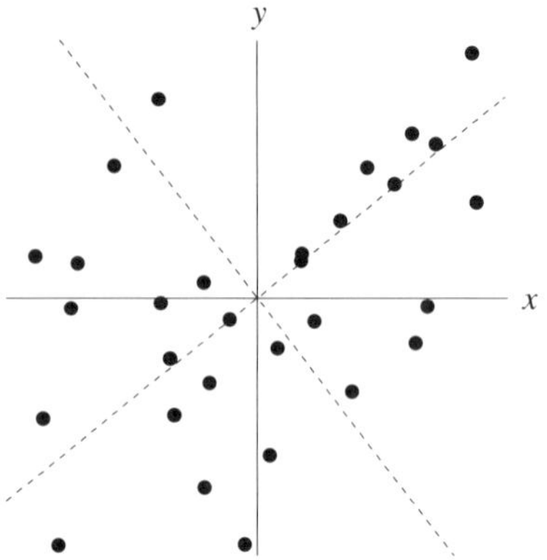


**図 6.4**　身長と体重の分布．ただし，それぞれの平均値を座標原点にとっている．点線が主軸を表す．

$$\boldsymbol{V}_{xy} = \begin{pmatrix} \sum_{\alpha=1}^{30}(x_\alpha - \bar{x})^2/30 & \sum_{\alpha=1}^{30}(x_\alpha - \bar{x})(y_\alpha - \bar{y})/30 \\ \sum_{\alpha=1}^{30}(y_\alpha - \bar{y})(x_\alpha - \bar{x})/30 & \sum_{\alpha=1}^{30}(y_\alpha - \bar{y})^2/30 \end{pmatrix}$$

$$= \begin{pmatrix} 111.34 & 41.41 \\ 41.41 & 91.25 \end{pmatrix} \tag{6.27}$$

この固有値は $\lambda_1 = 143.91$, $\lambda_2 = 58.68$ であり，対応する単位固有ベクトルは次のようになる．

$$\boldsymbol{u}_1 = \begin{pmatrix} 0.7860 \\ 0.6182 \end{pmatrix}, \qquad \boldsymbol{u}_2 = \begin{pmatrix} -0.6182 \\ 0.7860 \end{pmatrix} \tag{6.28}$$

図 6.4 にはこれらの示す主軸が点線で描かれている．

$\boldsymbol{U} = \begin{pmatrix} \boldsymbol{u}_1 & \boldsymbol{u}_2 \end{pmatrix}$ と置き，変数 $\xi_\alpha, \eta_\alpha$ を $\begin{pmatrix} x_\alpha - \bar{x} \\ y_\alpha - \bar{y} \end{pmatrix} = \boldsymbol{U} \begin{pmatrix} \xi_\alpha \\ \eta_\alpha \end{pmatrix}$ によって定義する．書き直すと次のようになる．

$$\begin{aligned} x_\alpha &= \bar{x} + 0.7860\xi_\alpha - 0.6182\eta_\alpha \\ y_\alpha &= \bar{y} + 0.6182\xi_\alpha + 0.7860\eta_\alpha \end{aligned} \tag{6.29}$$

$\xi_\alpha, \eta_\alpha$ について解くと，$\begin{pmatrix} \xi_\alpha \\ \eta_\alpha \end{pmatrix} = \boldsymbol{U}^\top \begin{pmatrix} x_\alpha - \bar{x} \\ y_\alpha - \bar{y} \end{pmatrix}$ より次のように書ける．

$$\xi_\alpha = 0.7860(x_\alpha - \bar{x}) + 0.6182(y_\alpha - \bar{y})$$
$$\eta_\alpha = -0.6182(x_\alpha - \bar{x}) + 0.7860(y_\alpha - \bar{y}) \tag{6.30}$$

これらの平均は共に0であり，例6.6よりその共分散行列は次のようになる．

$$\boldsymbol{V}_{\xi\eta} = \begin{pmatrix} 143.91 & \\ & 58.68 \end{pmatrix} \tag{6.31}$$

これから，$\xi_\alpha, \eta_\alpha$ は互いに無相関な因子であり，身長 $x_\alpha$(cm) と体重 $y_\alpha$(kg) は式(6.29)のようにこれらの因子の線形結合として観測されると解釈される．式(6.30)より $\xi_\alpha$ は身長と体重の両方の大きさの程度を表しているので，その人の「成長度」と解釈できる．一方，$\eta_\alpha$ は体重の身長に対する標準からのずれ，すなわちその人の「肥満度」と解釈できる． □

上の例のように，統計データから互いに無関係の因子を取り出して，観測値をそれらの因子の線形結合で説明することを**主成分分析**と呼び，取り出された因子を**主成分**と呼ぶ．それらの分散（対角行列に変換された共分散行列の対角要素）は各々の主成分の寄与の程度を表している．

**【例 6.8】** 表6.2はある学校の生徒30人の国語，数学，英語の試験結果である．これを解析せよ．

**表 6.2** 30人の国語，数学，英語の点数．

| 番号 | 国語 | 数学 | 英語 | 番号 | 国語 | 数学 | 英語 |
|---|---|---|---|---|---|---|---|
| 1 | 49 | 51 | 59 | 16 | 56 | 57 | 62 |
| 2 | 58 | 58 | 63 | 17 | 54 | 71 | 70 |
| 3 | 64 | 56 | 68 | 18 | 56 | 63 | 67 |
| 4 | 65 | 70 | 77 | 19 | 48 | 53 | 61 |
| 5 | 54 | 45 | 55 | 20 | 57 | 62 | 70 |
| 6 | 58 | 70 | 71 | 21 | 57 | 62 | 68 |
| 7 | 49 | 45 | 57 | 22 | 47 | 59 | 59 |
| 8 | 67 | 69 | 79 | 23 | 50 | 57 | 61 |
| 9 | 54 | 66 | 66 | 24 | 60 | 65 | 71 |
| 10 | 66 | 73 | 81 | 25 | 72 | 74 | 77 |
| 11 | 72 | 71 | 81 | 26 | 54 | 66 | 66 |
| 12 | 66 | 72 | 77 | 27 | 59 | 72 | 70 |
| 13 | 54 | 57 | 62 | 28 | 61 | 50 | 59 |
| 14 | 64 | 53 | 67 | 29 | 64 | 69 | 68 |
| 15 | 39 | 58 | 56 | 30 | 70 | 60 | 71 |

（解）番号 $\alpha$ の生徒の国語，数学，英語の得点をそれぞれ $x_\alpha, y_\alpha, z_\alpha$ とすると，その平均値は次のようになる．

$$\begin{pmatrix} \bar{x} \\ \bar{y} \\ \bar{z} \end{pmatrix} = \begin{pmatrix} \sum_{\alpha=1}^{30} x_\alpha/30 \\ \sum_{\alpha=1}^{30} y_\alpha/30 \\ \sum_{\alpha=1}^{30} z_\alpha/30 \end{pmatrix} = \begin{pmatrix} 58.1 \\ 61.8 \\ 67.3 \end{pmatrix} \tag{6.32}$$

共分散行列は次のようになる．

$$\boldsymbol{V}_{xyz} = \begin{pmatrix} \sum_{\alpha=1}^{30}(x_\alpha-\bar{x})^2/30 & \sum_{\alpha=1}^{30}(x_\alpha-\bar{x})(y_\alpha-\bar{y})/30 & \sum_{\alpha=1}^{30}(x_\alpha-\bar{x})(z_\alpha-\bar{z})/30 \\ \sum_{\alpha=1}^{30}(y_\alpha-\bar{y})(x_\alpha-\bar{x})/30 & \sum_{\alpha=1}^{30}(y_\alpha-\bar{y})^2/30 & \sum_{\alpha=1}^{30}(y_\alpha-\bar{y})(z_\alpha-\bar{z})/30 \\ \sum_{\alpha=1}^{30}(z_\alpha-\bar{z})(x_\alpha-\bar{x})/30 & \sum_{\alpha=1}^{30}(z_\alpha-\bar{z})(y_\alpha-\bar{y})/30 & \sum_{\alpha=1}^{30}(z_\alpha-\bar{z})^2/30 \end{pmatrix} = \begin{pmatrix} 60.45 & 33.63 & 46.29 \\ 33.63 & 68.49 & 50.93 \\ 46.29 & 50.93 & 53.61 \end{pmatrix} \tag{6.33}$$

この固有値は $\lambda_1 = 148.34$, $\lambda_2 = 30.62$, $\lambda_3 = 3.60$ であり，対応する単位固有ベクトルは次のようになる．

$$\boldsymbol{u}_1 = \begin{pmatrix} 0.5401 \\ 0.6023 \\ 0.5878 \end{pmatrix}, \quad \boldsymbol{u}_2 = \begin{pmatrix} 0.7359 \\ -0.6768 \\ 0.0174 \end{pmatrix}, \quad \boldsymbol{u}_3 = \begin{pmatrix} -0.4083 \\ -0.4231 \\ 0.8088 \end{pmatrix} \tag{6.34}$$

$\boldsymbol{U} = (\, \boldsymbol{u}_1 \ \boldsymbol{u}_2 \ \boldsymbol{u}_3 \,)$ と置き，変数 $\xi_\alpha, \eta_\alpha, \zeta_\alpha$ を $\begin{pmatrix} x_\alpha - \bar{x} \\ y_\alpha - \bar{y} \\ z_\alpha - \bar{z} \end{pmatrix} = \boldsymbol{U} \begin{pmatrix} \xi_\alpha \\ \eta_\alpha \\ \zeta_\alpha \end{pmatrix}$ によって定義する．書き直すと次のようになる．

$$\begin{aligned} x_\alpha &= \bar{x} + 0.5401\xi_\alpha + 0.7359\eta_\alpha - 0.4083\zeta_\alpha \\ y_\alpha &= \bar{y} + 0.6023\xi_\alpha - 0.6768\eta_\alpha - 0.4231\zeta_\alpha \\ z_\alpha &= \bar{z} + 0.5878\xi_\alpha + 0.0174\eta_\alpha + 0.8088\zeta_\alpha \end{aligned} \tag{6.35}$$

$\xi_\alpha, \eta_\alpha, \zeta_\alpha$ について解くと，$\begin{pmatrix} \xi_\alpha \\ \eta_\alpha \\ \zeta_\alpha \end{pmatrix} = \boldsymbol{U}^\top \begin{pmatrix} x_\alpha - \bar{x} \\ y_\alpha - \bar{y} \\ z_\alpha - \bar{z} \end{pmatrix}$ より次のように書ける．

$$\begin{aligned}
\xi_\alpha &= 0.5401(x_\alpha - \bar{x}) + 0.6023(y_\alpha - \bar{y}) + 0.5878(z_\alpha - \bar{z}) \\
\eta_\alpha &= 0.7359(x_\alpha - \bar{x}) - 0.6768(y_\alpha - \bar{y}) + 0.0174(z_\alpha - \bar{z}) \\
\zeta_\alpha &= -0.4083(x_\alpha - \bar{x}) - 0.4231(y_\alpha - \bar{y}) + 0.8088(z_\alpha - \bar{z})
\end{aligned} \tag{6.36}$$

これらの平均は共に 0 であり，その共分散行列は次のようになる．

$$\boldsymbol{V}_{\xi\eta\zeta} = \begin{pmatrix} 148.34 & & \\ & 30.62 & \\ & & 3.60 \end{pmatrix} \tag{6.37}$$

これから，$\xi_\alpha, \eta_\alpha, \zeta_\alpha$ は互いに無相関な因子であり，国語，数学，英語の点数は式 (6.35) のようにこれらの因子の線形結合として観測されると解釈される．式 (6.36) より $\xi_\alpha$ はすべての科目の総合的な得点を表しているので，その人の「学力」と解釈できる．一方，$\eta_\alpha$ は同じ学力の人の主として国語または数学の得意の差を表しているので，その人の「文系・理系指向度」と解釈できる（大きいほど文系向き）．また，$\zeta_\alpha$ は同じ学力の人の文系・理系に関係なく英語とそれ以外の科目の得点の差を表すので，その人の「国際性」と解釈できる．しかし，式 (6.37) からわかるように，その分散 3.60 は $\xi, \eta$ の分散に比べて小さいので，個人差は極めて小さい．したがって，各科目の成績はほぼ「学力」$\xi$ と「文系・理系指向度」$\eta$ で説明できる． □

## ディスカッション

**【学生】** この項の例題を最初に読んだとき，単なるデータの解析からそこまでわかるのかと驚きました．しかし，冷静に考えると疑問が沸きます．データだけからそこまで結論してよいのでしょうか．例えば，例 6.7 では，確かに身長が大きい人は体重も大きい傾向があります．そして，当然のことですが，同じ身長の人でも体重に変動があります．これは，6.1.1 項の言葉を使えば，データの分布の「主軸」を共分散行列の固有ベクトルから計算しているのだと思います．しかし，それだけから「成長度」や「肥満度」のような実体があると考えてよいのでしょうか．

例 6.8 はさらに疑わしく思えます．ある科目の成績がよい人は他の科目の成績もよいことが多いので，全体的に成績がよい人と全体的に成績が悪い人に分かれる傾向はわかります．これを「学力」の差とみなすのは違和感がありません．しかし，「文系・理系指向度」のようなもっともらしい言葉を使っても，要するに数学の得点の違いです．「国際性」も英語の得点を言い換えただけのように思えます．すべてが根拠のない憶測に思えます．

**【先生】** そのように感じるのはもっともです．例えば，例 6.7 では，もし医学的な研究で体内に 2 種類のホルモンのようなものがあって，一つがここでいう $\xi$ の大きさを支配し，もう一つが

$\eta$ の大小として現れるということが発見されれば，これは「科学的に証明された」ということになります．そのような証明がなければ，統計解析は「仮説」でしかありません．しかし，「確からしい」仮説です．すなわち，観測の偶然性を考慮しても，このようなことが起きている可能性が高いということです．この例ではデータ数が少ないのですが，データが非常に多いときに同じようなことが結論されれば，ますますその可能性が高く，統計学ではその信頼性を定量的に評価する方法が知られています．

とはいえ，だからそうだというのではなく，あくまで仮説であり，科学的に実証するまでは正しいとは断定できません．逆に，科学者がその仮説を解明しようと研究し，それが証明されるきっかけを与えてくれるものです．統計解析はそのように考えるべきです．

**【学生】** でも，科学的な証明というのは難しいのでしょう．統計解析によって非常に確からしいと結論しても，証明できないときはどうなるのですか．無視するのでしょうか．

**【先生】** そんなことはありません．科学的に証明できなくても，統計解析による結論が人間の生命や健康に大きな影響を与えるような場合は取り入れられます．例えば，公害や伝染病に対して疫学調査で何かの要因を推定した場合は，放置すると重大な問題になるので，解析方法が学問的にしっかりしていればただちに処置がとられます．裁判でも証拠として採用されることがあります．また，難病に効く薬が開発されたとき，なぜ効くかという薬理学的な解明がなくても薬として許可されることがあります．

そのような場合でも，大切なことはその結論が科学的に解明されたのか，それとも統計解析のみによって得られているのかをしっかり区別することが大切です．

---

## 6.2　画像の表現

### 6.2.1　画像の展開

ディスプレイ上に表示される画像は格子状に配置した**画素**と呼ぶ点の集まりであり，各画素に濃淡を指定する数値が対応する．したがって，例えば $512\times512$ 画素の画像は $512^2=262{,}144$ 個の実数で表され，1 枚の画像は 262,144 次元空間の 1 点とみなせる．画像の大きさを $m\times m$ 画素とし，$(i,j)$ 画素の濃淡値が $f_{ij}$ の画像を $\boldsymbol{f}=(f_{ij})$ と書く．画像の加減や定数倍を画素ごとに定義し，画像 $\boldsymbol{f}=(f_{ij})$, $\boldsymbol{g}=(g_{ij})$ の**内積** $(\boldsymbol{f},\boldsymbol{g})$ と画像 $\boldsymbol{f}=(f_{ij})$ の**ノルム** $\|\boldsymbol{f}\|$ を次のように定義する．

$$(\boldsymbol{f},\boldsymbol{g})=\sum_{i,j=1}^{m}f_{ij}g_{ij},\qquad \|\boldsymbol{f}\|=\sqrt{(\boldsymbol{f},\boldsymbol{f})}=\sqrt{\sum_{i,j=1}^{m}f_{ij}^2} \tag{6.38}$$

内積が 0 となる二つの画像は互いに**直交**するという．

$m^2$ 個の画素を持つ任意の画像がある $m^2$ 個の画像 $\boldsymbol{e}_1, \boldsymbol{e}_2, \ldots, \boldsymbol{e}_{m^2}$ の線形結合でただ一通りに表せるとき，$\{\boldsymbol{e}_i\}$ を**基底**と呼び，各 $\boldsymbol{e}_i$ を**基底画像**と呼ぶ．これらが互いに直交するとき，その基底を**直交基底**と呼び，さらに各画像のノルムがすべて 1 のとき**正規直交基底**と呼ぶ．

実際に重要となるのは $m^2$ 個のすべての基底画像を用いるのではなく，その一部によって

$$\boldsymbol{f} \approx c_1\boldsymbol{e}_1 + c_2\boldsymbol{e}_2 + \cdots + c_n\boldsymbol{e}_n, \qquad n < m^2 \tag{6.39}$$

と近似することである．これを画像 $\boldsymbol{f}$ の $\boldsymbol{e}_1, \boldsymbol{e}_2, \ldots, \boldsymbol{e}_n$ による**展開**と呼ぶ．近似の尺度として最小二乗法 $\|\boldsymbol{f} - \sum_{i=1}^{n} c_i\boldsymbol{e}_i\|^2 \to \min$ を用いると，第 2 章の例 2.24 より各係数 $c_i$ は次のように与えられる．

$$c_i = (\boldsymbol{f}, \boldsymbol{e}_i), \qquad i = 1, \ldots, n \tag{6.40}$$

**チェック** $i$ 番目の係数 $c_i$ は $\boldsymbol{f}$ と $i$ 番目の基底画像との内積となっている（↪ 例 2.24）．

**チェック** 近似 $\hat{\boldsymbol{f}} = \sum_{i=1}^{n} c_i\boldsymbol{e}_i$ は，画像 $\boldsymbol{f}$ を正規直交系 $\boldsymbol{e}_1, \boldsymbol{e}_2, \ldots, \boldsymbol{e}_n$ の張る部分空間へ（**直交**）**射影**したものである（↪ 例 2.26）．

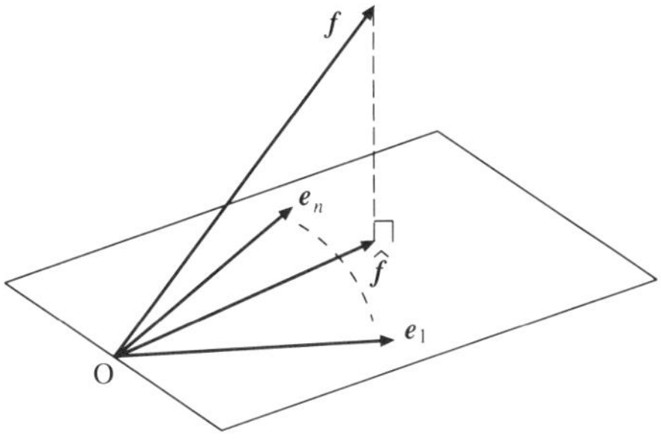


**図 6.5** $\boldsymbol{e}_1, \boldsymbol{e}_2, \ldots, \boldsymbol{e}_n$ の張る部分空間への $\boldsymbol{f}$ の直交射影 $\hat{\boldsymbol{f}}$.

## ディスカッション

**【学生】** 画像は実験で扱ったことがあります．それで疑問があります．各画素には有限長のメモリがあって，限られた離散的な値しかとれません．例えば，メモリが 8 ビットなら 0 から 255 までの 256 段階しか表せません．ですから，足したり定数倍したりするとその範囲をはみ出します．また，正の値しかありませんから，引き算するとマイナスになって画像でなくなります．すべての画素の値は正ですから，式 (6.38) の内積が 0 になることはありません．

**【先生】** さすが情報系の君はよく知っていますね．君の言うとおりです．コンピュータで扱う画像は**ディジタル画像**と呼び，離散的な画素から構成されています．これを画像の**離散化**といいます．しかしそれだけでなく，各画素の取り得る値も離散的で，量子力学の離散的なエネルギー水準に喩えて**量子化**といいます．そして取り得る値を**階調**といいます．メモリが1ビットの場合は白か黒かしか表せず，2階調です．そのような画像は**2値画像**と呼びます．階調数が多いとき，普通は階調0を黒，最高階調を白で表示し，その値を**輝度値**といいます．階調0を白，最高階調を黒で表示するときは，その値を**濃淡値**といいます．カラー画像では各画素が赤(R)，緑(G)，青(B)の3種類の値を持っています．

さて，君の疑問ですが，正の有限階調で表すのはディスプレイに「表示」する場合です．各画素値を実数用のメモリにコピーすれば，実数としての計算ができます．どんなに大きな値になっても，負の値になっても，計算上は問題がありません．もちろん，それをそのままディスプレイに表示することはできません．しかし，そのスケールを調節すれば表示できます．例えば，ディスプレイが256階調ならすべての画素の中の最小値が（負でも）0に，最大値が255になるようにスケールを変え，その間の連続的な値を256等分に量子化し，画像として表示することができます．

**【学生】** つまり，最初の入力と最後の出力が有限階調なら，途中経過は画像としては見えなくてもよいということですか．

**【先生】** そうです．有限階調というのは要するに「入れ物」であり，そこにどういう数値を割り当てるかは自由です．

---

### 6.2.2　画像の基底

#### 自明な基底

$m \times m$ 画像の $(i, j)$ 画素のみが1で，残りの画素がすべて0である画像を $\boldsymbol{e}_{ij}$ とすると，任意の画像 $\boldsymbol{f} = (f_{ij})$ は次のように $\{\boldsymbol{e}_{ij}\}$ の線形結合で表せる．

$$\boldsymbol{f} = \sum_{i,j=0}^{m-1} f_{ij}\boldsymbol{e}_{ij} \tag{6.41}$$

この $m^2$ 枚の画像 $\{\boldsymbol{e}_{ij}\}, i, j = 0, \ldots, m-1$ を**自明な基底**という．しかし，各 $\boldsymbol{e}_{ij}$ は1点のみが光る画像であり，画像としての意味はない．

**【例 6.9】**　自明な基底は正規直交基底であることを示せ．

（解）$\boldsymbol{e}_{ij}$ と $\boldsymbol{e}_{i'j'}$ は，$i = i'$ かつ $j = j'$ でなければ値が1の場所が異なるから，要素ごとの積を加えると，$i = i'$ かつ $j = j'$ でなければ0となる．$i = i'$ かつ $j = j'$ であれば，積の和は1である．ゆえに，$\{\boldsymbol{e}_{ij}\}$ は正規直交系である．任

意の画像は $\{\boldsymbol{e}_{ij}\}$ の線形結合で一意的に表せるので，これは正規直交基底である． □

**チェック** 互いに直交する $\mathbf{0}$ でないベクトルは線形独立である（↪ 例 5.9）．

**チェック** ベクトルを線形独立なベクトルの線形結合で表す表し方は一通りである（↪ 例 5.8）．

### アダマール変換の基底

次のような基底を考える．まず，すべての画素が 1 の画像を考える．次に，画像を $(m/2) \times (m/2)$ 画素の 4 枚の小画像に分割し，その内の 2 枚のすべての画素を 1，残りの 2 枚のすべての画素を $-1$ とする．ただし，すでに作った画像と同じ，または 1 と $-1$ を反転すると同じになるものは除く．次に，各々の $(m/2) \times (m/2)$ 小画像をさらに 4 枚の $(m/4) \times (m/4)$ 小画像に分割し，以下同様にする．画像の縦横の画素数は，256 や 512 のように 2 のべき乗に選ぶのが普通であるから，次々に 2 で割ることができる．このようにして，さまざまな格子パタンが得られる．最後に得られるものは隣り合う画素が 1, $-1$ となる市松模様である．このような基底による画像の展開を（**ウォルシュ・**）**アダマール変換**と呼ぶ．$4 \times 4$ 画像の場合を図 6.6 に，$8 \times 8$ 画像の場合を図 6.7 に示す．

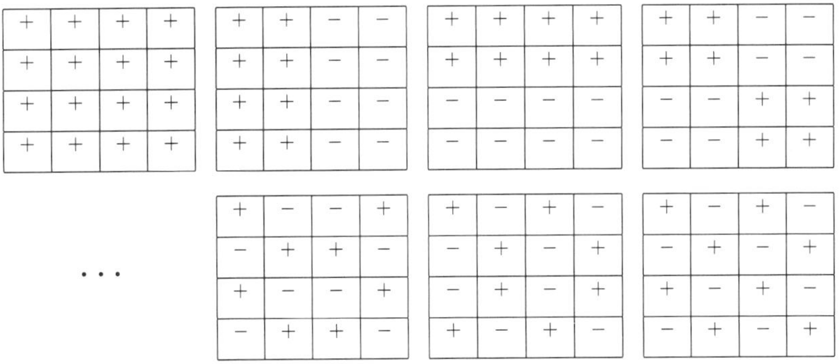

図 **6.6** $4 \times 4$ 画像のアダマール変換の基底（$+$ は 1，$-$ は $-1$ を表す）．

**【例 6.10】** アダマール変換の基底は正規直交基底であることを示せ．

**（解）** 最初のすべての画素が 1 の画像を「定数画像」と呼ぶことにすると，定

**図 6.7**　$8 \times 8$ 画像の 64 個のアダマール変換の基底．左上が定数 1 で，右下が市松模様となる．黒を $+1$，白を $-1$ としている．右に行くほど $x$ 方向の変化が激しくなり，下に行くほど $y$ 方向の変化が激しくなる．

数画像以外の画像はすべて，値が 1 の画素と値が $-1$ の画素の数が等しい．したがって，定数画像はそれ以外の画像と直交する．また，定数画像以外の二つの画像を重ねると，それらの作り方から，一方の 1 のみからなる大きいほうのブロックは必ず他方の 1 のみからなるブロックと $-1$ のみからなるブロックを等しい数だけ含む．$-1$ のみからなるブロックについても同じである．ゆえに，要素の積の和は 0 になり，互いに直交する．明らかにどの画像も要素の二乗和は $m^2$ であり，ノルムは $m$ となる．　□

### 離散コサイン変換の基底

次のように定義した基底 $\{\boldsymbol{e}_{kl}\}$, $k=0,1,\ldots,m-1$; $l=0,1,\ldots,m-1$, は正規直交基底である．

$$\boldsymbol{e}_{kl}=\Big(\frac{2\alpha_k\alpha_l}{m}\cos\frac{\pi k(2p+1)}{2N}\cos\frac{\pi l(2q+1)}{2N}\Big) \tag{6.42}$$

右辺のカッコの中は画像 $\boldsymbol{e}_{kl}$ の $(p,q)$ 画素の値を表す．ただし，次のように置いた．

$$\alpha_k=\begin{cases}\dfrac{1}{\sqrt{2}} & k=0\\ 1 & k\neq 0\end{cases} \tag{6.43}$$

この基底による展開を，画像の**離散コサイン変換**と呼ぶ．これは，式 (4.79) の離散コサイン変換を $x$, $y$ の 2 方向に適用したものである．図 6.8 に $8\times 8$ 画像の場合の基底を示す．

---
ディスカッション
---

**【学生】** アダマール変換や離散コサイン変換はどのように使うのでしょうか．

**【先生】** これらの変換が役に立つのは，その基底画像を並べると，図 6.7, 6.8 のように大まかに変化する画像から次第に変化が激しくなる画像になるからです．変化のスケールの大きいものから小さいものへ通し番号をつけたものを $\{\boldsymbol{e}_\kappa\}$, $\kappa=1,\ldots,m^2$, とし，任意の画像を式 (6.39) のように展開したとき．最初の変化の緩やかな部分を**低周波成分**，最後の変化の激しい部分を**高周波成分**と呼びます．

風景や人物などの画像は普通は濃淡の変化が緩やかで，高周波成分をある程度削除した画像を見てもほとんど差を感じません．そのため，係数 $c_1,\ldots,c_{m^2}$ の内のごく一部分 $c_1,\ldots,c_n$ $(n\ll m^2)$ で原画像がほぼ再現できます．これを利用すると，画像をメモリに保存したり遠隔地に伝送するのにそれら少数の数値のみを保存したり伝送すればよいので，メモリの容量を節約したり，伝送速度の向上させることができます．このような技術は**画像圧縮**，あるいは一般に**データ圧縮**と呼ばれています．

**【先生】** どちらがよく使われるのでしょうか．

**【学生】** アダマール変換と離散コサイン変換は同じような性質を持っていますが，離散コサイン変換の基底は連続関数で，アダマール変換の基底のような不連続な部分がありません．このため，通常の画像は非常に少ない低周波成分のみで表せます．また，効率的な計算法も知られ，今日画像の圧縮に広く用いられています．その代表例が，携帯電話に動画像を送ったりパソコンに動画像を記憶したりするのに用いられる MPEG と呼ばれる圧縮法です．

---

図 **6.8**　8 × 8 画像の 64 個の離散コサイン変換の基底．左上が定数で，黒いほど値が大きく，白いほど値が小さい．右に行くほど $x$ 方向の変化が激しくなり，下に行くほど $y$ 方向の変化が激しくなる．

### 6.2.3　画像の固有空間

アダマール変換や離散コサイン変換の基底画像は規則的な模様であり，画像としての意味はない．そこで，「意味のある画像」からなる正規直交基底を作ることによって，画像の内容を識別したり分類したりすることを考える．

例えば，多数の顔写真 $\{\boldsymbol{f}_\alpha\}$, $\alpha = 1, \ldots, N$, があって，顔の大きさがほぼ一定になるように調節してあるとする．これらの平均をとれば「平均顔」の画像

$$\boldsymbol{g}_0 = \frac{1}{N}\sum_{\alpha=1}^{N}\boldsymbol{f}_\alpha \tag{6.44}$$

が得られる．各画像から $\boldsymbol{g}_0$ を引いた

$$\boldsymbol{f}'_\alpha = \boldsymbol{f}_\alpha - \boldsymbol{g}_0 \tag{6.45}$$

は平均顔からの差異を表す画像である．もし個々の顔の差の代表的な特徴が見つかれば，各 $\boldsymbol{f}'_\alpha$ はその画像の定数倍で近似できる．例えば，個々の顔の違いが主として顔の縦横比であるなら，額と顎の部分がプラスで，頬の両側がマイナスの画像を考えると，個々の差画像はその何倍かで近似できる．そのような代表的な差画像を $\boldsymbol{g}_1$ とする．そして，各 $\boldsymbol{f}'_\alpha$ とそれを $\boldsymbol{g}_1$ の定数倍で最良に近似した画像との差を計算する．そのようにして得られた差画像をさらにある代表的な差画像 $\boldsymbol{g}_2$ の定数倍で近似して，その差を計算し，これを続けて画像 $\boldsymbol{g}_3, \boldsymbol{g}_4, \ldots$ を作る．このとき，$\boldsymbol{g}_1, \boldsymbol{g}_2, \boldsymbol{g}_3, \ldots$ が正規直交系であるようにできれば，画像 $\boldsymbol{f}'_\alpha$ を $\boldsymbol{g}_1, \boldsymbol{g}_2, \boldsymbol{g}_3, \ldots$ に関して展開して次の表現が得られる．

$$\boldsymbol{f}_\alpha = \boldsymbol{g}_0 + c_{\alpha 1}\boldsymbol{g}_1 + c_{\alpha 2}\boldsymbol{g}_2 + c_{\alpha 3}\boldsymbol{g}_3 + \cdots \tag{6.46}$$

これは個々の顔をまず平均顔で近似し，次に主たる特徴を補正し，さらに2次的な特徴を補正し，以下順に高次の特徴を補正しているとみなせる．このことから，ある適当な次数までの展開のみによって原画像をほぼ近似したり異なる顔を区別したりできるであろう．

式 (6.46) の展開を計算するには $m^2$ 個の画素値を縦に並べた $m^2$ 次元列ベクトル $\tilde{\boldsymbol{f}}'_\alpha$ を作り，次の $m^2 \times m^2$ 行列を計算する．

$$\tilde{\boldsymbol{M}} = \sum_{\alpha=1}^{N} \tilde{\boldsymbol{f}}'_\alpha \tilde{\boldsymbol{f}}'^{\top}_\alpha \tag{6.47}$$

行列 $\tilde{\boldsymbol{M}}$ の固有値を $\lambda_1, \ldots, \lambda_{m^2}$，対応する単位固有ベクトルを $\tilde{\boldsymbol{g}}_1, \ldots, \tilde{\boldsymbol{g}}_{m^2}$ とする．各ベクトル $\tilde{\boldsymbol{g}}_\kappa$ の $m^2$ 個の成分を $m \times m$ 画素に配置し直したものを $\boldsymbol{g}_\kappa$ とし，$\boldsymbol{g}_1, \boldsymbol{g}_2, \ldots, \boldsymbol{g}_{m^2}$ を**固有画像**と呼ぶ．これらは対称行列の固有ベクトルから作られているので，正規直交基底となる．

**【例 6.11】** 各画像 $\boldsymbol{f}_\alpha$ の平均画像からの差 $\boldsymbol{f}'_\alpha$ を最もよく表す画像は $\boldsymbol{g}_1$ であることを示せ．

（解）各画像 $\boldsymbol{f}_\alpha$ の平均画像からの差 $\boldsymbol{f}'_\alpha$ をよく表す画像が $\boldsymbol{g}$ であるとすると，これは $\boldsymbol{f}'_\alpha$ が

$$\boldsymbol{f}'_\alpha \approx C_\alpha \boldsymbol{g} \tag{6.48}$$

の形で近似できるという意味である．$\boldsymbol{g}$ に適当な定数を掛けて $\|\boldsymbol{g}\| = 1$ であるように定めてあるとすると，そのような最良の近似を得るには，式 (6.40) より $C_\alpha = (\boldsymbol{f}'_\alpha, \boldsymbol{g})$ とすればよい．式 (6.48) がすべての画像についてよく成立するようにするには，次式を最小にする $\boldsymbol{g}$ を求めればよい．

$$
\begin{aligned}
J &= \sum_{\alpha=1}^{N} \|\boldsymbol{f}'_\alpha - C_\alpha \boldsymbol{g}\|^2 = \sum_{\alpha=1}^{N} (\boldsymbol{f}'_\alpha - C_\alpha \boldsymbol{g}, \boldsymbol{f}'_\alpha - C_\alpha \boldsymbol{g}) \\
&= \sum_{\alpha=1}^{N} \Big( (\boldsymbol{f}'_\alpha, \boldsymbol{f}'_\alpha) - 2C_\alpha (\boldsymbol{f}'_\alpha, \boldsymbol{g}) + C_\alpha^2 (\boldsymbol{g}, \boldsymbol{g}) \Big) \\
&= \sum_{\alpha=1}^{N} \Big( (\boldsymbol{f}'_\alpha, \boldsymbol{f}'_\alpha) - 2(\boldsymbol{f}'_\alpha, \boldsymbol{g})^2 + (\boldsymbol{f}'_\alpha, \boldsymbol{g})^2 (\boldsymbol{g}, \boldsymbol{g}) \Big) \\
&= \sum_{\alpha=1}^{N} \Big( \|\boldsymbol{f}'_\alpha\|^2 - (\boldsymbol{f}'_\alpha, \boldsymbol{g})^2 \Big)
\end{aligned}
\tag{6.49}
$$

ただし，関係 $C_\alpha = (\boldsymbol{f}'_\alpha, \boldsymbol{g})$，$\|\boldsymbol{g}\| = 1$ を用いた．上式を最小にするには，$\sum_{\alpha=1}^{N} (\boldsymbol{f}'_\alpha, \boldsymbol{g})^2$ を最大にすればよい．$m \times m$ 画像 $\boldsymbol{f}'_\alpha$, $\boldsymbol{g}$ を $m^2$ 次元列ベクトルに並べ換えたものをそれぞれ $\tilde{\boldsymbol{f}}'_\alpha$, $\tilde{\boldsymbol{g}}$ とすると次のようになる．

$$
\begin{aligned}
\sum_{\alpha=1}^{N} (\boldsymbol{f}'_\alpha, \boldsymbol{g})^2 &= \sum_{\alpha=1}^{N} (\tilde{\boldsymbol{f}}'_\alpha, \tilde{\boldsymbol{g}})^2 = \sum_{\alpha=1}^{N} \tilde{\boldsymbol{g}}^\top \tilde{\boldsymbol{f}}'_\alpha \tilde{\boldsymbol{f}}'^\top_\alpha \tilde{\boldsymbol{g}} \\
&= \Big( \tilde{\boldsymbol{g}}, \Big( \sum_{\alpha=1}^{N} \tilde{\boldsymbol{f}}'_\alpha \tilde{\boldsymbol{f}}'^\top_\alpha \Big) \tilde{\boldsymbol{g}} \Big) = (\tilde{\boldsymbol{g}}, \tilde{\boldsymbol{M}} \tilde{\boldsymbol{g}})
\end{aligned}
\tag{6.50}
$$

上式を最大にする単位ベクトル $\tilde{\boldsymbol{g}}$ は $\tilde{\boldsymbol{M}}$ の最大固有値に対する固有ベクトルである．したがって，$\tilde{\boldsymbol{g}}$ は符号を除いて $\tilde{\boldsymbol{g}}_1$ に一致する．　□

**チェック**　最小二乗法で正規直交基底に展開するとき，各基底ベクトルの係数は**その**基底ベクトルとの内積になる（↪ 式 (6.40)）．

**チェック**　2次形式 $(\boldsymbol{x}, \boldsymbol{A}\boldsymbol{x})$ を最大にする単位ベクトル $\boldsymbol{x}$ は $\boldsymbol{A}$ の最大固有値に対する固有ベクトルである（↪ 例 5.32）．

**【例 6.12】**　画像 $\boldsymbol{f}'_\alpha$ を $\boldsymbol{g}_1$ で補正したとき，$\boldsymbol{f}'_\alpha$ との差を最もよく表し，かつ $\boldsymbol{g}_1$ と直交する画像は $\boldsymbol{g}_2$ であることを示せ．

（解）次式を最小にするように，$\boldsymbol{g}_1$ に直交する画像 $\boldsymbol{g}'$（$\|\boldsymbol{g}'\| = 1$ とする）を

定めればよい．

$$J = \sum_{\alpha=1}^{N} \|\boldsymbol{f}'_\alpha - C_\alpha \boldsymbol{g}_1 - C'_\alpha \boldsymbol{g}'\|^2 = \sum_{\alpha=1}^{N} (\boldsymbol{f}'_\alpha - C_\alpha \boldsymbol{g}_1 - C'_\alpha \boldsymbol{g}', \boldsymbol{f}'_\alpha - C_\alpha \boldsymbol{g}_1 - C'_\alpha \boldsymbol{g}')$$

$$= \sum_{\alpha=1}^{N} \Big( (\boldsymbol{f}'_\alpha, \boldsymbol{f}'_\alpha) - 2C_\alpha (\boldsymbol{f}'_\alpha, \boldsymbol{g}_1) - 2C'_\alpha (\boldsymbol{f}'_\alpha, \boldsymbol{g}')$$

$$+ 2C_\alpha C'_\alpha (\boldsymbol{g}_1, \boldsymbol{g}') + C_\alpha^2 (\boldsymbol{g}_1, \boldsymbol{g}_1) + {C'_\alpha}^2 (\boldsymbol{g}', \boldsymbol{g}') \Big)$$

$$= \sum_{\alpha=1}^{N} \Big( \|\boldsymbol{f}'_\alpha\|^2 - (\boldsymbol{f}'_\alpha, \boldsymbol{g}_1)^2 - (\boldsymbol{f}'_\alpha, \boldsymbol{g}')^2 \Big) \tag{6.51}$$

ただし，定義 $\|\boldsymbol{g}_1\| = 1$, $\|\boldsymbol{g}'\| = 1$, $(\boldsymbol{g}_1, \boldsymbol{g}') = 0$，および関係 $C_\alpha = (\boldsymbol{f}'_\alpha, \boldsymbol{g}_1)$, $C'_\alpha = (\boldsymbol{f}'_\alpha, \boldsymbol{g}')$ を用いた．上式を最小にするには，$\sum_{\alpha=1}^{N} (\boldsymbol{f}'_\alpha, \boldsymbol{g}')^2$ を最大にすればよい．$\boldsymbol{f}'_\alpha$, $\boldsymbol{g}'$ を $m^2$ 次元列ベクトルに並べ換えたものをそれぞれ $\tilde{\boldsymbol{f}}'_\alpha$, $\tilde{\boldsymbol{g}}'$ とすると次のようになる．

$$\sum_{\alpha=1}^{N} (\boldsymbol{f}'_\alpha, \boldsymbol{g}')^2 = \sum_{\alpha=1}^{N} (\tilde{\boldsymbol{f}}'_\alpha, \tilde{\boldsymbol{g}}')^2 = \sum_{\alpha=1}^{N} \tilde{\boldsymbol{g}}'^\top \tilde{\boldsymbol{f}}'_\alpha \tilde{\boldsymbol{f}}'^\top_\alpha \tilde{\boldsymbol{g}}'$$

$$= \Big(\tilde{\boldsymbol{g}}', \Big( \sum_{\alpha=1}^{N} \tilde{\boldsymbol{f}}'_\alpha \tilde{\boldsymbol{f}}'^\top_\alpha \Big) \tilde{\boldsymbol{g}}' \Big) = (\tilde{\boldsymbol{g}}', \tilde{\boldsymbol{M}} \tilde{\boldsymbol{g}}') \tag{6.52}$$

$\boldsymbol{g}_1$ に直交する単位ベクトル $\tilde{\boldsymbol{g}}'$ で上式を最大にするものは $\tilde{\boldsymbol{M}}$ の 2 番目に大きい固有値に対する単位固有ベクトルである．したがって，$\tilde{\boldsymbol{g}}'$ は符号を除いて $\tilde{\boldsymbol{g}}_2$ に一致する． □

**チェック** 最小二乗法で正規直交基底に展開するとき，各基底ベクトルの係数は**その**基底ベクトルとの内積になる（↪ 式 (6.40)）．

**チェック** 対称行列 $\boldsymbol{A}$ の最大固有値 $\lambda_1$ に対する単位固有ベクトル $\boldsymbol{u}_1$ に直交するベクトルで 2 次形式 $(\boldsymbol{x}, \boldsymbol{A}\boldsymbol{x})$ を最大にする単位ベクトル $\boldsymbol{x}$ は，$\boldsymbol{A}$ の 2 番目に大きい固有値 $\lambda_2$ に対する単位固有ベクトル $\boldsymbol{u}_2$ である（↪ 例 5.34）．

以下同様にすると，行列 $\tilde{\boldsymbol{M}}$ の固有ベクトルから作られる基底 $\{\boldsymbol{g}_\alpha\}$ による展開 (6.46) が次々と顕著な順に画像を補正していることがわかる．そして，実際の画像では高次係数は著しく減衰するので，低次の項のみで十分に画像が再現できる．

**【例 6.13】**　図 6.9 の上段左端は 50 人の顔画像（32×32 画素）をそれぞれ 24 通りの照明条件で撮影した，合計 1200 枚の顔画像の平均画像 $\boldsymbol{g}_0$ である．この 1200 枚の画像から計算した固有ベクトルから作られる基底の最初の 4 個 $\boldsymbol{g}_1, \ldots, \boldsymbol{g}_4$ をその右に順に並べてある．

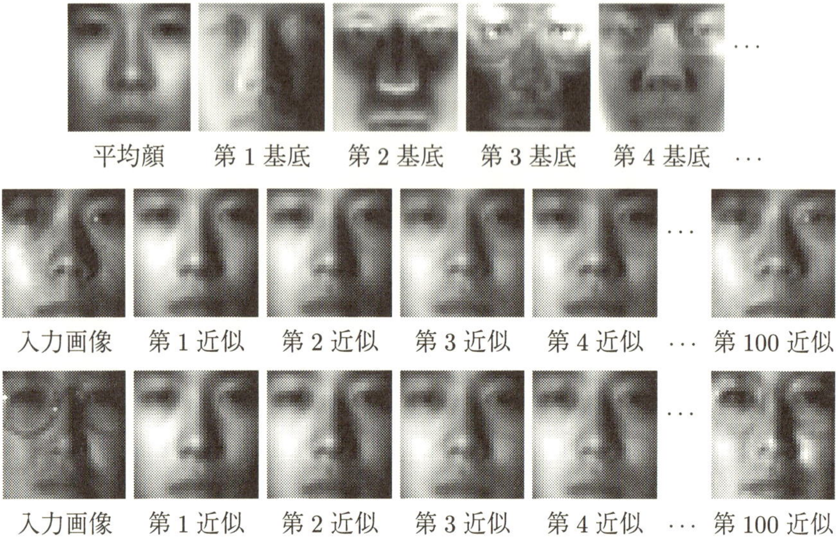


**図 6.9**　上段: 平均顔画像と第 1, 2, 3, 4 基底画像．中段と下段: 入力画像とその第 1, 2, 3, 4 近似．

中段左端はある人の顔画像である．その右はこれを式 (6.46) のようにして，最初の基底 $\boldsymbol{g}_1$ のみで表した第 1 近似，$\boldsymbol{g}_2$ まで用いた第 2 近似，$\boldsymbol{g}_3$ まで用いた第 3 近似，$\boldsymbol{g}_4$ まで用いた第 4 近似，および $\boldsymbol{g}_{100}$ まで用いた第 100 近似である．次第に入力画像に近づいていることがわかる．

下段左端は別の人の顔画像である．この顔はメガネをかけているが，1200 枚の顔画像はすべてメガネをかけていない顔画像である．したがって，少数の基底画像の線形結合によってメガネを表すことは難しい（もちろん，全基底をとればどんな画像でも表せる）．この性質を利用して，メガネをはずした顔を生成することができる．下段は中段と同じように基底で表した近似であり，メガネをはずした顔を近似している．ただし，基底が多いと，目の回りの濃淡変化によってメガネが多少近似される．

ディスカッション

**【学生】** 例 6.13 の画像例は感心しました．しかし例 6.11, 6.12 の証明はややこしすぎます．結局，画像をベクトルで表して共分散行列を計算し，その固有ベクトルで展開しているだけではありませんか．

**【先生】** そうです．例えば，例 6.13 では一つの顔画像が $32 \times 32 = 1024$ 次元ベクトル $\tilde{\boldsymbol{f}}$ で表されます．したがって，1200 枚の顔画像は 1200 個の点で表されます．その平均に座標原点をとれば，その分布は図 6.3 のようになります．その分布を楕円体 $(\tilde{\boldsymbol{f}}', \tilde{\boldsymbol{M}}\tilde{\boldsymbol{f}}') = 1$ で近似すれば，共分散行列 $\tilde{\boldsymbol{M}}$ の固有ベクトルがその主軸となり，その固有値が各方向の半径の二乗になります．普通は最大固有値が他の固有値に比べて非常に大きいので，楕円体はその方向に非常に細長く伸びています．6.1.2 項の言葉で言えば，顔の「個性」を表す「主成分」とでも呼べます．

ですから，その軸の方向に射影しても非常によい近似となります．それで十分に表せない部分は 2 番目に大きい固有値の固有ベクトルで，さらに詳細は 3 番目に大きい固有値の固有ベクトルで，というように次第に近似を高めるわけです．例 6.11, 6.12 の証明は，それを数学的に述べたものです．画像の研究者はこれを**固有空間法**と呼んでいますが，数学者は**カルーネン・レーベ展開**と呼びます．一方，統計学者は**主成分分析**と呼び，用語が応用ごとに違っていますが，数学的には同じことです．

**【学生】** 私もそうではないかと思っていました．数学的にきちんと証明するより，今言われたような図形としてのイメージで直観的に説明するほうがよく理解できます．

**【先生】** 誰でもそうです．図形としてのイメージは理解を助けるのに非常に役に立ちます．特に，図 6.5 の部分空間への射影のイメージを大切にして下さい．

---

## 6.3 特異値分解

### 6.3.1 計算の効率化

固有画像を作るには，式 (6.47) の行列 $\tilde{\boldsymbol{M}}$ の固有値と固有ベクトルを計算しなければならない．これは $m^2 \times m^2$ 行列であり，例えば代表的な $m = 512$ の画像では $512^4 \approx 687$ 億個の要素がある．このような大きい行列の固有値や固有ベクトルを計算することは，コンピュータを用いても時間がかかりすぎて不可能である．しかし，固有値が 0 の固有ベクトルは実際の応用では必要ないので，0 でない固有値と固有ベクトルのみが計算できればよい．これらを効率よく計算する方法がある．

問題は，$N$ 個の $n\ (=m^2)$ 次元ベクトル $\boldsymbol{p}_1,\ldots,\boldsymbol{p}_N$ があるとき，$n\times n$ 行列

$$\boldsymbol{M}=\sum_{\alpha=1}^{N}\boldsymbol{p}_\alpha\boldsymbol{p}_\alpha^\top \tag{6.53}$$

の固有値，固有ベクトルを計算することである．それには，次の行列の固有値，固有ベクトルを計算すればよい．

$$\boldsymbol{N}=\begin{pmatrix} (\boldsymbol{p}_1,\boldsymbol{p}_1) & (\boldsymbol{p}_1,\boldsymbol{p}_2) & \cdots & (\boldsymbol{p}_1,\boldsymbol{p}_N) \\ (\boldsymbol{p}_2,\boldsymbol{p}_1) & (\boldsymbol{p}_2,\boldsymbol{p}_2) & \cdots & (\boldsymbol{p}_2,\boldsymbol{p}_N) \\ \vdots & \vdots & \ddots & \vdots \\ (\boldsymbol{p}_N,\boldsymbol{p}_1) & (\boldsymbol{p}_N,\boldsymbol{p}_2) & \cdots & (\boldsymbol{p}_N,\boldsymbol{p}_N) \end{pmatrix} \tag{6.54}$$

これは $(\alpha\beta)$ 要素が $(\boldsymbol{p}_\alpha,\boldsymbol{p}_\beta)$ の $N\times N$ 対称行列である．

**【例 6.14】**　ベクトル $\boldsymbol{p}_1,\ldots,\boldsymbol{p}_N$ を列とする $n\times N$ 行列を

$$\boldsymbol{P}=\begin{pmatrix}\boldsymbol{p}_1 & \boldsymbol{p}_2 & \cdots & \boldsymbol{p}_N\end{pmatrix} \tag{6.55}$$

とすると次の関係が成り立つことを示せ．

$$\boldsymbol{M}=\boldsymbol{P}\boldsymbol{P}^\top,\qquad \boldsymbol{N}=\boldsymbol{P}^\top\boldsymbol{P} \tag{6.56}$$

（解）$\boldsymbol{P}$ の $(i\alpha)$ 要素を $p_{i\alpha}$ とすると，式 (6.55) より，これは $\boldsymbol{p}_\alpha$ の第 $i$ 成分である．$\boldsymbol{P}\boldsymbol{P}^\top$ の $(ij)$ 要素は $\sum_{\alpha=1}^{N}p_{i\alpha}p_{j\alpha}$ である．これは

$$\sum_{\alpha=1}^{N}\boldsymbol{p}_\alpha\boldsymbol{p}_\alpha^\top=\begin{pmatrix} \sum_{\alpha=1}^{N}p_{1\alpha}p_{1\alpha} & \sum_{\alpha=1}^{N}p_{1\alpha}p_{2\alpha} & \cdots & \sum_{\alpha=1}^{N}p_{1\alpha}p_{n\alpha} \\ \sum_{\alpha=1}^{N}p_{2\alpha}p_{1\alpha} & \sum_{\alpha=1}^{N}p_{2\alpha}p_{2\alpha} & \cdots & \sum_{\alpha=1}^{N}p_{2\alpha}p_{n\alpha} \\ \vdots & \vdots & \ddots & \vdots \\ \sum_{\alpha=1}^{N}p_{n\alpha}p_{1\alpha} & \sum_{\alpha=1}^{N}p_{n\alpha}p_{2\alpha} & \cdots & \sum_{\alpha=1}^{N}p_{n\alpha}p_{n\alpha} \end{pmatrix} \tag{6.57}$$

の $(ij)$ 要素に等しい．一方，$\boldsymbol{P}^\top\boldsymbol{P}$ の $(\alpha\beta)$ 要素は $\sum_{i=1}^{n}p_{i\alpha}p_{i\beta}$ であり，ベクトル $\boldsymbol{p}_\alpha$, $\boldsymbol{p}_\beta$ の内積 $(\boldsymbol{p}_\alpha,\boldsymbol{p}_\beta)$ に等しい．□

**チェック**　$n$ 次元ベクトル $\boldsymbol{a}$, $\boldsymbol{b}$ に対して，$\boldsymbol{a}\boldsymbol{b}^\top$ は $n\times n$ 行列であり，その $(i,j)$ 要素は $a_ib_j$ である（↪ 式 (6.11)）．

**【例 6.15】**　$\boldsymbol{M}$, $\boldsymbol{N}$ はともに半正値対称行列であることを示せ．

（解）式 (6.54), (6.57) の右辺を見れば，対称行列であることは明らかであるが，次のように確認できる．

$$\begin{aligned} \boldsymbol{M}^\top &= (\boldsymbol{P}\boldsymbol{P}^\top)^\top = (\boldsymbol{P}^\top)^\top \boldsymbol{P}^\top = \boldsymbol{P}\boldsymbol{P}^\top = \boldsymbol{M} \\ \boldsymbol{N}^\top &= (\boldsymbol{P}^\top\boldsymbol{P})^\top = \boldsymbol{P}^\top(\boldsymbol{P}^\top)^\top = \boldsymbol{P}^\top\boldsymbol{P} = \boldsymbol{N} \end{aligned} \tag{6.58}$$

そして，任意の $N$ 次元ベクトル $\boldsymbol{x}$ に対して次の関係が成り立つ．

$$\begin{aligned} (\boldsymbol{x}, \boldsymbol{M}\boldsymbol{x}) &= (\boldsymbol{x}, \boldsymbol{P}\boldsymbol{P}^\top\boldsymbol{x}) = (\boldsymbol{P}^\top\boldsymbol{x}, \boldsymbol{P}^\top\boldsymbol{x}) = \|\boldsymbol{P}^\top\boldsymbol{x}\|^2 \geq 0 \\ (\boldsymbol{x}, \boldsymbol{N}\boldsymbol{x}) &= (\boldsymbol{x}, \boldsymbol{P}^\top\boldsymbol{P}\boldsymbol{x}) = (\boldsymbol{P}\boldsymbol{x}, \boldsymbol{P}\boldsymbol{x}) = \|\boldsymbol{P}\boldsymbol{x}\|^2 \geq 0 \end{aligned} \tag{6.59}$$

ゆえに，$\boldsymbol{M}, \boldsymbol{N}$ は半正値である． □

**チェック** 任意の $n \times n$ 行列 $\boldsymbol{A}, \boldsymbol{B}$ に対して $(\boldsymbol{A}\boldsymbol{B})^\top = \boldsymbol{B}^\top\boldsymbol{A}^\top$ である（↪ 式 (5.89)）．

**チェック** 任意の $n \times n$ 行列 $\boldsymbol{A}$ と任意の $n$ 次元ベクトル $\boldsymbol{x}, \boldsymbol{y}$ に対して $(\boldsymbol{A}\boldsymbol{x}, \boldsymbol{y}) = (\boldsymbol{x}, \boldsymbol{A}^\top\boldsymbol{y})$ である（↪ 式 (5.87)）．

**チェック** 対称行列 $\boldsymbol{A}$ が半正値である必要十分条件は，任意ベクトル $\boldsymbol{x}$ に対して $(\boldsymbol{x}, \boldsymbol{A}\boldsymbol{x}) \geq 0$ となることである（↪ 例 5.38）．

**【例 6.16】** 行列

$$\boldsymbol{P} = \begin{pmatrix} 3 & 1 & 2 \\ 3 & 2 & 1 \end{pmatrix} \tag{6.60}$$

に対して $\boldsymbol{M} = \boldsymbol{P}\boldsymbol{P}^\top, \boldsymbol{N} = \boldsymbol{P}^\top\boldsymbol{P}$ を計算せよ．

（解）次のようになる．

$$\boldsymbol{M} = \begin{pmatrix} 3 & 1 & 2 \\ 3 & 2 & 1 \end{pmatrix} \begin{pmatrix} 3 & 3 \\ 1 & 2 \\ 2 & 1 \end{pmatrix} = \begin{pmatrix} 14 & 13 \\ 13 & 14 \end{pmatrix} \tag{6.61}$$

$$\boldsymbol{N} = \begin{pmatrix} 3 & 3 \\ 1 & 2 \\ 2 & 1 \end{pmatrix} \begin{pmatrix} 3 & 1 & 2 \\ 3 & 2 & 1 \end{pmatrix} = \begin{pmatrix} 18 & 9 & 9 \\ 9 & 5 & 4 \\ 9 & 4 & 5 \end{pmatrix} \tag{6.62}$$

□

**【例 6.17】** 行列 $\boldsymbol{M}$ と行列 $\boldsymbol{N}$ の 0 でない固有値は一致することを示せ．

（解）$\boldsymbol{M}$，$\boldsymbol{N}$ は半正値対称行列であるから，0 でない固有値は正である．$\lambda$ $(>0)$ が $\boldsymbol{M}$ の固有値であり，$\boldsymbol{u}$ $(\neq \boldsymbol{0})$ がその固有ベクトルであれば $\boldsymbol{M}\boldsymbol{u} = \lambda\boldsymbol{u}$ である．これは，式 (6.56) の $\boldsymbol{M}$ の定義から

$$\boldsymbol{P}\boldsymbol{P}^\top\boldsymbol{u} = \lambda\boldsymbol{u} \tag{6.63}$$

となる．右辺は $\boldsymbol{0}$ でないから $\boldsymbol{P}^\top\boldsymbol{u} \neq \boldsymbol{0}$ である．上式の両辺に左から $\boldsymbol{P}^\top$ を掛けると次のようになる．

$$\boldsymbol{P}^\top\boldsymbol{P}\boldsymbol{P}^\top\boldsymbol{u} = \lambda\boldsymbol{P}^\top\boldsymbol{u} \tag{6.64}$$

これは，式 (6.56) の $\boldsymbol{N}$ の定義から $\boldsymbol{N}(\boldsymbol{P}^\top\boldsymbol{u}) = \lambda(\boldsymbol{P}^\top\boldsymbol{u})$ を意味し，$\boldsymbol{P}^\top\boldsymbol{u}$ $(\neq \boldsymbol{0})$ が $\boldsymbol{N}$ の固有値 $\lambda$ の固有ベクトルである．一方，$\lambda$ $(>0)$ が $\boldsymbol{N}$ の固有値であり，$\boldsymbol{v}$ $(\neq \boldsymbol{0})$ がその固有ベクトルであれば $\boldsymbol{N}\boldsymbol{v} = \lambda\boldsymbol{v}$ である．これは，式 (6.56) の $\boldsymbol{N}$ の定義から

$$\boldsymbol{P}^\top\boldsymbol{P}\boldsymbol{v} = \lambda\boldsymbol{v} \tag{6.65}$$

となる．右辺は $\boldsymbol{0}$ でないから $\boldsymbol{P}\boldsymbol{v} \neq \boldsymbol{0}$ である．上式の両辺に左から $\boldsymbol{P}$ を掛けると次のようになる．

$$\boldsymbol{P}\boldsymbol{P}^\top\boldsymbol{P}\boldsymbol{v} = \lambda\boldsymbol{P}\boldsymbol{v} \tag{6.66}$$

これは，式 (6.56) の $\boldsymbol{M}$ の定義から $\boldsymbol{M}(\boldsymbol{P}\boldsymbol{v}) = \lambda(\boldsymbol{P}\boldsymbol{v})$ を意味し，$\boldsymbol{P}\boldsymbol{v}$ $(\neq \boldsymbol{0})$ が $\boldsymbol{M}$ の固有値 $\lambda$ の固有ベクトルである．□

**【例 6.18】**　行列

$$\boldsymbol{P} = \begin{pmatrix} 3 & 1 & 2 \\ 3 & 2 & 1 \end{pmatrix} \tag{6.67}$$

に対して $\boldsymbol{M}$ と $\boldsymbol{N}$ の固有値と固有ベクトルを求めよ．

（解）式 (6.61) より $\boldsymbol{M}$ の固有方程式は次のようになる．

$$\begin{vmatrix} \lambda-14 & -13 \\ -13 & \lambda-14 \end{vmatrix} = (\lambda-14)^2-13^2 = \lambda^2-28\lambda+27 = (\lambda-1)(\lambda-27) = 0 \tag{6.68}$$

ゆえに，固有値は 1, 27 である．$\lambda = 1$ に対して

$$\begin{pmatrix} -13 & -13 \\ -13 & -13 \end{pmatrix}\begin{pmatrix} u_1 \\ u_2 \end{pmatrix} = \begin{pmatrix} 0 \\ 0 \end{pmatrix} \tag{6.69}$$

より，単位固有ベクトル $\boldsymbol{u} = \begin{pmatrix} 1/\sqrt{2} \\ -1/\sqrt{2} \end{pmatrix}$ を得る．$\lambda = 27$ に対しては

$$\begin{pmatrix} 13 & -13 \\ -13 & 13 \end{pmatrix} \begin{pmatrix} u_1 \\ u_2 \end{pmatrix} = \begin{pmatrix} 0 \\ 0 \end{pmatrix} \tag{6.70}$$

より，単位固有ベクトル $\boldsymbol{u} = \begin{pmatrix} 1/\sqrt{2} \\ 1/\sqrt{2} \end{pmatrix}$ を得る．式 (6.39) より，$\boldsymbol{N}$ の固有方程式は次のようになる．

$$\begin{vmatrix} \lambda - 18 & -9 & -9 \\ -9 & \lambda - 5 & -4 \\ -9 & -4 & \lambda - 5 \end{vmatrix} = \lambda^3 - 28\lambda^2 + 27\lambda = (\lambda - 1)(\lambda - 27)\lambda = 0 \tag{6.71}$$

ゆえに，固有値は 1, 27, 0 である．$\lambda = 1$ に対して

$$\begin{pmatrix} -17 & -9 & -9 \\ -9 & -4 & -4 \\ -9 & -4 & -4 \end{pmatrix} \begin{pmatrix} v_1 \\ v_2 \\ v_3 \end{pmatrix} = \begin{pmatrix} 0 \\ 0 \\ 0 \end{pmatrix} \tag{6.72}$$

より，単位固有ベクトル $\boldsymbol{v} = \begin{pmatrix} 0 \\ -1/\sqrt{2} \\ 1/\sqrt{2} \end{pmatrix}$ を得る．$\lambda = 27$ に対しては

$$\begin{pmatrix} 9 & -9 & -9 \\ -9 & 22 & -4 \\ -9 & -4 & 22 \end{pmatrix} \begin{pmatrix} v_1 \\ v_2 \\ v_3 \end{pmatrix} = \begin{pmatrix} 0 \\ 0 \\ 0 \end{pmatrix} \tag{6.73}$$

より，単位固有ベクトル $\boldsymbol{v} = \begin{pmatrix} 2/\sqrt{6} \\ 1/\sqrt{6} \\ 1/\sqrt{6} \end{pmatrix}$ を得る．$\lambda = 0$ に対しては

$$\begin{pmatrix} -18 & -9 & -9 \\ -9 & -5 & -4 \\ -9 & -4 & -5 \end{pmatrix} \begin{pmatrix} v_1 \\ v_2 \\ v_3 \end{pmatrix} = \begin{pmatrix} 0 \\ 0 \\ 0 \end{pmatrix} \tag{6.74}$$

より，単位固有ベクトル $\boldsymbol{v} = \begin{pmatrix} 1/\sqrt{3} \\ -1/\sqrt{3} \\ -1/\sqrt{3} \end{pmatrix}$ を得る． □

**【例 6.19】**　行列 $\boldsymbol{M}$ の固有値 $\lambda\ (>0)$ に対する単位固有ベクトルを $\boldsymbol{u}$，行列 $\boldsymbol{N}$ の固有値 $\lambda\ (>0)$ に対する単位固有ベクトルを $\boldsymbol{v}$ とすると，次の関係が成り立つことを示せ．

$$\boldsymbol{u} = \frac{\pm\boldsymbol{P}\boldsymbol{v}}{\sqrt{\lambda}}, \qquad \boldsymbol{v} = \frac{\pm\boldsymbol{P}^\top\boldsymbol{u}}{\sqrt{\lambda}} \tag{6.75}$$

（解）$\boldsymbol{v}$ が $\boldsymbol{N}$ の固有値 $\lambda\ (>0)$ に対する単位固有ベクトルなら，例 6.17 から，$\boldsymbol{u}' = \boldsymbol{P}\boldsymbol{v}$ が $\boldsymbol{M}$ の固有値 $\lambda\ (>0)$ に対する固有ベクトルである．そのノルムの二乗は次のようになる．

$$\|\boldsymbol{u}'\|^2 = (\boldsymbol{P}\boldsymbol{v}, \boldsymbol{P}\boldsymbol{v}) = (\boldsymbol{v}, \boldsymbol{P}^\top\boldsymbol{P}\boldsymbol{v}) = (\boldsymbol{v}, \boldsymbol{N}\boldsymbol{v}) = (\boldsymbol{v}, \lambda\boldsymbol{v}) = \lambda\|\boldsymbol{v}\|^2 = \lambda \tag{6.76}$$

ゆえに，$\|\boldsymbol{u}'\| = \sqrt{\lambda}$ であり，$\boldsymbol{u}'$ をそれで割ったものが $\boldsymbol{M}$ の固有値 $\lambda$ に対する単位固有ベクトルとなる．同様に，$\boldsymbol{u}$ が $\boldsymbol{M}$ の固有値 $\lambda\ (>0)$ に対する単位固有ベクトルなら，例 6.17 から，$\boldsymbol{v}' = \boldsymbol{P}^\top\boldsymbol{u}$ は $\boldsymbol{N}$ の固有値 $\lambda\ (>0)$ に対する固有ベクトルである．そのノルムの二乗は次のようになる．

$$\|\boldsymbol{v}'\|^2 = (\boldsymbol{P}^\top\boldsymbol{u}, \boldsymbol{P}^\top\boldsymbol{u}) = (\boldsymbol{u}, \boldsymbol{P}\boldsymbol{P}^\top\boldsymbol{u}) = (\boldsymbol{u}, \boldsymbol{M}\boldsymbol{u}) = (\boldsymbol{u}, \lambda\boldsymbol{u}) = \lambda\|\boldsymbol{u}\|^2 = \lambda \tag{6.77}$$

ゆえに，$\|\boldsymbol{v}'\| = \sqrt{\lambda}$ であり，$\boldsymbol{v}'$ をそれで割ったものが $\boldsymbol{N}$ の固有値 $\lambda$ に対する単位固有ベクトルとなる．ただし，符号を換えても単位固有ベクトルであるから，符号は不定である．　□

**【例 6.20】**　行列

$$\boldsymbol{P} = \begin{pmatrix} 3 & 1 & 2 \\ 3 & 2 & 1 \end{pmatrix} \tag{6.78}$$

に対して式 (6.75) が成立することを確かめよ．

（解）例 6.18 より $\boldsymbol{M}$ の固有値は $\lambda = 1, 27$ であり，それぞれの単位固有ベクトルは次のようになる．

$$\boldsymbol{u}_1 = \begin{pmatrix} 1/\sqrt{2} \\ -1/\sqrt{2} \end{pmatrix}, \qquad \boldsymbol{u}_2 = \begin{pmatrix} 1/\sqrt{2} \\ 1/\sqrt{2} \end{pmatrix} \tag{6.79}$$

一方，$\boldsymbol{N}$ の固有値は $\lambda = 1, 27, 0$ であり，それぞれの単位固有ベクトルは次のようになる．

$$\boldsymbol{v}_1 = \begin{pmatrix} 0 \\ -1/\sqrt{2} \\ 1/\sqrt{2} \end{pmatrix}, \quad \boldsymbol{v}_2 = \begin{pmatrix} 2/\sqrt{6} \\ 1/\sqrt{6} \\ 1/\sqrt{6} \end{pmatrix}, \quad \boldsymbol{v}_3 = \begin{pmatrix} 1/\sqrt{3} \\ -1/\sqrt{3} \\ -1/\sqrt{3} \end{pmatrix} \tag{6.80}$$

そして，次の関係が成り立つ．

$$\begin{aligned}
\frac{\boldsymbol{P}\boldsymbol{v}_1}{\sqrt{1}} &= \begin{pmatrix} 3 & 1 & 2 \\ 3 & 2 & 1 \end{pmatrix} \begin{pmatrix} 0 \\ -1/\sqrt{2} \\ 1/\sqrt{2} \end{pmatrix} = \begin{pmatrix} 1/\sqrt{2} \\ -1/\sqrt{2} \end{pmatrix} = \boldsymbol{u}_1 \\
\frac{\boldsymbol{P}\boldsymbol{v}_2}{\sqrt{27}} &= \frac{1}{\sqrt{27}} \begin{pmatrix} 3 & 1 & 2 \\ 3 & 2 & 1 \end{pmatrix} \begin{pmatrix} 2/\sqrt{6} \\ 1/\sqrt{6} \\ 1/\sqrt{6} \end{pmatrix} = \frac{1}{\sqrt{27}} \begin{pmatrix} 9/\sqrt{6} \\ 9/\sqrt{6} \end{pmatrix} = \begin{pmatrix} 1/\sqrt{2} \\ 1/\sqrt{2} \end{pmatrix} = \boldsymbol{u}_2 \\
\frac{\boldsymbol{P}^\top \boldsymbol{u}_1}{\sqrt{1}} &= \begin{pmatrix} 3 & 3 \\ 1 & 2 \\ 2 & 1 \end{pmatrix} \begin{pmatrix} 1/\sqrt{2} \\ -1/\sqrt{2} \end{pmatrix} = \begin{pmatrix} 0 \\ -1/\sqrt{2} \\ 1/\sqrt{2} \end{pmatrix} = \boldsymbol{v}_1 \\
\frac{\boldsymbol{P}^\top \boldsymbol{u}_2}{\sqrt{27}} &= \frac{1}{\sqrt{27}} \begin{pmatrix} 3 & 3 \\ 1 & 2 \\ 2 & 1 \end{pmatrix} \begin{pmatrix} 1/\sqrt{2} \\ 1/\sqrt{2} \end{pmatrix} = \frac{1}{\sqrt{27}} \begin{pmatrix} 6/\sqrt{2} \\ 3/\sqrt{2} \\ 3/\sqrt{2} \end{pmatrix} = \begin{pmatrix} 2/\sqrt{6} \\ 1/\sqrt{6} \\ 1/\sqrt{6} \end{pmatrix} = \boldsymbol{v}_2
\end{aligned} \tag{6.81}$$

□

## ディスカッション

**【学生】** 要するに，$\boldsymbol{M} = \boldsymbol{P}\boldsymbol{P}^\top$ の固有値と固有ベクトルを計算するには，$\boldsymbol{N} = \boldsymbol{P}^\top\boldsymbol{P}$ の固有値と固有ベクトルを計算すればよいということですか．

**【先生】** そうです．0 でない固有値はどちらで計算しても同じで，その固有ベクトルはどちらで計算しても，式 (6.75) によって他方に変換できます．

**【学生】** これによって，どの程度計算が速くなるのですか．

**【先生】** 例えば，$512 \times 512$ 画像の場合，$n = 512^2$ ですから $\boldsymbol{M}$ には約 687 億個の要素があります．しかし，画像の枚数 $N$ が例えば 100 とすると，$\boldsymbol{N}$ の要素数は 1 万個です．$N = 1000$ でも 100 万個です．この程度の規模の計算は，今日のコンピュータで問題なく計算できます．

### 6.3.2　特異値分解

行列 $\boldsymbol{M}$ $(= \boldsymbol{P}\boldsymbol{P}^\top)$ の固有値を大きい順に並べたものを $\lambda_1, \lambda_2, \ldots, \lambda_n$ とし，対応する $n$ 次元単位固有ベクトルの正規直交系を $\boldsymbol{u}_1, \boldsymbol{u}_2, \ldots, \boldsymbol{u}_n$ とする．これらを列として並べた $n \times n$ 行列を

$$\boldsymbol{U} = \begin{pmatrix} \boldsymbol{u}_1 & \boldsymbol{u}_2 & \cdots & \boldsymbol{u}_n \end{pmatrix} \tag{6.82}$$

とする．同様に，行列 $\boldsymbol{N}$ $(= \boldsymbol{P}^\top\boldsymbol{P})$ の固有値を大きい順に並べたものを $\lambda_1, \lambda_2, \ldots, \lambda_N$ とし，対応する $N$ 次元単位固有ベクトルの正規直交系を $\boldsymbol{v}_1, \boldsymbol{v}_2, \ldots, \boldsymbol{v}_N$ とする．これらを列として並べた $N \times N$ 行列を

$$\boldsymbol{V} = \begin{pmatrix} \boldsymbol{v}_1 & \boldsymbol{v}_2 & \cdots & \boldsymbol{v}_N \end{pmatrix} \tag{6.83}$$

とする．行列 $\boldsymbol{M}$ および $\boldsymbol{N}$ の（共通の）**ランク**（$= 0$ でない固有値の個数）を $r$ とすると，$i > r$ に対して $\lambda_i = 0$ である．

**【例 6.21】** $\boldsymbol{u}$ が行列 $\boldsymbol{M}$ の固有値 0 に対する固有ベクトルであり，$\boldsymbol{v}$ が行列 $\boldsymbol{N}$ の固有値 0 に対する固有ベクトルなら，次の関係が成り立つことを示せ．

$$\boldsymbol{P}^\top\boldsymbol{u} = \boldsymbol{0}, \qquad \boldsymbol{P}\boldsymbol{v} = \boldsymbol{0} \tag{6.84}$$

（解）$\boldsymbol{M}\boldsymbol{u} = \boldsymbol{0}$ なら

$$\|\boldsymbol{P}^\top\boldsymbol{u}\|^2 = (\boldsymbol{P}^\top\boldsymbol{u}, \boldsymbol{P}^\top\boldsymbol{u}) = (\boldsymbol{u}, \boldsymbol{P}\boldsymbol{P}^\top\boldsymbol{u}) = (\boldsymbol{u}, \boldsymbol{M}\boldsymbol{u}) = 0 \tag{6.85}$$

であるから $\boldsymbol{P}^\top\boldsymbol{u} = \boldsymbol{0}$ である．また，$\boldsymbol{N}\boldsymbol{v} = \boldsymbol{0}$ なら

$$\|\boldsymbol{P}\boldsymbol{v}\|^2 = (\boldsymbol{P}\boldsymbol{v}, \boldsymbol{P}\boldsymbol{v}) = (\boldsymbol{v}, \boldsymbol{P}^\top\boldsymbol{P}\boldsymbol{v}) = (\boldsymbol{v}, \boldsymbol{N}\boldsymbol{v}) = 0 \tag{6.86}$$

であるから $\boldsymbol{P}\boldsymbol{v} = \boldsymbol{0}$ である．　□

**【例 6.22】** 行列

$$\boldsymbol{P} = \begin{pmatrix} 3 & 1 & 2 \\ 3 & 2 & 1 \end{pmatrix} \tag{6.87}$$

に対して式 (6.84) が成立することを確かめよ．

（解）$\boldsymbol{M}$ の固有値は 0 でないが，式 (6.80) のベクトル $\boldsymbol{v}_3$ が $\boldsymbol{N}$ の固有値 0 の固有ベクトルである．これに対して

$$\boldsymbol{P}\boldsymbol{v}_3 = \begin{pmatrix} 3 & 1 & 2 \\ 3 & 2 & 1 \end{pmatrix} \begin{pmatrix} 1/\sqrt{3} \\ -1/\sqrt{3} \\ -1/\sqrt{3} \end{pmatrix} = \begin{pmatrix} 0 \\ 0 \end{pmatrix} \tag{6.88}$$

となっている． □

**【例 6.23】** 行列 $\boldsymbol{P}$ が直交行列 $\boldsymbol{U}, \boldsymbol{V}$ によって次のように書けることを示せ．

$$\boldsymbol{P} = \boldsymbol{U} \begin{pmatrix} \sigma_1 & & \\ & \ddots & \\ & & \sigma_r \\ & & \end{pmatrix} \boldsymbol{V}^\top, \qquad \sigma_i = \sqrt{\lambda_i}, \quad i = 1, \ldots, r \tag{6.89}$$

ただし，右辺中央の行列は左上が $r \times r$ の対角行列となる $n \times N$ 行列である．

（解）式 (6.75), (6.84) より，$\boldsymbol{P}\boldsymbol{V}$ は次のように書ける．

$$\boldsymbol{P}\boldsymbol{V} = \left( \boldsymbol{P}\boldsymbol{v}_1 \ \ \boldsymbol{P}\boldsymbol{v}_2 \ \cdots \ \boldsymbol{P}\boldsymbol{v}_N \right) = \left( \pm\sqrt{\lambda_1}\boldsymbol{u}_1 \ \cdots \ \pm\sqrt{\lambda_r}\boldsymbol{u}_r \ \ \boldsymbol{0} \ \cdots \ \boldsymbol{0} \right) \tag{6.90}$$

$\boldsymbol{M}$ の単位固有ベクトル $\boldsymbol{u}_1, \boldsymbol{u}_2, \ldots, \boldsymbol{u}_r$ の符号を上式の右辺の $\pm$ がすべて$+$になるように選べば

$$\boldsymbol{P}\boldsymbol{V} = \left( \boldsymbol{u}_1 \ \cdots \ \boldsymbol{u}_n \right) \begin{pmatrix} \sqrt{\lambda_1} & & \\ & \ddots & \\ & & \sqrt{\lambda_r} \\ & & \end{pmatrix} = \boldsymbol{U} \begin{pmatrix} \sigma_1 & & \\ & \ddots & \\ & & \sigma_r \\ & & \end{pmatrix} \tag{6.91}$$

となる．上式の右から $\boldsymbol{V}^\top$ を掛けると，式 (6.89) が得られる． □

チェック 直交行列 $\boldsymbol{V}$ の逆行列 $\boldsymbol{V}^{-1}$ は転置 $\boldsymbol{V}^\top$ に等しい（↪ 第 5 章 5.2.3 項）．

式 (6.82) の最初の $r$ 本の列のみを残した $n \times r$ 行列を

$$\boldsymbol{U}_r = \left( \boldsymbol{u}_1 \ \ \boldsymbol{u}_2 \ \cdots \ \boldsymbol{u}_r \right) \tag{6.92}$$

とし，式 (6.83) の最初の $r$ 本の列のみを残した $N \times r$ 行列を

$$\boldsymbol{V}_r = \begin{pmatrix} \boldsymbol{v}_1 & \boldsymbol{v}_2 & \cdots & \boldsymbol{v}_r \end{pmatrix} \tag{6.93}$$

とすると，式 (6.89) は次のようにも書ける．ただし，$*$ は何らかの数値からなる部分，$\boldsymbol{O}$ は 0 のみからなる部分を表す．

$$\begin{aligned}\boldsymbol{P} &= \left(\begin{array}{c|c} \boldsymbol{U}_r & * \end{array}\right) \left(\begin{array}{ccc|c} \sigma_1 & & & \\ & \ddots & & \boldsymbol{O} \\ & & \sigma_r & \\ \hline & \boldsymbol{O} & & \boldsymbol{O} \end{array}\right) \left(\begin{array}{c} \boldsymbol{V}_r^\top \\ \hline * \end{array}\right) \\ &= \boldsymbol{U}_r \begin{pmatrix} \sigma_1 & & \\ & \ddots & \\ & & \sigma_r \end{pmatrix} \boldsymbol{V}_r^\top \end{aligned} \tag{6.94}$$

式 (6.89), (6.94) を $n \times N$ 行列 $\boldsymbol{P}$ の**特異値分解**と呼ぶ．そして，各 $\sigma_i$ を**特異値**と呼ぶ．

**チェック**　式 (6.94) の行列の掛け算を行うと，$*$ の部分はすべて 0 と掛けられ，結果に影響しない．

**【例 6.24】**　次の行列を特異値分解せよ．

$$\boldsymbol{P} = \begin{pmatrix} 3 & 1 & 2 \\ 3 & 2 & 1 \end{pmatrix} \tag{6.95}$$

（解）例 6.18 より $\boldsymbol{P}\boldsymbol{P}^\top$, $\boldsymbol{P}^\top\boldsymbol{P}$ の 0 でない固有値は 1, 27 であるから，特異値は $1, 3\sqrt{3}$ である．式 (6.81) より符号は正しく選ばれているので，$\boldsymbol{U}$, $\boldsymbol{V}$ は次のようになる．

$$\boldsymbol{U} = \begin{pmatrix} 1/\sqrt{2} & 1/\sqrt{2} \\ -1/\sqrt{2} & 1/\sqrt{2} \end{pmatrix}, \qquad \boldsymbol{V} = \begin{pmatrix} 0 & 2/\sqrt{6} & 1/\sqrt{3} \\ -1/\sqrt{2} & 1/\sqrt{6} & -1/\sqrt{3} \\ 1/\sqrt{2} & 1/\sqrt{6} & -1/\sqrt{3} \end{pmatrix} \tag{6.96}$$

特異値分解は次のようになる．

$$\begin{pmatrix} 3 & 1 & 2 \\ 3 & 2 & 1 \end{pmatrix} = \begin{pmatrix} 1/\sqrt{2} & 1/\sqrt{2} \\ -1/\sqrt{2} & 1/\sqrt{2} \end{pmatrix} \begin{pmatrix} 1 & & 0 \\ & 3\sqrt{3} & 0 \end{pmatrix}$$
$$\times \begin{pmatrix} 0 & -1/\sqrt{2} & 1/\sqrt{2} \\ 2/\sqrt{6} & 1/\sqrt{6} & 1/\sqrt{6} \\ 1/\sqrt{3} & -1/\sqrt{3} & -1/\sqrt{3} \end{pmatrix}$$
$$= \begin{pmatrix} 1/\sqrt{2} & 1/\sqrt{2} \\ -1/\sqrt{2} & 1/\sqrt{2} \end{pmatrix} \begin{pmatrix} 1 & \\ & 3\sqrt{3} \end{pmatrix} \begin{pmatrix} 0 & -1/\sqrt{2} & 1/\sqrt{2} \\ 2/\sqrt{6} & 1/\sqrt{6} & 1/\sqrt{6} \end{pmatrix} \tag{6.97}$$

実際に右辺を展開すると左辺に等しいことが確かめられる. □

## ディスカッション

【学生】式 (6.89) は「スペクトル分解（固有値分解）」ではありませんか.

【先生】混同してはいけません. 形は似ていますが, 式 (5.119) と見比べて下さい. スペクトル分解は「対称行列」$\boldsymbol{A}$ に対する表現で, 特異値分解は「任意の長方行列」$\boldsymbol{P}$ に対する表現です.

【学生】それでは, 式 (6.89) で $\boldsymbol{P}$ がたまたま対称行列ならスペクトル分解と同じになるのでしょうか.

【先生】そうとは限りません. $\boldsymbol{P}$ が対称行列なら $\boldsymbol{M} = \boldsymbol{P}\boldsymbol{P}^\top$ と $\boldsymbol{N} = \boldsymbol{P}^\top\boldsymbol{P}$ が一致します. このとき, $\boldsymbol{M}$ の単位固有ベクトル $\boldsymbol{u}_1, \ldots, \boldsymbol{u}_n$ と $\boldsymbol{N}$ の単位固有ベクトル $\boldsymbol{v}_1, \ldots, \boldsymbol{v}_n$ を同じにとれば, 式 (6.82) の $\boldsymbol{U}$ と式 (6.83) の $\boldsymbol{V}$ は同じになります. このようにしても式 (6.89) のように書けますが, そのときは中央の対角要素は正とは限りません. これがスペクトル分解です. 一方, 特異値分解では, $\boldsymbol{M}$ と $\boldsymbol{N}$ が同じでも $\boldsymbol{U}$ は式 (6.89) の対角要素が**正または 0 になるように**選びますから, $\boldsymbol{U}$ と $\boldsymbol{V}$ が違うことがあります. 例えば

$$\boldsymbol{P} = \begin{pmatrix} 1 & 3 \\ 3 & 1 \end{pmatrix} \tag{6.98}$$

とすると, 固有値は 4, −2 です. その固有ベクトルを並べた行列は

$$\boldsymbol{U} = \begin{pmatrix} 1/\sqrt{2} & -1/\sqrt{2} \\ 1/\sqrt{2} & 1/\sqrt{2} \end{pmatrix} \tag{6.99}$$

ですから, スペクトル分解は次のようになります.

$$\begin{pmatrix} 1 & 3 \\ 3 & 1 \end{pmatrix} = \begin{pmatrix} 1/\sqrt{2} & -1/\sqrt{2} \\ 1/\sqrt{2} & 1/\sqrt{2} \end{pmatrix} \begin{pmatrix} 4 & \\ & -2 \end{pmatrix} \begin{pmatrix} 1/\sqrt{2} & 1/\sqrt{2} \\ -1/\sqrt{2} & 1/\sqrt{2} \end{pmatrix} \tag{6.100}$$

一方

$$\boldsymbol{P}\boldsymbol{P}^\top = \boldsymbol{P}^\top\boldsymbol{P} = \begin{pmatrix} 10 & 6 \\ 6 & 10 \end{pmatrix} \tag{6.101}$$

となり，その固有値は 16, 4 ですから特異値は 4, 2 です．$\boldsymbol{P}\boldsymbol{P}^\top$, $\boldsymbol{P}^\top\boldsymbol{P}$ は行列としては同じですが，それらの固有ベクトルを並べた行列はそれぞれ

$$\boldsymbol{U} = \begin{pmatrix} 1/\sqrt{2} & 1/\sqrt{2} \\ 1/\sqrt{2} & -1/\sqrt{2} \end{pmatrix}, \qquad \boldsymbol{V} = \begin{pmatrix} 1/\sqrt{2} & -1/\sqrt{2} \\ 1/\sqrt{2} & 1/\sqrt{2} \end{pmatrix} \tag{6.102}$$

です．固有値 2 に対する固有ベクトルの符号の選び方が異なっていることに注意して下さい．この結果，特異値分解は次のようになります．

$$\begin{pmatrix} 1 & 3 \\ 3 & 1 \end{pmatrix} = \begin{pmatrix} 1/\sqrt{2} & 1/\sqrt{2} \\ 1/\sqrt{2} & -1/\sqrt{2} \end{pmatrix} \begin{pmatrix} 4 & \\ & 2 \end{pmatrix} \begin{pmatrix} 1/\sqrt{2} & 1/\sqrt{2} \\ -1/\sqrt{2} & 1/\sqrt{2} \end{pmatrix} \tag{6.103}$$

しかし，実際にスペクトル分解が必要となる応用のほとんどは，固有値が正または 0 の半正値対称行列です．その場合は，スペクトル分解と特異値分解は同じです．

**【学生】** 特異値分解の計算はスペクトル分解より面倒です．

**【先生】** 心配ありません．コンピュータで簡単に計算できます．実際には，転置行列との積の固有値や固有ベクトルを計算するのではなく，反復解法を用います．つまり，適当な初期値から出発して次第に式 (6.89) の形に近づけるわけです．これを効率的に計算するプログラムが多くのソフトウェアライブラリに備わっています．半正値対称行列の場合は固有値問題の解法も兼ねているので非常に便利です．

---

# 第7章

# ウェーブレット解析

前章までに現れた手法は，どれも信号を特定の基底に関して展開するものである．固有空間法では，基底は画像の集合から定まるが，それ以外はあらかじめ組織的に作られた基底を用いる．そして，それらの基底は空間的に一様な構造を持っている．例えば，フーリエ解析は信号を正弦波の重ね合わせに分解するものであるが，正弦波は場所に依らず一定の振幅を持っている．したがって，周波数が場所ごとに異なる状況は記述できない．ウェーブレット解析はこれを解決するために考えられたものであり，信号を位置とスケールの二つで指定される「ウェーブレット」と呼ぶ波形の重ね合わせに分解する．本章では最も簡単な場合のみを扱い，「解像度」，「スケール」，「レベル」，「多重解像度分解」，「スケーリング関数」，「ウェーブレット母関数」，「ウェーブレット変換」などのウェーブレット解析に特有な概念を学ぶとともに，前章までに現れた線形代数の抽象的な概念（関数空間，内積，基底，直交性，直和分解など）をより深く理解する．

## 7.1 信号の階層的近似

連続信号から一定間隔で $N$ 個の値 $c_0, c_1, \ldots, c_{N-1}$ をサンプルしたとする．サンプル間隔を 1 とする長さの単位をとり，信号を次の階段関数で近似する．

$$f^{(0)}(x) = \begin{cases} c_0 & 0 \le x < 1 \\ c_1 & 1 \le x < 2 \\ \vdots & \vdots \\ c_{N-1} & N-1 \le x < N \end{cases} \tag{7.1}$$

値が一定の幅 1 の区間は画像の「画素」に相当するので，以下仮に「画素」と呼ぶ．ただし，$N$ は 2 のべき乗であるとし，$N = 2^n$ と置く．これに次の操作を施す．

まず，連続する 2 画素ごとに，値をその平均値で置き換えたものを $f^{(1)}(x)$ とする．

$$f^{(1)}(x) = \begin{cases} c_0^{(1)} & (= (c_0 + c_1)/2) & 0 \le x < 2 \\ c_1^{(1)} & (= (c_2 + c_3)/2) & 2 \le x < 4 \\ \vdots & \vdots & \vdots \\ c_{N/2-1}^{(1)} & (= (c_{N-2} + c_{N-1})/2) & N-2 \le x < N \end{cases} \tag{7.2}$$

値が一定の区間の幅を**スケール**と呼ぶ．$f^{(0)}(x)$ はスケール 1，$f^{(1)}(x)$ はスケール 2 の信号である．

さらに，連続する 4 画素ごとに同様な平均操作を行ったスケール 4 の信号を $f^{(2)}(x)$ とする．

$$f^{(2)}(x) = \begin{cases} c_0^{(2)} & (= (c_0^{(1)} + c_1^{(1)})/2) & 0 \le x < 4 \\ c_1^{(2)} & (= (c_2^{(1)} + c_3^{(1)})/2) & 4 \le x < 8 \\ \vdots & \vdots & \vdots \\ c_{N/4-1}^{(2)} & (= (c_{N/2-2}^{(1)} + c_{N/2-1}^{(1)})/2) & N-4 \le x < N \end{cases} \tag{7.3}$$

以下同様にすると，最終的に $f^{(n)}(x)$ がスケール $N$ の定数関数となる．

$$f^{(n)}(x) = c_0^{(n)} \ \left(= \frac{c_0^{(n-1)} + c_1^{(n-1)}}{2}\right), \qquad 0 \le x < N \tag{7.4}$$

明らかに $c_0^{(n)}$ は $c_0, c_1, \ldots, c_{N-1}$ の平均値である．

近似が $f^{(0)}(x)$, $f^{(1)}(x)$, $f^{(2)}(x), \ldots$ と進むにつれて，値の変化が次第に平滑化され，$f^{(n)}(x)$ で一定値となる．逆に見ると，$f^{(n)}(x)$, $f^{(n-1)}(x)$, $f^{(n-2)}(x), \ldots$ と進むにつれて，信号の大まかな特徴に次第に詳細な変化が付け加わり，$f^{(0)}(x)$ が最も微細な記述となっている．

スケールの逆数を**解像度**と呼ぶ．スケールを大きくとることは解像度を下げることであり，スケールを小さくとることは解像度を上げることである．多くの信号処理では，解像度が低いとデータ量が少なく，計算が効率的であり，結果も安定しているが精度が悪い．しかし，解像度を上げ過ぎると計算時間がかかるだけでなく，結果がランダムな雑音に左右されて不安定になる．通常，雑音の変化は激しいので，平滑化してスケールを大きくとると消失する．しかし，同時に信号の詳細も失われてしまう．したがって，処理目的に応じた適切なスケールを用いる必要がある．上記のようにして，逐次的にさまざまの解像度の信号を作り出すことを**階層的近似**と呼ぶ．画像の場合は，そのイメージから**ピラミッド**と呼ばれる．

ディスカッション

**【学生】** 画像の「ピラミッド」というのは何ですか．

**【先生】** 画像の大きさ，つまり縦横の画素数は普通は 2 のべき乗にとられます．これは，ビットによってその位置を表す都合からです．例えば，縦横が $2^9 = 512$ 画素なら，縦横の位置がそれぞれ 9 ビットのメモリで指定できます．そのような画像は $512 \times 512$ 画像と呼ばれます．

$512 \times 512$ 画像を隣接する $2 \times 2 = 4$ 画素の区画に分割し，各区画の 4 個の画素の平均を計算します．そのような区画は合計 $256 \times 256$ 個ありますから，各々の平均値は $256 \times 256$ 画像とみなせます．この画像をまた 4 画素の区画に分割すると，各区画の平均から成る $128 \times 128$ 画像ができます．以下同様にして，$128 \times 128$ 画像，$64 \times 64$ 画像，...，$2 \times 2$ 画像，$1 \times 1$ 画像ができます．これらを図 7.1 のように，次々と上に重ねたイメージがピラミッドです．

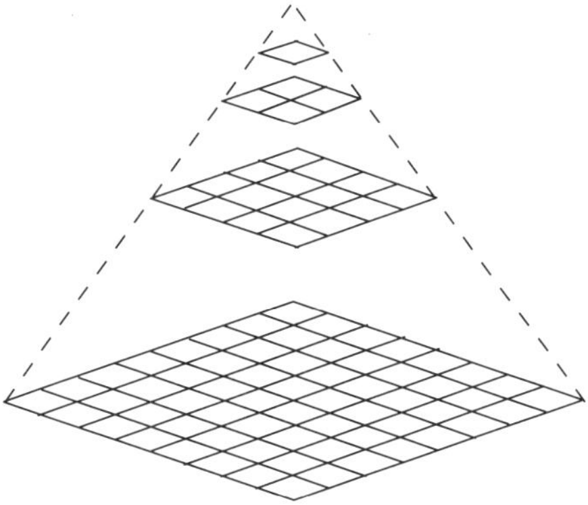

**図 7.1** 画像のピラミッド（$8 \times 8$ 画像の場合）．

**【学生】** そのような画像のピラミッドを作って何になるのですか．

**【先生】** 代表的な応用は画像間の対応探索です．例えば，航空機で山岳地帯を異なる点から撮影した2画像の一方の画像の各点が他方の画像のどこに当たるかがわかれば，三角測量の原理でその点の高さがわかり，3次元的な地図を作ることができます．このように2枚の画像から3次元形状を計算することを**ステレオ視**といい，その2画像を**ステレオ画像**と呼びます．

ステレオ画像の対応を探索するには，一方の画像の注目する点の周りの小領域を切り取り，他方の画像でそれと似ている部分を探します．しかし，画像が大きいと探索に時間がかかり，また部分的に似ている部分が多いと区別がつきません．そこで画像のピラミッドを作ります．小さい画像は比較的簡単に対応が定まるので，まず大まかな対応を決め，解像度を一段上げてその近辺を比較し，より詳細な対応を定めます．さらに解像度を上げて微調節し，続々と精度を上げます．このような探索方式は**階層的探索**と呼ばれ，古くから行なわれています．

---

## 7.2　多重解像度分解

スケール1の最も詳細な信号 $f^{(0)}(x)$ とその次のスケール2の近似 $f^{(1)}(x)$ の差を $g^{(1)}(x)$ とする．

$$f^{(0)}(x) = g^{(1)}(x) + f^{(1)}(x) \tag{7.5}$$

$f^{(1)}(x)$ は幅2の区間内での変化を記述することができない．$f^{(0)}(x)$ は幅1の区間内での変化を記述することができない．幅1以上，2以下の変化を**スケール2の変動**と呼ぶ．$f^{(1)}(x)$ は $f^{(0)}(x)$ に含まれるスケール2の変動を無視した近似である．したがって，$g^{(1)}(x)$ は信号 $f^{(0)}(x)$ からスケール2の変動を取り出した部分とみなせる．これは，フーリエ解析の波長2の成分に相当する．

次にスケール2の近似 $f^{(1)}(x)$ とスケール4の近似 $f^{(2)}(x)$ の差を $g^{(2)}(x)$ とする．

$$f^{(1)}(x) = g^{(2)}(x) + f^{(2)}(x) \tag{7.6}$$

幅2以上，4以下の変化を**スケール4の変動**と呼ぶ．$f^{(2)}(x)$ は $f^{(1)}(x)$ に含まれるスケール4の変動を無視した近似であり，$g^{(2)}(x)$ はそれを $f^{(1)}(x)$ から取り出した部分とみなせる．これは，波長4の成分に相当する．

同様に

$$f^{(2)}(x) = g^{(3)}(x) + f^{(3)}(x) \tag{7.7}$$

とすると，$f^{(3)}(x)$ は $f^{(2)}(x)$ に含まれるスケール8の変動を無視した近似であり，$g^{(3)}(x)$ はそれを $f^{(2)}(x)$ から取り出した部分とみなせる．これは，波長 8 の成分に相当する．

以下同様にすると，最終的に

$$f^{(n-1)}(x) = g^{(n)}(x) + f^{(n)}(x) \tag{7.8}$$

となり，$f^{(n)}(x)$（定数関数）は $f^{(n-1)}(x)$ に含まれるスケール $2^n$ $(= N)$ の変動を無視した近似であり，$g^{(n)}(x)$ はそれを $f^{(n-1)}(x)$ から取り出した部分とみなせる．これは，波長 $N$ の成分に相当する．

**【例 7.1】** 次の信号系列が得られたとする．

0.0000, 6.0653, 7.3576, 6.6939, 5.4134, 4.1042, 2.9872, 2.1138

これを階段関数 $f^{(0)}(x)$ で表し，逐次 $f^{(j)}(x)$ と $g^{(j)}(x)$, $j = 1, 2, 3$ に分解すると図 7.2 のようになる．

以上より，信号 $f^{(0)}(x)$ は次のように異なるスケールの成分に分解される．

$$\begin{aligned} f^{(0)}(x) &= g^{(1)}(x) + f^{(1)}(x) \\ &= g^{(1)}(x) + g^{(2)}(x) + f^{(2)}(x) \\ &= g^{(1)}(x) + g^{(2)}(x) + g^{(3)}(x) + f^{(3)}(x) \\ &\ \ \vdots \\ &= g^{(1)}(x) + g^{(2)}(x) + g^{(3)}(x) + g^{(4)}(x) + \cdots + g^{(n)}(x) + f^{(n)}(x) \end{aligned} \tag{7.9}$$

このように，信号を異なるスケールの成分へ分解することを**多重解像度分解**と呼ぶ．これはフーリエ解析と似ているが，フーリエ解析では各成分は正弦波であり，振幅が場所によらず一定であるのに対して，上の分解では各成分の振幅が**場所ごとに変化する**．これがフーリエ解析との最大の相違である．

## ディスカッション

**【学生】**「多重解像度分解」という難しい言葉を使っていますが，これは当たり前のことではありませんか．関数を大まかに近似して，それと残りの部分にわける，その近似をさらに大まかな近似と残りにわける…とするわけですね．前章の固有空間法よりはるかに簡単です．固有値も固有ベクトルも計算しないし，難しい理論もありません．こんな簡単なことが「ウェーブレット解析」なのですか．

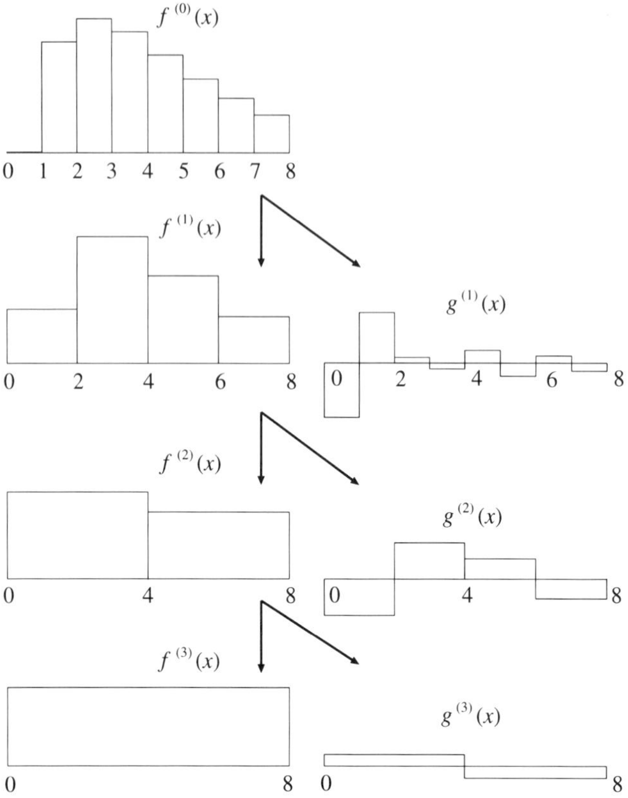


**図 7.2**　関数 $f^{(0)}(x)$ の多重解像度分解.

**【先生】** いや，そうではありません，と私が答えるのを君は期待していますね．しかし，実は君のいう通りです．これがウェーブレット解析のほとんどすべてです．それ以外は形式的な記述です．君はこれが「当たり前」と言います．私もそう思います．しかし，この当たり前のことに人々は長い間気がつかなかったのです．このことが知られたのはほんの十数年前です．

**【学生】** どうして気がつかなかったのですか．先ほど，画像ピラミッドは古くから使われていると言われました．

**【先生】** 画像ピラミッドは知られていましたが，それを使っていた人たちには多重解像度分解は思いもよりませんでした．実は，私もウェーブレット解析が広く知られるようになる前から，画像ピラミッドの研究者と一緒に研究活動をし，彼らの研究をよく知っていました．しかし，私も多重解像度分解は考えもしませんでした．

**【学生】** どうしてですか．画像ピラミッドは画像を次々と粗く近似することです．粗い近似と残りに分けることは当然ではありませんか．

**【先生】** そこに誰も目が行かなかった最大の要因は「メモリの節約」という先入観でした．先に言ったように，画像ピラミッドでは $N \times N$ 画像を隣接する 4 画素ごとに平均すると $(N/2) \times (N/2)$ 画像になります．これは $(N/2) \times (N/2)$ 個のメモリに格納できます．これからさらに $(N/4) \times (N/4)$ 画像を作り…と最終的に 1 画素にすると，必要なメモリは $1 + 4 + 4^2 + 4^3 + \cdots + N^2 = (4N^2 - 1)/(4 - 1) \approx 1.3N^2$ となり，1 枚の画像の約 1.3 倍で済みます．このメモリの節約に加えて，美しい再帰アルゴリズムによって高速な処理ができます．再帰アルゴリズムについては，第 4 章 4.7 節のディスカッションでも言いましたが，大きなデータに対する処理をそれと同じ形の小さい（普通は半分の）データの処理に帰着させることです．

このように画像ピラミッドの研究者の関心はメモリの節約と計算の効率化でした．もしメモリの節約を考えずに，画像の大きさを変えずに隣接する 4 画素の各々をそれらの平均値で置き換え，次に隣接する 8 画素の各々をそれらの平均値で置き換え…としたとしましょう．これは「画像ピラミッド」というより「画像ビルディング」とでもいえます．このように，画像の大きさを変えずに近似を粗くするなら，粗くする前とした後との差をとるという発想が生まれたでしょう．

しかし，誰がそんな無駄を考えるでしょうか．「画像ビルディング」を作るのに必要なメモリ数は $N^2 \log_2 N$ であり，例えば $1024 \times 1024$ 画像では 1 枚の画像の 10 倍です．「画像ピラミッド」では約 1.3 倍ですから，その差は歴然です．当時はメモリが高価であったためになおさらでした．

このように，メモリの節約と計算の効率化しか考えなかったために，$N \times N$ 画像と $(N/2) \times (N/2)$ 画像の差を考えるという発想がなかったのは盲点でした．私も多重解像度解析の話を知ったとき，目が覚める思いをしました．科学技術の進歩はしばしばそういうものです．

**【学生】** それは残念でした．もし先生が初めから気がつかれていれば，今頃は世界的な有名人になられていたのに．

**【先生】** 私も残念です．それはともかく，ウェーブレット解析のほとんどは先に述べたことに尽き，以降はこれを**形式的に記述する**ことです．形式的に記述すればいろいろな性質が厳密に証明でき，さまざまな形に拡張できます．まず，「スケーリング関数」という概念を導入します．

---

## 7.3 スケーリング関数

スケーリング関数を次のように定義する（図 7.3）．

$$\phi(x) = \begin{cases} 1 & 0 \leq x < 1 \\ 0 & \text{その他} \end{cases} \tag{7.10}$$

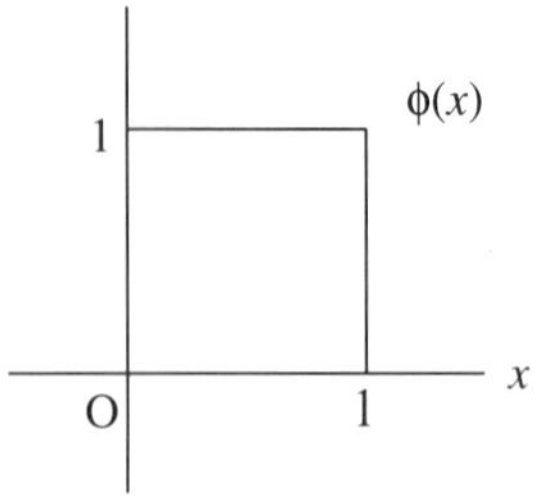


図 **7.3**　スケーリング関数.

値が 0 でない区間をその関数の**台**という．上式は，区間 $[0,1)$ を台とする関数である．スケーリング関数を用いると，スケール 1 の信号 $f^{(0)}(x)$ が次のように書ける．

$$f^{(0)}(x)=\sum_{k=0}^{N-1}c_k^{(0)}\phi(x-k),\qquad c_k^{(0)}=c_k \tag{7.11}$$

$\phi(x-k)$ はスケール関数 $\phi(x)$ を $k$ だけ平行移動したものである．

スケール 2 の信号 $f^{(1)}(x)$ は次のように書ける．

$$f^{(1)}(x)=\sum_{k=0}^{N/2-1}c_k^{(1)}\phi\Big(\frac{x}{2}-k\Big),\qquad c_k^{(1)}=\frac{c_{2k}^{(0)}+c_{2k+1}^{(0)}}{2} \tag{7.12}$$

$\phi(x/2-k)$ $(=\phi((x-2k)/2))$ はスケーリング関数 $\phi(x)$ の台を区間 $[0,2)$ に広げて $2k$ だけ平行移動したものである．

スケール 4 の信号 $f^{(2)}(x)$ は次のように書ける．

$$f^{(2)}(x)=\sum_{k=0}^{N/4-1}c_k^{(2)}\phi\Big(\frac{x}{4}-k\Big),\qquad c_k^{(2)}=\frac{c_{2k}^{(1)}+c_{2k+1}^{(1)}}{2} \tag{7.13}$$

$\phi(x/4-k)$ $(=\phi((x-4k)/4))$ はスケーリング関数 $\phi(x)$ の台を区間 $[0,4)$ に広げて $4k$ だけ平行移動したものである．

一般に，スケール $2^j$ の信号は次のように書ける．

$$f^{(j)}(x)=\sum_{k=0}^{N/2^j-1}c_k^{(j)}\phi\Big(\frac{x}{2^j}-k\Big),\qquad c_k^{(j)}=\frac{c_{2k}^{(j-1)}+c_{2k+1}^{(j-1)}}{2} \tag{7.14}$$

$\phi(x/2^j-k)$ $(=\phi((x-2^jk)/2^j))$ はスケーリング関数 $\phi(x)$ の台を区間 $[0,2^j)$ に広げて $2^jk$ だけ平行移動したものである．スケールが $2^j$ のときの $j$ を**レベル**と呼ぶ．すなわち，レベルが 1 上がるとスケールが 2 倍になる．

**チェック** 区間 $a \leq x \leq b$, $a < x < b$, $a \leq x < b$, $a < x \leq b$ を，それぞれ $[a,b]$, $(a,b)$, $[a,b)$, $(a,b]$ と書く（$\hookrightarrow$ 第 1 章 1.1.3 項のディスカッション）．

**【例 7.2】** 区間 $[0,N)$ 上の関数 $p(x)$, $q(x)$ の内積を

$$(p,q) = \int_0^N p(x)q(x)dx \tag{7.15}$$

と定義し，

$$\phi_k^{(j)}(x) = \phi\Big(\frac{x}{2^j} - k\Big) \tag{7.16}$$

と置くと，各レベル $j$ に対して関数 $\{\phi_k^{(j)}(x)\}$, $k = 0,\ldots,N/2^j - 1$, は直交系であることを示せ．

（解）$\phi_k^{(j)}(x)$ の台は $[2^j k, 2^j(k+1))$ であり，$\phi_{k'}^{(j)}(x)$ の台は $[2^j k', 2^j(k'+1))$ であるから，$k \neq k'$ なら台は互いに重ならない．したがって，積 $\phi_k^{(j)}(x)\phi_{k'}^{(j)}(x)$ は 0 であり，

$$(\phi_k^{(j)}, \phi_{k'}^{(j)}) = \int_0^N \phi_k^{(j)}(x)\phi_{k'}^{(j)}(x)dx = 0, \qquad k \neq k' \tag{7.17}$$

である． □

各レベル $j$ に対して，関数 $\{\phi_k^{(j)}(x)\}$, $k = 1,\ldots,N/2^j - 1$, の張る線形空間を $V^{(j)}$ とする．$V^{(j)}$ は $\{\phi_k^{(j)}(x)\}$ を直交基底とする $N/2^j$ 次元空間である．

**チェック** 互いに直交する関数は線形独立である（$\hookrightarrow$ 例 5.9）．

**【例 7.3】** 次の包含関係を示せ．

$$V^{(0)} \supset V^{(1)} \supset V^{(2)} \supset \cdots \supset V^{(n)} \tag{7.18}$$

（解）空間 $V^{(j)}$ の基底関数 $\phi_k^{(j)}(x)$ の台は $[2^j k, 2^j(k+1))$ であり，この区間でのみ値が 1 である．これは，空間 $V^{(j-1)}$ の台 $[2^{j-1}2k, 2^{j-1}(2k+1))$ の基底関数 $\phi_{2k}^{(j-1)}(x)$ と台 $[2^{j-1}(2k+1), 2^{j-1}(2k+2))$ の基底関数 $\phi_{2k+1}^{(j-1)}(x)$ を並べて合併したものである．すなわち

$$\phi_k^{(j)}(x) = \phi_{2k}^{(j-1)}(x) + \phi_{2k+1}^{(j-1)}(x) \tag{7.19}$$

である．$V^{(j)}$ の任意の基底関数が $V^{(j-1)}$ の基底関数の線形結合で表されるから，$V^{(j)}$ の任意の元は $V^{(j-1)}$ の元でもある． □

ディスカッション

**【学生】** つまり，信号をあるスケールで近似することは，そのスケールのスケーリング関数を次々と平行移動し，信号をそれらの線形結合で表すことですね．そして，近似を次第に粗くすることは，そのスケーリング関数幅を次第に広げることなのですね．

**【先生】** そうです．そして，幅を 2 倍にしたスケーリング関数はもとのスケーリング関数を使って表せますから，粗い近似の全体は詳細な近似の全体に含まれる部分空間になっています．

**【学生】** それでは，「ウェーブレット」というのは何ですか．

**【先生】** それをこれから説明します．

## 7.4　ウェーブレット

ウェーブレット**母関数**を次のように定義する（図 7.4）．

$$\psi(x) = \begin{cases} 1 & 0 \leq x < 1/2 \\ -1 & 1/2 \leq x < 1 \\ 0 & \text{その他} \end{cases} \tag{7.20}$$

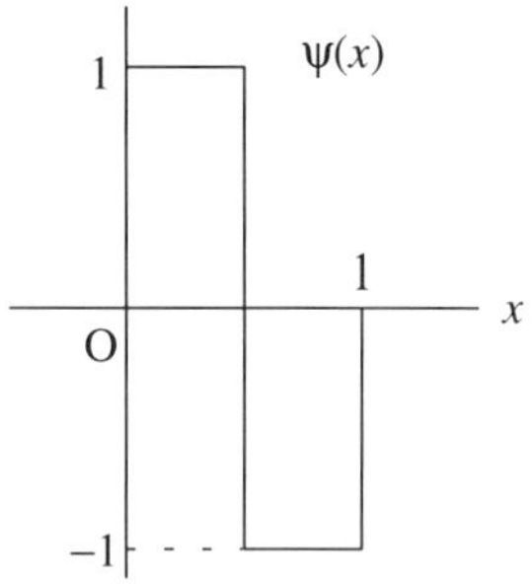


**図 7.4**　ウェーブレット母関数．

これも $[0,1)$ を台とする関数である．これを用いると，スケール 1 の関数 $g^{(1)}(x)$ は次のように書ける．

$$
\begin{aligned}
g^{(1)}(x) &= f^{(0)}(x) - f^{(1)}(x) \\
&= \begin{cases}
c_0^{(0)} - (c_0^{(0)} + c_1^{(0)})/2 & 0 \le x < 1 \\
c_1^{(0)} - (c_0^{(0)} + c_1^{(0)})/2 & 1 \le x < 2 \\
c_2^{(0)} - (c_2^{(0)} + c_3^{(0)})/2 & 2 \le x < 3 \\
c_3^{(0)} - (c_2^{(0)} + c_3^{(0)})/2 & 3 \le x < 4 \\
\vdots & \vdots \\
c_{N-2}^{(0)} - (c_{N-2}^{(0)} + c_{N-1}^{(0)})/2 & N-2 \le x < N-1 \\
c_{N-1}^{(0)} - (c_{N-2}^{(0)} + c_{N-1}^{(0)})/2 & N-1 \le x < N
\end{cases} \\
&= \begin{cases}
(c_0^{(0)} - c_1^{(0)})/2 & 0 \le x < 1 \\
-(c_0^{(0)} - c_1^{(0)})/2 & 1 \le x < 2 \\
(c_2^{(0)} - c_3^{(0)})/2 & 2 \le x < 3 \\
-(c_2^{(0)} - c_3^{(0)})/2 & 3 \le x < 4 \\
\vdots & \vdots \\
(c_{N-2}^{(0)} - c_{N-1}^{(0)})/2 & N-2 \le x < N-1 \\
-(c_{N-2}^{(0)} - c_{N-1}^{(0)})/2 & N-1 \le x < N
\end{cases} \\
&= \sum_{k=0}^{N/2-1} d_k^{(1)} \psi\left(\frac{x}{2} - k\right) \qquad (7.21)
\end{aligned}
$$

ただし，次のように置いた．

$$
d_k^{(1)} = \frac{c_{2k}^{(0)} - c_{2k+1}^{(0)}}{2} \qquad (7.22)
$$

$\psi(x/2-k)$ $(=\psi((x-2k)/2))$ はウェーブレット母関数 $\psi(x)$ の台を区間 $[0,2)$ に広げて $2k$ だけ平行移動したものである．

スケール 2 の関数 $g^{(2)}(x)$ は次のように書ける．

$$
\begin{aligned}
g^{(2)}(x) &= f^{(1)}(x) - f^{(2)}(x) \\
&= \begin{cases}
c_0^{(1)} - (c_0^{(1)} + c_1^{(1)})/2 & 0 \le x < 2 \\
c_1^{(1)} - (c_0^{(1)} + c_1^{(1)})/2 & 2 \le x < 4 \\
\vdots & \vdots \\
c_{N/2-2}^{(1)} - (c_{N/2-2}^{(1)} + c_{N/2-1}^{(1)})/2 & N-4 \le x < N-2 \\
c_{N-1}^{(1)} - (c_{N-2}^{(1)} + c_{N-1}^{(1)})/2 & N-2 \le x < N
\end{cases}
\end{aligned}
$$

$$= \begin{cases} (c_0^{(1)} - c_1^{(1)})/2 & 0 \le x < 2 \\ -(c_0^{(1)} - c_1^{(1)})/2 & 2 \le x < 4 \\ \vdots & \vdots \\ (c_{N-1}^{(1)} - c_{N-2}^{(1)})/2 & N-4 \le x < N-2 \\ -(c_{N/2-2}^{(1)} - c_{N/2-1}^{(1)})/2 & N-2 \le x < N \end{cases}$$

$$= \sum_{k=0}^{N/4-1} d_k^{(2)} \psi\Big(\frac{x}{4} - k\Big) \tag{7.23}$$

ただし，次のように置いた．

$$d_k^{(2)} = \frac{c_{2k}^{(1)} - c_{2k+1}^{(1)}}{2} \tag{7.24}$$

$\psi(x/4-k)$ $(= \psi((x-4k)/4))$ はウェーブレット母関数 $\psi(x)$ の台を区間 $[0,4)$ に広げて $4k$ だけ平行移動したものである．

一般にスケール $2^j$ の関数 $g^{(j)}(x)$ は次のように書ける．

$$g^{(j)}(x) = \sum_{k=0}^{N/2^j-1} d_k^{(j)} \psi\Big(\frac{x}{2^j} - k\Big), \qquad j = 1, \ldots, n \tag{7.25}$$

ただし，次のように置いた．

$$d_k^{(j)} = \frac{c_{2k}^{(j-1)} - c_{2k+1}^{(j-1)}}{2} \tag{7.26}$$

$\psi(x/2^j - k)$ $(= \psi((x-2^jk)/2^j))$ はウェーブレット母関数 $\psi(x)$ の台を区間 $[0, 2^j)$ に広げて $2^jk$ だけ平行移動したものである．

**【例 7.4】** 例 7.1 の分解で計算される $c_k^{(j)}$, $d_k^{(j)}$, $k = 0, \ldots, 8/2^j$, $j = 0, 1, 2, 3$, をグラフに描くと図 7.5 のようになる．実際の応用では，このような図が図 7.2 の代わりによく用いられる．

レベル $j$，場所 $k$ の**ウェーブレット**を次のように定義する．

$$\psi_k^{(j)}(x) = \psi\Big(\frac{x}{2^j} - k\Big) \tag{7.27}$$

**【例 7.5】** 各レベル $j$ に対してウェーブレット $\{\psi_k^{(j)}(x)\}$, $k = 0, \ldots, N/2^j - 1$, は直交系であることを示せ．

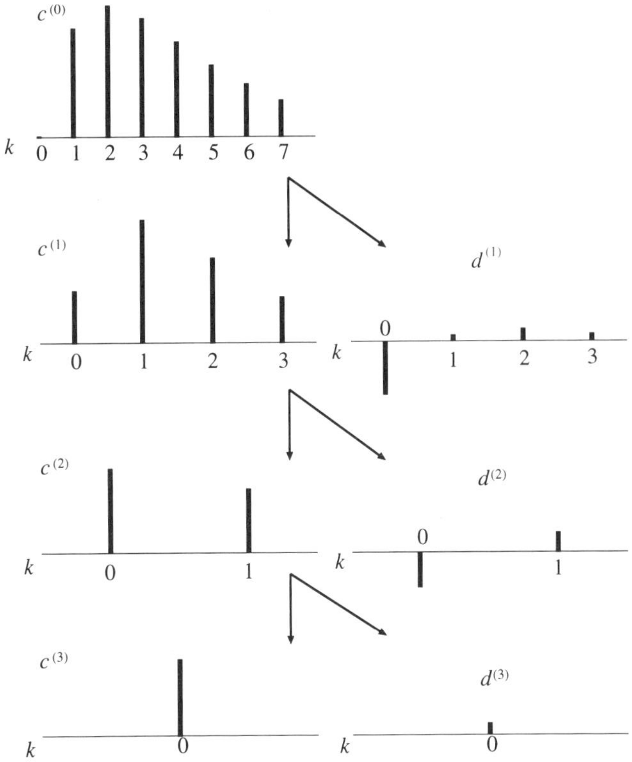


**図 7.5** データ $c_k^{(0)}$, $k=0,\ldots,7$, の多重解像度分解.

(解) $\psi_k^{(j)}(x)$ の台は $[2^j k, 2^j(k+1))$ であり，$\psi_{k'}^{(j)}(x)$ の台は $[2^j k', 2^j(k'+1))$ であるから，$k \neq k'$ なら台は互いに重ならない．したがって，積 $\psi_k^{(j)}(x)\psi_{k'}^{(j)}(x)$ は 0 であり，

$$(\psi_k^{(j)}, \psi_{k'}^{(j)}) = \int_0^N \psi_k^{(j)}(x)\psi_{k'}^{(j)}(x)dx = 0, \qquad k \neq k' \tag{7.28}$$

である． □

## ディスカッション

**【学生】** わかりました．ウェーブレットはスケーリング関数と同じように，ウェーブレット母関数を次々と平行移動したもので，スケールを大きくするにつれて横に拡大していくのですね．

**【先生】** そうです．それが各レベルで直交基底を作っているのです．

【学生】それでは，式 (7.20) のウェーブレット母関数はどうしてこのように定義したのですか.

【先生】よい質問です．この定義に多重解像度分解の本質が潜んでいます．スケーリング関数を式 (7.10) のように定義したのは，隣接する 2 区間を平均した値に置き換えるという操作を記述するためです．この操作で生じる誤差が式 (7.20) のウェーブレット母関数の定数倍で表せます．このため，信号を次々と大きいスケールで近似する各段階での誤差がそれぞれのスケールのウェーブレットの線形結合で表せます．したがって，式 (7.9) の多重解像度分解が各スケールのウェーブレットによって表せるのです.

【学生】つまり，式 (7.10) のスケーリング関数から式 (7.20) のウェーブレット母関数が自動的に決まるのですね.

【先生】そうです．そして，スケーリング関数は必ずしも式 (7.10) のように決める必要はありません．そもそも多重解像度分解とは，信号の細かい変動を次々と均して大きな変動にしていくものです．これは，第 3 章 3.6 節で述べた，低域フィルターをかけることに相当します．そして，方形窓 (3.30) もガウス窓 (3.9) も低域フィルターでした．式 (7.10) のスケーリング関数は方形窓に相当しますが，それ以外に左右に裾野を引く釣り鐘型の関数はすべて低域フィルターになります．そのような関数をスケーリング関数とすれば，それに応じて式 (7.20) とは異なるウェーブレット母関数が得られます.

【学生】それでは，どんな関数をスケーリング関数にしてもウェーブレットが定義できるのですか.

【先生】そうは行きません．スケーリング関数 $\phi(x)$ とウェーブレット母関数 $\psi(x)$ は次の関係を満たす必要があります.

- スケーリング関数 $\phi(x)$ を横に 2 倍に広げたものは，スケーリング関数 $\phi(x)$ を平行移動したものの線形結合で表せる.
- ウェーブレット母関数 $\psi(x)$ を横に 2 倍に広げたものは，スケーリング関数 $\phi(x)$ を平行移動したものの線形結合で表せる.

この性質を満たすスケーリング関数 $\phi(x)$ とウェーブレット母関数 $\psi(x)$ が得られれば，そのウェーブレットによって多重解像度分解ができます．これについては 7.7 節で詳しく述べます.

【学生】ところで,「ウェーブレット」という言葉の意味は何でしょうか.「ウェーブ」が「波」だということは知っています.

【先生】その英語の wave（波）に「小さい」という意味の語尾 let をつけたものです．例えば，table（板，盤）に let をつけると tablet（小片）となり，brace（固定装置）に let がつくと bracelet（腕輪）になります．童話の『三匹の子豚』の英語の題は “Three Piglets” です.

【学生】英和辞典で wavelet を引くと「小波」,「さざなみ」と出ています．確かに図 7.4 のイメージに合います.

**【先生】** そうです．しかし，「小波母関数」，「小波解析」などというのはしっくりこないので，どの本でもそのまま「ウェーブレット」と呼んでいます．本書でもそうしています．

---

## 7.5 ウェーブレット変換

各レベル $j$ に対してウェーブレット $\{\psi_k^{(j)}(x)\}$, $k = 1, \ldots, N/2^j - 1$, の張る線形空間を $W^{(j)}$ とする．$W^{(j)}$ は $\{\psi_k^{(j)}(x)\}$ を直交基底とする $N/2^j$ 次元空間である．

**【例 7.6】** 各レベル $j$ に対して空間 $W^{(j)}$ と空間 $V^{(j)}$ は互いに直交する．これを次のように書く．

$$W^{(j)} \perp V^{(j)} \tag{7.29}$$

これを示せ．

**（解）** 空間 $W^{(j)}$ の基底関数 $\psi_k^{(j)}$ と空間 $V^{(j)}$ の基底関数 $\phi_{k'}^{(j)}$ は，$k \neq k'$ なら台が重ならないから，積 $\psi_k^{(j)}\phi_{k'}^{(j)}$ は 0 である．$k = k'$ なら積 $\psi_k^{(j)}\phi_{k'}^{(j)}$ は台の左半分が +1 であり，右半分が −1 であるから，積分すると 0 となる．すなわち，任意の $k, k'$ に対して

$$(\psi_k^{(j)}, \phi_{k'}^{(j)}) = \int_0^N \psi_k^{(j)}(x)\phi_{k'}^{(j)}(x)dx = 0 \tag{7.30}$$

である．$W^{(j)}$ のどの基底関数も $V^{(j)}$ のすべての基底関数に直交するから，$W^{(j)}$ の任意の関数は $V^{(j)}$ の任意の関数に直交する． □

線形空間 $\mathcal{L}$ の任意の元が互いに直交する二つの線形空間 $\mathcal{L}_1, \mathcal{L}_2$ の元の和で一意的に表せるとき，$\mathcal{L}$ は $\mathcal{L}_1, \mathcal{L}_2$ の**直和**であるといい，$\mathcal{L} = \mathcal{L}_1 \oplus \mathcal{L}_2$ と書く．空間 $V^{(j-1)}$ の任意の関数 $f^{(j-1)}(x)$ は空間 $W^{(j)}$ に属する関数 $g^{(j)}(x)$ と空間 $V^{(j)}$ に属する関数 $f^{(j)}(x)$ の和で表せる．$g^{(j)}(x)$, $f^{(j)}(x)$ は互いに直交するから，線形結合での表し方は一意的である．ゆえに

$$V^{(j-1)} = W^{(j)} \oplus V^{(j)} \tag{7.31}$$

と書ける．これを空間 $V^{(j-1)}$ の空間 $W^{(j)}, V^{(j)}$ への**直和分解**と呼ぶ．空間 $W^{(j)}, V^{(j)}$ は互いに直交するから，これは**直交直和分解**である．

**チェック**　互いに直交する関数は線形独立である（$\hookrightarrow$ 例 5.9）.

**チェック**　線形独立なベクトルによる線形結合の表し方は一意的である（$\hookrightarrow$ 例 5.8）.

**【例 7.7】**　異なるレベル $j \neq j'$ に対して，空間 $W^{(j)}, W^{(j')}$ は互いに直交することを示せ.

$$W^{(j)} \perp W^{(j')}, \qquad j \neq j' \tag{7.32}$$

（解）$j < j'$ として一般性を失わない．関係 (7.29) より $W^{(j)}$ の任意の関数は $V^{(j)}$ の任意の関数に直交する．関係 (7.18) より $V^{(j)} \supset \cdots \supset V^{(j'-1)}$ であり，関係 (7.31) より $V^{(j'-1)} \supset W^{(j')}$ である．したがって $W^{(j')}$ の任意の関数は $W^{(j)}$ の任意の関数に直交する． □

以上の結果から，次の直交直和分解が得られる.

$$\begin{aligned} V^{(0)} &= W^{(1)} \oplus V^{(1)} \\ &= W^{(1)} \oplus W^{(2)} \oplus V^{(2)} \\ &= W^{(1)} \oplus W^{(2)} \oplus W^{(3)} \oplus V^{(3)} \\ &\ \ \vdots \\ &= W^{(1)} \oplus W^{(2)} \oplus W^{(3)} \oplus W^{(4)} \oplus \cdots \oplus W^{(n)} \oplus V^{(n)} \end{aligned} \tag{7.33}$$

そして，ウェーブレット $\{\psi_k^{(j)}(x)\}$, $k = 0, \ldots, N/2^j - 1$, $j = 1, \ldots, n$, および定数関数 $\phi_0^{(n)}(x)$ $(= 1)$ が空間 $V^{(0)}$ の直交基底となる．その結果，$V^{(0)}$ のすべての関数が，異なるレベルのウェーブレット $\{\psi_k^{(j)}(x)\}$ と平均値（**直流成分**と呼ぶ）の線形結合に一意的に分解できる.

**【例 7.8】**　$V^{(0)}$ の基底関数は合計 $N$ 個あることを示せ.

（解）レベル $j$ のウェーブレット $\{\psi_k^{(j)}(x)\}$, $k = 0, \ldots, N/2^j - 1$ は $N/2^j$ 個あるから，これらの合計は $N = 2^n$ より

$$\sum_{j=1}^{n} \frac{N}{2^j} = \frac{N}{2} + \frac{N}{4} + \cdots + \frac{N}{2^n} = 2^{n-1} + 2^{n-2} + \cdots + 1 = 2^n - 1 = N - 1 \tag{7.34}$$

となる．これとレベル 0 の定数関数 $\phi_0^{(n)}(x)$ $(= 1)$ を合わせて合計 $N$ 個ある.

□

チェック $V^{(0)}$ の関数は $N$ 個の値 $c_0, c_1, \ldots, c_{N-1}$ で定義されるから，その全体は $N$ 次元空間である．

**【例 7.9】** ウェーブレット $\{\psi_k^{(j)}(x)\}$ および定数関数 $\phi_0^{(n)}(x)$ のノルムが

$$\|\psi_k^{(j)}\| = 2^{j-1}, \qquad \|\phi_0^{(n)}\| = \sqrt{N} \tag{7.35}$$

であり，$\{\psi_k^{(j)}(x)/2^{j-1}\}$, $\phi_0^{(n)}(x)/\sqrt{N}$ が正規直交基底となることを示せ．

（解）$\psi_k^{(j)}(x)$ は幅 $2^j$ の台上で $\pm 1$ であり，$\phi_0^{(n)}(x) = 1$ であるから二乗積分は次のようになる．

$$\|\psi_k^{(j)}\|^2 = \int_0^N \psi_k^{(j)}(x)^2 dx = \int_0^{2^j} dx = 2^j$$
$$\|\phi_0^{(n)}\|^2 = \int_0^N \phi_0^{(n)}(x)^2 dx = \int_0^N dx = N \tag{7.36}$$

これから式 (7.35) が得られる． □

空間 $V^{(0)}$ に属する任意の関数 $f(x)$ は，この直交基底に関して次のように展開できる．

$$f(x) = \sum_{j=1}^{n} \sum_{k=0}^{N/2^j-1} d_k^{(j)} \psi_k^{(j)}(x) + c_0^{(n)} \tag{7.37}$$

式 (7.35) より展開係数は次のように計算される．

$$d_k^{(j)} = \frac{1}{2^j} \int_0^N f(x) \psi_k^{(j)}(x) dx, \qquad c_0^{(n)} = \frac{1}{N} \int_0^N f(x) dx \tag{7.38}$$

チェック 正規直交系による展開では，各基底に対する係数は**その基底との内積**になっている（$\hookrightarrow$ 例 2.24）．

与えられた関数 $f(x)$ からこれらの展開係数を計算すること，およびその展開係数から式 (7.37) によって $f(x)$ の値を計算することを合わせて**ウェーブレット変換**と呼ぶ．

## ディスカッション

**【学生】** ここの証明は非常に形式的で，こういうのは私には苦手です．要するに，ウェーブレットはすべて直交するということですか．

**【先生】** その通りです．前節でウェーブレットは各レベルで直交基底となることを示しましたが，この節で証明したのはレベルが違ってもウェーブレットは直交していること，したがってさまざまな「位置」とさまざまな「スケール」のウェーブレットのみで直交基底ができるということです．直交基底ができれば，その基底による展開が計算できます．

直交基底は前節までにいろいろ出てきました．異なる周波数の正弦波が直交していることによるフーリエ解析，シュワルツの直交化によって作られる直交関数系による展開，そして共分散行列の固有ベクトルから作る正規直交基底を用いる固有空間法など，さまざまな直交基底が得られ，それによる展開によってさまざまな応用が可能になりました．しかし，7.2 節のディスカッションで言いましたが，信号を次々と粗く近似していく過程からウェーブレットによる直交基底ができるということに人々が長く気がつきませんでした．気がついてみると，その応用が非常に広く，急速に広まりました．

**【学生】** ウェーブレットからできた直交基底に展開するとどういういいことがあるのですか．

**【先生】** フーリエ解析と比較すると長所がわかります．フーリエ解析は信号を異なる周波数の正弦波の重ね合わせで表すものです．しかし，どの周波数成分も振幅が一定です．そのため，「位置」を表すことができません．例えば，信号のこの付近では高周波成分が多く，この付近では低周波成分が多いなどとはいうことはできません．

正弦波の周波数はウェーブレットのスケールに相当しますが，ウェーブレットは各場所ごとに基底になるので，ウェーブレットに展開すると，その係数を比較して，この付近ではスケールの小さい細かい変動が多い，この付近ではスケールの大きい変動が多いというように，変動の細かさとそれが生じる位置とが判定できます．この識別力を利用して，宇宙からの電波やイルカの鳴き声を解析してその意味をつかむ研究や，画像や音声に対して，ウェーブレット変換の係数の分布の違いを基にして，その分類や検索の性能を向上させる研究が行なわれています．

また，この性質を用いて，特定の成分を強調したり減衰させたりして望ましい信号を得ることができます．もちろんフーリエ変換でも，例えば低域フィルターをかければ高周波成分が減衰し，雑音が除去されます．しかし，これは信号全体に渡る一律な処理です．それに対して，ウェーブレット変換では，ある部分のスケールの小さいウェーブレットの係数を小さくし，別の部分の同じスケールのウェーブレットの係数を大きくしたりして場所ごとの調節ができます．

**【学生】** 何のためにそんな調節をするのですか．

**【先生】** 代表例はコンピュータグラフィクスによる物体の形状の設計です．例えば，ある人の頭部を測定装置で計測して，その 3 次元モデルを作成し，その形状をウェーブレットに展開したとします．このとき，小さいスケールのウェーブレット係数を調節すると，顔全体の大まかな形は変えずに目や鼻や口のような細部のみを変化させることができます．しかも顔の裏側は変化させず表側だけを変化させるというような場所ごとの調節ができるので，いろいろな表情が実現できます．一方，大きいスケールの係数のみを調節すると，表面の細部を変えずに頭全体の形状を変化させることができるので，異なる年齢や異なる人物が表現できます．このように特定の場所の特定のスケールの変動のみを強調したり抑制することを，形状の**階層的編集**と呼びます.

【学生】つまり，信号を式 (7.38) のようにウェーブレットに展開すると，その係数 $c_0^{(n)}$, $\{d_k^{(j)}\}$ の分布の違いによって信号の分類や識別を行なったり，その係数を人為的に調節して望ましい信号を生成したりできるので便利だということですか.

【先生】その通りです．もう一つの特徴は，展開係数を計算するのに式 (7.38) を計算する必要がないことです．何回も出てきたように，正規直交基底への展開では「$i$ 番目の係数は信号と $i$ 番目の基底との内積をとる」が基本原理ですが，ウェーブレット変換では**ウェーブレットがどういう波形かを知る必要もない**のです．それは**下降サンプリング**と**上昇サンプリング**というアルゴリズムが存在するからです．これを**高速ウェーブレット変換**と呼ぶこともあります．これを次に説明しましょう.

---

## 7.6 下降サンプリングと上昇サンプリング

**【例 7.10】** サンプル値 $c_0^{(0)}, c_1^{(0)}, \ldots, c_{N-1}^{(0)}$ から展開係数 $c_0^{(n)}$, $\{d_k^{(j)}\}$ を計算するにはどうすればよいか.

（解）7.3 節と 7.4 節の定義から次のアルゴリズムで計算できる．この計算を**下降サンプリング**と呼ぶ.

1. $N$ 個の値 $c_0^{(0)}, c_1^{(0)}, \ldots, c_{N-1}^{(0)}$ の連続する 2 個ごとの和の半分と差の半分を計算する.

$$c_k^{(1)} = \frac{c_{2k}^{(0)} + c_{2k+1}^{(0)}}{2}, \quad d_k^{(1)} = \frac{c_{2k}^{(0)} - c_{2k+1}^{(0)}}{2}, \quad k = 0, \ldots, \frac{N}{2} - 1 \qquad (7.39)$$

2. $N/2$ 個の値 $c_0^{(1)}, c_1^{(1)}, \ldots, c_{N/2-1}^{(1)}$ の連続する 2 個ごとの和の半分と差の半分を計算する.

$$c_k^{(2)} = \frac{c_{2k}^{(1)} + c_{2k+1}^{(1)}}{2}, \quad d_k^{(2)} = \frac{c_{2k}^{(1)} - c_{2k+1}^{(1)}}{2}, \quad k = 0, \ldots, \frac{N}{4} - 1 \qquad (7.40)$$

3. $N/4$ 個の値 $c_0^{(2)}, c_1^{(2)}, \ldots, c_{N/4-1}^{(2)}$ の連続する 2 個ごとの和の半分と差の半分を計算する.

$$c_k^{(3)} = \frac{c_{2k}^{(2)} + c_{2k+1}^{(2)}}{2}, \quad d_k^{(3)} = \frac{c_{2k}^{(2)} - c_{2k+1}^{(2)}}{2}, \quad k = 0, \ldots, \frac{N}{8} - 1 \qquad (7.41)$$

4. 以下同様にし，$N/2^{n-1}$ $(=2)$ 個の値 $c_0^{(n-1)}$, $c_1^{(n-1)}$ の和の半分と差の半分を計算する．

$$c_k^{(n)} = \frac{c_{2k}^{(n-1)} + c_{2k+1}^{(n-1)}}{2}, \quad d_k^{(n)} = \frac{c_{2k}^{(n-1)} - c_{2k+1}^{(n-1)}}{2}, \quad k = 0 \tag{7.42}$$

□

**【例 7.11】** 例 7.1 のデータに下降サンプリングを適用し，$c_0^{(3)}$, $d_k^{(j)}$, $k = 0,\ldots,8/2^j$, $j = 1, 2, 3,$ を小数点以下 4 桁の計算で求めると図 7.6 のようになる．普通の字体の数字が $c_k^{(j)}$ であり，斜体の太字が $d_k^{(j)}$ である．

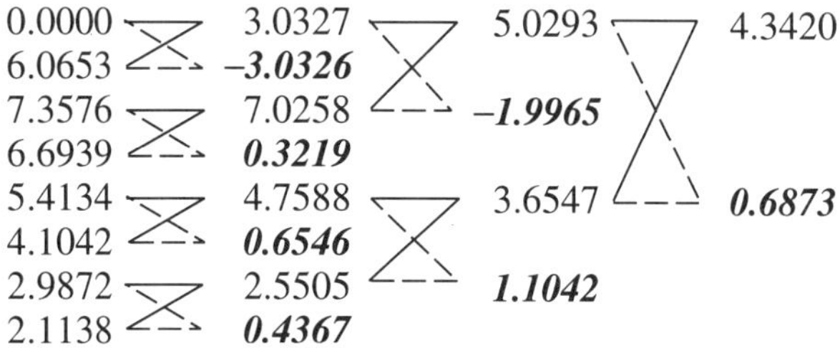


**図 7.6**　例 7.1 のデータの下降サンプリング．普通の字体の数字が $c_k^{(j)}$，斜体の太字が $d_k^{(j)}$．

**【例 7.12】** 展開係数 $c_0^{(n)}, \{d_k^{(j)}\}$ からサンプル値 $c_0^{(0)}, c_1^{(0)}, \ldots, c_{N-1}^{(0)}$ を再構成するにはどうすればよいか．

（解）展開係数の計算を逆にたどると次のアルゴリズムが得られる．この計算を**上昇サンプリング**と呼ぶ．

1. 2 個の係数 $c_0^{(n)}, d_0^{(n)}$ の和と差を計算する．

$$c_{2k}^{(n-1)} = c_k^{(n)} + d_k^{(n)}, \quad c_{2k+1}^{(n-1)} = c_k^{(n)} - d_k^{(n)}, \quad k = 0 \tag{7.43}$$

2. 4 個の値 $c_0^{(n-1)}, d_0^{(n-1)}, c_1^{(n-1)}, d_1^{(n-1)}$ の 2 個ごとの和と差を計算する．

$$c_{2k}^{(n-2)} = c_k^{(n-1)} + d_k^{(n-1)}, \quad c_{2k+1}^{(n-2)} = c_k^{(n-1)} - d_k^{(n-1)}, \quad k = 0,1 \tag{7.44}$$

3. 8 個の値 $c_0^{(n-2)}, d_0^{(n-2)}, \ldots, c_3^{(n-2)}, d_3^{(n-2)}$ の 2 個ごとの和と差を計算する．

$$c_{2k}^{(n-3)} = c_k^{(n-2)} + d_k^{(n-2)}, \quad c_{2k+1}^{(n-3)} = c_k^{(n-2)} - d_k^{(n-2)}, \quad k = 0,1,2,3 \tag{7.45}$$

4. 以下同様にし，$2^n$ $(=N)$ 個の値 $c_0^{(1)}, d_0^{(1)}, \ldots, c_{N/2-1}^{(1)}, d_{N/2-1}^{(1)}$ の 2 個ごとの和と差を計算する．

$$c_{2k}^{(0)} = c_k^{(1)} + d_k^{(1)}, \quad c_{2k+1}^{(0)} = c_k^{(1)} - d_k^{(1)}, \quad k = 0, 1, 2, \ldots, \frac{N}{2} - 1 \qquad (7.46)$$

□

**【例 7.13】** 例 7.11 で得られた $c_0^{(3)}$, $d_k^{(j)}$, $k = 0, \ldots, 8/2^j$, $j = 1$, 2, 3, に上昇サンプリングを適用し，小数点以下 4 桁の計算をすると図 7.7 のようになる．普通の字体の数字が $c_k^{(j)}$ であり，斜体の太字が $d_k^{(j)}$ である．最下位の桁の丸め誤差を除いて例 7.1 のデータが再現されている．

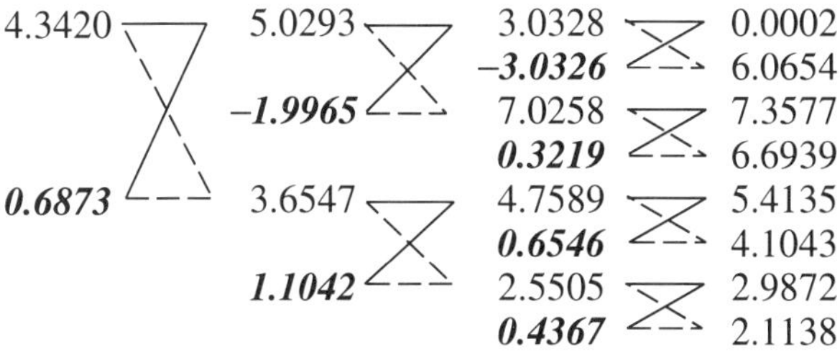


図 7.7 例 7.1 のデータの上昇サンプリング．普通の字体の数字が $c_k^{(j)}$，斜体の太字が $d_k^{(j)}$．

**【例 7.14】** 下降サンプリングと上昇サンプリングの計算の演算回数を評価せよ．

（解）下降サンプリングでは，途中で計算する $\{c_k^{(j)}\}$ は合計 $N/2+N/4+\cdots+1 = 2^{n-1}+2^{n-2}+\cdots+1 = 2^n-1 = N-1$ 個あり，$\{d_k^{(j)}\}$ も $N-1$ 個ある．一つの値の計算に加減算が 1 回，除算が 1 回要るので，演算は合計 $4(N-1)$ 回である．上昇サンプリングでは，途中で計算する $\{c_k^{(j)}\}$ が合計 $2(1+2+4+\cdots+N/2) = 2(1+2+2^2+\cdots+2^{n-1}) = 2(2^n-1) = 2(N-1)$ 個ある．それぞれの値の計算は加減算 1 回でよいので，合計 $2(N-1)$ 回である． □

## ディスカッション

【学生】ちょっと待って下さい．「高速ウェーブレット変換」というから「高速フーリエ変換」のような巧妙な計算法かと思いましたが，これは普通の方法ではありませんか．下降サンプリン

グは式 (7.1)~(7.4) と式 (7.21)~(7.26) をそのまま計算しています．上昇サンプリングもその逆を普通に計算しているだけです．下降サンプリングでは加減算が $2(N-1)$ 回，乗除算が $2(N-1)$ 回と言っても，このように二つの値を次々とまとめていくなら当然です．$N$ チームが勝ち抜き戦をすると，合計の試合数が $N-1$ になることは誰でも知っています．

**【先生】** そう思うのも当然です．「高速ウェーブレット変換」は，普通のウェーブレット変換があってそれを高速化したのではなく，定義そのままですから．でも，これを「高速」と呼ぶ人の弁護をすると，それは次のような意味です．

$N$ 個のデータ $\{c_k^{(0)}\}$ から $N$ 個の展開係数 $c_0^{(n)}$, $\{d_k^{(j)}\}$ への変換とその逆は，共に加減算と定数倍で計算されます．加減算と定数倍で変換されるものは「線形変換」と呼ばれ，一般には $N$ 次元列ベクトルに $N \times N$ の行列を掛ける形に表せます．例えば，離散フーリエ変換 (4.44) は線形変換ですから，式 (4.45) のように行列との積に書けます．$N$ 次元列ベクトルに $N \times N$ の行列を掛けるには，一般に $N^2$ 回の乗除算と $N(N-1)$ 回の加減算が必要です．例えば，$N = 1{,}000$ とすると合計 1,999,000 回です．しかし，これはデータ $\{c_k^{(0)}\}$ から直接に $c_0^{(n)}$, $\{d_k^{(j)}\}$ を計算する場合です．各レベル $j$ の係数 $\{c_k^{(j)}\}$, $j = 1, 2, \ldots, n-1$ を補助変数とすると下降サンプリング，上昇サンプリングでは，$N = 1{,}000$ のとき，それぞれ 3,996 回と 1,998 回です．このように，「高速」というのは「普通の線形変換に比べて極めて高速である」という意味です．高速フーリエ変換も，各ステップでそれまでの計算の途中で生じる値を補助変数として用いるもので，原理としては同じです．

もう一つ重要なのは，先にいいましたが，下降サンプリングおよび上昇サンプリングを計算するのにスケーリング関数やウェーブレット母関数を知る必要がないことです．これは，スケーリング関数やウェーブレット母関数が式 (7.10), (7.20) のように簡単なためではありません．より複雑なスケーリング関数やウェーブレット母関数を用いても，式 (7.39)~(7.42) や式 (7.43)~(7.46) の和や差の項数や係数が変化するだけで，基本的な計算は同じです．これを次に示しましょう．

---

## 7.7　一般のウェーブレット

ウェーブレット解析がフーリエ解析と異なる最大の点は，フーリエ解析では振動成分は正弦波であり，場所によらない**一定の振幅**を持っているのに対して，ウェーブレット解析の振動成分は**場所ごとに強度が異なる**ことである．すなわち，ウェーブレット解析は，どの場所（**空間情報**）でどれだけのスケール（**周波数情報**）の振動があるかを同時に指定するものである．

**チェック**　各ウェーブレット $\psi_k^{(j)}(x)$ およびその係数 $d_k^{(j)}$ は，レベルを表す $j$ と場所を表す $k$ の二つの番号を持っている．

このような応用のためには，スケーリング関数 $\phi(x)$ とウェーブレット母関数 $\psi(x)$ がそれぞれ式 (7.10), (7.20) である必要はない．式 (7.10), (7.20) のスケーリング関数とウェーブレット母関数で定義されるウェーブレットは，他と区別するときは**ハールのウェーブレット**と呼ばれる．

スケーリング関数 $\phi(x)$ は信号の各位置の近傍を平均化して，よりスケールの大きい表現を作るものであるから，一般の釣り鐘形の関数でよく，その台の幅も 1 より大きくてもよい．ただし，各レベルで，スケールの小さい表現の全体はスケールの大きい表現を含んでいるという式 (7.18) の包含関係が成り立っていなければならない．このことから，スケーリング関数 $\phi(x)$ を 2 倍に広げると，もとのスケーリング関数 $\phi(x)$ の平行移動の線形結合で次のように表されなければならない．

$$\phi\left(\frac{x}{2}\right) = \sum_{k=-\infty}^{\infty} p_k \phi(x-k) \tag{7.47}$$

ただし，和 $\sum_{k=-\infty}^{\infty}$ は範囲を限定しないという意味であり，$k$ のある値以上とある値以下では $p_k = 0$ であるとする．式 (7.47) を **2 スケール関係式**と呼ぶ（図 7.8）．

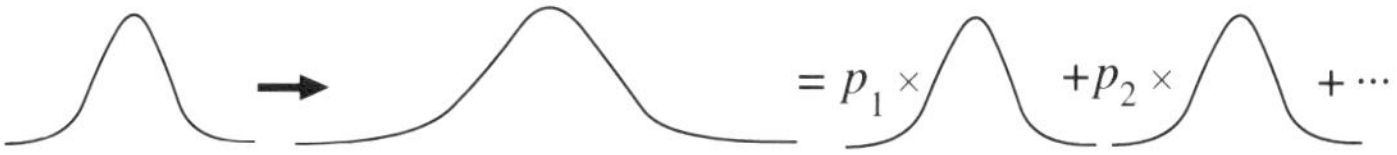


図 7.8　スケーリング関数の 2 スケール関係式．

**チェック**　ハールのウェーブレットでは図 7.9 より，係数 $\{p_k\}$ が次のようになる（これ以外は 0）．

$$p_0 = 1, \qquad p_1 = 1 \tag{7.48}$$

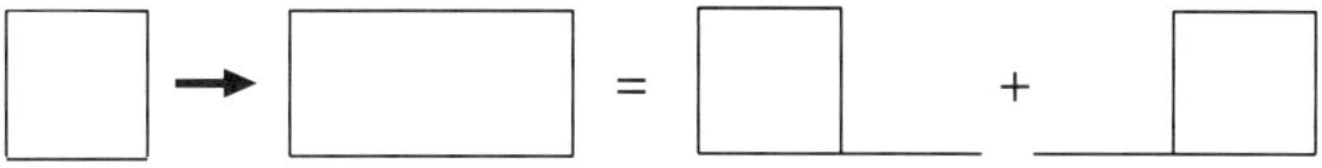

図 7.9　ハールのスケーリング関数の 2 スケール関係式．

ウェーブレット母関数 $\psi(x)$ は信号のスケールの大きくする前とその後の表現の差を表すものであり，スケーリング関数 $\phi(x)$ に応じて定まる．このことから，ウェーブレット母関数 $\psi(x)$ を 2 倍に広げると，スケーリング関数 $\phi(x)$ の平行移動の線形結合で次のように表されなければならない（図 7.10）.

$$\psi\left(\frac{x}{2}\right) = \sum_{k=-\infty}^{\infty} q_k \phi(x-k) \tag{7.49}$$

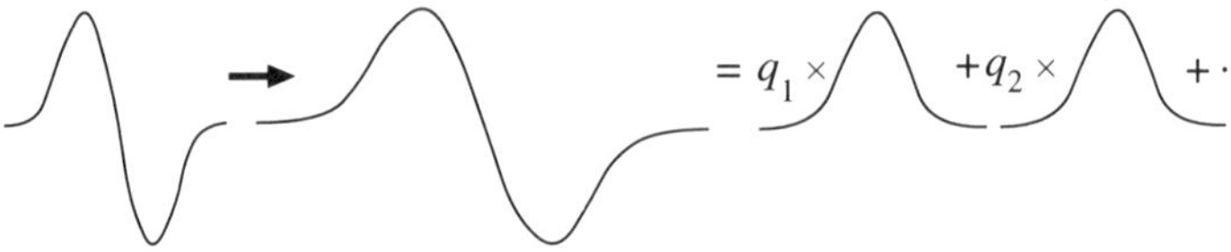


**図 7.10** ウェーブレットの階層的表現.

**チェック** ハールのウェーブレットでは図 7.11 より，係数 $\{q_k\}$ は次のようになる（これ以外は 0）.

$$q_0 = 1, \qquad q_1 = -1 \tag{7.50}$$

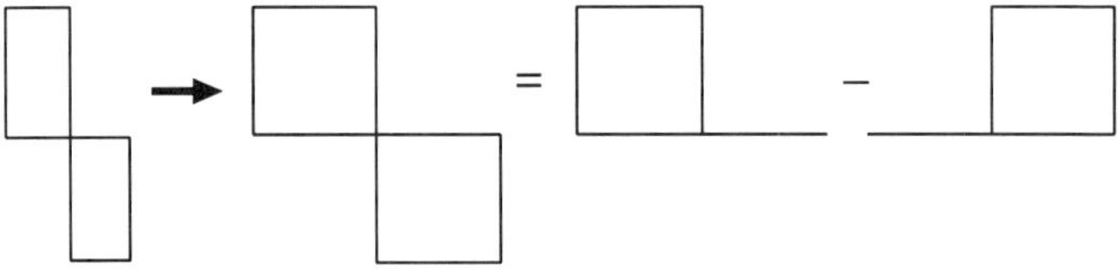

**図 7.11** ハールのウェーブレットの階層的表現.

式 (7.47), (7.49) に現れる数列 $\{p_k\}$, $\{q_k\}$ を**生成数列**と呼ぶ.

式 (7.47), (7.49) を満たすスケーリング関数 $\phi(x)$ とウェーブレット母関数 $\psi(x)$ を用いれば，レベル $j$ の空間 $V^{(j)}$ に属する関数 $f^{(j)}(x)$ は次のように表せる.

$$f^{(j)}(x) = \sum_{k=-\infty}^{\infty} c_k^{(j)} \phi\left(\frac{x}{2^j} - k\right) \tag{7.51}$$

空間 $V^{(j)}$ は $j$ 以上のレベルのウェーブレットの張る空間 $W^{(j+1)}$, $W^{(j+2)}$, $W^{(j+3)}, \ldots$ に直和分解され，レベル $j$ の空間 $W^{(j)}$ に属する関数 $g^{(j)}(x)$ は次のように表せる.

$$g^{(j)}(x) = \sum_{k=-\infty}^{\infty} d_k^{(j)} \psi\left(\frac{x}{2^j} - k\right) \tag{7.52}$$

式 (7.47), (7.49), (7.51), (7.52) より，レベル 0 の係数 $\{c_k^{(0)}\}$ から逐次的に上のレベルの係数 $\{c_k^{(j)}\}$, $\{d_k^{(j)}\}$, $j = 1, 2, \ldots$, を計算する**下降サンプリング**のアルゴリズムが次のように得られる．

$$c_k^{(j+1)} = \frac{1}{2}\sum_{l=-\infty}^{\infty} g_{2k-l}c_l^{(j)}, \quad d_k^{(j+1)} = \frac{1}{2}\sum_{l=-\infty}^{\infty} h_{2k-l}c_l^{(j)}, \quad j = 0, 1, 2, \ldots \tag{7.53}$$

ただし，$\{g_k\}$, $\{h_k\}$ は生成数列 $\{p_k\}$, $\{q_k\}$ から定まる数列であり，**分解数列**と呼ばれる．

**チェック** ハールのウェーブレットでは次のようになる（これ以外は 0）．

$$g_{-1} = 1, \qquad g_0 = 1, \qquad h_{-1} = -1, \qquad h_0 = 1 \tag{7.54}$$

一方，高いレベルの係数 $\{c_k^{(j)}\}$, $\{d_k^{(j)}\}$ から逐次的に下のレベルの係数 $\{c_k^{(j-1)}\}$, $\{c_k^{(j-2)}\}$, $\{c_k^{(j-3)}\}, \ldots$ を計算する**上昇サンプリング**のアルゴリズムは次のようになる．

$$c_k^{(j)} = \sum_{l=-\infty}^{\infty} (p_{k-2l}c_l^{(j+1)} + q_{k-2l}d_l^{(j+1)}), \qquad j = \ldots, 3, 2, 1, 0 \tag{7.55}$$

## ディスカッション

**【学生】** 7.2 節で,「ウェーブレット解析はそこに書いたことに尽き，後はその形式的記述だ」と言われましたが，その通りですね．要するに,「隣接するデータを次々と平均化して，平均化する前との差を計算する」ということですね．それ以上のことは何も出て来ませんでした．ただし，式 (7.1)~(7.4) のように隣接する二つの値を足して 2 で割ったり，式 (7.21)~(7.26) のように隣接する値の差を 2 で割ったりしたのを，一般には式 (7.53) のように係数 $\{g_k\}$, $\{h_k\}$ を用いて広範囲の値を足したり引いたりする，それだけの違いですね．

**【先生】** その通りです．ウェーブレット変換を行なうにはスケーリング関数 $\phi(x)$ とウェーブレット母関数 $\psi(x)$ の具体的な形を知る必要はなく，**生成数列** $\{p_k\}$, $\{q_k\}$ と**分解数列** $\{g_k\}$, $\{h_k\}$ **が与えられれば十分**です．現在さまざまなウェーブレット変換が利用されていますが，そのスケーリング関数 $\phi(x)$ やウェーブレット母関数 $\psi(x)$ が何かの数学的な極限として定義され，具体的な形が示せないものもあります．しかし，それらの生成数列と分解数列は文献に数表として掲載され，数値ファイルとして電子的にも頒布されています．

**【学生】** 私には前節までの解析で十分だと思いますが，どうして一般化して複雑なものを考えなければならないのですか．

**【先生】** 確かにハールのウェーブレットが最も単純で，最もよく利用されています．これを一般化するのはどちらかというと数学的な興味のためです．どのようなウェーブレットがどのような場合に存在して，どのような性質を持つかをきちんと解明することが数学者の仕事です．

ここでは画像のようなディジタル信号処理を想定して，最も詳細な限界解像度をもつ信号から出発し，次第に解像度を下げながらレベルを上げてウェーブレットを定義しましたが，逆に定数関数から出発して次第に解像度を上げながらレベルを下げてウェーブレットを定義することもできます．この場合は，限界解像度を仮定する必要はなく，解像度無限大の極限まで考えることができます．また，空間的に無限大の区間に拡張したり，ウェーブレットの位置を連続的に変化させたり，ウェーブレットに特別な性質を課したりすることもできます．例えば，連続関数である，微分可能である，台が有限幅である，直交関係を満足する，高い次数までモーメントが0になるなどの性質です．しかし，一般にこのような望ましい性質の多くは同時に満足させることができないことがわかってきました．そして，いろいろなウェーブレットが考えられ，実際の応用で，どのウェーブレットを使うのが最もよいかという比較が行われています．

---

### ウェーブレットの歴史

ウェーブレット解析の発端はフランスの石油会社の技師**モルレー** (Jean Morlet) である．彼は1970年代の後半から1980年代にかけて石油探査のための人工地震の反射波のデータを解析していた．最初はフーリエ変換を局所的に制限した**ガボール変換**と呼ばれる手法を用いていたが結果が思わしくなく，信号をある局所的な振動波形（ウェーブレット母関数）の拡大縮小で得られる波形（ウェーブレット）の合成として表す方法を考案した．これにパリ・ドフィンヌ大学の数学者**メイエ** (Yves Meyer) が関心を持ち，ウェーブレット理論が誕生した．ところが調べてみると，数学や物理学や信号処理や画像処理のなどの種々の分野で似たようなことが独立に行われていたことが判明した．メイエが米国でウェーブレット理論の講演をしていた1986年に，当時23才の米国ペンシルバニア大学の情報処理専攻の大学院生だったフランス人留学生**マラー** (Stéphane Mallat) がメイエにこれを指摘し，それが発端でマラーとメイエによる多重解像度分解の理論が誕生した．1990年代の初めに，マラーとメイエの理論を聞いた米国プリンストン大学の教授**ドベシ** (Ingrid Daubechies) が，コンピュータを駆使して実際の解析に便利なウェーブレットを構成した．これが今日さまざまな応用分野でウェーブレット解析が広まる契機となった．

## ディスカッション

【学生】ウェーブレット解析は最近のことなのですね．フーリエは 18 世紀末から 19 世紀初めの人ですから今から約 200 年前ですが，ウェーブレットは発見からまだ約 20 年しか経っていないのですね．

【先生】そうです．そして，君も言うように，その原理は単純です．人々がこれに長い間気がつかなかったほうが不思議です．7.2 節でも言いましたが，これは先入観の問題でしょう．有名な話に，モルレーが信号を一つの波形の拡大縮小で得られる波形の合成として表す方法を考え，これを有名な学者に知らせたところ，「それは誤りだ．なぜなら，もし正しいなら私が知っていたはずだから」と拒否されたということです．

【学生】まさか．その学者は自信過剰の変人だったのではありませんか．

【先生】いえ，このようなことは科学技術の新発見のときに必ず生じます．例えば，カルマンフィルターを考えた**カルマン** (Rudolf E. Kalman) やファジー集合を定義した**ザデー** (Lotfi Zadeh) は，それらを提案したときは学会から強く否定され，なかなか論文発表する機会が与えられなかったということです．しかし，現在ではカルマンフィルターやファジー集合は至るところで使われています．それほど極端でなくても，新しい考え方は発表当時は懐疑的な目で見られるのが普通です．それまでに存在しなかった考えは，誰にとっても初めは納得しにくいものです．あるとき，ある有名な学者が私に「新しい研究成果が優れたものである必要条件は，それが権威から拒否されることである」と言いました．

【学生】もちろんそれは「十分条件」ではありませんね．

【先生】それはそうですが，私自身も学会で人の発表を聞いたり，人の論文を審査して，その意義がわからず，ずいぶん後になって初めてそれが非常に重要な結果であることに気づいたことがありました．逆に，私の研究成果で初めは認められなかったものが，後になって多くの人に注目されるようになったこともあります．

【学生】研究者はいろいろな苦労があるのですね．

# おわりに

**【先生】** ようやく最後まで読み終わりましたね．ご苦労さまでした．それでは課題を出します．本書の内容を簡潔にまとめて下さい．

**【学生】** はい．この本で学んだのは次のことです．

第 1 章のテーマは信号や関数を近似するときに，その食い違いを二乗和または二乗積分で測ることです．これを最小にするのが**最小二乗法**です．これを用いる理由の一つは，二乗和または二乗積分が未知数の 2 次式となるので，未知数で微分して 0 と置くと，**正規方程式**と呼ぶ連立 1 次方程式となり，解が簡単に得られるからです．もう一つの理由は，食い違いが正規分布に従う誤差ならその二乗和を最小にする解が統計的に最も生じやすいためです．ただし，この本では確率統計に関係する詳しい内容は省略されています．

ともかく，その正規方程式を解くのに，もし近似する関数が**直交関係**を満たしていればただちに解が得られます．このことから第 2 章では，**内積**，**ノルム**，**直交性**などを抽象化した**計量空間**という概念を学びました．また，さまざまな内積の定義に伴ういろいろな**直交関数系**が出てきました（**ルジャンドルの多項式**，**チェビシェフの多項式**，**エルミートの多項式**，**ラゲールの多項式**，**選点直交多項式**）．そして，信号を正規直交系で最小二乗近似するには，$k$ 番目の係数は信号と $k$ 番目の基底との内積を計算すればよいことを知りました．さらに，直交系を人為的に作り出す**シュミットの直交化**を学びました．

第 3 章では直交系の代表として，異なる周波数の正弦波を取り上げ，信号をその重ね合わせで表す**フーリエ解析**を学びました．これは有限区間の場合は**フーリエ級数**であり，とびとびの周波数（**離散スペクトル**）をもつ正弦波の無限級数です．無限区間ではその極限として**フーリエ変換**となります．これはあらゆる周波数（**連続スペクトル**）の正弦波の積分の形をしています．これらは正弦波を複素数で表せば，**オイラーの式**により簡潔な式となり，**たたみこみ積分定理**，**パーセバルの式**，**ウィーナー・ヒンチンの定理**のような美しい定理が得られます．そして連続信号をサンプルした離散的な信号から元の信号を忠実に再現できることがその信号のスペクトルとどう関係しているかを示す**サンプリング定理**を学びました．

第 4 章では離散的なサンプル値にフーリエ解析を適用する**離散フーリエ変換**を学びました．積分が総和になる以外はほとんど同じ関係式や定理が得られます．しかし，連続信号との最大の相違は，**高速フーリエ変換**という驚異的に速い計算法が存在することです．その原理は，長い系列をその半分の系列フーリエ変換に帰着させる再帰的な計算でした．フーリエ変換は複素数を用いますが，**離散コサイン変換**によって実数値のみでも表せます．

第 5 章は初めは単に線形代数の復習かと思いましたが，振り返ってみると，正規直交基底の作り方を示したものだということがわかりました．それは対称行列の固有ベクトルを利用するものです．重要な事実は，**対称行列の固有値は実数であり，正規直交系の固有ベクトルが得られる**ということです．そして，その対称行列を係数とする 2 次形式はその固有ベクトルを基底とする新しい座標系で表すと二乗和の**標準形**になります．これが**主軸変換**であり，これを導くために線形代数の基礎から始めて連立 1 次方程式，行列式，固有値，固有ベクトル，2 次形式，直交行列，行列の対角化などを復習しました．

第 6 章はその応用です．その基本的な考え方は，空間にデータ点が多数分布しているとき，その共分散行列の固有ベクトルからなる正規直交系を求め，データ点をその基底に展開することです．こうすれば，各基底ベクトルが独立な意味をもちます．そして，実際問題では，固有値の大きい少数の基底のみでデータがよく表現されます．これを統計解析に用いれば**主成分分析**であり，画像の認識・識別に用いれば**固有空間法**になります．これに関連して，画像のベクトル空間としての扱い方，**アダマール変換**の基底や離散コサイン変換の基底が紹介され，また計算の効率化とそれに関連する**特異値分解**を学びました．

第 7 章の**ウェーブレット解析**はフーリエ解析や主軸変換とはまったく異なる直交基底を用いるものです．これは，**ウェーブレット母関数**を平行移動したり拡大縮小して作られる**ウェーブレット**からなる直交基底であり，場所の変化と変動のスケールの変化の両方を表すことができます．この基底に展開することは，**スケーリング関数**を用いて次々と近似を粗くする過程で，近似する前と後の差を取り出すことに相当します．したがって，ウェーブレットによる展開は異なるスケール（解像度）の成分を順番に取り出すことになり，**多重解像度分解**と呼ばれます．そして，展開係数を計算する**ウェーブレット変換**は**下降サンプリング**および**上昇サンプリング**によって簡単に計算できることがわかりました．

**【先生】** 大変結構です．それだけ覚えていれば，本書の内容をほぼマスターしたといってよいでしょう．それ以外に勉強の方法について何か感想がありますか．

**【学生】** はい．私が最初に本文を読んだときはいつも何かなじめない気持ちでしたが，先生とディスカッションしてから読み直すと，非常に身近に感じてよくわかりました．たぶん，先生がかなり難しいことを言われるので，一生懸命に考えたためと思います．先生のお話に比べると，本文はやさしいことしか書いてありません．しかし，初めからやさしいことだけを学んだのでは身につかないことがわかりました．

**【先生】** 本文に難しいことが書いてあると，読む気がしないのではありませんか．

**【学生】** そうです．私の持っている教科書はどれも，たぶん完全を期すためと思いますが，ずいぶん難しいことが書いてあります．もちろんやさしいことも書いてありますが，その区別がわかりません．これはやさしく大切なことでぜひ理解しなければならない，これは難しいからわからなくても気にしなくてもよい，と区別してもらわないと自分では区別できません．その点この本では，本文はやさしく重要で，その背景となる難しいことや裏話を先生から直接にお聞きしたのが，よくわかるようになった最大の理由だと思います．

**【先生】** 私も，やさしく教えると学生がわからないと言うので，よりやさしく教える，するといっそうわからない，わかっても身につかない，この悪循環に悩まされていました．最近では，やはりある程度難しいことを教えて初めてやさしいことが身につくのではないかと思うようになりました．

それにしても，君のように鋭い質問をする人がいるのには感心すると同時に，ありがたい限りです．最近の学生は質問する人がますます少なくなっています．私が学生だったときは君のように盛んに先生を追求したものです．私が外国の大学で勉強したときも，教室には君のように盛んに質問をする人が多くいて，その人達の質疑を聞いているだけもいろいろなことがよくわかり，非常にためになりました．この本の読者も，君との議論を聞いて理解が深まる人が多いと思います．日本でも君のような人がもっと増えることを期待しています．

**【学生】** 私が質問するのは自分の理解を深めるためで，他人の理解を助けるためではありません．でも，結果的にはそうなるのかもしれません．質問して先生のお話をお聞きすると，その疑問点に関することだけでなく，その背後にある隠れた事情がわかるともに，先生ご自身の学問や研究に取り組まれる思いが伝わってくるようで，後々まで印象に残ります．

**【先生】** それはどうも．今後もいろいろな方面でしっかり勉強して将来活躍されることを期待しています．がんばってください．

**【学生】** はい，どうもありがとうございました．

# 索　　引


【ア】

アダマール変換 (Hadamard transform) 211
アンサンブル (ensemble) 197
鞍点 (saddle point) 191
異常積分 (improper integral) 86
位相 (phase) 76
位相角 (phase angle) ↪ 位相
1 次結合 (linear combination) ↪ 線形結合
1 次従属 (linearly dependent) ↪ 線形従属
1 次独立 (linearly independent) ↪ 線形独立
1 の原始 $N$ 乗根 (primitive $N$th root of unity) 129
インパルス関数 (inpulse function) 22
ウィーナー・ヒンチンの定理 (Wiener-Khinchin theorem) 103, 127
ウィンドウ (window) ↪ 窓
ウェーブレット (wavelet) 242
ウェーブレット解析 (wavelet analysis) 231
ウェーブレット変換 (wavelet transform) 247
ウェーブレット母関数 (mother wavelet) 240
ウォルシュ・アダマール変換 (Walsh-Hadamard transform) ↪ アダマール変換
エネルギー (energy) 98
　平均— (average energy) 124
エネルギースペクトル (energy spectrum) ↪ パワースペクトル
FFT ↪ 高速フーリエ変換
$1/f$ ゆらぎ ($1/f$ noise) 99
エルミート対称性 (Hermitian symmetry) 101
エルミート内積 (Hermitian inner product) 101, 125
エルミートの多項式 (Hermite polynomial) 39, 70
LU 分解 (LU decomposition) 146, 152
オイラーの式 (Euler's formula) 78
重み (weight) 20, 37
重みつき最小二乗法 (weighted least-squares method) 20, 41
重みつき直交関数系 (weighted orthogonal functions) 23, 38

【カ】

階数 (rank) ↪ ランク
階層的近似 (hierarchical approximation) 233
階層的探索 (hierarchical search) 234
階層的編集 (hierarchical editing) 248
解像度 (resolution) 233
階調 (level) 210
回転 (rotation) 173, 183
回転因子 (rotation factor) 135
ガウス (Karl Gauss: 1777–1855) 6,

89, 136
ガウス・ジョルダンの掃き出し法 (Gauss-Jordan sweeping-out method) ↪ 掃き出し法
ガウスの消去法 (Gaussian elimination) 139, 146, 152, 156
ガウスの積分公式 (Gaussian quadrature) 139
ガウス分布 (Gaussian distribution) ↪ 正規分布
ガウス窓 (Gaussian window) 88, 89
可換図式 (commutative diagram) 105
角 (angle) 55, 194, 195
角周波数 (angular frequency) ↪ 周波数
角速度 (angular velocity) 82
下降サンプリング (down sampling) 249, 255
可積分 (integrable) 85
画素 (pixel) 208
画像圧縮 (image compression) 213
カットオフ周波数 (cut-off frequency) ↪ 遮断周波数
ガボール変換 (Gabor transform) 256
カルーネン・レーベ展開 (Karhunen-Loève expansion) 219
カルマン (Rudolf E. Kalman) 257
関数論 (theory of functions) 91
完備 (complete) 36, 61
幾何学的解釈 (geometric interpretation) 55
奇関数 (odd function) 37
奇順列 (odd permutation) 146
基底 (basis) 209
基底画像 (basis image) 209
輝度値 (intensity) 210
ギブス現象 (Gibbs phenomenon) 77
基本周波数 (fundamental frequency) 74
基本列 (fundamental sequence) ↪ コーシー列
逆行列 (inverse matrix) 148
逆元 (inverse element) 56
逆フーリエ変換 (inverse Fourier transform) 84
鏡映 (reflection) 173
強収束 (strong convergence) ↪ ノルム収束
共分散 (covariance) 197
共分散行列 (covariance matrix) 196
共役複素数 (conjugate) 80
行列式 (determinant) 144
極小値 (local minimum) 4
極大値 (local maximum) 4
極値 (extremum) 4
虚数単位 (imaginary unit) 80
虚数部 (imaginary part) ↪ 虚部
虚部 (imaginary part) 80
距離 (distance) 60
空間周波数 (space frequency) 116
偶関数 (even function) 37
偶順列 (even permutation) 146
クーリー (J. W. Cooley) 136
クーリー・チューキー法 (Cooley-Tukey method) ↪ 高速フーリエ変換
区間 (interval) 18
矩形窓 (rectangular window) ↪ 方形窓
区分求積法 (quadrature by parts) 85
グラム・シュミットの直交化 (Gram-Schmidt orthogonalization) ↪ シュミットの直交化
クラメルの公式 (Cramer's rule) 149
クロネッカーのデルタ (Kronecker delta) 27, 148, 172
係数行列 (coefficient matrix) 166
計量空間 (metric space) 50
　複素— (complex metric space) ↪ ユニタリ空間
計量線形空間 (metric linear space) ↪ 計量空間
結合法則 (associativity) 56, 94

原始 $N$ 乗根 (primitive $N$th root) 131
原始関数 (primitive function) 85
高域フィルター (high-pass filter) 96
交換法則 (commutativity) 56, 94
広義回転 (generalized rotation) 183
広義積分 (improper integral) 86
高周波成分 (high frequency component) 84, 213
合成積 (convolution) ↪ たたみこみ積分
高速ウェーブレット変換 (fast wavelet transform) 249
高速フーリエ変換 (fast Fourier transform) 128, 135
広帯域 (broad band) 109
高調波 (harmonic) 74
合同 (congruent) 114
公理 (axion) 27, 49
コーシー (A. L. Cauchy: 1789–1857) 91
コーシー・シュワルツの不等式 (Cauchy-Schwarz inequality) ↪ シュワルツの不等式
コーシー列 (Cauchy sequence) 61
固有画像 (eigenimage) 215
固有空間法 (eigenspace method) 219
固有値 (eigenvalue) 157
固有値分解 (eigenvalue decomposition) ↪ スペクトル分解
固有ベクトル (eigenvector) 157
固有方程式 (characteristic equation) 157

【サ】

再帰プログラム (recursive program) 136
最小二乗法 (least-squares method) 2, 6, 17, 23, 139
　重みつき— (weighted least-squares method) 20, 41
最尤推定 (maximum likelihood estimation) 6
ザデー (Lotfi Zadeh) 257
佐藤幹夫 (1928–) 22
サラスの方法 (Sarrus' rule) 144
三角不等式 (triangle inequality) 52, 71
サンプリング定理 (sampling theorem) 107
　周期関数の— (sampling theorem for periodic functions) 118
サンプル間隔 (sampling interval) 106
サンプル値 (sample value) 106
サンプル点 (sampling point) 106
サンプル標準偏差 (sample standard deviation) 197
サンプル分散 (sample variance) 197
サンプル平均 (sample mean) 197
時間周波数 (time frequency) 116
次元 (dimension) 60
自己相関関数 (antocorrelation) 102
自己相関係数 (antocorrelation) 126
指数関数 (exponential function) 79
指数的な増加 (exponential increase) 138
自然対数 (natural logarithm) 79
自然対数の底 (base of natural logarithm) 79
実数部 (real part) ↪ 実部
実線形空間 (real linear space) 56
実部 (real part) 80
実フーリエ係数 (real Fourier coefficient) 74
実ベクトル空間 (real vector space) ↪ 実線形空間
自明な基底 (trivial basis) 210
射影 (projection) 60, 209
射影した長さ (projected length) 194
遮断周波数 (cut-off frequency) 96
シャノン (Claude E. Shannon: 1916–2001) 109
周期 (period) 75
収束 (convergence) 60

周波数 (frequency) 76
　空間— (space frequency) 116
　時間— (time frequency) 116
周波数番号 (frequency number) 114
主軸 (principal axis) 184, 199
主軸変換 (transformation to principal axes) 185, 201
主成分 (principal component) 205
主成分分析 (principal component analysis) 205, 219
主値 (principal value) 185, 199
主方向 (principal direction) 196
シュミットの直交化 (Schmidt orthogonalization) 65, 69, 162
シュワルツ (Laurent Schwartz: 1915–) 22
シュワルツの不等式 (Schwarz inequality) 51, 71, 101, 194
循環たたみこみ和 (cyclic convolution sum) ↪ たたみこみ和
順列 (permutation) 146
　奇— (odd permutation) 146
　偶— (even permutation) 146
順列符号 (signature) 146
上昇サンプリング (up sampling) 249, 250, 255
情報量 (information) 109
情報理論 (information theorem) 109
ジョルダンの標準形 (Jordan normal form) 165
振動数 (number of oscillations) 75
振幅 (amplitude) 75
スカラ (scalar) 56
スケーリング関数 (scaling function) 237
スケール (scale) 232
ステレオ画像 (stereo images) 234
ステレオ視 (stereo vision) 234
スペクトル (spectrum) 84, 99
スペクトル分解 (spectral decomposition) 178, 229
正規直交基底 (orthonormal basis) 60, 125, 209
正規直交系 (orthonormal system) 27, 57
正規分布 (normal distribution) 6, 89, 139, 202
正規方程式 (normal equation) 2
正弦波 (sinusoidal wave) 75
生成数列 (reconstruction sequence) 254, 255
生成する (generate) ↪ 張る
正則 (regular) 153
正則行列 (nonsingular matrix) 156
正値性 (positivity) 50, 71, 101
正値対称行列 (positive definite symmetric matrix) 189, 192
正値 2 次形式 (positive definite quadratic form) 190, 192
正定値対称行列 (positive definite symmetric matrix) ↪ 正値対称行列
積分 (integral) 85
　可— (integrable) 85
　リーマン— (Riemann integral) 85
　ルベーグ— (Lebesgue integral) 86
積分学の基本定理 (fundamental theorem of calculus) 85
積分可能 (integrable) ↪ 可積分
絶対値 (modulus) 80
零元 (zero element) 49, 56
線形空間 (linear space) 49, 56
　実— (real linear space) 56
　複素— (complex linear space) 56
線形空間の公理 (axiom of linear space) 56, 71
線形結合 (linear combination) 13, 153
線形従属 (linearly dependent) 153, 156
線形性 (linearty) 50, 71, 101
線形独立 (linearly independent) 70, 153, 156

線形変換 (linear transformation) 132
選点 (selected points) 17, 46
選点直交関数系 (orthogonal functions for finite sum) 17, 46
選点直交多項式 (orthogonal polynomial for finite sum) 46
相関 (correlation) 102, 197
相関係数 (correlation coefficient) 197
双曲型 (hyperbolic) 191
相互相関 (cross-correlation) ↪ 相関

**【タ】**

帯域制限 (band limited) 107, 118
帯域幅 (band width) 107
帯域フィルター (band-pass filter) 96
第 1 近似 (first approximation) 8
対角化 (diagonalization) 177
対称行列 (symmetric matrix) 166
　正値— (positive definite matrix) 189, 192
　半正値— (positive semidefinite matrix) 189, 192
対称性 (symmetry) 50, 71
　エルミート— (Hermitian symmetry) 101
対称部分 (symmetric part) 171
代数学の基本定理 (fundamental theorem of algebra) 85, 139
対数関数 (logarithmic function) 79
代数系 (algebraic system) 94
大数の法則 (law of large numbers) 197
楕円型 (elliptic) 190
多重解像度分解 (multiresolution analysis) 235
たたみこみ積分 (convolution) 92
たたみこみ積分定理 (convolution theorem) 93
たたみこみ和 (convolution sum) 120
たたみこみ和定理 (convolution sum theorem) 121
ダミー (dummy) 25
単位行列 (unit matrix) 148
単位ベクトル (unit vector) 24
チェビシェフの多項式 (Chebyshev polynomial) 38, 70
遅延 (delay) 103
チューキー (J. W. Tukey) 136
超関数
　佐藤の— (hyperfunction) 22
　シュワルツの— (distribution) 22
直流成分 (direct current) 74, 84, 117, 246
直和 (direct sum) 245
直和分解 (direct sum decomposition) 245
　直交— (orthogonal direct sum decomposition) 245
直交 (orthogonal) 31, 37, 46, 50, 101, 208
直交関係 (orthogonality relation) 28, 32, 69
直交関数近似 (orthogonal series approximation) 34
直交関数系 (orthogonal functions) 19, 31
　重みつき— (weighted orthogonal functions) 23, 38
　選点— (orthogonal functions for finite sum) 17, 46
直交関数展開 (orthogonal series expansion) 36
直交基底 (orthogonal basis) 60, 209
直交行列 (orthogonal matrix) 171
直交系 (orthogonal system) 27, 57
直交射影 (orthogonal projection) ↪ 射影
直交多項式 (orthogonal polynomial) 31, 70
　選点— (orthogonal polynomial for finite sum) 46

直交直和分解 (orthogonal direct sum decomposition) 245
直交展開 (orthogonal series expansion) 60, 125
低域フィルター (low-pass filter) 96
ディジタル画像 (digital image) 210
ディジタルフィルター (digital filter) 122
低周波成分 (low frequency component) 84, 213
定積分 (definite integral) 85
テイラー・マクローリン展開 (Taylor-Maclaurin expansion) ↪ テイラー展開
テイラー展開 (Taylor expansion) 90
ディラック (Paul Dirac: 1902–1984) 22
ディラックのデルタ関数 (Dirac delta function) ↪ デルタ関数
データ圧縮 (data compression) 28, 213
データ番号 (data number) 114
デルタ関数 (delta function) 22, 92
展開 (expansion) 200, 209
転置行列 (transpose) 152, 168
電力スペクトル (power spectrum) ↪ パワースペクトル
導関数 (derivative) 3
同型 (isomorphic) 94
特異行列 (singular matrix) 156
特異値 (singular value) 228
特異値分解 (singular value decomposition) 228
特性値 (characteristic value) 157
特性ベクトル (characteristic vector) 157
特性方程式 (characteristic equation) ↪ 固有方程式
ドベシ (Ingrid Daubechies) 256

【ナ】

ナイキスト周波数 (Nyquist frequency) 110, 119
内積 (inner product) 24, 49, 208
　エルミート— (Hermitian inner product) 101, 125
内積の公理 (axion of inner product) 50, 71
2 次形式 (quadratic form) 165
　正値— (positive definite quadratic form) 190, 192
　半正値— (positive semidefinite quadratic form) 190, 192
　半負値— (negative semidefinite quadratic form) 192
　負値— (negative definite quadratic form) 192
二乗可積分 (square integrable) 101
2 スケール関係式 (two-scale relation) 253
2 値画像 (binary image) 210
ニュートン (Issac Newton: 1642–1727) 87
ネイピア (J. Napier: 1550–1617) 79
ネイピアの数 (Napier's number) ↪ 自然対数の底
濃淡値 (gray level) 210
ノルム (norm) 24, 50, 71, 208
　ユニタリ— (unitary norm) 101, 125
ノルム収束 (convergence in norm) 61

【ハ】

パーセバル・プランシュレルの式 (Parseval-Plancherel equality) ↪ パーセバルの式
パーセバルの式 (Parseval equality) 62, 97, 123
ハールのウェーブレット (Harr wavelet) 253
ハイパスフィルター (high-pass filter)

↪ 高域フィルター
ハウスホルダー法 (Householder method) 165
掃き出し法 (sweeping-out method) 146, 152, 156
白色雑音 (white noise) 105
バタフライ (butterfly) 135
幅 (width) 87, 88
張る (span) 59, 154, 156
パワー (power) 99
パワースペクトル (power spectrum) 98, 124
半正値対称行列 (positive semidefinite symmetric matrix) 189, 192
半正値 2 次形式 (positive semidefinite quadratic form) 190, 192
半正定値対称行列 (positive semidefinite symmetric matrix) ↪ 半正値対称行列
反対称行列 (antisymmetric matrix) 170
反対称部分 (antisymmetric part) 171
バンドパスフィルター (band-pass filter) ↪ 帯域フィルター
半負値 2 次形式 (negative semidefinite quadratic form) 192
ビット反転 (bit reversal) 135
ひねり因子 (twiddle factor) ↪ 回転因子
微分 (differentiation) 3
微分積分学の基本定理 (fundamental theorem of calculus) ↪ 積分学の基本定理
標準形 (canonical form) 179
標準偏差 (standard deviation) 90, 197
ピラミッド (piramid) 233
ヒルベルト空間 (Hilbert space) 61
フィルター (filter) 95
　ディジタル— (digital filter) 122
フーリエ (Jean Fourier: 1768–1835) 75
フーリエ解析 (Fourier analysis) 73
　離散— (discrete Fourier analysis) 111, 113
フーリエ記述子 (Fourier descriptor) 129
フーリエ級数 (Fourier series) 36
フーリエ係数 (Fourier coefficient) 36
　実— (real Fourier coefficient) 74
　複素— (complex Fourier coefficient) 81
フーリエ変換 (Fourier transform) 84
　逆— (inverse Fourier transform) 84
　離散— (discrete Fourier transform) 114
複素関数論 (theory of complex functions) ↪ 関数論
複素共役 (complex conjugate) 80
複素計量空間 (complex metric space) ↪ ユニタリ空間
複素数 (complex number) 80
複素数平面 (complex number plane) ↪ 複素平面
複素線形空間 (complex linear space) 56, 101
複素フーリエ係数 (complex Fourier coefficient) 81
複素平面 (complex plane) 80
複素ベクトル空間 (complex vector space) ↪ 複素線形空間
負値 2 次形式 (negative definite quadratic form) 192
不定 (indeterminate) 153
不定積分 (indefinite integral) 85
不能 (inconsistent) 153
部分空間 (subspace) 59, 154
ブロードバンド (broad band) ↪ 広帯域
分解数列 (decomposition sequence) 255
分散 (variance) 197

分散・共分散行列 (variance-covariance matrix) ↪ 共分散行列
分配法則 (distributivity) 94
平均エネルギー (average energy) 124
ベクトル (vector) 56
ベクトル空間 (vector space) ↪ 線形空間
ヘルツ (Hz) 75
偏角 (argument) 80
偏導関数 (partial derivative) 3
偏微分 (partial differentiation) 3
法 (modulus) 114
方形窓 (rectangular window) 87, 89
放物型 (parabolic) 190
補間 (interpolation) 106
補間関数 (interpolation function) 106
母集団 (population) 197
母集団分散 (population variance) ↪ 母分散
母集団平均 (population mean) ↪ 母平均
母分散 (population variance) 197
母平均 (population mean) 197
ホワイトノイズ (white noise) ↪ 白色雑音

【マ】

窓 (window) 89
間引き (decimation) 134
マラー (Stéphane Mallat) 256
密度 (density) 21
無限次元 (infinite dimensions) 60
メイエ (Yves Meyer) 256
モルレー (Jean Morlet) 256

【ヤ】

ヤコビ法 (Jacobi method) 165
ユークリッド空間 (Euclidean space) 51
尤度 (likelihood) 6
ユニタリ空間 (unitary space) 101, 125
ユニタリノルム (unitary norm) 101, 125
余因子 (cofactor) 146
余因子行列 (cofactor matrix) 147
余因子展開 (cofactor expansion) 146
余弦波 (sinusoidal wave) ↪ 正弦波

【ラ】

ラゲールの多項式 (Laguerre polynomial) 40, 70
ランク (rank) 155, 156, 164, 189, 226
リーマン積分 (Riemann integral) ↪ 積分
離散化 (digitization) 210
離散コサイン変換 (discrete cosine transform) 139, 142, 213
離散サイン変換 (discrete sine transform) 142
離散スペクトル (discrete spectrum) 86
離散フーリエ解析 (discrete Fourier analysis) 111, 113
離散フーリエ変換 (discrete Fourier transform) 114
理想フィルター (ideal filter) 96
留数定理 (residue theorem) 91
量子化 (quantization) 210
ルジャンドルの多項式 (Legendre polynomial) 32, 70
ルベーグ積分 (Lebesgue integral) 86
連続スペクトル (continuous spectrum) 86
連立 1 次方程式 (simultaneous linear equation) 143
ローパスフィルター (low-pass filter) ↪ 低域フィルター
ロドリゲスの公式 (Rodrigues formula) 32
論理 (logic) 27

【ワ】

和 (sum) 56

## 著者紹介

金谷　健一（かなたに　けんいち）

1979年　東京大学大学院工学系研究科博士課程修了

現　在　岡山大学名誉教授

　　　　工学博士

著　書『線形代数』（共著，講談社，1987）

*Group-Theoretical Methods in Image Understanding*（Springer-Verlag, 1990）

『画像理解－３次元認識の数理－』（森北出版，1990）

*Geometric Computation for Machine Vision*（Oxford University Press，1993）

『空間データの数理－３次元コンピューティングに向けて－』（朝倉書店，1995）

*Statistical Optimization for Geometric Computation*：*Theory and Practice*（Elsevier Science，1996）

『形状CADと図形の数学』（共立出版，1998）



**これなら分かる応用数学教室**
**－最小二乗法からウェーブレットまで－**

2003年６月15日　初版 1 刷発行
2024年９月10日　初版 37 刷発行

著　者　金谷健一　

発行者　南條光章

発行所　**共立出版株式会社**
東京都文京区小日向 4-6-19
電話 03-3947-2511（代表）
郵便番号 112-0006 ／振替口座 00110-2-57035
URL www.kyoritsu-pub.co.jp

印　刷　啓文堂
製　本　ブロケード

一般社団法人
自然科学書協会
会員

検印廃止
NDC 410, 007.1

ISBN 978-4-320-01738-2

Printed in Japan

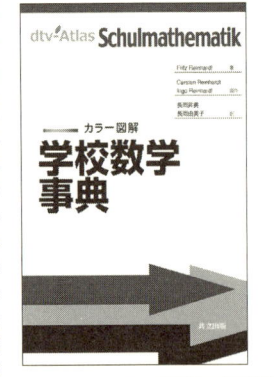

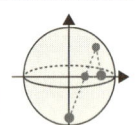